Б. П. 吉米多维奇
Б. П. ДЕМИДОВИЧ

数学分析
习题全解 3

编著　毛　磊　　滕兴虎　　寇冰煜
　　　张　燕　　李　静　　毛自森

东南大学出版社
·南京·

图书在版编目(CIP)数据

吉米多维奇数学分析习题全解 3. /毛磊等编著.
—南京：东南大学出版社,2014.9
 ISBN 978-7-5641-5116-4

Ⅰ.①吉… Ⅱ.①毛… Ⅲ.①数学分析－高等学校－题解 Ⅳ.①O17-44

中国版本图书馆 CIP 数据核字(2014)第 178932 号

吉米多维奇数学分析习题全解 3

编 著	毛 磊 滕兴虎 寇冰煜	责任编辑	戴季东
	张 燕 李 静 毛自森		
电 话	(025)83793329/83362442(传真)	电子邮件	liu-jian@seu.edu.cn
特约编辑	李 香		
出版发行	东南大学出版社	出 版 人	江建中
社 址	南京市四牌楼 2 号	邮 编	210096
销售电话	(025)83793191/57711295(传真)		
网 址	http://www.seupress.com	电子邮件	press@seu.edu.cn
经 销	全国各地新华书店	印 刷	南京新洲印刷有限公司
开 本	880mm×1230mm 1/32	印 张	14.25 字数 416千
版 次	2014 年 9 月第 1 版第 1 次印刷		
书 号	ISBN 978-7-5641-5116-4		
定 价	20.00 元		

* 未经本社授权,本书内文字不得以任何方式转载、演绎,违者必究。

* 东大版图书若有印装质量问题,请直接与营销部联系,电话:025－83791830。

前　言

《数学分析》是数学学科中一门重要的基础课,同时也是学习时间跨度大、理论体系严谨、内容极其丰富、学习难度很高的一门课程。学好《数学分析》既可以为后续专业课程奠定必备的数学基础,同时也培养了学生抽象的逻辑思维能力,提高了学生的创新意识、开拓精神和实际应用能力。

吉米多维奇的《数学分析习题集》是一本国际知名的著作。该书内容丰富,由浅入深,涉及的内容涵盖了《数学分析》的全部命题。同时,该书难题多,许多题目的难度已经超出对同学们的要求,以至于许多同学望而却步。为了帮助广大同学更好地掌握《数学分析》的基本概念,综合运用各种解题技巧和方法,提高分析问题和解决问题的能力,我们以俄文第13版为基础,对习题集中的5000道习题逐一进行了解答。

众所周知,学习数学,做练习题是很重要的。通过做练习题,可以巩固我们所学到的知识,加深我们对基础概念的理解,还可以提高我们的运算能力、逻辑推理能力和综合分析能力。所以,我们希望读者遇到问题一定要认真思考,努力找出自己的解答,不要轻易查抄本书的解答。

本书可作为数学专业同学学习《数学分析》的参考书,又可以作为其他理工科同学学习《高等数学》、《微积分》的参考书,同时也可以作为各专业同学考研复习时的参考书。

由于我们水平有限,本书不足之处敬请广大同行和读者批评指正。

编　者

目 录

第三章 不定积分 ……………………………………… (1)

§1. 最简单的不定积分 ……………………………… (1)
§2. 有理函数的积分法 ……………………………… (67)
§3. 无理函数的积分法 ……………………………… (105)
§4. 三角函数的积分法 ……………………………… (151)
§5. 各种超越函数的积分法 ………………………… (191)
§6. 函数的积分法的各种例题 ……………………… (215)

第四章 定积分 ………………………………………… (243)

§1. 定积分作为和的极限 …………………………… (243)
§2. 用不定积分计算定积分的方法 ………………… (263)
§3. 中值定理 ………………………………………… (314)
§4. 广义积分 ………………………………………… (325)
§5. 面积的计算方法 ………………………………… (367)
§6. 弧长的计算方法 ………………………………… (387)
§7. 体积的计算方法 ………………………………… (399)
§8. 旋转曲面面积的计算方法 ……………………… (416)
§9. 矩计算法　重心坐标 …………………………… (425)
§10. 力学和物理学的问题 …………………………… (435)
§11. 定积分的近似计算方法 ………………………… (444)

第三章 不定积分

§1. 最简单的不定积分

1. 不定积分的概念 若函数 $f(x)$ 在 (a,b) 区间有定义且是连续的，$F(x)$ 是其原函数，即 $F'(x)=f(x)$，则当 $a<x<b$ 时，
$$\int f(x)\mathrm{d}x = F(x)+C, \qquad a<x<b$$
其中 C 为任意常数.

2. 不定积分的基本性质

(1) $\mathrm{d}\left[\int f(x)\mathrm{d}x\right]=f(x)\mathrm{d}x;$

(2) $\int \mathrm{d}\Phi(x)=\Phi(x)+C;$

(3) $\int Af(x)\mathrm{d}x = A\int f(x)\mathrm{d}x$ （A 为常数且 $A\neq 0$）;

(4) $\int [f(x)+g(x)]\mathrm{d}x = \int f(x)\mathrm{d}x + \int g(x)\mathrm{d}x.$

3. 最简积分表

(1) $\int x^n \mathrm{d}x = \dfrac{x^{n+1}}{n+1}+C \quad (n\neq -1);$

(2) $\int \dfrac{\mathrm{d}x}{x} = \ln|x|+C \quad (x\neq 0);$

(3) $\int \dfrac{\mathrm{d}x}{1+x^2} = \begin{cases}\arctan x + C,\\ -\operatorname{arccot} x + C;\end{cases}$

(4) $\int \dfrac{\mathrm{d}x}{1-x^2} = \dfrac{1}{2}\ln\left|\dfrac{1+x}{1-x}\right|+C;$

(5) $\int \dfrac{\mathrm{d}x}{\sqrt{1-x^2}} = \begin{cases}\arcsin x + C,\\ -\arccos x + C;\end{cases}$

(6) $\int \dfrac{\mathrm{d}x}{\sqrt{x^2\pm 1}} = \ln|x+\sqrt{x^2\pm 1}|+C;$

(7) $\int a^x \mathrm{d}x = \dfrac{a^x}{\ln a}+C \quad (a>0, a\neq 1);$

$$\int e^x dx = e^x + C;$$

(8) $\int \sin x\, dx = -\cos x + C;$

(9) $\int \cos x\, dx = \sin x + C;$

(10) $\int \dfrac{dx}{\sin^2 x} = -\cot x + C;$

(11) $\int \dfrac{dx}{\cos^2 x} = \tan x + C;$

(12) $\int \operatorname{sh} x\, dx = \operatorname{ch} x + C;$

(13) $\int \operatorname{ch} x\, dx = \operatorname{sh} x + C;$

(14) $\int \dfrac{dx}{\operatorname{sh}^2 x} = -\operatorname{cth} x + C;$

(15) $\int \dfrac{dx}{\operatorname{ch}^2 x} = \operatorname{th} x + C.$

4. 积分的基本方法

(1) 换元积分法　若
$$\int f(x) dx = F(x) + C,$$
则
$$\int f(u) du = F(u) + C,$$
其中 $u = \varphi(x)$ 为连续可微分函数.

(2) 分项积分法　若
$$f(x) = f_1(x) + f_2(x),$$
则
$$\int f(x) dx = \int f_1(x) dx + \int f_2(x) dx.$$

(3) 代换法　若 $f(x)$ 是连续函数,则假设
$$x = \varphi(t),$$
其中 $\varphi(t)$ 与其导数 $\varphi'(t)$ 都是连续的,则得出
$$\int f(x) dx = \int f(\varphi(t)) \varphi'(t) dt.$$

(4) 分部积分法　若 u 和 v 是 x 的可微分函数,则
$$\int u\, dv = uv - \int v\, du.$$

运用最简积分表，求出下列积分（1628～1653）.

【1628】 $\int (3-x^2)^3 dx$.

解 $\int (3-x^2)^3 dx = \int (27 - 27x^2 + 9x^4 - x^6) dx$
$$= 27x - 9x^3 + \frac{9}{5}x^5 - \frac{1}{7}x^7 + C.$$

【1629】 $\int x^2(5-x)^4 dx$.

解 $\int x^2(5-x)^4 dx$
$$= \int (625x^2 - 500x^3 + 150x^4 - 20x^5 + x^6) dx$$
$$= \frac{625}{3}x^3 - 125x^4 + 30x^5 - \frac{10}{3}x^6 + \frac{1}{7}x^7 + C.$$

【1630】 $\int (1-x)(1-2x)(1-3x) dx$.

解 $\int (1-x)(1-2x)(1-3x) dx$
$$= \int (1 - 6x + 11x^2 - 6x^3) dx$$
$$= x - 3x^2 + \frac{11}{3}x^3 - \frac{3}{2}x^4 + C.$$

【1631】 $\int \left(\frac{1-x}{x}\right)^2 dx$.

解 $\int \left(\frac{1-x}{x}\right)^2 dx = \int \left(\frac{1}{x^2} - \frac{2}{x} + 1\right) dx$
$$= -\frac{1}{x} - 2\ln|x| + x + C.$$

【1632】 $\int \left(\frac{a}{x} + \frac{a^2}{x^2} + \frac{a^3}{x^3}\right) dx$.

解 $\int \left(\frac{a}{x} + \frac{a^2}{x^2} + \frac{a^3}{x^3}\right) dx$
$$= a\ln|x| - \frac{a^2}{x} - \frac{a^3}{2x^2} + C.$$

【1633】 $\int \frac{x+1}{\sqrt{x}} dx$.

解 $\int \frac{x+1}{\sqrt{x}} dx = \int (x^{\frac{1}{2}} + x^{-\frac{1}{2}}) dx = \frac{2}{3}x^{\frac{3}{2}} + 2x^{\frac{1}{2}} + C$

$$= \frac{2}{3}x\sqrt{x} + 2\sqrt{x} + C.$$

【1634】 $\int \dfrac{\sqrt{x} - 2\sqrt[3]{x^2} + 1}{\sqrt[4]{x}} \mathrm{d}x.$

解 $\int \dfrac{\sqrt{x} - 2\sqrt[3]{x^2} + 1}{\sqrt[4]{x}} \mathrm{d}x = \int (x^{\frac{1}{4}} - 2x^{\frac{5}{12}} + x^{-\frac{1}{4}}) \mathrm{d}x$

$$= \frac{4}{5}x^{\frac{5}{4}} - \frac{24}{17}x^{\frac{17}{12}} + \frac{4}{3}x^{\frac{3}{4}} + C$$

$$= \frac{4}{5}x\sqrt[4]{x} - \frac{24}{17}x\sqrt[12]{x^5} + \frac{4}{3}\sqrt[4]{x^3} + C.$$

【1635】 $\int \dfrac{(1-x)^3}{x\sqrt[3]{x}} \mathrm{d}x.$

解 $\int \dfrac{(1-x)^3}{x\sqrt[3]{x}} \mathrm{d}x = \int (x^{-\frac{4}{3}} - 3x^{-\frac{1}{3}} + 3x^{\frac{2}{3}} - x^{\frac{5}{3}}) \mathrm{d}x$

$$= -3x^{-\frac{1}{3}} - \frac{9}{2}x^{\frac{2}{3}} + \frac{9}{5}x^{\frac{5}{3}} - \frac{3}{8}x^{\frac{8}{3}} + C$$

$$= -\frac{3}{\sqrt[3]{x}}(1 + \frac{3}{2}x - \frac{3}{5}x^2 + \frac{1}{8}x^3) + C.$$

【1636】 $\int \left(1 - \dfrac{1}{x^2}\right)\sqrt{x\sqrt{x}}\, \mathrm{d}x.$

解 $\int \left(1 - \dfrac{1}{x^2}\right)\sqrt{x\sqrt{x}}\, \mathrm{d}x = \int (x^{\frac{3}{4}} - x^{-\frac{5}{4}}) \mathrm{d}x$

$$= \frac{4}{7}x^{\frac{7}{4}} + 4x^{-\frac{1}{4}} + C = \frac{4(x^2+7)}{7\sqrt[4]{x}} + C.$$

【1637】 $\int \dfrac{(\sqrt{2x} - \sqrt[3]{3x})^2}{x} \mathrm{d}x.$

解 $\int \dfrac{(\sqrt{2x} - \sqrt[3]{3x})^2}{x} \mathrm{d}x$

$$= \int (2 - 2\sqrt[6]{72}\, x^{-\frac{1}{6}} + \sqrt[3]{9}\, x^{-\frac{1}{3}}) \mathrm{d}x$$

$$= 2x - \frac{12}{5}\sqrt[6]{72}\, x^{\frac{5}{6}} + \frac{3}{2}\sqrt[3]{9}\, x^{\frac{2}{3}} + C.$$

【1638】 $\int \dfrac{\sqrt{x^4 + x^{-4} + 2}}{x^3} \mathrm{d}x.$

解 $\int \dfrac{\sqrt{x^4 + x^{-4} + 2}}{x^3} \mathrm{d}x = \int \dfrac{x^2 + \dfrac{1}{x^2}}{x^3} \mathrm{d}x$

$$= \int\left(\frac{1}{x}+\frac{1}{x^5}\right)\mathrm{d}x = \ln|x|-\frac{1}{4x^4}+C.$$

【1639】 $\int \dfrac{x^2}{1+x^2}\mathrm{d}x.$

解 $\int \dfrac{x^2}{1+x^2}\mathrm{d}x = \int\left(1-\dfrac{1}{1+x^2}\right)\mathrm{d}x$
$$= x-\arctan x + C.$$

【1640】 $\int \dfrac{x^2}{1-x^2}\mathrm{d}x.$

解 $\int \dfrac{x^2}{1-x^2}\mathrm{d}x = \int\left(-1+\dfrac{1}{1-x^2}\right)\mathrm{d}x$
$$= -x+\frac{1}{2}\ln\left|\frac{1+x}{1-x}\right|+C.$$

【1641】 $\int \dfrac{x^2+3}{x^2-1}\mathrm{d}x.$

解 $\int \dfrac{x^2+3}{x^2-1}\mathrm{d}x = \int\left(1+\dfrac{4}{x^2-1}\right)\mathrm{d}x$
$$= x+2\ln\left|\frac{x-1}{x+1}\right|+C.$$

【1642】 $\int \dfrac{\sqrt{1+x^2}+\sqrt{1-x^2}}{\sqrt{1-x^4}}\mathrm{d}x.$

解 $\dfrac{\sqrt{1+x^2}+\sqrt{1-x^2}}{\sqrt{1-x^4}}\mathrm{d}x$
$$= \int\left(\frac{1}{\sqrt{1-x^2}}+\frac{1}{\sqrt{1+x^2}}\right)\mathrm{d}x$$
$$= \arcsin x + \ln(x+\sqrt{1+x^2}) + C.$$

【1643】 $\int \dfrac{\sqrt{x^2+1}-\sqrt{x^2-1}}{\sqrt{x^4-1}}\mathrm{d}x.$

解 $\int \dfrac{\sqrt{x^2+1}-\sqrt{x^2-1}}{\sqrt{x^4-1}}\mathrm{d}x$
$$= \int\left(\frac{1}{\sqrt{x^2-1}}-\frac{1}{\sqrt{x^2+1}}\right)\mathrm{d}x$$
$$= \ln\left|\frac{x+\sqrt{x^2-1}}{x+\sqrt{x^2+1}}\right|+C.$$

【1644】 $\int (2^x + 3^x)^2 \mathrm{d}x.$

解 $\int (2^x + 3^x)^2 \mathrm{d}x = \int (4^x + 2 \cdot 6^x + 9^x) \mathrm{d}x$

$$= \frac{4^x}{\ln 4} + 2 \cdot \frac{6^x}{\ln 6} + \frac{9^x}{\ln 9} + C.$$

【1645】 $\int \frac{2^{x+1} - 5^{x-1}}{10^x} \mathrm{d}x.$

解 $\int \frac{2^{x+1} - 5^{x-1}}{10^x} \mathrm{d}x = \int \frac{2^{x+1} - 5^{x-1}}{2^x \cdot 5^x} \mathrm{d}x$

$$= \int \left[2 \left(\frac{1}{5} \right)^x - \frac{1}{5} \left(\frac{1}{2} \right)^x \right] \mathrm{d}x$$

$$= -\frac{2}{\ln 5} \left(\frac{1}{5} \right)^x + \frac{1}{5\ln 2} \left(\frac{1}{2} \right)^x + C.$$

【1646】 $\int \frac{\mathrm{e}^{3x} + 1}{\mathrm{e}^x + 1} \mathrm{d}x.$

解 $\int \frac{\mathrm{e}^{3x} + 1}{\mathrm{e}^x + 1} \mathrm{d}x = \int (\mathrm{e}^{2x} - \mathrm{e}^x + 1) \mathrm{d}x$

$$= \frac{1}{2} \mathrm{e}^{2x} - \mathrm{e}^x + x + C.$$

【1647】 $\int (1 + \sin x + \cos x) \mathrm{d}x.$

解 $\int (1 + \sin x + \cos x) \mathrm{d}x = x - \cos x + \sin x + C.$

【1648】 $\int \sqrt{1 - \sin 2x} \, \mathrm{d}x \quad (0 \leqslant x \leqslant \pi).$

解 $\int \sqrt{1 - \sin 2x} \, \mathrm{d}x = \int \sqrt{(\cos x - \sin x)^2} \, \mathrm{d}x$

$$= \int [\mathrm{sgn}(\cos x - \sin x)](\cos x - \sin x) \mathrm{d}x$$

$$= (\sin x + \cos x) \mathrm{sgn}(\cos x - \sin x) + C.$$

【1649】 $\int \cot^2 x \, \mathrm{d}x.$

解 $\int \cot^2 x \, \mathrm{d}x = \int (\csc^2 x - 1) \mathrm{d}x = -\cot x - x + C.$

【1650】 $\int \tan^2 x \, \mathrm{d}x.$

解 $\int \tan^2 x \, \mathrm{d}x = \int (\sec^2 x - 1) \mathrm{d}x = \tan x - x + C.$

【1651】 $\int (a\,\mathrm{sh}\,x + b\,\mathrm{ch}\,x)\,\mathrm{d}x.$

解 $\int (a\,\mathrm{sh}\,x + b\,\mathrm{ch}\,x)\,\mathrm{d}x = a\,\mathrm{ch}\,x + b\,\mathrm{sh}\,x + C.$

【1652】 $\int \mathrm{th}^2 x\,\mathrm{d}x.$

解 $\int \mathrm{th}^2 x\,\mathrm{d}x = \int \left(1 - \dfrac{1}{\mathrm{ch}^2 x}\right)\mathrm{d}x = x - \mathrm{th}\,x + C.$

【1653】 $\int \mathrm{cth}^2 x\,\mathrm{d}x.$

解 $\int \mathrm{cth}^2 x\,\mathrm{d}x = \int \left(1 + \dfrac{1}{\mathrm{sh}^2 x}\right)\mathrm{d}x = x - \mathrm{cth}\,x + C.$

【1654】 证明:若 $\int f(x)\,\mathrm{d}x = F(x) + C,$

则 $\int f(ax+b)\,\mathrm{d}x = \dfrac{1}{a} F(ax+b) + C \quad (a \neq 0).$

证明 由 $\int f(x)\,\mathrm{d}x = F(x) + C,$

知 $F'(x) = f(x),$

从而 $\dfrac{\mathrm{d}}{\mathrm{d}x}\left[\dfrac{1}{a} F(ax+c)\right] = F'(ax+b) = f(ax+b),$

所以 $\int f(ax+b)\,\mathrm{d}x = \dfrac{1}{a} F(ax+b) + C.$

求解下列积分(1655~1673).

【1655】 $\int \dfrac{\mathrm{d}x}{x+a}.$

解 $\int \dfrac{\mathrm{d}x}{x+a} = \int \dfrac{\mathrm{d}(x+a)}{x+a} = \ln|x+a| + C.$

【1656】 $\int (2x-3)^{10}\,\mathrm{d}x.$

解 $\int (2x-3)^{10}\,\mathrm{d}x = \dfrac{1}{2}\int (2x-3)^{10}\,\mathrm{d}(2x-3)$

$\qquad\qquad = \dfrac{1}{22}(2x-3)^{11} + C.$

【1657】 $\int \sqrt[3]{1-3x}\,\mathrm{d}x.$

解 $\int \sqrt[3]{1-3x}\,\mathrm{d}x = -\dfrac{1}{3}\int (1-3x)^{\frac{1}{3}}\,\mathrm{d}(1-3x)$

$$=-\frac{1}{3}\cdot\frac{3}{4}(1-3x)^{\frac{4}{3}}+C$$
$$=-\frac{1}{4}(1-3x)\sqrt[3]{1-3x}+C.$$

【1658】 $\int\frac{\mathrm{d}x}{\sqrt{2-5x}}.$

解 $\int\frac{\mathrm{d}x}{\sqrt{2-5x}}$
$$=-\frac{1}{5}\int(2-5x)^{-\frac{1}{2}}\mathrm{d}(2-5x)=-\frac{1}{5}\cdot 2(2-5x)^{\frac{1}{2}}+C$$
$$=-\frac{2}{5}\sqrt{2-5x}+C.$$

【1659】 $\int\frac{\mathrm{d}x}{(5x-2)^{\frac{5}{2}}}.$

解 $\int\frac{\mathrm{d}x}{(5x-2)^{\frac{5}{2}}}=\frac{1}{5}\int(5x-2)^{-\frac{5}{2}}\mathrm{d}(5x-2)$
$$=\frac{1}{5}\cdot\left(-\frac{2}{3}\right)(5x-2)^{-\frac{3}{2}}+C$$
$$=-\frac{2}{15(5x-2)\sqrt{5x-2}}+C.$$

【1660】 $\int\frac{\sqrt[5]{1-2x+x^2}}{1-x}\mathrm{d}x.$

解 $\int\frac{\sqrt[5]{1-2x+x^2}}{1-x}\mathrm{d}x=-\int(1-x)^{-\frac{3}{5}}\mathrm{d}(1-x)$
$$=-\frac{5}{2}(1-x)^{\frac{2}{5}}+C=-\frac{5}{2}\sqrt[5]{(1-x)^2}+C.$$

【1661】 $\int\frac{\mathrm{d}x}{2+3x^2}.$

解 $\int\frac{\mathrm{d}x}{2+3x^2}=\frac{1}{2}\cdot\frac{\sqrt{2}}{\sqrt{3}}\int\frac{\mathrm{d}\left(\sqrt{\frac{3}{2}}x\right)}{1+\left(\sqrt{\frac{3}{2}}x\right)^2}$
$$=\frac{1}{\sqrt{6}}\arctan\left(\sqrt{\frac{3}{2}}x\right)+C.$$

【1662】 $\int\frac{\mathrm{d}x}{2-3x^2}.$

解 $\displaystyle\int\frac{\mathrm{d}x}{2-3x^2}=\frac{1}{\sqrt{6}}\int\frac{\mathrm{d}\left(\sqrt{\frac{3}{2}}x\right)}{1-\left(\sqrt{\frac{3}{2}}x\right)^2}$

$\displaystyle\qquad\qquad=\frac{1}{\sqrt{6}}\cdot\frac{1}{2}\ln\left|\frac{1+\sqrt{\frac{3}{2}}x}{1-\sqrt{\frac{3}{2}}x}\right|+C$

$\displaystyle\qquad\qquad=\frac{1}{2\sqrt{6}}\ln\left|\frac{\sqrt{2}+\sqrt{3}x}{\sqrt{2}-\sqrt{3}x}\right|+C.$

【1663】 $\displaystyle\int\frac{\mathrm{d}x}{\sqrt{2-3x^2}}.$

解 $\displaystyle\int\frac{\mathrm{d}x}{\sqrt{2-3x^2}}=\frac{1}{\sqrt{3}}\int\frac{\mathrm{d}\left(\sqrt{\frac{3}{2}}x\right)}{\sqrt{1-\left(\sqrt{\frac{3}{2}}x\right)^2}}$

$\displaystyle\qquad\qquad=\frac{1}{\sqrt{3}}\arcsin\left(\sqrt{\frac{3}{2}}x\right)+C.$

【1664】 $\displaystyle\int\frac{\mathrm{d}x}{\sqrt{3x^2-2}}.$

解 $\displaystyle\int\frac{\mathrm{d}x}{\sqrt{3x^2-2}}=\frac{1}{\sqrt{3}}\int\frac{\mathrm{d}\left(\sqrt{\frac{3}{2}}x\right)}{\sqrt{\left(\sqrt{\frac{3}{2}}x\right)^2-1}}$

$\displaystyle=\frac{1}{\sqrt{3}}\ln\left|\sqrt{\frac{3}{2}}x+\sqrt{\left(\sqrt{\frac{3}{2}}x\right)^2-1}\right|+C_1$

$\displaystyle=\frac{1}{\sqrt{3}}\ln|\sqrt{3}x+\sqrt{3x^2-2}|+C$

其中 $C=C_1-\dfrac{\ln 2}{2\sqrt{3}}.$

【1665】 $\displaystyle\int(\mathrm{e}^{-x}+\mathrm{e}^{-2x})\mathrm{d}x.$

解 $\displaystyle\int(\mathrm{e}^{-x}+\mathrm{e}^{-2x})\mathrm{d}x=-\int\mathrm{e}^{-x}\mathrm{d}(-x)-\frac{1}{2}\int\mathrm{e}^{-2x}\mathrm{d}(-2x)$

$\displaystyle\qquad\qquad=-\mathrm{e}^{-x}-\frac{1}{2}\mathrm{e}^{-2x}+C.$

【1666】 $\int (\sin 5x - \sin 5\alpha)\,dx$.

解 $\int (\sin 5x - \sin 5\alpha)\,dx = -\dfrac{1}{5}\cos 5x - x\sin 5\alpha + C.$

【1667】 $\int \dfrac{dx}{\sin^2\left(2x + \dfrac{\pi}{4}\right)}$.

解 $\int \dfrac{dx}{\sin^2\left(2x + \dfrac{\pi}{4}\right)} = \dfrac{1}{2}\int \dfrac{d\left(2x + \dfrac{\pi}{4}\right)}{\sin^2\left(2x + \dfrac{\pi}{4}\right)}$

$= -\dfrac{1}{2}\cot\left(2x + \dfrac{\pi}{4}\right) + C.$

【1668】 $\int \dfrac{dx}{1 + \cos x}$.

解 $\int \dfrac{dx}{1 + \cos x} = \int \dfrac{d\left(\dfrac{x}{2}\right)}{\cos^2\left(\dfrac{x}{2}\right)} = \tan\dfrac{x}{2} + C.$

【1669】 $\int \dfrac{dx}{1 - \cos x}$.

解 $\int \dfrac{dx}{1 - \cos x} = \int \dfrac{d\left(\dfrac{x}{2}\right)}{\sin^2\left(\dfrac{x}{2}\right)} = -\cot\dfrac{x}{2} + C.$

【1670】 $\int \dfrac{dx}{1 + \sin x}$.

解 $\int \dfrac{dx}{1 + \sin x} = -\int \dfrac{d\left(\dfrac{\pi}{2} - x\right)}{1 + \cos\left(\dfrac{\pi}{2} - x\right)}$

$= -\tan\left(\dfrac{\pi}{4} - \dfrac{x}{2}\right) + C.$

【1671】 $\int [\operatorname{sh}(2x+1) + \operatorname{ch}(2x-1)]\,dx$.

解 $\int [\operatorname{sh}(2x+1) + \operatorname{ch}(2x-1)]\,dx$

$= \dfrac{1}{2}\int \operatorname{sh}(2x+1)\,d(2x+1) + \dfrac{1}{2}\int \operatorname{ch}(2x-1)\,d(2x-1)$

$$= \frac{1}{2}[\operatorname{ch}(2x+1) + \operatorname{sh}(2x-1)] + C.$$

【1672】 $\int \dfrac{\mathrm{d}x}{\operatorname{ch}^2 \dfrac{x}{2}}.$

解 $\int \dfrac{\mathrm{d}x}{\operatorname{ch}^2 \dfrac{x}{2}} = 2\int \dfrac{\mathrm{d}\left(\dfrac{x}{2}\right)}{\operatorname{ch}^2 \dfrac{x}{2}} = 2\operatorname{th}\dfrac{x}{2} + C.$

【1673】 $\int \dfrac{\mathrm{d}x}{\operatorname{sh}^2 \dfrac{x}{2}}.$

解 $\int \dfrac{\mathrm{d}x}{\operatorname{sh}^2 \dfrac{x}{2}} = 2\int \dfrac{\mathrm{d}\left(\dfrac{x}{2}\right)}{\operatorname{sh}^2 \dfrac{x}{2}} = -2\operatorname{cth}\dfrac{x}{2} + C.$

通过适当地变换被积表达式,求解下列积分(1674～1720).

【1674】 $\int \dfrac{x\mathrm{d}x}{\sqrt{1-x^2}}.$

解 $\int \dfrac{x\mathrm{d}x}{\sqrt{1-x^2}} = -\dfrac{1}{2}\int \dfrac{\mathrm{d}(1-x^2)}{\sqrt{1-x^2}} = -\sqrt{1-x^2} + C.$

【1675】 $\int x^2 \sqrt[3]{1+x^3}\mathrm{d}x.$

解 $\int x^2 \sqrt[3]{1+x^3}\mathrm{d}x = \dfrac{1}{3}\int (1+x^3)^{\frac{1}{3}}\mathrm{d}(1+x^3)$
$$= \dfrac{1}{4}(1+x^3)^{\frac{4}{3}} + C.$$

【1676】 $\int \dfrac{x\mathrm{d}x}{3-2x^2}.$

解 $\int \dfrac{x\mathrm{d}x}{3-2x^2} = -\dfrac{1}{4}\int \dfrac{\mathrm{d}(3-2x^2)}{(3-2x^2)}$
$$= -\dfrac{1}{4}\ln|3-2x^2| + C.$$

【1677】 $\int \dfrac{x\mathrm{d}x}{(1+x^2)^2}.$

解 $\int \dfrac{x\mathrm{d}x}{(1+x^2)^2} = \dfrac{1}{2}\int \dfrac{\mathrm{d}(1+x^2)}{(1+x^2)^2} = -\dfrac{1}{2}\cdot\dfrac{1}{1+x^2} + C.$

【1678】 $\int \dfrac{x\mathrm{d}x}{4+x^4}.$

解 $\int \dfrac{x\mathrm{d}x}{4+x^4} = \dfrac{1}{4}\int \dfrac{\mathrm{d}\left(\dfrac{x^2}{2}\right)}{1+\left(\dfrac{x^2}{2}\right)^2} = \dfrac{1}{4}\arctan\dfrac{x^2}{2}+C.$

【1679】 $\int \dfrac{x^3\mathrm{d}x}{x^8-2}.$

解 $\int \dfrac{x^3\mathrm{d}x}{x^8-2} = \dfrac{1}{4}\int \dfrac{\mathrm{d}(x^4)}{(x^4)^2-(\sqrt{2})^2}$

$= \dfrac{1}{8\sqrt{2}}\ln\left|\dfrac{x^4-\sqrt{2}}{x^4+\sqrt{2}}\right|+C.$

【1680】 $\int \dfrac{\mathrm{d}x}{(1+x)\sqrt{x}}.$

提示：$\dfrac{\mathrm{d}x}{\sqrt{x}} = 2\mathrm{d}(\sqrt{x}).$

解 $\int \dfrac{\mathrm{d}x}{(1+x)\sqrt{x}} = 2\int \dfrac{\mathrm{d}(\sqrt{x})}{1+(\sqrt{x})^2} = 2\arctan\sqrt{x}+C.$

【1681】 $\int \sin\dfrac{1}{x}\cdot\dfrac{\mathrm{d}x}{x^2}.$

解 $\int \sin\dfrac{1}{x}\cdot\dfrac{\mathrm{d}x}{x^2} = -\int \sin\dfrac{1}{x}\mathrm{d}\left(\dfrac{1}{x}\right) = \cos\dfrac{1}{x}+C.$

【1682】 $\int \dfrac{\mathrm{d}x}{x\sqrt{x^2+1}}.$

解 $\int \dfrac{\mathrm{d}x}{x\sqrt{x^2+1}} = \int \dfrac{\mathrm{d}x}{x\mid x\mid\sqrt{1+\dfrac{1}{x^2}}}$

$= -\int \dfrac{\mathrm{d}\left(\dfrac{1}{\mid x\mid}\right)}{\sqrt{1+\left(\dfrac{1}{\mid x\mid}\right)^2}}$

$= -\ln\left|\dfrac{1}{\mid x\mid}+\sqrt{1+\dfrac{1}{x^2}}\right|+C.$

$= -\ln\left|\dfrac{1+\sqrt{x^2+1}}{x}\right|+C.$

【1683】 $\int \dfrac{\mathrm{d}x}{x\sqrt{x^2-1}}.$

解 令 $x=\dfrac{1}{t}$,则有

$$\int\dfrac{\mathrm{d}x}{x\sqrt{x^2-1}}=\int\dfrac{-\dfrac{1}{t^2}\mathrm{d}t}{\dfrac{1}{t}\sqrt{\dfrac{1}{t^2}-1}}$$

$$=-\int\dfrac{|t|}{t}\dfrac{\mathrm{d}t}{\sqrt{1-t^2}}=-\operatorname{sgn}t\cdot\int\dfrac{\mathrm{d}t}{\sqrt{1-t^2}}$$

$$=-\operatorname{sgn}t\cdot\arcsin t+C=-\operatorname{sgn}\dfrac{1}{x}\cdot\arcsin\dfrac{1}{x}+C.$$

【1684】 $\displaystyle\int\dfrac{\mathrm{d}x}{(x^2+1)^{\frac{3}{2}}}.$

解 令 $x=\dfrac{1}{t}$,则有

$$\int\dfrac{\mathrm{d}x}{(x^2+1)^{\frac{3}{2}}}=\int\dfrac{-\dfrac{1}{t^2}\mathrm{d}t}{\left(\dfrac{1}{t^2}+1\right)^{\frac{3}{2}}}=\int\dfrac{-\dfrac{1}{t^2}\mathrm{d}t}{\dfrac{(1+t^2)^{\frac{3}{2}}}{|t|^3}}$$

$$=-\int\dfrac{\operatorname{sgn}t\cdot t\mathrm{d}t}{(1+t^2)^{\frac{3}{2}}}=-\dfrac{1}{2}\operatorname{sgn}t\int\dfrac{\mathrm{d}(1+t^2)}{(1+t^2)^{\frac{3}{2}}}$$

$$=(1+t^2)^{-\frac{1}{2}}\cdot\operatorname{sgn}t+C=\left(1+\dfrac{1}{x^2}\right)^{-\frac{1}{2}}\operatorname{sgn}x+C$$

$$=\dfrac{x}{\sqrt{1+x^2}}+C.$$

【1685】 $\displaystyle\int\dfrac{x\mathrm{d}x}{(x^2-1)^{\frac{3}{2}}}.$

解 $\displaystyle\int\dfrac{x\mathrm{d}x}{(x^2-1)^{\frac{3}{2}}}$

$$=\dfrac{1}{2}\int(x^2-1)^{-\frac{3}{2}}\mathrm{d}(x^2-1)=-\dfrac{1}{\sqrt{x^2-1}}+C.$$

【1686】 $\displaystyle\int\dfrac{x^2\mathrm{d}x}{(8x^3+27)^{\frac{2}{3}}}.$

解 $\displaystyle\int\dfrac{x^2\mathrm{d}x}{(8x^3+27)^{\frac{2}{3}}}=\dfrac{1}{24}\int(8x^3+27)^{-\frac{2}{3}}\mathrm{d}(8x^3+27)$

$$=\dfrac{1}{8}\sqrt[3]{8x^3+27}+C.$$

【1687】 $\int \dfrac{\mathrm{d}x}{\sqrt{x(1+x)}}$.

解 由 $x(1+x)>0$，知 $x>0$ 或 $x<-1$.

当 $x>0$ 时，

$$\int \dfrac{\mathrm{d}x}{\sqrt{x(1+x)}} = 2\int \dfrac{\mathrm{d}(\sqrt{x})}{\sqrt{1+(\sqrt{x})^2}}$$

$$= 2\ln|\sqrt{x}+\sqrt{1+x}|+C.$$

当 $x<-1$ 时，

$$\int \dfrac{\mathrm{d}x}{\sqrt{x(1+x)}} = -\int \dfrac{\mathrm{d}[-(1+x)]}{\sqrt{(-x)[-(1+x)]}}$$

$$= -2\int \dfrac{\mathrm{d}(\sqrt{-(1+x)})}{\sqrt{1+(\sqrt{-(1+x)})^2}}$$

$$= -2\ln|\sqrt{-x}+\sqrt{-(1+x)}|+C.$$

总之 $\int \dfrac{\mathrm{d}x}{\sqrt{x(1+x)}} = 2\mathrm{sgn}\,x \cdot \ln(\sqrt{|x|}+\sqrt{|1+x|})+C.$

【1688】 $\int \dfrac{\mathrm{d}x}{\sqrt{x(1-x)}}$.

解 要使 $x(1-x)>0$，必须 $0<x<1$，所以

$$\int \dfrac{\mathrm{d}x}{\sqrt{x(1-x)}} = 2\int \dfrac{\mathrm{d}(\sqrt{x})}{\sqrt{1-(\sqrt{x})^2}} = 2\arcsin\sqrt{x}+C.$$

【1689】 $\int x\mathrm{e}^{-x^2}\mathrm{d}x$.

解 $\int x\mathrm{e}^{-x^2}\mathrm{d}x = -\dfrac{1}{2}\int \mathrm{e}^{-x^2}\mathrm{d}(-x^2) = -\dfrac{1}{2}\mathrm{e}^{-x^2}+C.$

【1690】 $\int \dfrac{\mathrm{e}^x\mathrm{d}x}{2+\mathrm{e}^x}$.

解 $\int \dfrac{\mathrm{e}^x\mathrm{d}x}{2+\mathrm{e}^x} = \int \dfrac{\mathrm{d}(2+\mathrm{e}^x)}{2+\mathrm{e}^x} = \ln(2+\mathrm{e}^x)+C.$

【1691】 $\int \dfrac{\mathrm{d}x}{\mathrm{e}^x+\mathrm{e}^{-x}}$.

解 $\int \dfrac{\mathrm{d}x}{\mathrm{e}^x+\mathrm{e}^{-x}} = \int \dfrac{\mathrm{d}(\mathrm{e}^x)}{(\mathrm{e}^x)^2+1} = \arctan(\mathrm{e}^x)+C.$

【1692】 $\int \dfrac{\mathrm{d}x}{\sqrt{1+\mathrm{e}^{2x}}}$.

解 $\int \dfrac{\mathrm{d}x}{\sqrt{1+e^{2x}}} = \int \dfrac{\mathrm{d}x}{e^x\sqrt{1+e^{-2x}}} = -\int \dfrac{\mathrm{d}(e^{-x})}{\sqrt{1+(e^{-x})^2}}$

$= -\ln(e^{-x}+\sqrt{1+e^{-2x}})+C.$

【1693】 $\int \dfrac{\ln^2 x}{x}\mathrm{d}x.$

解 $\int \dfrac{\ln^2 x}{x}\mathrm{d}x = \int \ln^2 x\,\mathrm{d}(\ln x) = \dfrac{1}{3}\ln^3 x + C.$

【1694】 $\int \dfrac{\mathrm{d}x}{x\ln x\ln(\ln x)}.$

解 $\int \dfrac{\mathrm{d}x}{x\ln x\ln(\ln x)} = \int \dfrac{\mathrm{d}(\ln x)}{\ln x\ln(\ln x)}$

$= \int \dfrac{\mathrm{d}[\ln(\ln x)]}{\ln(\ln x)} = \ln|\ln(\ln x)|+C.$

【1695】 $\int \sin^5 x\cos x\,\mathrm{d}x.$

解 $\int \sin^5 x\cos x\,\mathrm{d}x = \int \sin^5 x\,\mathrm{d}(\sin x)$

$= \dfrac{1}{6}\sin^6 x + C.$

【1696】 $\int \dfrac{\sin x}{\sqrt{\cos^3 x}}\mathrm{d}x.$

解 $\int \dfrac{\sin x}{\sqrt{\cos^3 x}}\mathrm{d}x = -\int \cos^{-\frac{3}{2}} x\,\mathrm{d}(\cos x)$

$= 2\cos^{-\frac{1}{2}} x + C = \dfrac{2}{\sqrt{\cos x}} + C.$

【1697】 $\int \tan x\,\mathrm{d}x.$

解 $\int \tan x\,\mathrm{d}x = \int \dfrac{\sin x}{\cos x}\mathrm{d}x = -\int \dfrac{\mathrm{d}(\cos x)}{\cos x}$

$= -\ln|\cos x|+C.$

【1698】 $\int \cot x\,\mathrm{d}x.$

解 $\int \cot x\,\mathrm{d}x = \int \dfrac{\cos x}{\sin x}\mathrm{d}x = \int \dfrac{\mathrm{d}(\sin x)}{\sin x}$

$= \ln|\sin x|+C.$

【1699】 $\int \dfrac{\sin x+\cos x}{\sqrt[3]{\sin x-\cos x}}\mathrm{d}x.$

解 $\displaystyle\int \frac{\sin x + \cos x}{\sqrt[3]{\sin x - \cos x}} dx$

$= \displaystyle\int (\sin x - \cos x)^{-\frac{1}{3}} d(\sin x - \cos x)$

$= \dfrac{3}{2} \sqrt[3]{(\sin x - \cos x)^2} + C.$

【1700】 $\displaystyle\int \frac{\sin x \cos x}{\sqrt{a^2 \sin^2 x + b^2 \cos^2 x}} dx.$

解 当 $|a| = |b| \neq 0$ 时,

$\displaystyle\int \frac{\sin x \cos x}{\sqrt{a^2 \sin^2 x + b^2 \cos^2 x}} dx = \frac{1}{|a|} \int \sin x \cos x \, dx$

$= \dfrac{1}{|a|} \displaystyle\int \sin x \, d(\sin x) = \dfrac{1}{2|a|} \sin^2 x + C.$

当 $|a| \neq |b|$ 时,

$\displaystyle\int \frac{\sin x \cos x}{\sqrt{a^2 \sin^2 x + b^2 \cos^2 x}} dx$

$= \dfrac{1}{2} \displaystyle\int \frac{d(\sin^2 x)}{\sqrt{(a^2 - b^2) \sin^2 x + b^2}}$

$= \dfrac{1}{a^2 - b^2} \sqrt{(a^2 - b^2) \sin^2 x + b^2} + C$

$= \dfrac{\sqrt{a^2 \sin^2 x + b^2 \cos^2 x}}{a^2 - b^2} + C.$

【1700.1】 $\displaystyle\int \frac{\sin x}{\sqrt{\cos 2x}} dx.$

解 $\displaystyle\int \frac{\sin x}{\sqrt{\cos 2x}} dx = -\frac{1}{\sqrt{2}} \int \frac{d(\sqrt{2} \cos x)}{\sqrt{(\sqrt{2} \cos x)^2 - 1}}$

$= -\dfrac{1}{\sqrt{2}} \ln |\sqrt{2} \cos x + \sqrt{2\cos^2 x - 1}| + C.$

【1700.2】 $\displaystyle\int \frac{\cos x}{\sqrt{\cos 2x}} dx.$

解 $\displaystyle\int \frac{\cos x}{\sqrt{\cos 2x}} dx = \frac{1}{\sqrt{2}} \int \frac{d(\sqrt{2} \sin x)}{\sqrt{1 - (\sqrt{2} \sin x)^2}}$

$= \dfrac{1}{\sqrt{2}} \arcsin(\sqrt{2} \sin x) + C.$

【1700.3】 $\int \dfrac{\mathrm{sh}x}{\sqrt{\mathrm{ch}2x}}\mathrm{d}x.$

解 $\int \dfrac{\mathrm{sh}x}{\sqrt{\mathrm{ch}2x}}\mathrm{d}x$

$= \int \dfrac{\mathrm{sh}x}{\sqrt{2\mathrm{ch}^2 x-1}}\mathrm{d}x = \dfrac{1}{\sqrt{2}}\int \dfrac{\mathrm{d}(\sqrt{2}\mathrm{ch}x)}{\sqrt{(\sqrt{2}\mathrm{ch}x)^2-1}}$

$= \dfrac{1}{\sqrt{2}}\ln(\sqrt{2}\mathrm{ch}x + \sqrt{2\mathrm{ch}^2 x-1}) + C.$

【1701】 $\int \dfrac{\mathrm{d}x}{\sin^2 x \sqrt[4]{\cot x}}.$

解 $\int \dfrac{\mathrm{d}x}{\sin^2 x \sqrt[4]{\cot x}} = -\int (\cot x)^{-\frac{1}{4}} \mathrm{d}(\cot x)$

$= -\dfrac{4}{3}\sqrt[4]{\cot^3 x} + C.$

【1702】 $\int \dfrac{\mathrm{d}x}{\sin^2 x + 2\cos^2 x}.$

解 $\int \dfrac{\mathrm{d}x}{\sin^2 x + 2\cos^2 x}$

$= \int \dfrac{1}{\tan^2 x + 2} \cdot \dfrac{1}{\cos^2 x}\mathrm{d}x = \dfrac{1}{\sqrt{2}}\int \dfrac{1}{1+\left(\dfrac{\tan x}{\sqrt{2}}\right)^2}\mathrm{d}\left(\dfrac{\tan x}{\sqrt{2}}\right)$

$= \dfrac{1}{\sqrt{2}}\arctan\left(\dfrac{\tan x}{\sqrt{2}}\right) + C.$

【1703】 $\int \dfrac{\mathrm{d}x}{\sin x}.$

解 $\int \dfrac{\mathrm{d}x}{\sin x} = \int \dfrac{\mathrm{d}x}{2\sin \dfrac{x}{2}\cos \dfrac{x}{2}} = \int \dfrac{\mathrm{d}\left(\dfrac{x}{2}\right)}{\tan \dfrac{x}{2} \cdot \cos^2 \dfrac{x}{2}}$

$= \int \dfrac{\mathrm{d}\left(\tan \dfrac{x}{2}\right)}{\tan \dfrac{x}{2}} = \ln\left|\tan \dfrac{x}{2}\right| + C.$

【1704】 $\int \dfrac{\mathrm{d}x}{\cos x}.$

解 $\int \dfrac{\mathrm{d}x}{\cos x} = \int \dfrac{\mathrm{d}\left(x+\dfrac{\pi}{2}\right)}{\sin\left(x+\dfrac{\pi}{2}\right)}$

$\qquad = \ln\left|\tan\left(\dfrac{x}{2}+\dfrac{\pi}{4}\right)\right|+C.$

【1705】 $\int \dfrac{\mathrm{d}x}{\operatorname{sh} x}.$

解 $\int \dfrac{\mathrm{d}x}{\operatorname{sh} x} = \int \dfrac{\mathrm{d}\left(\dfrac{x}{2}\right)}{\operatorname{sh}\dfrac{x}{2}\operatorname{ch}\dfrac{x}{2}} = \int \dfrac{1}{\operatorname{th}\dfrac{x}{2}} \cdot \dfrac{\mathrm{d}\left(\dfrac{x}{2}\right)}{\operatorname{ch}^2\dfrac{x}{2}}$

$\qquad = \int \dfrac{\mathrm{d}\left(\operatorname{th}\dfrac{x}{2}\right)}{\operatorname{th}\dfrac{x}{2}} = \ln\left|\operatorname{th}\dfrac{x}{2}\right|+C.$

【1706】 $\int \dfrac{\mathrm{d}x}{\operatorname{ch} x}.$

解 $\int \dfrac{\mathrm{d}x}{\operatorname{ch} x} = \int \dfrac{2\mathrm{d}x}{\mathrm{e}^x+\mathrm{e}^{-x}} = 2\int \dfrac{\mathrm{d}(\mathrm{e}^x)}{1+(\mathrm{e}^x)^2}$

$\qquad = 2\arctan(\mathrm{e}^x)+C.$

【1707】 $\int \dfrac{\operatorname{sh} x \operatorname{ch} x}{\sqrt{\operatorname{sh}^4 x+\operatorname{ch}^4 x}}\mathrm{d}x.$

解 因为
$$\operatorname{sh}^4 x + \operatorname{ch}^4 x = (\operatorname{sh}^2 x + \operatorname{ch}^2 x)^2 - 2\operatorname{sh}^2 x \operatorname{ch}^2 x$$
$$= \operatorname{ch}^2 2x - \dfrac{1}{2}\operatorname{sh}^2 2x = \dfrac{1+\operatorname{ch}^2 2x}{2},$$

所以 $\int \dfrac{\operatorname{sh} x \operatorname{ch} x}{\sqrt{\operatorname{sh}^4 x+\operatorname{ch}^4 x}}\mathrm{d}x$

$\qquad = \sqrt{2}\int \dfrac{\dfrac{1}{4}\mathrm{d}(\operatorname{ch} 2x)}{\sqrt{1+\operatorname{ch}^2 2x}}$

$\qquad = \dfrac{\sqrt{2}}{4}\ln(\operatorname{ch} 2x+\sqrt{1+\operatorname{ch}^2 2x})+C.$

【1708】 $\int \dfrac{\mathrm{d}x}{\operatorname{ch}^2 x \sqrt[3]{\operatorname{th}^2 x}}.$

解 $\int \dfrac{\mathrm{d}x}{\operatorname{ch}^2 x \sqrt[3]{\operatorname{th}^2 x}} = \int (\operatorname{th} x)^{-\frac{2}{3}}\mathrm{d}(\operatorname{th} x) = 3\sqrt[3]{\operatorname{th} x}+C.$

【1709】 $\int \dfrac{\arctan x}{1+x^2} dx$.

解 $\int \dfrac{\arctan x}{1+x^2} dx = \int \arctan x \, d(\arctan x) = \dfrac{1}{2}(\arctan x)^2 + C$.

【1710】 $\int \dfrac{dx}{(\arcsin x)^2 \sqrt{1-x^2}}$.

解 $\int \dfrac{dx}{(\arcsin x)^2 \sqrt{1-x^2}} = \int \dfrac{d(\arcsin x)}{(\arcsin x)^2} = -\dfrac{1}{\arcsin x} + C$.

【1711】 $\int \sqrt{\dfrac{\ln(x+\sqrt{1+x^2})}{1+x^2}} dx$.

解 $\int \sqrt{\dfrac{\ln(x+\sqrt{1+x^2})}{1+x^2}} dx$

$= \int [\ln(x+\sqrt{1+x^2})]^{\frac{1}{2}} d[\ln(x+\sqrt{1+x^2})]$

$= \dfrac{2}{3}[\ln(x+\sqrt{1+x^2})]^{\frac{3}{2}} + C$.

【1712】 $\int \dfrac{x^2+1}{x^4+1} dx$.

提示：$\left(1+\dfrac{1}{x^2}\right)dx = d\left(x-\dfrac{1}{x}\right)$.

解 $\int \dfrac{x^2+1}{x^4+1} dx = \int \dfrac{1+\dfrac{1}{x^2}}{x^2+\dfrac{1}{x^2}} dx$

$= \int \dfrac{d\left(x-\dfrac{1}{x}\right)}{\left(x-\dfrac{1}{x}\right)^2 + 2} = \dfrac{1}{\sqrt{2}} \arctan \dfrac{x^2-1}{\sqrt{2}x} + C$.

【1713】 $\int \dfrac{x^2-1}{x^4+1} dx$.

解 $\int \dfrac{x^2-1}{x^4+1} dx = \int \dfrac{1-\dfrac{1}{x^2}}{x^2+\dfrac{1}{x^2}} dx = \int \dfrac{d\left(x+\dfrac{1}{x}\right)}{\left(x+\dfrac{1}{x}\right)^2 - 2}$

$$= \frac{1}{\sqrt{2}} \int \frac{d\left(\frac{x+\frac{1}{x}}{\sqrt{2}}\right)}{\left[\frac{1}{\sqrt{2}}\left(x+\frac{1}{x}\right)\right]^2 - 1}$$

$$= \frac{1}{2\sqrt{2}} \ln \frac{\frac{1}{\sqrt{2}}\left(x+\frac{1}{x}\right) - 1}{\frac{1}{\sqrt{2}}\left(x+\frac{1}{x}\right) + 1} + C$$

$$= \frac{1}{2\sqrt{2}} \ln \left(\frac{x^2 - \sqrt{2}x + 1}{x^2 + \sqrt{2}x + 1}\right) + C.$$

【1714】 $\int \frac{x^{14} dx}{(x^5+1)^4}$.

解 $\int \frac{x^{14} dx}{(x^5+1)^4} = \int \frac{x^{14} dx}{x^{20}(1+x^{-5})^4} = -\frac{1}{5} \int \frac{d(1+x^{-5})}{(1+x^{-5})^4}$

$= \frac{1}{15}(1+x^{-5})^{-3} + C_1 = \frac{x^{15}}{15(x^5+1)^3} + C_1$

$= \frac{(x^5+1)^3 - 3x^{10} - 3x^5 - 1}{15(x^5+1)^3} + C_1$

$= -\frac{3x^{10} + 3x^5 + 1}{15(x^5+1)^3} + C,$

其中 $C = C_1 + \frac{1}{15}$.

【1715】 $\int \frac{x^{\frac{n}{2}}}{\sqrt{1+x^{n+2}}} dx$.

解 当 $n = -2$ 时,

$$\int \frac{x^{\frac{n}{2}}}{\sqrt{1+x^{n+2}}} dx = \int \frac{dx}{\sqrt{2}x} = \frac{1}{\sqrt{2}} \ln |x| + C.$$

当 $n \neq -2$ 时,

$$\int \frac{x^{\frac{n}{2}}}{\sqrt{1+x^{n+2}}} dx = \frac{2}{n+2} \int \frac{d(x^{\frac{n+2}{2}})}{\sqrt{1+(x^{\frac{n+2}{2}})^2}}$$

$$= \frac{2}{n+2} \ln(x^{\frac{n+2}{2}} + \sqrt{1+x^{n+2}}) + C.$$

【1716】 $\int \frac{1}{1-x^2} \ln \frac{1+x}{1-x} dx.$

解 $\int \dfrac{1}{1-x^2}\ln\dfrac{1+x}{1-x}\mathrm{d}x = \dfrac{1}{2}\int \ln\dfrac{1+x}{1-x}\mathrm{d}\left(\ln\dfrac{1+x}{1-x}\right)$

$\qquad\qquad\qquad = \dfrac{1}{4}\ln^2\dfrac{1+x}{1-x} + C.$

【1717】 $\int \dfrac{\cos x \mathrm{d}x}{\sqrt{2+\cos 2x}}.$

解 $\int \dfrac{\cos x \mathrm{d}x}{\sqrt{2+\cos 2x}} = \int \dfrac{\mathrm{d}(\sin x)}{\sqrt{3-2\sin^2 x}}$

$\qquad = \dfrac{1}{\sqrt{2}}\int \dfrac{\mathrm{d}\left(\sqrt{\dfrac{2}{3}}\sin x\right)}{\sqrt{1-\left(\sqrt{\dfrac{2}{3}}\sin x\right)^2}} = \dfrac{1}{\sqrt{2}}\arcsin\left(\sqrt{\dfrac{2}{3}}\sin x\right) + C.$

【1718】 $\int \dfrac{\sin x \cos x}{\sin^4 x + \cos^4 x}\mathrm{d}x.$

解 因为
$$\sin^4 x + \cos^4 x = (\sin^2 x + \cos^2 x)^2 - 2\sin^2 x \cos^2 x$$
$$\qquad = 1 - \dfrac{1}{2}\sin^2 2x = \dfrac{1+\cos^2 2x}{2},$$

所以
$\int \dfrac{\sin x \cos x}{\sin^4 x + \cos^4 x}\mathrm{d}x = \dfrac{1}{2}\int \dfrac{\sin 2x \mathrm{d}x}{1 - \dfrac{1}{2}\sin^2 2x}$

$\qquad = -\dfrac{1}{4}\int \dfrac{\mathrm{d}(\cos 2x)}{\dfrac{1+\cos^2 2x}{2}} = -\dfrac{1}{2}\arctan(\cos 2x) + C.$

【1719】 $\int \dfrac{2^x \cdot 3^x}{9^x - 4^x}\mathrm{d}x.$

解 $\int \dfrac{2^x \cdot 3^x}{9^x - 4^x}\mathrm{d}x = \int \dfrac{\left(\dfrac{3}{2}\right)^x}{\left[\left(\dfrac{3}{2}\right)^x\right]^2 - 1}\mathrm{d}x$

$\qquad = \dfrac{1}{\ln 3 - \ln 2}\int \dfrac{\mathrm{d}\left[\left(\dfrac{3}{2}\right)^x\right]}{\left[\left(\dfrac{3}{2}\right)^x\right]^2 - 1}$

$\qquad = \dfrac{1}{2(\ln 3 - \ln 2)}\ln\left|\dfrac{\left(\dfrac{3}{2}\right)^x - 1}{\left(\dfrac{3}{2}\right)^x + 1}\right| + C$

$$= \frac{1}{2(\ln 3 - \ln 2)} \ln \left| \frac{3^x - 2^x}{3^x + 2^x} \right| + C.$$

【1720】 $\int \frac{x \mathrm{d}x}{\sqrt{1+x^2} + \sqrt{(1+x^2)^3}}.$

解 $\int \frac{x \mathrm{d}x}{\sqrt{1+x^2} + \sqrt{(1+x^2)^3}}$

$$= \frac{1}{2} \int \frac{\mathrm{d}(1+x^2)}{\sqrt{1+x^2} \sqrt{1+\sqrt{1+x^2}}}$$

$$= \int \frac{\mathrm{d}(1+\sqrt{1+x^2})}{\sqrt{1+\sqrt{1+x^2}}} = 2\sqrt{1+\sqrt{1+x^2}} + C.$$

用分项积分法计算下列积分(1721 ~ 1765).

【1721】 $\int x^2 (2-3x^2)^2 \mathrm{d}x.$

解 $\int x^2 (2-3x^2)^2 \mathrm{d}x = \int (4x^2 - 12x^4 + 9x^6) \mathrm{d}x$

$$= \frac{4}{3}x^3 - \frac{12}{5}x^5 + \frac{9}{7}x^7 + C.$$

【1721.1】 $\int x(1-x)^{10} \mathrm{d}x.$

解 法一：$\int x(1-x)^{10} \mathrm{d}x = -\frac{1}{11} \int x \mathrm{d}[(1-x)^{11}]$

$$= -\frac{1}{11} x(1-x)^{11} + \frac{1}{11} \int (1-x)^{11} \mathrm{d}x$$

$$= -\frac{1}{11} x(1-x)^{11} - \frac{1}{132}(1-x)^{12} + C.$$

法二：$\int x(1-x)^{10} \mathrm{d}x = \int [(x-1)+1](x-1)^{10} \mathrm{d}x$

$$= \int [(x-1)^{11} + (x-1)^{10}] \mathrm{d}x$$

$$= \frac{1}{12}(x-1)^{12} + \frac{1}{11}(x-1)^{11} + C.$$

【1722】 $\int \frac{1+x}{1-x} \mathrm{d}x.$

解 $\int \frac{1+x}{1-x} \mathrm{d}x = \int \left(-1 + \frac{2}{1-x}\right) \mathrm{d}x$

$$= -x - 2\ln|1-x| + C.$$

第三章 不定积分 §1. 最简单的不定积分

【1723】 $\int \dfrac{x^2}{1+x}\mathrm{d}x.$

解 $\int \dfrac{x^2}{1+x}\mathrm{d}x = \int \left(x-1+\dfrac{1}{1+x}\right)\mathrm{d}x$

$= \dfrac{1}{2}x^2 - x + \ln|1+x| + C.$

【1724】 $\int \dfrac{x^3}{3+x}\mathrm{d}x.$

解 $\int \dfrac{x^3}{3+x}\mathrm{d}x = \int \left(x^2 - 3x + 9 - \dfrac{27}{3+x}\right)\mathrm{d}x$

$= \dfrac{1}{3}x^3 - \dfrac{3}{2}x^2 + 9x - 27\ln|3+x| + C.$

【1725】 $\int \dfrac{(1+x)^2}{1+x^2}\mathrm{d}x.$

解 $\int \dfrac{(1+x)^2}{1+x^2}\mathrm{d}x = \int \left(1 + \dfrac{2x}{1+x^2}\right)\mathrm{d}x$

$= \int \mathrm{d}x + \int \dfrac{\mathrm{d}(1+x^2)}{1+x^2} = x + \ln(1+x^2) + C.$

【1726】 $\int \dfrac{(2-x)^2}{2-x^2}\mathrm{d}x.$

解 $\int \dfrac{(2-x)^2}{2-x^2}\mathrm{d}x = \int \dfrac{(x^2-2)-4x+6}{2-x^2}\mathrm{d}x$

$= \int \left(-1 - \dfrac{4x}{2-x^2} + \dfrac{6}{2-x^2}\right)\mathrm{d}x$

$= -x + 2\ln|2-x^2| + \dfrac{3}{\sqrt{2}}\ln\left|\dfrac{\sqrt{2}+x}{\sqrt{2}-x}\right| + C.$

【1727】 $\int \dfrac{x^2}{(1-x)^{100}}\mathrm{d}x.$

解 $\int \dfrac{x^2}{(1-x)^{100}} = \int \dfrac{[(x-1)+1]^2}{(1-x)^{100}}\mathrm{d}x$

$= \int [(1-x)^{-98} - 2(1-x)^{-99} + (1-x)^{-100}]\mathrm{d}x$

$= \dfrac{1}{97(1-x)^{97}} - \dfrac{1}{49(1-x)^{98}} + \dfrac{1}{99(1-x)^{99}} + C.$

【1728】 $\int \dfrac{x^5}{x+1}\mathrm{d}x.$

解 $\int \dfrac{x^5}{x+1}\mathrm{d}x = \int \left(x^4 - x^3 + x^2 - x + 1 - \dfrac{1}{x+1}\right)\mathrm{d}x$

$$= \frac{1}{5}x^5 - \frac{1}{4}x^4 + \frac{1}{3}x^3 - \frac{1}{2}x^2 + x - \ln|x+1| + C.$$

【1729】 $\int \dfrac{\mathrm{d}x}{\sqrt{x+1}+\sqrt{x-1}}.$

解 $\int \dfrac{\mathrm{d}x}{\sqrt{x+1}+\sqrt{x-1}} = \int \dfrac{1}{2}(\sqrt{x+1}-\sqrt{x-1})\mathrm{d}x$

$$= \frac{1}{3}[(x+1)^{\frac{3}{2}} - (x-1)^{\frac{3}{2}}] + C.$$

【1730】 $\int x\sqrt{2-5x}\,\mathrm{d}x.$

提示:$x = -\dfrac{1}{5}(2-5x) + \dfrac{2}{5}.$

解 $\int x\sqrt{2-5x}\,\mathrm{d}x = \int \left[-\dfrac{1}{5}(2-5x) + \dfrac{2}{5}\right](2-5x)^{\frac{1}{2}}\mathrm{d}x$

$$= \int \left[-\frac{1}{5}(2-5x)^{\frac{3}{2}} + \frac{2}{5}(2-5x)^{\frac{1}{2}}\right]\mathrm{d}x$$

$$= \frac{2}{125}(2-5x)^{\frac{5}{2}} - \frac{4}{75}(2-5x)^{\frac{3}{2}} + C.$$

【1731】 $\int \dfrac{x\,\mathrm{d}x}{\sqrt[3]{1-3x}}.$

解 $\int \dfrac{x\,\mathrm{d}x}{\sqrt[3]{1-3x}} = -\dfrac{1}{3}\int \dfrac{(1-3x)-1}{(1-3x)^{\frac{1}{3}}}\mathrm{d}x$

$$= -\frac{1}{3}\int [(1-3x)^{\frac{2}{3}} - (1-3x)^{-\frac{1}{3}}]\mathrm{d}x$$

$$= \frac{1}{15}(1-3x)^{\frac{5}{3}} - \frac{1}{6}(1-3x)^{\frac{2}{3}} + C$$

$$= -\frac{1+2x}{10}(1-3x)^{\frac{2}{3}} + C.$$

【1732】 $\int x^3 \sqrt[3]{1+x^2}\,\mathrm{d}x.$

解 $\int x^3 \sqrt[3]{1+x^2}\,\mathrm{d}x$

$$= \frac{1}{2}\int [(x^2+1) - 1](1+x^2)^{\frac{1}{3}}\mathrm{d}(1+x^2)$$

$$= \frac{1}{2}\int [(1+x^2)^{\frac{4}{3}} - (1+x^2)^{\frac{1}{3}}]\mathrm{d}(1+x^2)$$

$$= \frac{3}{14}(1+x^2)^{\frac{7}{3}} - \frac{3}{8}(1+x^2)^{\frac{4}{3}} + C$$

$$= \frac{12x^2-9}{56}(1+x^2)^{\frac{4}{3}}+C.$$

【1733】 $\int \frac{\mathrm{d}x}{(x-1)(x+3)}.$

解 $\int \frac{\mathrm{d}x}{(x-1)(x+3)} = \frac{1}{4}\int\left(\frac{1}{x-1}-\frac{1}{x+3}\right)\mathrm{d}x$

$= \frac{1}{4}\ln\left|\frac{x-1}{x+3}\right|+C.$

【1734】 $\int \frac{\mathrm{d}x}{x^2+x-2}.$

解 $\int \frac{\mathrm{d}x}{x^2+x-2} = \int \frac{\mathrm{d}x}{(x-1)(x+2)}$

$= \frac{1}{3}\int\left(\frac{1}{x-1}-\frac{1}{x+2}\right)\mathrm{d}x = \frac{1}{3}\ln\left|\frac{x-1}{x+2}\right|+C.$

【1735】 $\int \frac{\mathrm{d}x}{(x^2+1)(x^2+2)}.$

解 $\int \frac{\mathrm{d}x}{(x^2+1)(x^2+2)} = \int\left(\frac{1}{x^2+1}-\frac{1}{x^2+2}\right)\mathrm{d}x$

$= \arctan x - \frac{1}{\sqrt{2}}\arctan\frac{x}{\sqrt{2}}+C.$

【1736】 $\int \frac{\mathrm{d}x}{(x^2-2)(x^2+3)}.$

解 $\int \frac{\mathrm{d}x}{(x^2-2)(x^2+3)} = \frac{1}{5}\int\left(\frac{1}{x^2-2}-\frac{1}{x^2+3}\right)\mathrm{d}x$

$= \frac{1}{10\sqrt{2}}\ln\left|\frac{x-\sqrt{2}}{x+\sqrt{2}}\right|-\frac{1}{5\sqrt{3}}\arctan\frac{x}{\sqrt{3}}+C.$

【1737】 $\int \frac{x\mathrm{d}x}{(x+2)(x+3)}.$

解 $\int \frac{x}{(x+2)(x+3)}\mathrm{d}x = \int\left(\frac{3}{x+3}-\frac{2}{x+2}\right)\mathrm{d}x$

$= \ln\left|\frac{x+3|^3}{(x+2)^2}\right|+C.$

【1738】 $\int \frac{x\mathrm{d}x}{x^4+3x^2+2}.$

解 $\int \frac{x\mathrm{d}x}{x^4+3x^2+2} = \frac{1}{2}\int \frac{\mathrm{d}(x^2)}{(x^2+1)(x^2+2)}$

$= \frac{1}{2}\int\left(\frac{1}{x^2+1}-\frac{1}{x^2+2}\right)\mathrm{d}(x^2) = \frac{1}{2}\ln\frac{x^2+1}{x^2+2}+C.$

【1739】 $\int \dfrac{\mathrm{d}x}{(x+a)^2(x+b)^2} \quad (a \neq b).$

解 $\int \dfrac{\mathrm{d}x}{(x+a)^2(x+b)^2} = \dfrac{1}{(b-a)^2} \int \left(\dfrac{1}{x+a} - \dfrac{1}{x+b} \right)^2 \mathrm{d}x$

$= \dfrac{1}{(b-a)^2} \int \left[\dfrac{1}{(x+a)^2} + \dfrac{1}{(x+b)^2} - 2\dfrac{1}{(x+a)(x+b)} \right] \mathrm{d}x$

$= \dfrac{1}{(b-a)^2} \int \left[\dfrac{1}{(x+a)^2} + \dfrac{1}{(x+b)^2} - \dfrac{2}{b-a} \left(\dfrac{1}{x+a} - \dfrac{1}{x+b} \right) \right] \mathrm{d}x$

$= -\dfrac{1}{(b-a)^2} \left(\dfrac{1}{x+a} + \dfrac{1}{x+b} \right) - \dfrac{2}{(b-a)^3} \ln \left| \dfrac{x+a}{x+b} \right| + C.$

【1740】 $\int \dfrac{\mathrm{d}x}{(x^2+a^2)(x^2+b^2)} \quad (a^2 \neq b^2).$

解 $\int \dfrac{\mathrm{d}x}{(x^2+a^2)(x^2+b^2)}$

$= \dfrac{1}{b^2-a^2} \int \left(\dfrac{1}{x^2+a^2} - \dfrac{1}{x^2+b^2} \right) \mathrm{d}x$

$= \dfrac{1}{b^2-a^2} \left[\dfrac{1}{a} \int \dfrac{\mathrm{d}\left(\dfrac{x}{a}\right)}{1+\left(\dfrac{x}{a}\right)^2} - \dfrac{1}{b} \int \dfrac{\mathrm{d}\left(\dfrac{x}{b}\right)}{1+\left(\dfrac{x}{b}\right)^2} \right]$

$= \dfrac{1}{b^2-a^2} \left(\dfrac{1}{a} \arctan \dfrac{x}{a} - \dfrac{1}{b} \arctan \dfrac{x}{b} \right) + C.$

【1741】 $\int \sin^2 x \, \mathrm{d}x.$

解 $\int \sin^2 x \, \mathrm{d}x = \int \dfrac{1-\cos 2x}{2} \mathrm{d}x = \dfrac{x}{2} - \dfrac{1}{4} \sin 2x + C.$

【1742】 $\int \cos^2 x \, \mathrm{d}x.$

解 $\int \cos^2 x \, \mathrm{d}x = \int \dfrac{1+\cos 2x}{2} \mathrm{d}x = \dfrac{x}{2} + \dfrac{1}{4} \sin 2x + C.$

【1743】 $\int \sin x \sin(x+\alpha) \mathrm{d}x.$

解 $\int \sin x \sin(x+\alpha) \mathrm{d}x$

$= \dfrac{1}{2} \int [\cos \alpha - \cos(2x+\alpha)] \mathrm{d}x$

$= \dfrac{1}{2} x \cos \alpha - \dfrac{1}{4} \sin(2x+\alpha) + C.$

第三章 不定积分 §1. 最简单的不定积分

【1744】 $\int \sin 3x \cdot \sin 5x \, dx$.

解 $\int \sin 3x \sin 5x \, dx = \dfrac{1}{2} \int (\cos 2x - \cos 8x) \, dx$

$= \dfrac{1}{4} \sin 2x - \dfrac{1}{16} \sin 8x + C.$

【1745】 $\int \cos \dfrac{x}{2} \cdot \cos \dfrac{x}{3} \, dx$.

解 $\int \cos \dfrac{x}{2} \cdot \cos \dfrac{x}{3} \, dx = \dfrac{1}{2} \int \left(\cos \dfrac{5x}{6} + \cos \dfrac{x}{6} \right) dx$

$= \dfrac{3}{5} \sin \dfrac{5x}{6} + 3 \sin \dfrac{x}{6} + C.$

【1746】 $\int \sin\left(2x - \dfrac{\pi}{6}\right) \cos\left(3x + \dfrac{\pi}{6}\right) dx$.

解 $\int \sin\left(2x - \dfrac{\pi}{6}\right) \cos\left(3x + \dfrac{\pi}{6}\right) dx$

$= \dfrac{1}{2} \int \left[\sin 5x - \sin\left(x + \dfrac{\pi}{3}\right) \right] dx$

$= -\dfrac{1}{10} \cos 5x + \dfrac{1}{2} \cos\left(x + \dfrac{\pi}{3}\right) + C.$

【1747】 $\int \sin^3 x \, dx$.

解 $\int \sin^3 x \, dx = -\int \sin^2 x \, d(\cos x)$

$= \int (\cos^2 x - 1) d(\cos x) = \dfrac{1}{3} \cos^3 x - \cos x + C.$

【1748】 $\int \cos^3 x \, dx$.

解 $\int \cos^3 x \, dx = \int (1 - \sin^2 x) d(\sin x)$

$= \sin x - \dfrac{1}{3} \sin^3 x + C.$

【1749】 $\int \sin^4 x \, dx$.

解 $\int \sin^4 x \, dx = \int \left(\dfrac{1 - \cos 2x}{2} \right)^2 dx$

$= \dfrac{1}{4} \int (1 - 2\cos 2x + \cos^2 2x) \, dx$

$$= \frac{1}{4}\int\left(1-2\cos2x+\frac{1+\cos4x}{2}\right)dx$$

$$= \frac{1}{8}\int(3-4\cos2x+\cos4x)dx$$

$$= \frac{3}{8}x-\frac{1}{4}\sin2x+\frac{1}{32}\sin4x+C.$$

【1750】 $\int \cos^4 x\,dx.$

解 $\int \cos^4 x\,dx = \int\left(\frac{1+\cos2x}{2}\right)^2 dx$

$$= \frac{1}{4}\int\left(1+2\cos2x+\frac{1+\cos4x}{2}\right)dx$$

$$= \frac{1}{8}\int(3+4\cos2x+\cos4x)dx$$

$$= \frac{3}{8}x+\frac{1}{4}\sin2x+\frac{1}{32}\sin4x+C.$$

【1751】 $\int \cot^2 x\,dx.$

解 $\int \cot^2 x\,dx = \int(\csc^2 x-1)dx = -\cot x - x + C.$

【1752】 $\int \tan^3 x\,dx.$

解 $\int \tan^3 x\,dx = \int \tan x \cdot (\sec^2 x - 1)dx$

$$= \int \tan x\,d(\tan x) - \int \tan x\,dx$$

$$= \frac{1}{2}\tan^2 x + \ln|\cos x| + C$$

注：参见题 1697：$\int \tan x\,dx = -\ln|\cos x| + C.$

【1753】 $\int \sin^2 3x \sin^3 2x\,dx.$

解 $\int \sin^2 3x \sin^3 2x\,dx$

$$= \int \frac{1}{2}(1-\cos6x) \cdot \frac{1}{4}(3\sin2x - \sin6x)dx$$

$$= \frac{1}{8}\int(3\sin2x - 3\cos6x\sin2x - \sin6x + \sin6x \cdot \cos6x)dx$$

$$= \int\left(\frac{3}{8}\sin2x + \frac{3}{16}\sin4x - \frac{1}{8}\sin6x - \frac{3}{16}\sin8x\right.$$

$$+\frac{1}{16}\sin 12x\bigg)dx$$
$$=-\frac{3}{16}\cos 2x-\frac{3}{64}\cos 4x+\frac{1}{48}\cos 6x$$
$$+\frac{3}{128}\cos 8x-\frac{1}{192}\cos 12x+C.$$

【1754】 $\int\dfrac{dx}{\sin^2 x\cos^2 x}.$

提示: $1\equiv\sin^2 x+\cos^2 x.$

解 $\int\dfrac{dx}{\sin^2 x\cos^2 x}=\int\dfrac{\sin^2 x+\cos^2 x}{\sin^2 x\cos^2 x}dx$
$$=\int\bigg(\frac{1}{\cos^2 x}+\frac{1}{\sin^2 x}\bigg)dx=\tan x-\cot x+C.$$

【1755】 $\int\dfrac{dx}{\sin^2 x\cdot\cos x}.$

解 $\int\dfrac{dx}{\sin^2 x\cos x}=\int\bigg(\dfrac{1}{\cos x}+\dfrac{\cos x}{\sin^2 x}\bigg)dx$
$$=\int\frac{1}{\cos x}dx+\int\frac{1}{\sin^2 x}d(\sin x)$$
$$=\ln\bigg|\tan\bigg(\frac{x}{2}+\frac{\pi}{4}\bigg)\bigg|-\frac{1}{\sin x}+C.$$

注: 由 1704 题知
$$\int\frac{dx}{\cos x}=\ln\bigg|\tan\bigg(\frac{x}{2}+\frac{\pi}{4}\bigg)\bigg|+C.$$

【1756】 $\int\dfrac{dx}{\sin x\cos^2 x}.$

解 $\int\dfrac{dx}{\sin x\cos^2 x}=\int\bigg(\dfrac{\sin x}{\cos^2 x}+\dfrac{1}{\sin x}\bigg)dx$
$$=-\int\frac{d(\cos x)}{\cos^2 x}+\int\frac{dx}{\sin x}=\frac{1}{\cos x}+\ln\bigg|\tan\frac{x}{2}\bigg|+C.$$

注: 由 1703 题知
$$\int\frac{dx}{\sin x}=\ln\bigg|\tan\frac{x}{2}\bigg|+C.$$

【1757】 $\int\dfrac{\cos^3 x}{\sin x}dx.$

解 $\int\dfrac{\cos^3 x}{\sin x}dx=\int\dfrac{1-\sin^2 x}{\sin x}d(\sin x)$

$$= \int \left(\frac{1}{\sin x} - \sin x\right) d(\sin x) = \ln|\sin x| - \frac{1}{2}\sin^2 x + C.$$

【1758】 $\int \dfrac{dx}{\cos^4 x}$.

解 $\int \dfrac{dx}{\cos^4 x} = \int \sec^2 x \cdot \sec^2 x \, dx = \int (1 + \tan^2 x) \, d(\tan x)$

$$= \tan x + \frac{1}{3}\tan^3 x + C.$$

【1759】 $\int \dfrac{dx}{1+e^x}$.

解 $\int \dfrac{dx}{1+e^x} = \int \left(1 - \dfrac{e^x}{1+e^x}\right) dx = x - \ln(1+e^x) + C.$

【1760】 $\int \dfrac{(1+e^x)^2}{1+e^{2x}} dx$.

解 $\int \dfrac{(1+e^x)^2}{1+e^{2x}} dx = \int \left(1 + 2\dfrac{e^x}{1+e^{2x}}\right) dx$

$$= \int dx + 2\int \frac{d(e^x)}{1+(e^x)^2} = x + 2\arctan(e^x) + C.$$

【1761】 $\int \text{sh}^2 x \, dx$.

解 $\int \text{sh}^2 x \, dx = \int \dfrac{e^{2x} + e^{-2x} - 2}{4} dx$

$$= \frac{1}{8}e^{2x} - \frac{1}{8}e^{-2x} - \frac{1}{2}x + C$$

$$= \frac{1}{4}\text{sh}2x - \frac{1}{2}x + C.$$

【1762】 $\int \text{ch}^2 x \, dx$.

解 $\int \text{ch}^2 x \, dx = \int \dfrac{e^{2x} + e^{-2x} + 2}{4} dx$

$$= \frac{1}{8}e^{2x} - \frac{1}{8}e^{-2x} + \frac{1}{2}x + C$$

$$= \frac{1}{4}\text{sh}2x + \frac{1}{2}x + C.$$

【1763】 $\int \text{sh}x \text{sh}2x \, dx$.

解 $\int \text{sh}x \cdot \text{sh}2x \, dx = 2\int \text{sh}^2 x \text{ch} x \, dx$

$$= 2\int \mathrm{sh}^2 x \mathrm{d}(\mathrm{sh}x) = \frac{2}{3}\mathrm{sh}^3 x + C.$$

【1764】 $\int \mathrm{ch}x \cdot \mathrm{ch}3x \mathrm{d}x.$

解 $\int \mathrm{ch}x \cdot \mathrm{ch}3x \mathrm{d}x$

$$= \frac{1}{4}\int (\mathrm{e}^x + \mathrm{e}^{-x})(\mathrm{e}^{3x} + \mathrm{e}^{-3x})\mathrm{d}x$$

$$= \frac{1}{4}\int (\mathrm{e}^{4x} + \mathrm{e}^{-4x} + \mathrm{e}^{2x} + \mathrm{e}^{-2x})\mathrm{d}x$$

$$= \frac{1}{16}(\mathrm{e}^{4x} - \mathrm{e}^{-4x}) + \frac{1}{8}(\mathrm{e}^{2x} - \mathrm{e}^{-2x}) + C$$

$$= \frac{1}{8}\mathrm{sh}4x + \frac{1}{4}\mathrm{sh}2x + C.$$

【1765】 $\int \dfrac{\mathrm{d}x}{\mathrm{sh}^2 x \mathrm{ch}^2 x}.$

解 $\int \dfrac{\mathrm{d}x}{\mathrm{sh}^2 x \mathrm{ch}^2 x} = \int \dfrac{\mathrm{ch}^2 x - \mathrm{sh}^2 x}{\mathrm{sh}^2 x \mathrm{ch}^2 x}\mathrm{d}x$

$$= \int \left(\frac{1}{\mathrm{sh}^2 x} - \frac{1}{\mathrm{ch}^2 x}\right)\mathrm{d}x = -(\mathrm{cth}x + \mathrm{th}x) + C.$$

用适当的代换法求解下列积分(1766 ~ 1777).

【1766】 $\int x^2 \sqrt[3]{1-x}\mathrm{d}x.$

解 设 $1 - x = t$,则 $x = 1 - t, \mathrm{d}x = -\mathrm{d}t,$

$$\int x^2 \sqrt[3]{1-x}\mathrm{d}x = -\int (1-t)^2 t^{\frac{1}{3}}\mathrm{d}t$$

$$= -\int (t^{\frac{1}{3}} - 2t^{\frac{4}{3}} + t^{\frac{7}{3}})\mathrm{d}t$$

$$= -\frac{3}{4}t^{\frac{4}{3}} + \frac{6}{7}t^{\frac{7}{3}} - \frac{3}{10}t^{\frac{10}{3}} + C$$

$$= -\frac{3}{140}(9 + 12x + 14x^2)(1-x)^{\frac{4}{3}} + C.$$

【1767】 $\int x^3(1-5x^2)^{10}\mathrm{d}x.$

解 设 $1 - 5x^2 = t$,则 $x^2 = \dfrac{1}{5}(1-t),$

$$x^3\mathrm{d}x = \frac{1}{2}(x^2)\mathrm{d}(x^2) = \frac{1}{2} \cdot \frac{1}{5}(1-t) \cdot \left(-\frac{1}{5}\right)\mathrm{d}t$$

$$= \frac{1}{50}(t-1)dt,$$

所以 $\int x^3(1-5x^2)^{10}dx = \frac{1}{50}\int t^{10}(t-1)dt$

$$= \frac{1}{50}\int (t^{11} - t^{10})dt$$

$$= \frac{1}{600}t^{12} - \frac{1}{550}t^{11} + C$$

$$= \frac{1}{600}(1-5x^2)^{12} - \frac{1}{550}(1-5x^2)^{11} + C.$$

【1768】 $\int \frac{x^2}{\sqrt{2-x}}dx.$

解 设 $2-x=t$,则 $x=2-t, dx=-dt$,

$\int \frac{x^2}{\sqrt{2-x}}dx = -\int (2-t)^2 \cdot t^{-\frac{1}{2}}dt$

$$= -\int (4t^{-\frac{1}{2}} - 4t^{\frac{1}{2}} + t^{\frac{3}{2}})dt$$

$$= -8t^{\frac{1}{2}} + \frac{8}{3}t^{\frac{3}{2}} - \frac{2}{5}t^{\frac{5}{2}} + C$$

$$= -\frac{2}{15}(32 + 8x + 3x^2)\sqrt{2-x} + C.$$

【1769】 $\int \frac{x^5}{\sqrt{1-x^2}}dx.$

解 设 $1-x^2=t$,则 $x^2=1-t$,

$$x^5 dx = \frac{1}{2}(x^2)^2 d(x^2) = -\frac{1}{2}(1-t)^2 dt,$$

所以 $\int \frac{x^5}{\sqrt{1-x^2}}dx = -\frac{1}{2}\int (1-t)^2 \cdot t^{-\frac{1}{2}}dt$

$$= -\frac{1}{2}\int (t^{-\frac{1}{2}} - 2t^{\frac{1}{2}} + t^{\frac{3}{2}})dt$$

$$= -t^{\frac{1}{2}} + \frac{2}{3}t^{\frac{3}{2}} - \frac{1}{5}t^{\frac{5}{2}} + C$$

$$= -\frac{1}{15}(8 + 4x^2 + 3x^4)\sqrt{1-x^2} + C.$$

【1770】 $\int x^5(2-5x^3)^{\frac{2}{3}}dx.$

解 设 $2-5x^3=t$,则 $x^3 = \frac{1}{5}(2-t)$,

$$x^5 \mathrm{d}x = \frac{1}{3}x^3 \mathrm{d}(x^3) = -\frac{1}{75}(2-t)\mathrm{d}t,$$

所以 $\int x^5(2-5x^3)^{\frac{2}{3}}\mathrm{d}x$

$$= \frac{1}{75}\int t^{\frac{2}{3}}(t-2)\mathrm{d}t = \frac{1}{75}\int (t^{\frac{5}{3}}-2t^{\frac{2}{3}})\mathrm{d}t$$

$$= \frac{1}{75}\times\frac{3}{8}t^{\frac{8}{3}} - \frac{2}{75}\times\frac{3}{5}t^{\frac{5}{3}} + C$$

$$= \left[\frac{1}{200}(2-5x^3) - \frac{2}{125}\right](2-5x^3)^{\frac{5}{3}} + C$$

$$= -\frac{6+25x^3}{1\,000}(2-5x^3)^{\frac{5}{3}} + C.$$

【1771】 $\int \cos^5 x \cdot \sqrt{\sin x}\,\mathrm{d}x.$

解 设 $\sin x = t$,则
$$\cos^5 x \mathrm{d}x = (1-\sin^2 x)^2 \mathrm{d}(\sin x) = (1-t^2)^2 \mathrm{d}t,$$

所以 $\int \cos^5 x \sqrt{\sin x}\,\mathrm{d}x$

$$= \int (1-t^2)^2 t^{\frac{1}{2}} \mathrm{d}t = \int (t^{\frac{1}{2}} - 2t^{\frac{5}{2}} + t^{\frac{9}{2}})\mathrm{d}t$$

$$= \frac{2}{3}t^{\frac{3}{2}} - \frac{4}{7}t^{\frac{7}{2}} + \frac{2}{11}t^{\frac{11}{2}} + C$$

$$= \left(\frac{2}{3} - \frac{4}{7}\sin^2 x + \frac{2}{11}\sin^4 x\right)\sqrt{\sin^3 x} + C$$

【1772】 $\int \frac{\sin x \cos^3 x}{1+\cos^2 x}\mathrm{d}x.$

解 设 $\cos^2 x = t$,则 $\sin x \cos x \mathrm{d}x = -\frac{1}{2}\mathrm{d}t,$

$$\int \frac{\sin x \cos^3 x}{1+\cos^2 x}\mathrm{d}x = -\frac{1}{2}\int \frac{t}{1+t}\mathrm{d}t$$

$$= -\frac{1}{2}\int \left(1 - \frac{1}{1+t}\right)\mathrm{d}t$$

$$= -\frac{1}{2}t + \frac{1}{2}\ln(1+t) + C$$

$$= -\frac{1}{2}\cos^2 x + \frac{1}{2}\ln(1+\cos^2 x) + C.$$

【1773】 $\int \frac{\sin^2 x}{\cos^6 x}\mathrm{d}x.$

解 设 $\tan x = t$,则 $\dfrac{1}{\cos^2 x}\mathrm{d}x = \mathrm{d}t$,

$$\dfrac{1}{\cos^2 x} = \sec^2 x = 1 + \tan^2 x = 1 + t^2,$$

所以 $\displaystyle\int \dfrac{\sin^2 x}{\cos^6 x}\mathrm{d}x = \int t^2(1+t^2)\mathrm{d}t = \int (t^2 + t^4)\mathrm{d}t$

$$= \dfrac{1}{3}t^3 + \dfrac{1}{5}t^5 + C = \dfrac{1}{3}\tan^3 x + \dfrac{1}{5}\tan^5 x + C.$$

【1774】 $\displaystyle\int \dfrac{\ln x \mathrm{d}x}{x\sqrt{1+\ln x}}$.

解 设 $1 + \ln x = t$,则

$$\dfrac{\ln x}{x}\mathrm{d}x = [(1+\ln x) - 1]\mathrm{d}(1+\ln x) = (t-1)\mathrm{d}t,$$

所以 $\displaystyle\int \dfrac{\ln x \mathrm{d}x}{x\sqrt{1+\ln x}} = \int (t-1)t^{-\frac{1}{2}}\mathrm{d}t = \int (t^{\frac{1}{2}} - t^{-\frac{1}{2}})\mathrm{d}t$

$$= \dfrac{2}{3}t^{\frac{3}{2}} - 2t^{\frac{1}{2}} + C = \dfrac{2}{3}(\ln x - 2)\sqrt{1+\ln x} + C.$$

【1775】 $\displaystyle\int \dfrac{\mathrm{d}x}{\mathrm{e}^{\frac{x}{2}} + \mathrm{e}^x}$.

解 设 $\mathrm{e}^{\frac{x}{2}} = t$,则 $\mathrm{e}^x = t^2$, $\mathrm{d}x = \dfrac{2}{t}\mathrm{d}t$,

所以 $\displaystyle\int \dfrac{\mathrm{d}x}{\mathrm{e}^{\frac{x}{2}} + \mathrm{e}^x} = 2\int \dfrac{\mathrm{d}t}{t^2(1+t)} = 2\int \left(\dfrac{1-t}{t^2} + \dfrac{1}{1+t}\right)\mathrm{d}t$

$$= -\dfrac{2}{t} - 2\ln t + 2\ln(1+t) + C$$

$$= -2\mathrm{e}^{-\frac{x}{2}} - x + 2\ln(1+\mathrm{e}^{\frac{x}{2}}) + C.$$

【1776】 $\displaystyle\int \dfrac{\mathrm{d}x}{\sqrt{1+\mathrm{e}^x}}$.

解 设 $\sqrt{1+\mathrm{e}^x} = t$,则

$$x = \ln(t^2 - 1), \mathrm{d}x = \dfrac{2t}{t^2-1}\mathrm{d}t,$$

所以 $\displaystyle\int \dfrac{\mathrm{d}x}{\sqrt{1+\mathrm{e}^x}} = 2\int \dfrac{1}{t^2-1}\mathrm{d}t = \int \left(\dfrac{1}{t-1} - \dfrac{1}{t+1}\right)\mathrm{d}t$

$$= \ln\left(\dfrac{t-1}{t+1}\right) + C = \ln\left[\dfrac{\sqrt{1+\mathrm{e}^x}-1}{\sqrt{1+\mathrm{e}^x}+1}\right] + C$$

$$= x - 2\ln(1+\sqrt{1+\mathrm{e}^x}) + C.$$

第三章 不定积分 §1. 最简单的不定积分

【1777】 $\int \dfrac{\arctan\sqrt{x}}{\sqrt{x}} \cdot \dfrac{\mathrm{d}x}{1+x}.$

解 设 $\arctan\sqrt{x} = t$,

则 $\mathrm{d}t = \dfrac{1}{1+x} \cdot \dfrac{1}{2\sqrt{x}} \mathrm{d}x,$

所以 $\int \dfrac{\arctan\sqrt{x}}{\sqrt{x}} \cdot \dfrac{\mathrm{d}x}{1+x} = 2\int t \mathrm{d}t = t^2 + C$

$= (\arctan\sqrt{x})^2 + C.$

运用三角代换 $x = a\sin t, x = a\tan t, x = a\sin^2 t$ 等等,求解下列积分(参数是正数)(1778~1785).

【1778】 $\int \dfrac{\mathrm{d}x}{(1-x^2)^{\frac{3}{2}}}.$

解 因为被积函数的定义域为 $-1 < x < 1$. 故可设

$$x = \sin t \quad \left(-\dfrac{\pi}{2} < t < \dfrac{\pi}{2}\right),$$

从而 $(1-x^2)^{\frac{3}{2}} = \cos^3 t, \mathrm{d}x = \cos t \mathrm{d}t,$

所以 $\int \dfrac{\mathrm{d}x}{(1-x^2)^{\frac{3}{2}}} = \int \dfrac{\mathrm{d}t}{\cos^2 t} = \tan t + C$

$= \dfrac{\sin t}{\sqrt{1-\sin^2 t}} + C = \dfrac{x}{\sqrt{1-x^2}} + C.$

【1779】 $\int \dfrac{x^2 \mathrm{d}x}{\sqrt{x^2-2}}.$

解 被积函数的定义域为 $x > \sqrt{2}$ 及 $x < -\sqrt{2}$,

(1) 当 $x > \sqrt{2}$ 时,设 $x = \sqrt{2}\sec t \quad \left(0 < t < \dfrac{\pi}{2}\right),$

从而 $\dfrac{x^2}{\sqrt{x^2-2}} = \dfrac{2\sec^2 t}{\sqrt{2}\tan t}, \mathrm{d}x = \sqrt{2}\sec t \cdot \tan t \mathrm{d}t,$

所以 $\int \dfrac{x^2}{\sqrt{x^2-2}} \mathrm{d}x = 2\int \sec^3 t \mathrm{d}t = 2\int \dfrac{\mathrm{d}(\sin t)}{(1-\sin^2 t)^2}$

$= \dfrac{1}{2} \int \left(\dfrac{1}{1+\sin t} + \dfrac{1}{1-\sin t}\right)^2 \mathrm{d}(\sin t)$

$= \dfrac{1}{2} \int \dfrac{\mathrm{d}(1+\sin t)}{(1+\sin t)^2} - \dfrac{1}{2} \int \dfrac{\mathrm{d}(1-\sin t)}{(1-\sin t)^2} + \int \dfrac{\mathrm{d}(\sin t)}{1-\sin^2 t}$

$= \dfrac{1}{2}\left(\dfrac{1}{1-\sin t} - \dfrac{1}{1+\sin t}\right) + \dfrac{1}{2}\ln\left(\dfrac{1+\sin t}{1-\sin t}\right) + C_1$

$$= \tan t \cdot \sec t + \ln(\sec t + \tan t) + C_1$$
$$= \frac{x}{2}\sqrt{x^2-2} + \ln(x+\sqrt{x^2-2}) + C.$$

(2) 当 $x < -\sqrt{2}$ 时，设 $x = \sqrt{2}\sec t$，并限制 $\pi < t < \frac{3\pi}{2}$ 和上面同样地讨论可得
$$\int \frac{x^2}{\sqrt{x^2-2}} dx = \frac{x}{2}\sqrt{x^2-2} + \ln|x+\sqrt{x^2-2}| + C.$$

总之 $\int \frac{x^2}{\sqrt{x^2-2}} dx$
$$= \frac{x}{2}\sqrt{x^2-2} + \ln|x+\sqrt{x^2-2}| + C.$$

【1780】 $\int \sqrt{1-x^2}\, dx.$

解 因为 $|x| \leqslant 1$，故设
$$x = \sin t \quad \left(-\frac{\pi}{2} \leqslant t \leqslant \frac{\pi}{2}\right),$$

从而 $\sqrt{1-x^2} = \cos t,\ dx = \cos t\, dt,$

所以 $\int \sqrt{1-x^2}\, dx = \int \cos^2 t\, dt = \int \frac{1+\cos 2t}{2} dt$
$$= \frac{t}{2} + \frac{1}{4}\sin 2t + C = \frac{t}{2} + \frac{1}{2}\sin t \cos t + C$$
$$= \frac{1}{2}\arcsin x + \frac{x}{2}\sqrt{1-x^2} + C.$$

【1781】 $\int \frac{dx}{(x^2+a^2)^{\frac{3}{2}}}.$

解 因为被积函数的定义域为 $-\infty < x < +\infty$，故可设
$$x = a\tan t \quad \left(-\frac{\pi}{2} < t < \frac{\pi}{2}\right),$$

从而 $(x^2+a^2)^{\frac{3}{2}} = a^3\sec^3 t,\ dx = a\sec^2 t\, dt.$

所以 $\int \frac{dx}{(x^2+a^2)^{\frac{3}{2}}} = \frac{1}{a^2}\int \cos t\, dt = \frac{1}{a^2}\sin t + C$
$$= \frac{1}{a^2} \cdot \frac{\tan t}{\sqrt{1+\tan^2 t}} + C = \frac{1}{a^2} \cdot \frac{x}{\sqrt{a^2+x^2}} + C.$$

【1782】 $\int \sqrt{\frac{a+x}{a-x}}\, dx.$

解 因为 $-a < x < a$，故设

$$x = a\sin t \quad \left(-\frac{\pi}{2} < t < \frac{\pi}{2}\right),$$

从而 $\sqrt{\dfrac{a+x}{a-x}} = \sqrt{\dfrac{1+\sin t}{1-\sin t}} = \dfrac{1+\sin t}{\cos t},$

$dx = a\cos t\, dt,$

所以 $\displaystyle\int \sqrt{\dfrac{a+x}{a-x}}\, dx = \int \dfrac{1+\sin t}{\cos t} \cdot a\cos t\, dt$

$= a(t - \cos t) + C = a\arcsin\dfrac{x}{a} - \sqrt{a^2 - x^2} + C.$

【1783】 $\displaystyle\int x\sqrt{\dfrac{x}{2a-x}}\, dx.$

解 $0 \leqslant x < 2a.$ 设

$$x = 2a\sin^2 t \quad \left(0 \leqslant t < \dfrac{\pi}{2}\right),$$

则 $x\sqrt{\dfrac{x}{2a-x}} = \dfrac{2a\sin^3 t}{\cos t},\ dx = 4a\sin t\cos t\, dt,$

代入并利用 1749 题的结果有

$$\int x\sqrt{\dfrac{x}{2a-x}}\, dx = 8a^2\int \sin^4 t\, dt$$

$$= 8a^2\left(\dfrac{3}{8}t - \dfrac{1}{4}\sin 2t + \dfrac{1}{32}\sin 4t\right) + C.$$

而 $\sin 2t = 2\sin t\cos t = 2\sqrt{\dfrac{x}{2a}}\sqrt{1-\dfrac{x}{2a}}$

$= \dfrac{1}{a}\sqrt{x(2a-x)},$

$\sin 4t = 2\sin 2t\cos 2t = 4\sin t\cos t(1 - 2\sin^2 t)$

$= \dfrac{2}{a^2}(a-x)\sqrt{x(2a-x)},$

因此 $\displaystyle\int x\sqrt{\dfrac{x}{2a-x}}\, dx$

$= 3a^2\arcsin\sqrt{\dfrac{x}{2a}} - 2a^2 \cdot \dfrac{1}{a}\sqrt{x(2a-x)} +$

$\dfrac{1}{4}a^2 \cdot \dfrac{2}{a^2}(a-x)\sqrt{x(2a-x)} + C$

$= 3a^2\arcsin\sqrt{\dfrac{x}{2a}} - \dfrac{3a+x}{2}\sqrt{x(2a-x)} + C.$

【1784】 $\int \dfrac{\mathrm{d}x}{\sqrt{(x-a)(b-x)}}$.

提示：运用代换法 $x-a=(b-a)\sin^2 t$.

解 不妨设 $a<b$，则 $a<x<b$. 设
$$x-a=(b-a)\sin^2 t \quad \left(0<t<\dfrac{\pi}{2}\right),$$

则
$$\sqrt{(x-a)(b-x)}=(b-a)\sin t\cos t,$$
$$\mathrm{d}x=2(b-a)\sin t\cos t\,\mathrm{d}t,$$

所以
$$\int \dfrac{\mathrm{d}x}{\sqrt{(x-a)(b-x)}}=2\int \mathrm{d}t=2t+C$$
$$=2\arcsin\sqrt{\dfrac{x-a}{b-a}}+C.$$

【1785】 $\int \sqrt{(x-a)(b-x)}\,\mathrm{d}x$.

解 与上题同样设
$$x-a=(b-a)\sin^2 t,$$

则
$$\int \sqrt{(x-a)(b-x)}\,\mathrm{d}x=2(b-a)^2\int \sin^2 t\cos^2 t\,\mathrm{d}t$$
$$=\dfrac{(b-a)^2}{2}\int \sin^2 2t\,\mathrm{d}t=\dfrac{(b-a)^2}{4}\int (1-\cos 4t)\,\mathrm{d}t$$
$$=\dfrac{(b-a)^2}{4}\left(t-\dfrac{1}{4}\sin 4t\right)+C.$$

而
$$\sin 4t=2\sin t\cos t(1-2\sin^2 t)$$
$$=4\sqrt{\dfrac{x-a}{b-a}}\sqrt{1-\dfrac{x-a}{b-a}}\left(1-2\dfrac{x-a}{b-a}\right)$$
$$=4\dfrac{a+b-2x}{(b-a)^2}\sqrt{(x-a)(b-x)},$$

故
$$\int \sqrt{(x-a)(b-x)}\,\mathrm{d}x$$
$$=\dfrac{(b-a)^2}{4}\arcsin\sqrt{\dfrac{x-a}{b-a}}+\dfrac{2x-(a+b)}{4}\sqrt{(x-a)(b-x)}+C.$$

用双曲线代换 $x=a\,\mathrm{sh}\,t$，$x=a\,\mathrm{ch}\,t$ 等，求解下列积分（参数是正数）（1786～1790）.

【1786】 $\int \sqrt{a^2+x^2}\,\mathrm{d}x$.

解 因为 $-\infty<x<+\infty$. 可设 $x=a\,\mathrm{sh}\,t$，从而

第三章　不定积分　§1. 最简单的不定积分

所以 $\sqrt{a^2+x^2}=a\text{ch}t, dx=a\text{ch}t dt,$

$$\int\sqrt{a^2+x^2}dx=a^2\int\text{ch}^2t dt=a^2\int\frac{1+\text{ch}2t}{2}dt$$
$$=a^2\left(\frac{t}{2}+\frac{1}{4}\text{sh}2t\right)+C_1.$$

而 $x+\sqrt{a^2+x^2}=a(\text{sh}t+\text{ch}t)=ae^t,$

即 $t=\ln\dfrac{x+\sqrt{a^2+x^2}}{a},$

又 $\text{sh}2t=2\text{sh}t\text{ch}t=\dfrac{2x\sqrt{a^2+x^2}}{a^2},$

因此 $\int\sqrt{a^2+x^2}dx$

$$=\frac{a^2}{2}\ln(x+\sqrt{a^2+x^2})+\frac{x}{2}\sqrt{a^2+x^2}+C.$$

【1787】 $\int\dfrac{x^2}{\sqrt{a^2+x^2}}dx.$

解 设 $x=a\text{sh}t$

则 $\dfrac{x^2}{\sqrt{a^2+x^2}}=\dfrac{a^2\text{sh}^2t}{a\text{ch}t}=a\dfrac{\text{sh}^2t}{\text{ch}t}, dx=a\text{ch}t dt,$

所以利用 1761 题的结果有

$$\int\frac{x^2}{\sqrt{a^2+x^2}}dx=a^2\int\text{sh}^2t dt=a^2\left(\frac{1}{4}\text{sh}2t-\frac{t}{2}\right)+C$$
$$=\frac{x}{2}\sqrt{a^2+x^2}-\frac{a^2}{2}\ln(x+\sqrt{a^2+x^2})+C.$$

【1788】 $\int\sqrt{\dfrac{x-a}{x+a}}dx.$

解 被积函数的定义域为 $x\geqslant a$ 及 $x<-a.$

(1) 当 $x\geqslant a$ 时，设 $x=a\text{ch}t$ $(t\geqslant 0),$

从而 $\sqrt{\dfrac{x-a}{x+a}}=\dfrac{\text{ch}t-1}{\text{sh}t}, dx=a\text{sh}t dt,$

所以 $\int\sqrt{\dfrac{x-a}{x+a}}dx$

$$=a\int(\text{ch}t-1)dt=a\text{sh}t-at+C_1$$
$$=a\sqrt{\text{ch}^2t-1}-at+C_1$$

$$= a\sqrt{\left(\frac{x}{a}\right)^2 - 1} - a\ln\left(\sqrt{\left(\frac{x}{a}\right)^2 - 1} + \frac{x}{a}\right) + C_1$$
$$= \sqrt{x^2 - a^2} - a\ln(x + \sqrt{x^2 - a^2}) + C.$$

(2) 当 $x < -a$ 时，可设 $x = -a\text{ch}t$ $(t > 0)$，

从而 $\sqrt{\dfrac{x-a}{x+a}} = \dfrac{\text{ch}t + 1}{\text{sh}t}, \text{d}x = -a\text{sh}t\text{d}t,$

所以 $\displaystyle\int\sqrt{\dfrac{x-a}{x+a}}\text{d}x = -a\int(\text{ch}t + 1)\text{d}t = -a\text{sh}t - at + C_1$

$$= -a\sqrt{\left(\frac{x}{a}\right)^2 - 1} - a\ln\left(\sqrt{\left(\frac{x}{a}\right)^2 - 1} - \frac{x}{a}\right) + C_1$$
$$= -\sqrt{x^2 - a^2} - a\ln(\sqrt{x^2 - a^2} - x) + C.$$

总之 $\displaystyle\int\sqrt{\dfrac{x-a}{x+a}}\text{d}x$
$$= \text{sgn}x \cdot \sqrt{x^2 - a^2} - a\ln(\sqrt{x^2 - a^2} + |x|) + C.$$

【1789】 $\displaystyle\int\dfrac{\text{d}x}{\sqrt{(x+a)(x+b)}}.$

解 不妨设 $a < b$，被积函数的定义域为 $x > -a$ 及 $x < -b$。

(1) 当 $x > -a$ 时，设
$$x + a = (b-a)\text{sh}^2 t,\quad (t > 0)$$

从而 $\sqrt{(x+a)(x+b)} = (b-a)\text{sh}t\text{ch}t,$
$\text{d}x = 2(b-a)\text{sh}t\text{ch}t\text{d}t,$

所以 $\displaystyle\int\dfrac{\text{d}x}{\sqrt{(x+a)(x+b)}} = 2\int\text{d}t = 2t + C_1,$

又 $\sqrt{x+a} + \sqrt{x+b} = \sqrt{b-a}(\text{sh}t + \text{ch}t)$
$$= \sqrt{b-a}\text{e}^t,$$

所以 $t = \ln\dfrac{\sqrt{x+a} + \sqrt{x+b}}{\sqrt{b-a}},$

故 $\displaystyle\int\dfrac{\text{d}x}{\sqrt{(x+a)(x+b)}} = 2\ln(\sqrt{x+a} + \sqrt{x+b}) + C.$

(2) 当 $x < -b$ 时，设
$$x + b = (a-b)\text{sh}^2 t,\quad (t > 0)$$

从而 $\sqrt{(x+a)(x+b)} = (b-a)\text{sh}t\text{ch}t,$
$\text{d}x = -2(b-a)\text{sh}t\text{ch}t\text{d}t,$

所以 $\int \dfrac{\mathrm{d}x}{\sqrt{(x+a)(x+b)}} = -2\int \mathrm{d}t = -2t + C_1$

$= -2\ln(\sqrt{-(x+a)} + \sqrt{-(x+b)}) + C.$

总之 $\int \dfrac{\mathrm{d}x}{\sqrt{(x+a)(x+b)}}$

$= \begin{cases} 2\ln(\sqrt{x+a} + \sqrt{x+b}) + C & \text{若 } x+a > 0 \text{ 及 } x+b > 0, \\ -2\ln(\sqrt{-x-a} + \sqrt{-x-b}) + C & \text{若 } x+a < 0 \text{ 及 } x+b < 0. \end{cases}$

【1790】$\int \sqrt{(x+a)(x+b)}\,\mathrm{d}x.$

提示：假设 $x + a = (b-a)\,\mathrm{sh}^2 t.$

解 与上题类似

当 $x > -a$ 时，令

$\qquad x + a = (b-a)\,\mathrm{sh}^2 t,$

则 $\int \sqrt{(x+a)(a+b)}\,\mathrm{d}x = 2(b-a)^2 \int \mathrm{sh}^2 t\,\mathrm{ch}^2 t\,\mathrm{d}t$

$= \dfrac{1}{2}(b-a)^2 \int \mathrm{sh}^2 2t\,\mathrm{d}t = \dfrac{1}{4}(b-a)^2 \int (\mathrm{ch}4t - 1)\,\mathrm{d}t$

$= \dfrac{1}{4}(b-a)^2 \left(\dfrac{1}{4}\mathrm{sh}4t - t\right) + C_1,$

而 $\mathrm{sh}4t = 4\mathrm{sh}t \cdot \mathrm{ch}t(1 + 2\mathrm{sh}^2 t)$

$= 4\sqrt{\dfrac{x+a}{b-a}} \cdot \sqrt{1 + \dfrac{x+a}{b-a}}\left(1 + 2\dfrac{x+a}{b-a}\right)$

$= \dfrac{4}{(b-a)^2}(2x + a + b)\sqrt{(x+a)(x+b)},$

所以 $\int \sqrt{(x+a)(x+b)}\,\mathrm{d}x$

$= \dfrac{2x+a+b}{4}\sqrt{(x+a)(x+b)} - \dfrac{(b-a)^2}{4}\ln(\sqrt{x+a} + \sqrt{x+b}) + C.$

当 $x < -b$ 时，类似地讨论可得

$\int \sqrt{(x+a)(x+b)}\,\mathrm{d}x$

$= \dfrac{2x+a+b}{4}\sqrt{(x+a)(x+b)} + \dfrac{(b-a)^2}{4}\ln(\sqrt{-x-a}$

$+\sqrt{-x-b})+C.$

运用分部积分法,求解下列积分(1791~1810).

【1791】 $\int \ln x \, dx.$

解 $\int \ln x \, dx = x\ln x - \int x \cdot \frac{1}{x} dx = x\ln x - x + C.$

【1792】 $\int x^n \ln x \, dx \, (n \neq -1).$

解 $\int x^n \ln x \, dx = \frac{1}{n+1} \int \ln x \, d(x^{n+1})$

$= \frac{1}{n+1} x^{n+1} \ln x - \frac{1}{n+1} \int x^{n+1} \cdot \frac{1}{x} dx$

$= \frac{x^{n+1}}{n+1} \left(\ln x - \frac{1}{n+1} \right) + C.$

【1793】 $\int \left(\frac{\ln x}{x} \right)^2 dx.$

解 $\int \left(\frac{\ln x}{x} \right)^2 dx = -\int \ln^2 x \, d\left(\frac{1}{x} \right)$

$= -\frac{\ln^2 x}{x} + \int \frac{1}{x} \cdot 2\ln x \cdot \frac{1}{x} dx$

$= -\frac{\ln^2 x}{x} - 2\int \ln x \, d\left(\frac{1}{x} \right)$

$= -\frac{\ln^2 x}{x} - 2\frac{\ln x}{x} + 2\int \frac{1}{x} \cdot \frac{1}{x} dx$

$= -\frac{1}{x}(\ln^2 x + 2\ln x + 2) + C.$

【1794】 $\int \sqrt{x} \ln^2 x \, dx.$

解 $\int \sqrt{x} \ln^2 x \, dx = \frac{2}{3} \int \ln^2 x \, d(x^{\frac{3}{2}})$

$= \frac{2}{3} x^{\frac{3}{2}} \ln^2 x - \frac{2}{3} \int x^{\frac{3}{2}} \cdot 2\ln x \cdot \frac{1}{x} dx$

$= \frac{2}{3} x^{\frac{3}{2}} \ln^2 x - \frac{8}{9} \int \ln x \, d(x^{\frac{3}{2}})$

$= \frac{2}{3} x^{\frac{3}{2}} \ln^2 x - \frac{8}{9} x^{\frac{3}{2}} \ln x + \frac{8}{9} \int x^{\frac{3}{2}} \cdot \frac{1}{x} dx$

$= \frac{2}{3} x^{\frac{3}{2}} \left(\ln^2 x - \frac{4}{3} \ln x + \frac{8}{9} \right) + C.$

【1795】 $\int x e^{-x} dx$.

解 $\int x e^{-x} dx = -\int x d(e^{-x}) = -x e^{-x} + \int e^{-x} dx$
$= -e^{-x}(x+1) + C.$

【1796】 $\int x^2 e^{-2x} dx$.

解 $\int x^2 e^{-2x} dx = -\frac{1}{2} \int x^2 d(e^{-2x})$
$= -\frac{1}{2} x^2 e^{-2x} + \frac{1}{2} \int e^{-2x} \cdot 2x dx$
$= -\frac{1}{2} x^2 e^{-2x} - \frac{1}{2} \int x d(e^{-2x})$
$= -\frac{1}{2} x^2 e^{-2x} - \frac{1}{2} x e^{-2x} + \frac{1}{2} \int e^{-2x} dx$
$= -\frac{1}{2} e^{-2x} \left(x^2 + x + \frac{1}{2} \right) + C.$

【1797】 $\int x^3 e^{-x^2} dx$.

解 $\int x^3 e^{-x^2} dx = -\frac{1}{2} \int x^2 d(e^{-x^2})$
$= -\frac{1}{2} x^2 e^{-x^2} + \frac{1}{2} \int e^{-x^2} d(x^2)$
$= -\frac{1}{2} e^{-x^2} (x^2 + 1) + C.$

【1798】 $\int x \cos x dx$.

解 $\int x \cos x dx = \int x d(\sin x) = x \sin x - \int \sin x dx$
$= x \sin x + \cos x + C.$

【1799】 $\int x^2 \sin 2x dx$.

解 $\int x^2 \sin 2x dx = -\frac{1}{2} \int x^2 d(\cos 2x)$
$= -\frac{1}{2} x^2 \cos 2x + \frac{1}{2} \int 2x \cdot \cos 2x dx$
$= -\frac{1}{2} x^2 \cos 2x + \frac{1}{2} \int x d(\sin 2x)$

$$= -\frac{1}{2}x^2\cos 2x + \frac{1}{2}x\sin 2x - \frac{1}{2}\int \sin 2x\,dx$$
$$= -\frac{2x^2-1}{4}\cos 2x + \frac{1}{2}x\sin 2x + C.$$

【1800】 $\int x\,\mathrm{sh}\,x\,dx.$

解 $\int x\,\mathrm{sh}\,x\,dx = \int x\,\mathrm{d}(\mathrm{ch}\,x) = x\,\mathrm{ch}\,x - \int \mathrm{ch}\,x\,dx$
$= x\,\mathrm{ch}\,x - \mathrm{sh}\,x + C.$

【1801】 $\int x^3\,\mathrm{ch}\,3x\,dx.$

解 $\int x^3\,\mathrm{ch}\,3x\,dx = \frac{1}{3}\int x^3\,\mathrm{d}(\mathrm{sh}\,3x)$
$= \frac{1}{3}x^3\,\mathrm{sh}\,3x - \int x^2\,\mathrm{sh}\,3x\,dx$
$= \frac{1}{3}x^3\,\mathrm{sh}\,3x - \frac{1}{3}\int x^2\,\mathrm{d}(\mathrm{ch}\,3x)$
$= \frac{1}{3}x^3\,\mathrm{sh}\,3x - \frac{1}{3}x^2\,\mathrm{ch}\,3x + \frac{2}{3}\int x\,\mathrm{ch}\,3x\,dx$
$= \frac{1}{3}x^3\,\mathrm{sh}\,3x - \frac{1}{3}x^2\,\mathrm{ch}\,3x + \frac{2}{9}\int x\,\mathrm{d}(\mathrm{sh}\,3x)$
$= \frac{1}{3}x^3\,\mathrm{sh}\,3x - \frac{1}{3}x^2\,\mathrm{ch}\,3x + \frac{2}{9}x\,\mathrm{sh}\,3x - \frac{2}{9}\int \mathrm{sh}\,3x\,dx$
$= \left(\frac{1}{3}x^3 + \frac{2}{9}x\right)\mathrm{sh}\,3x - \left(\frac{1}{3}x^2 + \frac{2}{27}\right)\mathrm{ch}\,3x + C.$

【1802】 $\int \arctan x\,dx.$

解 $\int \arctan x\,dx = x\arctan x - \int \frac{x}{1+x^2}dx$
$= x\arctan x - \frac{1}{2}\ln(1+x^2) + C.$

【1803】 $\int \arcsin x\,dx.$

解 $\int \arcsin x\,dx = x\arcsin x - \int \frac{x}{\sqrt{1-x^2}}dx$
$= x\arcsin x + \sqrt{1-x^2} + C.$

【1804】 $\int x\arctan x\,dx.$

解 $\int x\arctan x \, dx = \frac{1}{2}\int \arctan x \, d(x^2)$

$= \frac{1}{2}x^2 \arctan x - \frac{1}{2}\int \frac{x^2}{1+x^2} dx$

$= \frac{1}{2}x^2 \arctan x - \frac{1}{2}\int \left(1 - \frac{1}{1+x^2}\right) dx$

$= \frac{1}{2}(x^2+1)\arctan x - \frac{1}{2}x + C.$

【1805】 $\int x^2 \arccos x \, dx.$

解 $\int x^2 \arccos x \, dx = \frac{1}{3}\int \arccos x \, d(x^3)$

$= \frac{1}{3}x^3 \arccos x + \frac{1}{3}\int \frac{x^3}{\sqrt{1-x^2}} dx$

$= \frac{1}{3}x^3 \arccos x - \frac{1}{6}\int \frac{x^2}{\sqrt{1-x^2}} d(1-x^2)$

$= \frac{1}{3}x^3 \arccos x - \frac{1}{6}\int \left(\frac{1}{\sqrt{1-x^2}} - \sqrt{1-x^2}\right) d(1-x^2)$

$= \frac{1}{3}x^3 \arccos x - \frac{1}{3}\sqrt{1-x^2} + \frac{1}{9}(1-x^2)^{\frac{3}{2}} + C$

$= \frac{1}{3}x^3 \arccos x - \frac{x^2+2}{9}\sqrt{1-x^2} + C.$

【1806】 $\int \frac{\arcsin x}{x^2} dx.$

解 $\int \frac{\arcsin x}{x^2} dx = -\int \arcsin x \, d\left(\frac{1}{x}\right)$

$= -\frac{1}{x} \cdot \arcsin x + \int \frac{1}{x\sqrt{1-x^2}} dx,$

令 $x = \frac{1}{t},$

则有 $\int \frac{1}{x\sqrt{1-x^2}} dx = -\int \frac{1}{\sqrt{t^2-1}} dt$

$= -\ln|t + \sqrt{t^2-1}| + C = -\ln\left|\frac{1+\sqrt{1-x^2}}{x}\right| + C.$

因此 $\int \frac{\arcsin x}{x^2} dx = -\frac{1}{x}\arcsin x - \ln\left|\frac{1+\sqrt{1-x^2}}{x}\right| + C.$

【1807】 $\int \ln(x+\sqrt{1+x^2})\mathrm{d}x$.

解 $\int \ln(x+\sqrt{1+x^2})\mathrm{d}x$

$= x\ln(x+\sqrt{1+x^2}) - \int \dfrac{x}{\sqrt{1+x^2}}\mathrm{d}x$

$= x\ln(x+\sqrt{1+x^2}) - \sqrt{1+x^2} + C$.

【1808】 $\int x\ln\dfrac{1+x}{1-x}\mathrm{d}x$.

解 $\int x\ln\dfrac{1+x}{1-x}\mathrm{d}x = \dfrac{1}{2}\int \ln\dfrac{1+x}{1-x}\mathrm{d}(x^2)$

$= \dfrac{1}{2}x^2\ln\dfrac{1+x}{1-x} - \int \dfrac{x^2}{1-x^2}\mathrm{d}x$

$= \dfrac{1}{2}x^2\ln\dfrac{1+x}{1-x} + \int \left(1 - \dfrac{1}{1-x^2}\right)\mathrm{d}x$

$= \dfrac{1}{2}(x^2-1)\ln\dfrac{1+x}{1-x} + x + C$.

【1809】 $\int \arctan\sqrt{x}\,\mathrm{d}x$.

解 $\int \arctan\sqrt{x}\,\mathrm{d}x$

$= x\arctan\sqrt{x} - \dfrac{1}{2}\int \dfrac{x}{1+x}\cdot\dfrac{1}{\sqrt{x}}\mathrm{d}x$

$= x\arctan\sqrt{x} - \int \left(1 - \dfrac{1}{1+x}\right)\mathrm{d}(\sqrt{x})$

$= (x+1)\arctan\sqrt{x} - \sqrt{x} + C$.

【1810】 $\int \sin x \cdot \ln(\tan x)\mathrm{d}x$.

解 $\int \sin x \cdot \ln(\tan x)\mathrm{d}x = -\int \ln(\tan x)\mathrm{d}(\cos x)$

$= -\cos x\cdot\ln(\tan x) + \int \cos x\cdot\dfrac{1}{\tan x}\cdot\sec^2 x\,\mathrm{d}x$

$= -\cos x\ln(\tan x) + \int \dfrac{\mathrm{d}x}{\sin x}$

$= -\cos x\ln(\tan x) + \ln\left|\tan\dfrac{x}{2}\right| + C$.

第三章 不定积分 §1. 最简单的不定积分

求解下列积分$(1811 \sim 1835)$.

【1811】 $\int x^5 e^{x^3} dx$.

解 $\int x^5 e^{x^3} dx = \frac{1}{3}\int x^3 d(e^{x^3})$

$= \frac{1}{3} x^3 e^{x^3} - \frac{1}{3}\int e^{x^3} d(x^3)$

$= \frac{1}{3}(x^3 - 1)e^{x^3} + C.$

【1812】 $\int (\arcsin x)^2 dx$.

解 $\int (\arcsin x)^2 dx$

$= x(\arcsin x)^2 - 2\int x \cdot \frac{\arcsin x}{\sqrt{1-x^2}} dx$

$= x(\arcsin x)^2 + 2\int \arcsin x \, d(\sqrt{1-x^2})$

$= x(\arcsin x)^2 + 2\sqrt{1-x^2} \arcsin x - 2\int dx$

$= x(\arcsin x)^2 + 2\sqrt{1-x^2} \arcsin x - 2x + C.$

【1813】 $\int x(\arctan x)^2 dx$.

解 $\int x(\arctan x)^2 dx = \frac{1}{2}\int (\arctan x)^2 d(x^2)$

$= \frac{1}{2} x^2 (\arctan x)^2 - \int \frac{x^2 \arctan x}{1+x^2} dx$

$= \frac{1}{2} x^2 (\arctan x)^2 - \int \left(1 - \frac{1}{1+x^2}\right) \arctan x \, dx$

$= \frac{1}{2} x^2 (\arctan x)^2 + \int \arctan x \, d(\arctan x) - \int \arctan x \, dx$

$= \frac{1}{2}(x^2 + 1)(\arctan x)^2 - x \cdot \text{atctan} x + \int \frac{x}{1+x^2} dx$

$= \frac{1}{2}(x^2 + 1)(\arctan x)^2 - x \arctan x + \frac{1}{2}\ln(1+x^2) + C.$

【1814】 $\int x^2 \ln \frac{1-x}{1+x} dx$.

解 $\int x^2 \ln \frac{1-x}{1+x} dx = \frac{1}{3}\int \ln \frac{1-x}{1+x} d(x^3)$

$$= \frac{1}{3}x^3 \ln\frac{1-x}{1+x} + \frac{2}{3}\int \frac{x^3}{1-x^2}dx$$

$$= \frac{1}{3}x^3 \ln\frac{1-x}{1+x} + \frac{2}{3}\int \left(-x + \frac{x}{1-x^2}\right)dx$$

$$= \frac{1}{3}x^3 \ln\frac{1-x}{1+x} - \frac{1}{3}x^2 - \frac{1}{3}\ln(1-x^2) + C.$$

【1815】 $\int \dfrac{x\ln(x+\sqrt{1+x^2})}{\sqrt{1+x^2}}dx.$

解 $\int \dfrac{x\ln(x+\sqrt{1+x^2})}{\sqrt{1+x^2}}dx$

$$= \int \ln(x+\sqrt{1+x^2})d(\sqrt{1+x^2})$$

$$= \sqrt{1+x^2}\ln(x+\sqrt{1+x^2}) - \int \sqrt{1+x^2}\cdot\frac{1}{\sqrt{1+x^2}}dx$$

$$= \sqrt{1+x^2}\ln(x+\sqrt{1+x^2}) - x + C.$$

【1816】 $\int \dfrac{x^2}{(1+x^2)^2}dx.$

解 $\int \dfrac{x^2}{(1+x^2)^2}dx = \dfrac{1}{2}\int \dfrac{x}{(1+x^2)^2}d(1+x^2)$

$$= -\frac{1}{2}\int xd\left(\frac{1}{1+x^2}\right) = -\frac{x}{2(1+x^2)} + \frac{1}{2}\int \frac{1}{1+x^2}dx$$

$$= -\frac{x}{2(1+x^2)} + \frac{1}{2}\arctan x + C.$$

【1817】 $\int \dfrac{dx}{(a^2+x^2)^2}.$

解 当 $a = 0$ 时,

$$\int \frac{dx}{(a^2+x^2)^2} = \int \frac{dx}{x^4} = -\frac{1}{3x^3} + C.$$

当 $a \neq 0$ 时,

$$\int \frac{dx}{(a^2+x^2)^2} = \frac{1}{a^2}\int \frac{a^2+x^2-x^2}{(a^2+x^2)^2}dx$$

$$= \frac{1}{a^2}\int \frac{1}{a^2+x^2}dx - \frac{1}{a^2}\int \frac{x^2}{(a^2+x^2)^2}dx$$

$$= \frac{1}{a^3}\arctan\frac{x}{a} - \frac{1}{a^3}\int \frac{\left(\dfrac{x}{a}\right)^2}{\left[1+\left(\dfrac{x}{a}\right)^2\right]^2}d\left(\frac{x}{a}\right)$$

$$= \frac{1}{a^3}\arctan\frac{x}{a} - \frac{1}{a^3}\left[-\frac{\frac{x}{a}}{2(1+\frac{x^2}{a^2})} + \frac{1}{2}\arctan\frac{x}{a}\right] + C$$

$$= \frac{1}{2a^3}\arctan\frac{x}{a} + \frac{x}{2a^2(a^2+x^2)} + C.$$

【1818】 $\int \sqrt{a^2-x^2}\,dx$.

解 $\int \sqrt{a^2-x^2}\,dx = x\sqrt{a^2-x^2} + \int \frac{x^2}{\sqrt{a^2-x^2}}\,dx$

$$= x\sqrt{a^2-x^2} + \int \frac{a^2-(a^2-x^2)}{\sqrt{a^2-x^2}}\,dx$$

$$= x\sqrt{a^2-x^2} + a^2\int \frac{1}{\sqrt{1-\left(\frac{x}{a}\right)^2}}\,d\left(\frac{x}{a}\right) - \int \sqrt{a^2-x^2}\,dx$$

$$= x\sqrt{a^2-x^2} + a^2\arcsin\frac{x}{a} - \int \sqrt{a^2-x^2}\,dx,$$

因此 $\int \sqrt{a^2-x^2}\,dx = \frac{1}{2}x\sqrt{a^2-x^2} + \frac{1}{2}a^2\arcsin\frac{x}{a} + C.$

【1819】 $\int \sqrt{x^2+a}\,dx$.

解 $\int \sqrt{x^2+a}\,dx = x\sqrt{x^2+a} - \int \frac{x^2}{\sqrt{x^2+a}}\,dx$

$$= x\sqrt{x^2+a} - \int \sqrt{x^2+a}\,dx + a\int \frac{1}{\sqrt{x^2+a}}\,dx,$$

所以 $\int \sqrt{x^2+a}\,dx = \frac{1}{2}x\sqrt{x^2+a} + \frac{a}{2}\int \frac{1}{\sqrt{x^2+a}}\,dx$

$$= \frac{1}{2}x\sqrt{x^2+a} + \frac{a}{2}\ln\left|x+\sqrt{x^2+a}\right| + C.$$

【1820】 $\int x^2\sqrt{a^2+x^2}\,dx$.

解 $\int x^2\sqrt{a^2+x^2}\,dx = \frac{1}{2}\int x(a^2+x^2)^{\frac{1}{2}}\,d(a^2+x^2)$

$$= \frac{1}{3}\int x\,d\left[(a^2+x^2)^{\frac{3}{2}}\right]$$

$$= \frac{1}{3}x(a^2+x^2)^{\frac{3}{2}} - \frac{1}{3}\int (a^2+x^2)^{\frac{3}{2}}\,dx$$

$$= \frac{1}{3}x(a^2+x^2)^{\frac{3}{2}} - \frac{a^2}{3}\int \sqrt{a^2+x^2}\,\mathrm{d}x$$
$$- \frac{1}{3}\int x^2 \sqrt{a^2+x^2}\,\mathrm{d}x$$

所以,利用 1786 题的结果有

$$\int x^2 \sqrt{a^2+x^2}\,\mathrm{d}x$$
$$= \frac{3}{4}\left[\frac{1}{3}x(a^2+x^2)^{\frac{3}{2}} - \frac{a^2}{3}\int \sqrt{a^2+x^2}\,\mathrm{d}x\right]$$
$$= \frac{1}{4}x(a^2+x^2)^{\frac{3}{2}} - \frac{a^2}{4}\left[\frac{x}{2}\sqrt{a^2+x^2} + \frac{a^2}{2}\ln(x+\sqrt{a^2+x^2})\right] + C$$
$$= \frac{x(2x^2+a^2)}{8}\sqrt{a^2+x^2} - \frac{a^4}{8}\ln(x+\sqrt{a^2+x^2}) + C.$$

【1821】 $\int x\sin^2 x\,\mathrm{d}x$.

解 $\int x\sin^2 x\,\mathrm{d}x = \frac{1}{2}\int x(1-\cos 2x)\,\mathrm{d}x$
$$= \frac{1}{2}\int x\,\mathrm{d}x - \frac{1}{2}\int x\cos 2x\,\mathrm{d}x$$
$$= \frac{1}{4}x^2 - \frac{1}{4}\int x\,\mathrm{d}(\sin 2x)$$
$$= \frac{1}{4}x^2 - \frac{1}{4}x\sin 2x + \frac{1}{4}\int \sin 2x\,\mathrm{d}x$$
$$= \frac{1}{4}x^2 - \frac{1}{4}x\sin 2x - \frac{1}{8}\cos 2x + C.$$

【1822】 $\int e^{\sqrt{x}}\,\mathrm{d}x$.

解 设 $\sqrt{x} = t$

则 $x = t^2, \mathrm{d}x = 2t\,\mathrm{d}t$,

所以 $\int e^{\sqrt{x}}\,\mathrm{d}x = \int e^t \cdot 2t\,\mathrm{d}t = 2\int t\,\mathrm{d}(e^t)$
$$= 2te^t - 2\int e^t\,\mathrm{d}t = 2te^t - 2e^t + C$$
$$= 2e^{\sqrt{x}}(\sqrt{x}-1) + C.$$

【1823】 $\int x\sin\sqrt{x}\,\mathrm{d}x$.

解 设 $\sqrt{x}=t$,

则 $x=t^2, \mathrm{d}x=2t\mathrm{d}t$,

所以 $\int x\sin\sqrt{x}\,\mathrm{d}x = 2\int t^3\sin t\,\mathrm{d}t = -2\int t^3\mathrm{d}(\cos t)$

$= -2t^3\cos t + 6\int t^2\cos t\,\mathrm{d}t = -2t^3\cos t + 6\int t^2\mathrm{d}(\sin t)$

$= -2t^3\cos t + 6t^2\sin t - 12\int t\cdot\sin t\,\mathrm{d}t$

$= -2t^3\cos t + 6t^2\sin t + 12t\cos t - 12\int\cos t\,\mathrm{d}t$

$= -2t(t^2-6)\cos t + 6(t^2-2)\sin t + C$

$= 2(6-x)\sqrt{x}\cos\sqrt{x} + 6(x-2)\sin\sqrt{x} + C.$

【1824】 $\int\dfrac{x\mathrm{e}^{\arctan x}}{(1+x^2)^{\frac{3}{2}}}\,\mathrm{d}x.$

解 $\int\dfrac{x\mathrm{e}^{\arctan x}}{(1+x^2)^{\frac{3}{2}}}\,\mathrm{d}x = \int\dfrac{x}{\sqrt{1+x^2}}\,\mathrm{d}(\mathrm{e}^{\arctan x})$

$= \dfrac{x}{\sqrt{1+x^2}}\mathrm{e}^{\arctan x} - \int\mathrm{e}^{\arctan x}\cdot\dfrac{1}{(1+x^2)^{\frac{3}{2}}}\,\mathrm{d}x$

$= \dfrac{x}{\sqrt{1+x^2}}\mathrm{e}^{\arctan x} - \int\dfrac{1}{\sqrt{1+x^2}}\,\mathrm{d}(\mathrm{e}^{\arctan x})$

$= \dfrac{x}{\sqrt{1+x^2}}\mathrm{e}^{\arctan x} - \dfrac{1}{\sqrt{1+x^2}}\mathrm{e}^{\arctan x} - \int\dfrac{x}{(1+x^2)^{\frac{3}{2}}}\mathrm{e}^{\arctan x}\,\mathrm{d}x,$

因此 $\int\dfrac{x\mathrm{e}^{\arctan x}}{(1+x^2)^{\frac{3}{2}}}\,\mathrm{d}x = \dfrac{x-1}{2\sqrt{1+x^2}}\mathrm{e}^{\arctan x} + C.$

【1825】 $\int\dfrac{\mathrm{e}^{\arctan x}}{(1+x^2)^{\frac{3}{2}}}\,\mathrm{d}x.$

解 利用 1824 题的结果有

$\int\dfrac{\mathrm{e}^{\arctan x}}{(1+x^2)^{\frac{3}{2}}}\,\mathrm{d}x = \int\dfrac{1}{\sqrt{1+x^2}}\,\mathrm{d}(\mathrm{e}^{\arctan x})$

$= \dfrac{1}{\sqrt{1+x^2}}\cdot\mathrm{e}^{\arctan x} + \int\dfrac{x}{(1+x^2)^{\frac{3}{2}}}\mathrm{e}^{\arctan x}\,\mathrm{d}x$

$= \dfrac{1}{\sqrt{1+x^2}}\mathrm{e}^{\arctan x} + \dfrac{x-1}{2\sqrt{1+x^2}}\mathrm{e}^{\arctan x} + C$

$= \dfrac{x+1}{2\sqrt{1+x^2}}\mathrm{e}^{\arctan x} + C.$

【1826】 $\int \sin(\ln x)\,dx$.

解 $\int \sin(\ln x)\,dx = x\sin(\ln x) - \int x\cos(\ln x) \cdot \dfrac{1}{x}\,dx$

$\qquad = x\sin(\ln x) - x\cos(\ln x) - \int \sin(\ln x)\,dx$,

因此 $\quad \int \sin(\ln x)\,dx = \dfrac{x}{2}[\sin(\ln x) - \cos(\ln x)] + C$.

【1827】 $\int \cos(\ln x)\,dx$.

解 $\int \cos(\ln x)\,dx = x\cos(\ln x) + \int \sin(\ln x)\,dx$

$\qquad = x\cos(\ln x) + x\sin(\ln x) - \int \cos(\ln x)\,dx$,

因此 $\quad \int \cos(\ln x)\,dx = \dfrac{x}{2}[\cos(\ln x) + \sin(\ln x)] + C$.

【1828】 $\int e^{ax}\cos bx\,dx$.

解 如果 $a = b = 0$, 则积分为 $x + C$.

如果 $a = 0, b \neq 0$, 则积分为 $\dfrac{1}{b}\sin bx + C$, 因此, 设 $a \neq 0$,

$\int e^{ax}\cos bx\,dx = \dfrac{1}{a}\int \cos bx\,d(e^{ax})$

$\qquad = \dfrac{1}{a}e^{ax}\cos bx + \dfrac{b}{a}\int e^{ax}\sin bx\,dx$

$\qquad = \dfrac{1}{a}e^{ax}\cos bx + \dfrac{b}{a^2}\int \sin bx\,d(e^{ax})$

$\qquad = \dfrac{1}{a}e^{ax}\cos bx + \dfrac{b}{a^2}e^{ax}\sin bx - \dfrac{b^2}{a^2}\int e^{ax}\cos bx\,dx$,

所以 $\int e^{ax}\cos bx\,dx = \dfrac{a^2}{a^2 + b^2}\left(\dfrac{1}{a}e^{ax}\cos bx + \dfrac{b}{a^2}e^{ax}\sin bx\right) + C$

$\qquad = \dfrac{e^{ax}}{a^2 + b^2}(a\cos bx + b\sin bx) + C$.

【1829】 $\int e^{ax}\sin bx\,dx$.

解 如果 $a = b = 0$, 则积分为常数 C,

如果 $a = 0, b \neq 0$, 则积分为 $-\dfrac{1}{b}\cos bx + C$,

下设 $a \neq 0, b \neq 0$,

$$\int e^{ax}\sin bx\,dx = \frac{1}{a}\int \sin bx\,d(e^{ax})$$
$$= \frac{1}{a}e^{ax}\sin bx - \frac{b}{a}\int e^{ax}\cos bx\,dx$$
$$= \frac{1}{a}e^{ax}\sin bx - \frac{b}{a^2}\int \cos bx\,d(e^{ax})$$
$$= \frac{1}{a}e^{ax}\sin bx - \frac{b}{a^2}e^{ax}\cos bx - \frac{b^2}{a^2}\int e^{ax}\cdot\sin bx\,dx,$$

因此 $\int e^{ax}\sin bx\,dx = \dfrac{e^{ax}}{a^2+b^2}(a\sin bx - b\cos bx) + C.$

【1830】 $\int e^{2x}\sin^2 x\,dx.$

解 $\int e^{2x}\sin^2 x\,dx = \dfrac{1}{2}\int e^{2x}(1-\cos 2x)\,dx$
$$= \frac{1}{2}\int e^{2x}\,dx - \frac{1}{2}\int e^{2x}\cos 2x\,dx,$$

由 1828 题的结果知
$$\int e^{2x}\cos 2x\,dx = \frac{e^{2x}}{8}(2\cos 2x + 2\sin 2x) + C,$$

所以 $\int e^{2x}\sin^2 x\,dx = \dfrac{1}{4}e^{2x} - \dfrac{1}{2}\cdot\dfrac{e^{2x}}{8}(2\cos 2x + 2\sin 2x) + C$
$$= \frac{1}{8}e^{2x}(2 - \cos 2x - \sin 2x) + C.$$

【1831】 $\int (e^x - \cos x)^2\,dx.$

解 $\int (e^x - \cos x)^2\,dx = \int (e^{2x} - 2e^x\cos x + \cos^2 x)\,dx$
$$= \int e^{2x}\,dx - 2\int e^x\cos x\,dx + \frac{1}{2}\int(1+\cos 2x)\,dx,$$

由 1828 题知 $\int e^x\cos x\,dx = \dfrac{e^x(\cos x + \sin x)}{2} + C,$

所以 $\int (e^x - \cos x)^2\,dx$
$$= \frac{1}{2}e^{2x} - 2\cdot\frac{e^x(\cos x + \sin x)}{2} + \frac{1}{2}x + \frac{1}{4}\sin 2x + C$$
$$= \frac{1}{2}e^{2x} - e^x(\cos x + \sin x) + \frac{x}{2} + \frac{1}{4}\sin 2x + C.$$

【1832】 $\int \dfrac{\text{arccot}\,e^x}{e^x}\,dx.$

解 $\int \dfrac{\operatorname{arccot} \mathrm{e}^x}{\mathrm{e}^x}\mathrm{d}x = -\int \operatorname{arccot} \mathrm{e}^x \mathrm{d}(\mathrm{e}^{-x})$

$= -\mathrm{e}^{-x}\operatorname{arccot} \mathrm{e}^x - \int \dfrac{1}{1+\mathrm{e}^{2x}}\mathrm{d}x$

$= -\mathrm{e}^{-x}\operatorname{arccot} \mathrm{e}^x - \int \left(1 - \dfrac{\mathrm{e}^{2x}}{1+\mathrm{e}^{2x}}\right)\mathrm{d}x$

$= -\mathrm{e}^{-x}\operatorname{arccot} \mathrm{e}^x - x + \dfrac{1}{2}\ln(1+\mathrm{e}^{2x}) + C.$

【1833】 $\int \dfrac{\ln(\sin x)}{\sin^2 x}\mathrm{d}x.$

解 $\int \dfrac{\ln(\sin x)}{\sin^2 x}\mathrm{d}x = -\int \ln(\sin x)\mathrm{d}(\cot x)$

$= -\cot x \cdot \ln(\sin x) + \int \cot^2 x \mathrm{d}x$

$= -\cot x \cdot \ln(\sin x) + \int (\csc^2 x - 1)\mathrm{d}x$

$= -\cot x \cdot \ln(\sin x) - \cot x - x + C.$

【1834】 $\int \dfrac{x\mathrm{d}x}{\cos^2 x}.$

解 $\int \dfrac{x}{\cos^2 x}\mathrm{d}x = \int x\mathrm{d}(\tan x) = x\tan x - \int \tan x \mathrm{d}x$

$= x\tan x + \int \dfrac{\mathrm{d}(\cos x)}{\cos x} = x\tan x + \ln|\cos x| + C.$

【1835】 $\int \dfrac{x\mathrm{e}^x}{(x+1)^2}\mathrm{d}x.$

解 $\int \dfrac{x\mathrm{e}^x}{(x+1)^2}\mathrm{d}x = -\int x\mathrm{e}^x \mathrm{d}\left(\dfrac{1}{x+1}\right)$

$= -\dfrac{x\mathrm{e}^x}{x+1} + \int \dfrac{1}{x+1}\mathrm{e}^x(x+1)\mathrm{d}x$

$= -\dfrac{x\mathrm{e}^x}{x+1} + \mathrm{e}^x + C = \dfrac{\mathrm{e}^x}{1+x} + C.$

下列积分的求解是要把二次三项式简化成范式,并利用下列公式:

(1) $\int \dfrac{\mathrm{d}x}{a^2+x^2} = \dfrac{1}{a}\arctan\dfrac{x}{a} + C \quad (a \neq 0);$

(2) $\int \dfrac{\mathrm{d}x}{a^2-x^2} = \dfrac{1}{2a}\ln\left|\dfrac{a+x}{a-x}\right| + C \quad (a \neq 0);$

(3) $\int \dfrac{x\mathrm{d}x}{a^2 \pm x^2} = \pm \dfrac{1}{2} \ln |a^2 \pm x^2| + C;$

(4) $\int \dfrac{\mathrm{d}x}{\sqrt{a^2 - x^2}} = \arcsin \dfrac{x}{a} + C \quad (a > 0);$

(5) $\int \dfrac{\mathrm{d}x}{\sqrt{x^2 \pm a^2}} = \ln |x + \sqrt{x^2 \pm a^2}| + C \quad (a > 0);$

(6) $\int \dfrac{x\mathrm{d}x}{\sqrt{a^2 \pm x^2}} = \pm \sqrt{a^2 \pm x^2} + C \quad (a > 0);$

(7) $\int \sqrt{a^2 - x^2}\,\mathrm{d}x = \dfrac{x}{2} \sqrt{a^2 - x^2} + \dfrac{a^2}{2} \arcsin \dfrac{x}{a} + C \quad (a > 0);$

(8) $\int \sqrt{x^2 \pm a^2}\,\mathrm{d}x$
$= \dfrac{x}{2} \sqrt{x^2 \pm a^2} \pm \dfrac{a^2}{2} \ln |x + \sqrt{x^2 \pm a^2}| + C \quad (a^2 > 0).$

求解下列积分(1836～1865,1850 **除外**).

【1836】 $\int \dfrac{\mathrm{d}x}{a + bx^2} \quad (ab \neq 0).$

解 当 $ab > 0$ 时,

$$\int \dfrac{\mathrm{d}x}{a + bx^2} = \mathrm{sgn}\,a \cdot \dfrac{1}{\sqrt{|b|}} \int \dfrac{\mathrm{d}(\sqrt{|b|}x)}{(\sqrt{|a|})^2 + (\sqrt{|b|}x)^2}$$
$$= \mathrm{sgn}\,a \cdot \dfrac{1}{\sqrt{ab}} \cdot \arctan\left(\sqrt{\dfrac{b}{a}}x\right) + C.$$

当 $ab < 0$ 时,

$$\int \dfrac{\mathrm{d}x}{a + bx^2} = \mathrm{sgn}\,a \cdot \dfrac{\mathrm{d}x}{|a| - |b|x^2}$$
$$= \mathrm{sgn}\,a \cdot \dfrac{1}{\sqrt{|b|}} \int \dfrac{\mathrm{d}(\sqrt{|b|}x)}{(\sqrt{|a|})^2 - (\sqrt{|b|}x)^2}$$
$$= \mathrm{sgn}\,a \cdot \dfrac{1}{2\sqrt{|ab|}} \ln \left|\dfrac{\sqrt{|a|} + \sqrt{|b|}x}{\sqrt{|a|} - \sqrt{|b|}x}\right| + C.$$

【1837】 $\int \dfrac{\mathrm{d}x}{x^2 - x + 2}.$

解 $\int \dfrac{\mathrm{d}x}{x^2 - x + 2} = \int \dfrac{\mathrm{d}\left(x - \dfrac{1}{2}\right)}{\left(x - \dfrac{1}{2}\right)^2 + \left(\dfrac{\sqrt{7}}{2}\right)^2}$

$$= \frac{2}{\sqrt{7}} \arctan \frac{2x-1}{\sqrt{7}} + C.$$

【1838】 $\int \frac{\mathrm{d}x}{3x^2 - 2x - 1}.$

解 $\int \frac{\mathrm{d}x}{3x^2 - 2x - 1} = \frac{1}{3} \int \frac{\mathrm{d}x}{x^2 - \frac{2}{3}x - \frac{1}{3}}$

$$= \frac{1}{3} \int \frac{\mathrm{d}\left(x - \frac{1}{3}\right)}{\left(x - \frac{1}{3}\right)^2 - \left(\frac{2}{3}\right)^2}$$

$$= -\frac{1}{3} \cdot \frac{3}{4} \ln \left| \frac{\frac{2}{3} + \left(x - \frac{1}{3}\right)}{\frac{2}{3} - \left(x - \frac{1}{3}\right)} \right| + C_1$$

$$= \frac{1}{4} \ln \left| \frac{x-1}{3x+1} \right| + C.$$

【1839】 $\int \frac{x\mathrm{d}x}{x^4 - 2x^2 - 1}.$

解 $\int \frac{x\mathrm{d}x}{x^4 - 2x^2 - 1} = \frac{1}{2} \int \frac{\mathrm{d}(x^2 - 1)}{(x^2 - 1)^2 - (\sqrt{2})^2}$

$$= \frac{1}{4\sqrt{2}} \ln \left| \frac{x^2 - (\sqrt{2} + 1)}{x^2 + (\sqrt{2} - 1)} \right| + C.$$

【1840】 $\int \frac{x+1}{x^2 + x + 1} \mathrm{d}x.$

解 $\int \frac{x+1}{x^2 + x + 1} \mathrm{d}x = \int \frac{\frac{1}{2}(2x+1) + \frac{1}{2}}{x^2 + x + 1} \mathrm{d}x$

$$= \frac{1}{2} \int \frac{\mathrm{d}(x^2 + x + 1)}{x^2 + x + 1} + \frac{1}{2} \int \frac{\mathrm{d}\left(x + \frac{1}{2}\right)}{\left(x + \frac{1}{2}\right)^2 + \left(\frac{\sqrt{3}}{2}\right)^2}$$

$$= \frac{1}{2} \ln(x^2 + x + 1) + \frac{1}{\sqrt{3}} \arctan \frac{2x+1}{\sqrt{3}} + C.$$

【1841】 $\int \frac{x\mathrm{d}x}{x^2 - 2x\cos\alpha + 1}.$

解 $\int \frac{x\mathrm{d}x}{x^2 - 2x\cos\alpha + 1} = \int \frac{x - \cos\alpha + \cos\alpha}{(x - \cos\alpha)^2 + \sin^2\alpha} \mathrm{d}x$

$$= \frac{1}{2}\int \frac{\mathrm{d}[(x-\cos\alpha)^2+\sin^2\alpha]}{(x-\cos\alpha)^2+\sin^2\alpha} + \cos\alpha \int \frac{\mathrm{d}(x-\cos\alpha)}{(x-\cos\alpha)^2+\sin^2\alpha}$$

$$= \frac{1}{2}\ln(x^2-2x\cos\alpha+1) + \cot\alpha \cdot \arctan\left(\frac{x-\cos\alpha}{\sin\alpha}\right) + C.$$

$$(\alpha \neq k\pi, k = 0, \pm 1, \pm 2, \cdots)$$

【1842】 $\int \frac{x^3 \mathrm{d}x}{x^4-x^2+2}.$

解 $\int \frac{x^3 \mathrm{d}x}{x^4-x^2+2} = \frac{1}{2}\int \frac{x^2-\frac{1}{2}+\frac{1}{2}}{\left(x^2-\frac{1}{2}\right)^2+\frac{7}{4}} \mathrm{d}\left(x^2-\frac{1}{2}\right)$

$$= \frac{1}{4}\int \frac{\mathrm{d}\left[\left(x^2-\frac{1}{2}\right)^2+\frac{7}{4}\right]}{\left(x^2-\frac{1}{2}\right)^2+\frac{7}{4}} + \frac{1}{4}\int \frac{\mathrm{d}\left(x^2-\frac{1}{2}\right)}{\left(x^2-\frac{1}{2}\right)+\frac{7}{4}}$$

$$= \frac{1}{4}\ln(x^4-x^2+2) + \frac{1}{2\sqrt{7}}\arctan\frac{2x^2-1}{\sqrt{7}} + C.$$

【1843】 $\int \frac{x^5 \mathrm{d}x}{x^6-x^3-2}.$

解 $\int \frac{x^5 \mathrm{d}x}{x^6-x^3-2} = \frac{1}{3}\int \frac{\left(x^3-\frac{1}{2}\right)+\frac{1}{2}}{\left(x^3-\frac{1}{2}\right)^2-\frac{9}{4}} \mathrm{d}\left(x^3-\frac{1}{2}\right)$

$$= \frac{1}{3}\times\frac{1}{2}\int \frac{\mathrm{d}\left[\left(x^3-\frac{1}{2}\right)^2-\frac{9}{4}\right]}{\left(x^3-\frac{1}{2}\right)^2-\frac{9}{4}} - \frac{1}{6}\int \frac{\mathrm{d}\left(x^3-\frac{1}{2}\right)}{\left(\frac{3}{2}\right)^2-\left(x^3-\frac{1}{2}\right)^2}$$

$$= \frac{1}{6}\ln|x^6-x^3-2| - \frac{1}{18}\ln\left|\frac{\frac{3}{2}+\left(x^3-\frac{1}{2}\right)}{\frac{3}{2}-\left(x^3-\frac{1}{2}\right)}\right| + C$$

$$= \frac{1}{9}\ln[|x^3+1|\cdot(x^3-2)^2] + C.$$

【1844】 $\int \frac{\mathrm{d}x}{3\sin^2 x - 8\sin x \cos x + 5\cos^2 x}.$

解 $\int \frac{\mathrm{d}x}{3\sin^2 x - 8\sin x \cos x + 5\cos^2 x}$

$$= \int \frac{\mathrm{d}(\tan x)}{3\tan^2 x - 8\tan x + 5}$$

$$= \frac{1}{3}\int \frac{\mathrm{d}\left(\tan x - \frac{4}{3}\right)}{\left(\tan x - \frac{4}{3}\right)^2 - \left(\frac{1}{3}\right)^2}$$

$$= \frac{1}{2}\ln\left|\frac{\frac{1}{3} - \left(\tan x - \frac{4}{3}\right)}{\frac{1}{3} + \left(\tan x - \frac{4}{3}\right)}\right| + C_1$$

$$= \frac{1}{2}\ln\left|\frac{3\sin x - 5\cos x}{\sin x - \cos x}\right| + C.$$

【1845】 $\int \dfrac{\mathrm{d}x}{\sin x + 2\cos x + 3}.$

解 $\int \dfrac{\mathrm{d}x}{\sin x + 2\cos x + 3}$

$$= \int \frac{\mathrm{d}x}{2\sin\frac{x}{2}\cos\frac{x}{2} + 4\cos^2\frac{x}{2} + 1}$$

$$= \int \frac{\frac{1}{\cos^2\frac{x}{2}}\mathrm{d}x}{2\tan\frac{x}{2} + 4 + \sec^2\frac{x}{2}} = 2\int \frac{\mathrm{d}\left(\tan\frac{x}{2} + 1\right)}{\left(\tan\frac{x}{2} + 1\right)^2 + 4}$$

$$= \arctan\left(\frac{\tan\frac{x}{2} + 1}{2}\right) + C.$$

【1846】 $\int \dfrac{\mathrm{d}x}{\sqrt{a + bx^2}} \quad (b \neq 0).$

解 当 $b > 0$ 时，

$$\int \frac{\mathrm{d}x}{\sqrt{a + bx^2}} = \frac{1}{\sqrt{b}}\int \frac{\mathrm{d}(\sqrt{b}x)}{\sqrt{a + (\sqrt{b}x)^2}}$$

$$= \frac{1}{\sqrt{b}}\ln|\sqrt{b}x + \sqrt{a + bx^2}| + C.$$

当 $b < 0$ 及 $a > 0$ 时

$$\int \frac{\mathrm{d}x}{\sqrt{a + bx^2}} = \frac{1}{\sqrt{-b}}\int \frac{\mathrm{d}(\sqrt{-b}x)}{\sqrt{(\sqrt{a})^2 - (\sqrt{-b}x)^2}}$$

$$= \frac{1}{\sqrt{-b}}\arcsin\left(\sqrt{-\frac{b}{a}}x\right) + C.$$

第三章 不定积分 §1. 最简单的不定积分

【1847】 $\int \dfrac{\mathrm{d}x}{\sqrt{1-2x-x^2}}$.

解 $\int \dfrac{\mathrm{d}x}{\sqrt{1-2x-x^2}} = \int \dfrac{\mathrm{d}(x+1)}{\sqrt{2-(x+1)^2}}$

$= \arcsin \dfrac{x+1}{\sqrt{2}} + C.$

【1848】 $\int \dfrac{\mathrm{d}x}{\sqrt{x+x^2}}$.

解 $\int \dfrac{\mathrm{d}x}{\sqrt{x+x^2}} = \int \dfrac{\mathrm{d}\left(x+\dfrac{1}{2}\right)}{\sqrt{\left(x+\dfrac{1}{2}\right)^2 - \dfrac{1}{4}}}$

$= \ln \left| x + \dfrac{1}{2} + \sqrt{x+x^2} \right| + C.$

【1849】 $\int \dfrac{\mathrm{d}x}{\sqrt{2x^2-x+2}}$.

解 $\int \dfrac{\mathrm{d}x}{\sqrt{2x^2-x+2}} = \dfrac{1}{\sqrt{2}} \int \dfrac{\mathrm{d}\left(x-\dfrac{1}{4}\right)}{\sqrt{\left(x-\dfrac{1}{4}\right)^2 + \dfrac{15}{16}}}$

$= \dfrac{1}{\sqrt{2}} \ln \left| x - \dfrac{1}{4} + \sqrt{x^2 - \dfrac{x}{2} + 1} \right| + C.$

【1850】 证明,若 $y = ax^2 + bx + c (a \neq 0)$,则

$\int \dfrac{\mathrm{d}x}{\sqrt{y}} = \dfrac{1}{\sqrt{a}} \ln \left| \dfrac{y'}{2} + \sqrt{a y} \right| + C$ （当 $a > 0$ 时）；

$\int \dfrac{\mathrm{d}x}{\sqrt{y}} = \dfrac{1}{\sqrt{-a}} \arcsin \dfrac{-y'}{\sqrt{b^2-4ac}} + C$ （当 $a < 0$ 时）.

证 $y' = 2ax + b$,

当 $a > 0$ 时,

$\int \dfrac{\mathrm{d}x}{\sqrt{y}} = \dfrac{1}{\sqrt{a}} \int \dfrac{\mathrm{d}x}{\sqrt{x^2 + \dfrac{b}{a}x + \dfrac{c}{a}}}$

$= \dfrac{1}{\sqrt{a}} \int \dfrac{\mathrm{d}\left(x + \dfrac{b}{2a}\right)}{\sqrt{\left(x+\dfrac{b}{2a}\right)^2 + \dfrac{4ac-b^2}{4a^2}}}$

$$= \frac{1}{\sqrt{a}}\ln\left|x + \frac{b}{2a} + \sqrt{x^2 + \frac{b}{a}x + \frac{c}{a}}\right| + C_1$$

$$= \frac{1}{\sqrt{a}}\ln\left|\frac{2ax+b}{2a} + \frac{\sqrt{a(ax^2+bx+c)}}{a}\right| + C_1$$

$$= \frac{1}{\sqrt{a}}\ln\left|\frac{y'}{2} + \sqrt{ay}\right| + C.$$

当 $a < 0$ 时,

$$\frac{\mathrm{d}x}{\sqrt{y}} = \frac{1}{\sqrt{-a}}\int \frac{\mathrm{d}x}{\sqrt{-x^2 - \frac{b}{a}x - \frac{c}{a}}}$$

$$= \frac{1}{\sqrt{-a}}\int \frac{\mathrm{d}\left(x+\frac{b}{2a}\right)}{\sqrt{\frac{b^2-4ac}{4a^2} - \left(x+\frac{b}{2a}\right)^2}}$$

$$= \frac{1}{\sqrt{-a}}\arcsin\left(\frac{x+\frac{b}{2a}}{\frac{\sqrt{b^2-4ac}}{-2a}}\right) + C$$

$$= \frac{1}{\sqrt{-a}}\arcsin\left(\frac{-y'}{\sqrt{b^2-4ac}}\right) + C.$$

【1851】 $\int \frac{x\mathrm{d}x}{\sqrt{5+x-x^2}}$.

解 $\int \frac{x\mathrm{d}x}{\sqrt{5+x-x^2}} = \int \frac{x - \frac{1}{2} + \frac{1}{2}}{\sqrt{\frac{21}{4} - \left(x-\frac{1}{2}\right)^2}}\mathrm{d}x$

$$= -\frac{1}{2}\int \frac{\mathrm{d}\left[\frac{21}{4} - \left(x-\frac{1}{2}\right)^2\right]}{\sqrt{\frac{21}{4} - \left(x-\frac{1}{2}\right)^2}} + \frac{1}{2}\int \frac{\mathrm{d}\left(x-\frac{1}{2}\right)}{\sqrt{\frac{21}{4} - \left(x-\frac{1}{2}\right)^2}}$$

$$= -\sqrt{5+x-x^2} + \frac{1}{2}\arcsin\frac{2x-1}{\sqrt{21}} + C.$$

【1852】 $\int \frac{x+1}{\sqrt{x^2+x+1}}\mathrm{d}x$.

解 $\int \dfrac{x+1}{\sqrt{x^2+x+1}}\mathrm{d}x = \int \dfrac{\left(x+\dfrac{1}{2}\right)+\dfrac{1}{2}}{\sqrt{\left(x+\dfrac{1}{2}\right)^2+\dfrac{3}{4}}}\mathrm{d}x$

$= \dfrac{1}{2}\int \dfrac{\mathrm{d}\left[\left(x+\dfrac{1}{2}\right)^2+\dfrac{3}{4}\right]}{\sqrt{\left(x+\dfrac{1}{2}\right)^2+\dfrac{3}{4}}} + \dfrac{1}{2}\int \dfrac{\mathrm{d}\left(x+\dfrac{1}{2}\right)}{\sqrt{\left(x+\dfrac{1}{2}\right)^2+\dfrac{3}{4}}}$

$= \sqrt{x^2+x+1} + \dfrac{1}{2}\ln\left(x+\dfrac{1}{2}+\sqrt{x^2+x+1}\right)+C.$

【1853】 $\int \dfrac{x\mathrm{d}x}{\sqrt{1-3x^2-2x^4}}.$

解 $\int \dfrac{x\mathrm{d}x}{\sqrt{1-3x^2-2x^4}} = \dfrac{1}{2\sqrt{2}}\int \dfrac{\mathrm{d}\left(x^2+\dfrac{3}{4}\right)}{\sqrt{\dfrac{17}{16}-\left(x^2+\dfrac{3}{4}\right)^2}}$

$= \dfrac{1}{2\sqrt{2}}\arcsin \dfrac{4x^2+3}{\sqrt{17}} + C.$

【1853.1】 $\int \dfrac{\cos x\mathrm{d}x}{\sqrt{1+\sin x+\cos^2 x}}.$

解 $\int \dfrac{\cos x\mathrm{d}x}{\sqrt{1+\sin x+\cos^2 x}} = \int \dfrac{\mathrm{d}\left(\sin x-\dfrac{1}{2}\right)}{\sqrt{\left(\dfrac{3}{2}\right)^2-\left(\sin x-\dfrac{1}{2}\right)^2}}$

$= \arcsin \dfrac{2\sin x-1}{3} + C.$

【1854】 $\int \dfrac{x^3\mathrm{d}x}{\sqrt{x^4-2x^2-1}}.$

解 $\int \dfrac{x^3}{\sqrt{x^4-2x^2-1}}\mathrm{d}x$

$= \dfrac{1}{2}\int \dfrac{x^2-1+1}{\sqrt{(x^2-1)^2-2}}\mathrm{d}(x^2-1)$

$= \dfrac{1}{4}\int \dfrac{\mathrm{d}\left[(x^2-1)^2-2\right]}{\sqrt{(x^2-1)^2-2}} + \dfrac{1}{2}\int \dfrac{\mathrm{d}(x^2-1)}{\sqrt{(x^2-1)^2-2}}$

$= \dfrac{1}{2}\sqrt{x^4-2x^2-1} + \dfrac{1}{2}\ln\left|x^2-1+\sqrt{x^4-2x^2-1}\right| + C.$

【1855】 $\int \dfrac{x+x^3}{\sqrt{1+x^2-x^4}}\mathrm{d}x.$

解 $\int \dfrac{x+x^3}{\sqrt{1+x^2-x^4}} = \dfrac{1}{2}\int \dfrac{(1+x^2)\mathrm{d}(x^2)}{\sqrt{\dfrac{5}{4}-\left(x^2-\dfrac{1}{2}\right)^2}}$

$= \dfrac{1}{2}\int \dfrac{\left(x^2-\dfrac{1}{2}\right)\mathrm{d}\left(x^2-\dfrac{1}{2}\right)}{\sqrt{\dfrac{5}{4}-\left(x^2-\dfrac{1}{2}\right)^2}} + \dfrac{3}{4}\int \dfrac{\mathrm{d}\left(x^2-\dfrac{1}{2}\right)}{\sqrt{\dfrac{5}{4}-\left(x^2-\dfrac{1}{2}\right)^2}}$

$= -\dfrac{1}{4}\int \dfrac{\mathrm{d}\left[\dfrac{5}{4}-\left(x^2-\dfrac{1}{2}\right)^2\right]}{\sqrt{\dfrac{5}{4}-\left(x^2-\dfrac{1}{2}\right)^2}} + \dfrac{3}{4}\int \dfrac{\mathrm{d}\left(x^2-\dfrac{1}{2}\right)}{\sqrt{\dfrac{5}{4}-\left(x^2-\dfrac{1}{2}\right)^2}}$

$= -\dfrac{1}{2}\sqrt{1+x^2-x^4} + \dfrac{3}{4}\arcsin\dfrac{2x^2-1}{\sqrt{5}} + C.$

【1856】 $\int \dfrac{\mathrm{d}x}{x\sqrt{x^2+x+1}}.$

解 令 $x=\dfrac{1}{t}$,

$x\sqrt{x^2+x+1} = \dfrac{\operatorname{sgn}t}{t^2}\sqrt{t^2+t+1},$

$\mathrm{d}x = -\dfrac{1}{t^2}\mathrm{d}t,$

所以 $\int \dfrac{\mathrm{d}x}{x\sqrt{x^2+x+1}} = -\operatorname{sgn}t\cdot\int\dfrac{\mathrm{d}t}{\sqrt{t^2+t+1}}$

$= -\operatorname{sgn}t\cdot\int\dfrac{\mathrm{d}\left(t+\dfrac{1}{2}\right)}{\sqrt{\left(t+\dfrac{1}{2}\right)^2+\dfrac{3}{4}}}$

$= -\operatorname{sgn}t\ln\left|t+\dfrac{1}{2}+\sqrt{t^2+t+1}\right|+C_1$

$= -\operatorname{sgn}x\cdot\ln\left|\dfrac{x+2+2(\operatorname{sgn}x)\sqrt{x^2+x+1}}{2x}\right|+C_1.$

当 $x>0$ 时,

$\int \dfrac{\mathrm{d}x}{x\sqrt{x^2+x+1}} = -\ln\left|\dfrac{x+2+2\sqrt{x^2+x+1}}{x}\right|+C.$

当 $x<0$ 时,

$$\int \frac{\mathrm{d}x}{x\sqrt{x^2+x+1}}$$

$$=-\ln\left|\frac{2x}{x+2-2\sqrt{x^2+x+1}}\right|+C_1$$

$$=-\ln\left|\frac{2x(x+2+2\sqrt{x^2+x+1})}{(x+2)^2-4(x^2+x+1)}\right|+C_1$$

$$=-\ln\left|\frac{x+2+2\sqrt{x^2+x+1}}{x}\right|+C$$

总之, $\displaystyle\int \frac{\mathrm{d}x}{x\sqrt{x^2+x+1}}=-\ln\left|\frac{x+2+2\sqrt{x^2+x+1}}{x}\right|+C.$

【1857】 $\displaystyle\int \frac{\mathrm{d}x}{x^2\sqrt{x^2+x-1}}.$

解 令 $x=\dfrac{1}{t}$,

则 $\quad x^2\sqrt{x^2+x-1}=\operatorname{sgn}t\cdot\dfrac{\sqrt{1+t-t^2}}{t^3},$

$\mathrm{d}x=-\dfrac{1}{t^2}\mathrm{d}t,$

所以 $\displaystyle\int \frac{\mathrm{d}x}{x^2\sqrt{x^2+x-1}}$

$$=-\operatorname{sgn}t\cdot\int\frac{t}{\sqrt{1+t-t^2}}\mathrm{d}t$$

$$=-\operatorname{sgn}t\cdot\left[-\frac{1}{2}\int\frac{(1+t-t^2)'}{\sqrt{1+t-t^2}}+\frac{1}{2}\int\frac{\mathrm{d}t}{\sqrt{\frac{5}{4}-\left(t-\frac{1}{2}\right)^2}}\right]$$

$$=-\operatorname{sgn}t\cdot\left(-\sqrt{1+t-t^2}+\frac{1}{2}\arcsin\frac{2t-1}{\sqrt{5}}\right)+C$$

$$=\operatorname{sgn}x\cdot\left[\frac{\sqrt{x^2+x-1}}{|x|}+\frac{1}{2}\arcsin\frac{x-2}{\sqrt{5}x}\right]+C$$

$$=\frac{\sqrt{x^2+x-1}}{x}+\frac{1}{2}\arcsin\frac{x-2}{\sqrt{5}|x|}+C.$$

【1858】 $\displaystyle\int \frac{\mathrm{d}x}{(x+1)\sqrt{x^2+1}}.$

解 设 $y = x+1$，且设 $x+1 > 0$，

$$\int \frac{dx}{(x+1)\sqrt{x^2+1}} = \int \frac{dy}{y\sqrt{y^2-2y+2}}$$

$$= -\int \frac{d\left(\frac{1}{y}\right)}{\sqrt{\frac{2}{y^2} - \frac{2}{y} + 2}} = -\frac{1}{\sqrt{2}} \int \frac{d\left(\frac{1}{y} - \frac{1}{2}\right)}{\sqrt{\left(\frac{1}{y} - \frac{1}{2}\right)^2 + \frac{3}{4}}}$$

$$= -\frac{1}{\sqrt{2}} \ln \left| \frac{1}{y} - \frac{1}{2} + \sqrt{\frac{1}{y^2} - \frac{1}{y} + \frac{1}{2}} \right| + C_1$$

$$= -\frac{1}{\sqrt{2}} \ln \left| \frac{2-y}{2y} + \frac{\sqrt{2}\sqrt{y^2-2y+2}}{2y} \right| + C_1$$

$$= -\frac{1}{\sqrt{2}} \ln \left| \frac{1-x+\sqrt{2(x^2+1)}}{x+1} \right| + C.$$

当 $x+1 < 0$ 时，类似地讨论可得相同结果.

【1859】 $\displaystyle\int \frac{dx}{(x-1)\sqrt{x^2-2}}$.

解 设 $x - 1 = \dfrac{1}{t}$，

则 $(x-1)\sqrt{x^2-2} = \dfrac{1}{t} \cdot \dfrac{\sqrt{1+2t-t^2}}{|t|}$,

$dx = -\dfrac{1}{t^2} dt$,

所以 $\displaystyle\int \frac{dx}{(x-1)\sqrt{x^2-2}} = -\operatorname{sgn} t \cdot \int \frac{dt}{\sqrt{1+2t-t^2}}$

$$= -\operatorname{sgn} t \cdot \int \frac{d(t-1)}{\sqrt{2-(t-1)^2}}$$

$$= -\operatorname{sgn} t \cdot \arcsin \frac{t-1}{\sqrt{2}} + C$$

$$= \arcsin \left(\frac{x-2}{\sqrt{2}\,|x-1|}\right) + C.$$

【1860】 $\displaystyle\int \frac{dx}{(x+2)^2 \sqrt{x^2+2x-5}}$.

解 设 $x+2 = \dfrac{1}{t}$，

则 $(x+2)^2 \sqrt{x^2+2x-5} = \dfrac{\sqrt{1-2t-5t^2}}{t^3 \operatorname{sgn} t}$,

第三章 不定积分 §1. 最简单的不定积分

$$\mathrm{d}x = -\frac{1}{t^2}\mathrm{d}t,$$

所以
$$\int \frac{\mathrm{d}x}{(x+2)\sqrt{x^2+2x-5}} = -\operatorname{sgn}t \int \frac{t\mathrm{d}t}{\sqrt{1-2t-5t^2}}$$

$$= -\frac{\operatorname{sgn}t}{\sqrt{5}} \int \frac{\left(t+\frac{1}{5}\right)-\frac{1}{5}}{\sqrt{\frac{6}{25}-\left(t+\frac{1}{5}\right)^2}} \mathrm{d}t$$

$$= \frac{\operatorname{sgn}t}{\sqrt{5}} \cdot \frac{1}{2} \int \frac{\mathrm{d}\left[\frac{6}{25}-\left(t+\frac{1}{5}\right)^2\right]}{\sqrt{\frac{6}{25}-\left(t+\frac{1}{5}\right)^2}} + \frac{\operatorname{sgn}t}{5\sqrt{5}} \int \frac{\mathrm{d}\left(t+\frac{1}{5}\right)}{\sqrt{\frac{6}{25}-\left(t+\frac{1}{5}\right)^2}}$$

$$= \frac{\operatorname{sgn}t}{\sqrt{5}} \sqrt{\frac{1}{5}-\frac{2}{5}t-t^2} + \frac{\operatorname{sgn}t}{5\sqrt{5}} \arcsin \frac{5t+1}{\sqrt{6}} + C$$

$$= \frac{\sqrt{x^2+2x-5}}{5(x+2)} + \frac{1}{5\sqrt{5}} \arcsin \left(\frac{x+7}{\sqrt{6}\,|\,x+2\,|}\right) + C.$$

【1861】 $\int \sqrt{2+x-x^2}\,\mathrm{d}x$.

解 $\int \sqrt{2+x-x^2}\,\mathrm{d}x$

$$= \int \sqrt{\frac{9}{4}-\left(x-\frac{1}{2}\right)^2}\,\mathrm{d}\left(x-\frac{1}{2}\right)$$

$$= \frac{x-\frac{1}{2}}{2}\sqrt{2+x-x^2} + \frac{9}{8}\arcsin \frac{2x-1}{3} + C$$

$$= \frac{2x-1}{4}\sqrt{2+x-x^2} + \frac{9}{8}\arcsin \frac{2x-1}{3} + C.$$

【1862】 $\int \sqrt{2+x+x^2}\,\mathrm{d}x$.

解 $\int \sqrt{2+x+x^2} = \int \sqrt{\frac{7}{4}+\left(x+\frac{1}{2}\right)^2}\,\mathrm{d}\left(x+\frac{1}{2}\right)$

$$= \frac{2x+1}{4}\sqrt{2+x+x^2} + \frac{7}{8}\ln\left(x+\frac{1}{2}+\sqrt{2+x+x^2}\right) + C.$$

【1863】 $\int \sqrt{x^4+2x^2-1}\,x\mathrm{d}x$.

解 $\int \sqrt{x^4+2x^2-1}\,x\mathrm{d}x$

$$= \frac{1}{2}\int \sqrt{(x^2+1)^2 - 2}\, d(x^2+1)$$

$$= \frac{x^2+1}{4}\sqrt{x^4+2x^2-1}$$

$$-\frac{1}{2}\ln(x^2+1+\sqrt{x^4+2x^2-1}) + C.$$

【1864】 $\int \dfrac{1-x+x^2}{x\sqrt{1+x-x^2}}dx.$

解 首先考虑

$$\int \frac{dx}{x\sqrt{1+x-x^2}}.$$

设 $x = \dfrac{1}{t} > 0,$

则 $x\sqrt{1+x-x^2} = \dfrac{\sqrt{t^2+t-1}}{t^2},$

$dx = -\dfrac{1}{t^2}dt,$

所以 $\int \dfrac{dx}{x\sqrt{1+x-x^2}} = -\int \dfrac{dt}{\sqrt{t^2+t-1}}$

$$= -\int \frac{d\left(t+\frac{1}{2}\right)}{\sqrt{\left(t+\frac{1}{2}\right)^2 - \frac{5}{4}}}$$

$$= -\ln\left|\left(t+\frac{1}{2}\right)+\sqrt{t^2+t-1}\right| + C_1$$

$$= -\ln\left|\frac{x+2+2\sqrt{1+x-x^2}}{x}\right| + C.$$

对于 $x < 0,$ 可得到同样的结果,而

$$\int \frac{1}{\sqrt{1+x-x^2}}dx = \int \frac{d\left(x-\frac{1}{2}\right)}{\sqrt{\frac{5}{4}-\left(x-\frac{1}{2}\right)^2}}$$

$$= \arcsin \frac{2x-1}{\sqrt{5}} + C.$$

$$\int \frac{x\mathrm{d}x}{\sqrt{1+x-x^2}} = \int \frac{\left(x-\frac{1}{2}\right)+\frac{1}{2}}{\sqrt{\frac{5}{4}-\left(x-\frac{1}{2}\right)^2}} \mathrm{d}\left(x-\frac{1}{2}\right)$$

$$= -\sqrt{1+x-x^2} + \frac{1}{2}\arcsin\left(\frac{2x-1}{\sqrt{5}}\right) + C.$$

因此 $\int \frac{1-x+x^2}{x\sqrt{1+x-x^2}}\mathrm{d}x$

$$= \int \frac{\mathrm{d}x}{x\sqrt{1+x-x^2}} - \int \frac{\mathrm{d}x}{\sqrt{1+x-x^2}} + \int \frac{x\mathrm{d}x}{\sqrt{1+x-x^2}}$$

$$= -\ln\left|\frac{x+2+2\sqrt{1+x-x^2}}{x}\right| - \frac{1}{2}\arcsin\frac{2x-1}{\sqrt{5}}$$

$$\quad -\sqrt{1+x-x^2} + C.$$

【1865】 $\int \frac{x^2+1}{x\sqrt{x^4+1}}\mathrm{d}x.$

解 $\int \frac{x^2+1}{x\sqrt{x^4+1}}\mathrm{d}x = \int \frac{\mathrm{sgn}x \cdot \left(1+\frac{1}{x^2}\right)}{\sqrt{x^2+\frac{1}{x^2}}}\mathrm{d}x$

$$= \mathrm{sgn}x \cdot \int \frac{\mathrm{d}\left(x-\frac{1}{x}\right)}{\sqrt{\left(x-\frac{1}{x}\right)^2+2}}$$

$$= \mathrm{sgn}x \cdot \ln\left|x-\frac{1}{x}+\sqrt{\left(x-\frac{1}{x}\right)^2+2}\right| + C_1$$

$$= \mathrm{sgn}x \cdot \ln\left|\frac{x^2-1+\mathrm{sgn}x \cdot \sqrt{x^4+1}}{x}\right| + C_1$$

$$= \ln\left|\frac{x^2-1+\sqrt{x^4+1}}{x}\right| + C.$$

§2. 有理函数的积分法

运用待定系数法求解下列积分(1866～1889).

【1866】 $\int \frac{2x+3}{(x-2)(x+5)}\mathrm{d}x.$

解 设 $\frac{2x+3}{(x-2)(x+5)} = \frac{A}{x-2} + \frac{B}{x+5},$

则 $2x+3 = A(x+5) + B(x-2)$,

解之得 $A = 1, B = 1$,

所以 $\int \frac{2x+3}{(x-2)(x+5)} dx = \int \left(\frac{1}{x-2} + \frac{1}{x+5}\right) dx$
$= \ln|(x-2)(x+5)| + C$.

【1867】 $\int \frac{x dx}{(x+1)(x+2)(x+3)}$.

解 设 $\frac{x}{(x+1)(x+2)(x+3)} = \frac{A}{x+1} + \frac{B}{x+2} + \frac{C}{x+3}$,

通分并比较两边的分子有
$$x = A(x+2)(x+3) + B(x+1)(x+3) + C(x+1)(x+2).$$

在上面恒等式中令

$x = -1$ 得 $-1 = 2A, A = -\frac{1}{2}$;

$x = -2$ 得 $-2 = -B, B = 2$;

$x = -3$ 得 $-3 = 2C, C = -\frac{3}{2}$.

所以 $\int \frac{x dx}{(x+1)(x+2)(x+3)}$

$= \int \left(\frac{-\frac{1}{2}}{x+1} + \frac{2}{x+2} + \frac{-\frac{3}{2}}{x+3}\right) dx$

$= -\frac{1}{2}\ln|x+1| + 2\ln|x+2| - \frac{3}{2}\ln|x+3| + C$

$= \frac{1}{2}\ln\left|\frac{(x+2)^4}{(x+1)(x+3)^3}\right| + C$.

【1868】 $\int \frac{x^{10}}{x^2+x-2} dx$.

解 $\frac{x^{10}}{x^2+x-2}$

$= x^8 - x^7 + 3x^6 - 5x^5 + 11x^4 - 21x^3 + 43x^2 - 85x + 171 + \frac{-341x + 342}{x^2+x-2}$.

设 $\frac{-341x + 342}{x^2+x-2} = \frac{A}{x+2} + \frac{B}{x-1}$,

则 $-341x + 342 = A(x-1) + B(x+2)$.

令 $x=-2$ 得
$$1\,024=-3A, A=-\frac{1\,024}{3},$$

令 $x=1$ 得
$$1=3B, B=\frac{1}{3},$$

所以 $\int \frac{x^{10}}{x^2+x-2}dx$

$= \int [x^8-x^7+3x^6-5x^5+11x^4-21x^3+43x^2-85x$

$\quad +171-\frac{1\,024}{3(x+2)}+\frac{1}{3(x-1)}]dx$

$= \frac{x^9}{9}-\frac{x^8}{8}+\frac{3x^7}{7}-\frac{5x^6}{6}+\frac{11x^5}{5}-\frac{21}{4}x^4+\frac{43}{3}x^3$

$\quad -\frac{85}{2}x^2+171x+\frac{1}{3}\ln\left|\frac{x-1}{(x+2)^{1\,024}}\right|+C.$

【1869】 $\int \frac{x^3+1}{x^3-5x^2+6x}dx.$

解 $\frac{x^3+1}{x^3-5x^2+6x}=1+\frac{5x^2-6x+1}{x^3-5x^2+6x}$

$\quad =1+\frac{5x^2-6x+1}{x(x-2)(x-3)}.$

设 $\frac{5x^2-6x+1}{x(x-2)(x-3)}=\frac{A}{x}+\frac{B}{x-2}+\frac{C}{x-3},$

所以 $5x^2-6x+1=A(x-2)(x-3)+Bx(x-3)+Cx(x-2).$

在上面恒等式中

令 $x=0$ 得 $1=6A, A=\frac{1}{6},$

令 $x=2$ 得 $9=-2B, B=-\frac{9}{2},$

令 $x=3$ 得 $28=3C, C=\frac{28}{3}.$

所以 $\int \frac{x^3+1}{x^3-5x^2+6x}dx$

$=\int [1+\frac{1}{6x}-\frac{9}{2(x-2)}+\frac{28}{3(x-3)}]dx$

$=x+\frac{1}{6}\ln|x|-\frac{9}{2}\ln|x-2|+\frac{28}{3}\ln|x-3|+C.$

【1870】 $\int \dfrac{x^4}{x^4+5x^2+4}\mathrm{d}x.$

解 $\dfrac{x^4}{x^4+5x^2+4} = 1 + \dfrac{-(5x^2+4)}{x^4+5x^2+4}$

$= 1 - \dfrac{5x^2+4}{(x^2+1)(x^2+4)}.$

设 $-\dfrac{5x^2+4}{(x^2+1)(x^2+4)} = \dfrac{A_1 x + B_1}{x^2+1} + \dfrac{A_2 x + B_2}{x^2+4},$

从而 $-(5x^2+4) = (A_1 x + B_1)(x^2+4) + (A_2 x + B_2)(x^2+1).$

比较两边同次幂的系数,得

$A_1 + A_2 = 0,$
$B_1 + B_2 = -5,$
$4A_1 + A_2 = 0,$
$4B_1 + B_2 = -4,$

解之得 $A_1 = A_2 = 0, B_1 = \dfrac{1}{3}, B_2 = -\dfrac{16}{3}.$

所以 $\int \dfrac{x^4}{x^4+5x^2+4}\mathrm{d}x$

$= \int \left[1 + \dfrac{1}{3(x^2+1)} - \dfrac{16}{3(x^2+4)}\right]\mathrm{d}x$

$= x + \dfrac{1}{3}\arctan x - \dfrac{8}{3}\arctan \dfrac{x}{2} + C.$

【1871】 $\int \dfrac{x}{x^3-3x+2}\mathrm{d}x.$

解 设 $\dfrac{x}{x^3-3x+2} = \dfrac{x}{(x-1)^2(x+2)}$

$= \dfrac{A}{x-1} + \dfrac{B}{(x-1)^2} + \dfrac{C}{x+2},$

则有 $x = A(x-1)(x+2) + B(x+2) + C(x-1)^2.$

令 $x = 1$ 得 $1 = 3B, B = \dfrac{1}{3},$

令 $x = -2$ 得 $-2 = 9C, C = -\dfrac{2}{9}.$

比较两边 x^2 的系数得 $A + C = 0,$ 从而 $A = \dfrac{2}{9},$ 所以

$$\int \frac{x}{x^3-3x+2}dx$$
$$= \int \left[\frac{2}{9(x-1)} + \frac{1}{3(x-1)^2} - \frac{2}{9(x+2)}\right]dx$$
$$= \frac{2}{9}\ln\left|\frac{x-1}{x+2}\right| - \frac{1}{3(x-1)} + C.$$

【1872】 $\int \frac{x^2+1}{(x+1)^2(x-1)}dx$.

解 设 $\frac{x^2+1}{(x+1)^2(x-1)} = \frac{A}{x+1} + \frac{B}{(x+1)^2} + \frac{C}{x-1}$,

从而有
$$x^2+1 = A(x+1)(x-1) + B(x-1) + C(x+1)^2.$$
令 $x=-1$ 得 $2=-2B, B=-1$,

令 $x=1$ 得 $2=4C, C=\frac{1}{2}$.

比较两边 x^2 的系数得 $A+C=1$,从而 $A=\frac{1}{2}$,所以

$$\int \frac{x^2+1}{(x+1)^2(x-1)}dx$$
$$= \int \left[\frac{1}{2(x+1)} - \frac{1}{(x+1)^2} + \frac{1}{2(x-1)}\right]dx$$
$$= \frac{1}{2}\ln|x^2-1| + \frac{1}{x+1} + C.$$

【1873】 $\int \left(\frac{x}{x^2-3x+2}\right)^2 dx$.

解 $\left(\frac{x}{x^2-3x+2}\right)^2 = \frac{x^2}{(x-1)^2(x-2)^2}$
$$= \frac{A}{x-1} + \frac{B}{(x-1)^2} + \frac{C}{x-2} + \frac{D}{(x-2)^2}.$$

通分并比较两边的分子有
$$x^2 = A(x-1)(x-2)^2 + B(x-2)^2$$
$$\qquad + C(x-1)^2(x-2) + D(x-1)^2.$$
令 $x=1$ 得 $B=1$,

令 $x=2$ 得 $D=4$.

比较两边 x^3 及 x^2 的系数,得

$A+C=0, -5A+B-4C+D=1$,

解之得 $A=4, C=-4$.

所以 $\int \left(\dfrac{x}{x^2-3x+2}\right)^2 \mathrm{d}x$

$= \int \left[\dfrac{4}{x-1} + \dfrac{1}{(x-1)^2} - \dfrac{4}{x-2} + \dfrac{4}{(x-2)^2}\right] \mathrm{d}x$

$= 4\ln\left|\dfrac{x-1}{x-2}\right| - \dfrac{1}{x-1} - \dfrac{4}{x-2} + C$

$= 4\ln\left|\dfrac{x-1}{x-2}\right| - \dfrac{5x-6}{x^2-3x+2} + C.$

【1874】 $\int \dfrac{\mathrm{d}x}{(x+1)(x+2)^2(x+3)^3}.$

解 设 $\dfrac{1}{(x+1)(x+2)^2(x+3)^3}$

$= \dfrac{A}{x+1} + \dfrac{B}{x+2} + \dfrac{C}{(x+2)^2} + \dfrac{D}{x+3} + \dfrac{E}{(x+3)^2} + \dfrac{F}{(x+3)^3},$

所以有 $1 = A(x+2)^2(x+3)^3 + B(x+1)(x+2)(x+3)^3$

$\qquad + C(x+1)(x+3)^3 + D(x+1)(x+2)^2(x+3)^2$

$\qquad + E(x+1)(x+2)^2(x+3) + F(x+1)(x+2)^2$

令 $x=-1$ 得 $1=8A, A=\dfrac{1}{8},$

令 $x=-2$ 得 $1=-C, C=-1,$

令 $x=-3$ 得 $1=-2F, F=-\dfrac{1}{2}.$

比较两边 x^5, x^4 及 x^3 的系数,得

$A+B+D=0,$

$13A+12B+C+11D+E=0,$

$67A+56B+10C+47D+8E+F=0,$

解之得 $B=2, D=-\dfrac{17}{8}, E=-\dfrac{5}{4}.$ 所以

$\int \dfrac{\mathrm{d}x}{(x+1)(x+2)^2(x+3)^3}$

$= \int \left[\dfrac{1}{8(x+1)} + \dfrac{2}{x+2} - \dfrac{1}{(x+2)^2} - \dfrac{17}{8(x+3)}\right.$

$$-\frac{5}{4(x+3)^2} - \frac{1}{2(x+3)^3}\Big]dx$$

$$= \frac{1}{8}\ln|x+1| + 2\ln|x+2| + \frac{1}{x+2}$$

$$-\frac{17}{8}\ln|x+3| + \frac{5}{4}\frac{1}{x+3} + \frac{1}{4(x+3)^2} + C.$$

【1875】 $\int \dfrac{dx}{x^5+x^4-2x^3-2x^2+x+1}.$

解
$$\frac{1}{x^5+x^4-2x^3-2x^2+x+1}$$

$$= \frac{1}{(x-1)^2(x+1)^3}$$

$$= \frac{A}{x-1} + \frac{B}{(x-1)^2} + \frac{C}{x+1} + \frac{D}{(x+1)^2} + \frac{E}{(x+1)^3},$$

所以 $1 = A(x-1)(x+1)^3 + B(x+1)^3 + C(x-1)^2(x+1)^2$
$\qquad + D(x-1)^2(x+1) + E(x-1)^2.$

令 $x=1$ 得 $1=8B, B=\dfrac{1}{8}$,

令 $x=-1$ 得 $1=4E, E=\dfrac{1}{4}$,

令 $x=0$ 得 $-A+B+C+D+E=1$,

令 $x=2$ 得 $27A+27B+9C+3D+E=1$,

令 $x=-2$ 得 $3A-B+9C-9D+9E=1$.

解之得 $A=-\dfrac{3}{16}, C=\dfrac{3}{16}, D=\dfrac{1}{4}.$ 因此

$$\int \frac{dx}{x^5+x^4-2x^3-2x+x+1}$$

$$= \int \Big[-\frac{3}{16(x-1)} + \frac{1}{8(x-1)^2} + \frac{3}{16(x+1)}$$

$$+ \frac{1}{4(x+1)^2} + \frac{1}{4(x+1)^3}\Big]dx$$

$$= -\frac{3}{16}\ln|x-1| - \frac{1}{8(x-1)} + \frac{3}{16}\ln|x+1|$$

$$-\frac{1}{4(x+1)} - \frac{1}{8(x+1)^2} + C$$

$$= \frac{3}{16}\ln\left|\frac{x+1}{x-1}\right| - \frac{3x^2+3x-2}{8(x-1)(x+1)^2} + C.$$

【1876】 $\int \frac{x^2+5x+4}{x^4+5x^2+4}dx.$

解 $\frac{x^2+5x+4}{x^4+5x^2+4} = \frac{x^2+5x+4}{(x^2+1)(x^2+4)}$

$$= \frac{A_1 x + B_1}{x^2+1} + \frac{A_2 x + B_2}{x^2+4},$$

从而 $x^2+5x+4 = (A_1 x + B_1)(x^2+4) + (A_2 x + B_2)(x^2+1).$

故 $A_1 + A_2 = 0,$
$B_1 + B_2 = 1,$
$4A_1 + A_2 = 5,$
$4B_1 + B_2 = 4,$

解之得 $A_1 = \frac{5}{3}, B_1 = 1, A_2 = -\frac{5}{3}, B_2 = 0.$ 于是

$$\int \frac{x^2+5x+4}{x^4+5x^2+4}dx = \int \left(\frac{\frac{5}{3}x+1}{x^2+1} + \frac{-\frac{5}{3}x}{x^2+4}\right)dx$$

$$= \frac{5}{6}\ln\frac{x^2+1}{x^2+4} + \arctan x + C.$$

【1877】 $\int \frac{dx}{(x+1)(x^2+1)}.$

解 设 $\frac{1}{(x+1)(x^2+1)} = \frac{A}{x+1} + \frac{Bx+C}{x^2+1},$

则 $1 = A(x^2+1) + (Bx+C)(x+1).$

令 $x=0$ 得 $A+C=1,$
令 $x=-1$ 得 $2A=1,$
令 $x=1$ 得 $2A+2B+2C=1.$

解之得 $A = \frac{1}{2}, B = -\frac{1}{2}, C = \frac{1}{2}.$ 所以

$$\int \frac{dx}{(x+1)(x^2+1)}$$

$$= \frac{1}{2}\int \left[\frac{1}{x+1} + \frac{-x+1}{x^2+1}\right]dx$$

$$= \frac{1}{2}\ln|x+1| - \frac{1}{4}\ln(x^2+1) + \frac{1}{2}\arctan x + C$$

$$= \frac{1}{4}\ln\frac{(x+1)^2}{x^2+1} + \frac{1}{2}\arctan x + C.$$

【1878】 $\int \dfrac{\mathrm{d}x}{(x^2-4x+4)(x^2-4x+5)}.$

解
$$\frac{1}{(x^2-4x+4)(x^2-4x+5)}$$
$$= \frac{(x^2-4x+5)-(x^2-4x+4)}{(x^2-4x+4)(x^2-4x+5)}$$
$$= \frac{1}{(x-2)^2} - \frac{1}{x^2-4x+5},$$

所以 $\int \dfrac{\mathrm{d}x}{(x^2-4x+4)(x^2-4x+5)}$

$$= \int \frac{1}{(x-2)^2}\mathrm{d}x - \int \frac{\mathrm{d}x}{(x-2)^2+1}$$

$$= -\frac{1}{x-2} - \arctan(x-2) + C.$$

【1879】 $\int \dfrac{x\mathrm{d}x}{(x-1)^2(x^2+2x+2)}.$

解 设
$$\frac{x}{(x-1)^2(x^2+2x+2)} = \frac{A}{x-1} + \frac{B}{(x-1)^2} + \frac{Cx+D}{x^2+2x+2},$$

通分并比较两边的分子得

$$x = A(x-1)(x^2+2x+2) + B(x^2+2x+2)$$
$$+ (Cx+D)(x-1)^2.$$

令 $x=0$ 得 $-2A+2B+D=0$,
令 $x=1$ 得 $5B=1$,
令 $x=-1$ 得 $-2A+B-4C+4D=-1$,
令 $x=2$ 得 $10A+10B+2C+D=2$.

解之得 $A=\dfrac{1}{25}, B=\dfrac{1}{5}, C=-\dfrac{1}{25}, D=-\dfrac{8}{25}.$

所以 $\int \dfrac{x\mathrm{d}x}{(x-1)^2(x^2+2x+2)}$

$$= \int \left[\frac{1}{25(x-1)} + \frac{1}{5(x-1)^2} + \frac{-\frac{1}{25}x - \frac{8}{25}}{x^2+2x+2} \right] dx$$

$$= \frac{1}{25}\ln|x-1| - \frac{1}{5(x-1)} - \frac{1}{50}\int \frac{2x+2}{x^2+2x+2} dx$$

$$\quad - \frac{7}{25}\int \frac{1}{x^2+2x+2} dx$$

$$= \frac{1}{25}\ln|x-1| - \frac{1}{5(x-1)} - \frac{1}{50}\int \frac{d(x^2+2x+2)}{x^2+2x+2}$$

$$\quad - \frac{7}{25}\int \frac{d(x+1)}{(x+1)^2+1}$$

$$= \frac{1}{25}\ln|x-1| - \frac{1}{5(x-1)} - \frac{1}{50}\ln(x^2+2x+2)$$

$$\quad - \frac{7}{25}\arctan(x+1) + C$$

$$= \frac{1}{50}\ln \frac{(x-1)^2}{x^2+2x+2} - \frac{1}{5(x-1)} - \frac{7}{25}\arctan(x+1) + C.$$

【1880】 $\int \frac{dx}{x(1+x)(1+x+x^2)}.$

解 $\dfrac{1}{x(1+x)(1+x+x^2)} = \dfrac{(1+x+x^2) - x(1+x)}{x(1+x)(1+x+x^2)}$

$$= \frac{1}{x(1+x)} - \frac{1}{1+x+x^2} = \frac{1}{x} - \frac{1}{1+x} - \frac{1}{1+x+x^2},$$

所以 $\int \dfrac{dx}{x(1+x)(1+x+x^2)}$

$$= \int \left(\frac{1}{x} - \frac{1}{1+x} - \frac{1}{1+x+x^2} \right) dx$$

$$= \ln\left| \frac{x}{1+x} \right| - \int \frac{d\left(x+\frac{1}{2}\right)}{\left(x+\frac{1}{2}\right)^2 + \frac{3}{4}}$$

$$= \ln\left| \frac{x}{1+x} \right| - \frac{2}{\sqrt{3}}\arctan \frac{2x+1}{\sqrt{3}} + C.$$

【1881】 $\int \dfrac{dx}{x^3+1}.$

解 设 $\dfrac{1}{x^3+1} = \dfrac{A}{x+1} + \dfrac{Bx+C}{x^2-x+1},$ 则有

$$1 = A(x^2 - x + 1) + (Bx + C)(x + 1).$$

令 $x = -1$ 得 $3A = 1$,
令 $x = 0$ 得 $A + C = 1$,
令 $x = 1$ 得 $A + 2B + 2C = 1$.

解之得 $A = \dfrac{1}{3}, B = -\dfrac{1}{3}, C = \dfrac{2}{3}$. 所以

$$\int \frac{\mathrm{d}x}{x^3 + 1} = \int \left[\frac{1}{3(x+1)} - \frac{x-2}{3(x^2-x+1)} \right] \mathrm{d}x$$

$$= \frac{1}{3} \int \frac{\mathrm{d}x}{x+1} - \frac{1}{3} \int \frac{x - \dfrac{1}{2}}{x^2 - x + 1} \mathrm{d}x + \frac{1}{2} \int \frac{\mathrm{d}x}{x^2 - x + 1}$$

$$= \frac{1}{3} \int \frac{\mathrm{d}x}{x+1} - \frac{1}{6} \int \frac{\mathrm{d}(x^2 - x + 1)}{x^2 - x + 1} + \frac{1}{2} \int \frac{\mathrm{d}\left(x - \dfrac{1}{2}\right)}{\left(x - \dfrac{1}{2}\right)^2 + \dfrac{3}{4}}$$

$$= \frac{1}{6} \ln \frac{(x+1)^2}{x^2 - x + 1} + \frac{1}{\sqrt{3}} \arctan \frac{2x - 1}{\sqrt{3}} + C.$$

【1882】 $\int \dfrac{x \mathrm{d}x}{x^3 - 1}.$

解 $\dfrac{x}{x^3 - 1} = \dfrac{A}{x - 1} + \dfrac{Bx + C}{x^2 + x + 1},$

从而有 $x = A(x^2 + x + 1) + (Bx + C)(x - 1).$

令 $x = 1$ 得 $3A = 1$,
令 $x = 0$ 得 $A - C = 0$,
令 $x = -1$ 得 $A + 2B - 2C = -1$.

解之得 $A = \dfrac{1}{3}, B = -\dfrac{1}{3}, C = \dfrac{1}{3}$. 所以

$$\int \frac{x}{x^3 - 1} \mathrm{d}x = \frac{1}{3} \int \left[\frac{1}{x-1} - \frac{x-1}{x^2 + x + 1} \right] \mathrm{d}x$$

$$= \frac{1}{3} \int \frac{1}{x-1} \mathrm{d}x - \frac{1}{6} \int \frac{\mathrm{d}(x^2 + x + 1)}{x^2 + x + 1} + \frac{1}{2} \int \frac{\mathrm{d}\left(x + \dfrac{1}{2}\right)}{\left(x + \dfrac{1}{2}\right)^2 + \dfrac{3}{4}}$$

$$= \frac{1}{6} \ln \frac{(x-1)^2}{x^2 + x + 1} + \frac{1}{\sqrt{3}} \arctan \frac{2x + 1}{\sqrt{3}} + C.$$

【1883】 $\int \dfrac{\mathrm{d}x}{x^4-1}$.

解 $\int \dfrac{\mathrm{d}x}{x^4-1} = \int \dfrac{1}{2}\left(\dfrac{1}{x^2-1} - \dfrac{1}{x^2+1}\right)\mathrm{d}x$

$\qquad = \dfrac{1}{4}\ln\left|\dfrac{x-1}{x+1}\right| - \dfrac{1}{2}\arctan x + C.$

【1884】 $\int \dfrac{\mathrm{d}x}{x^4+1}$.

解 设 $\dfrac{1}{x^4+1} = \dfrac{1}{(x^2+\sqrt{2}x+1)(x^2-\sqrt{2}x+1)}$

$\qquad = \dfrac{Ax+B}{x^2+\sqrt{2}x+1} + \dfrac{Cx+D}{x^2-\sqrt{2}x+1},$

所以 $1 = (Ax+B)(x^2-\sqrt{2}x+1) + (Cx+D)(x^2+\sqrt{2}x+1).$
比较两边的系数并解方程得

$$A = \dfrac{\sqrt{2}}{4}, B = \dfrac{1}{2}, C = -\dfrac{\sqrt{2}}{4}, D = \dfrac{1}{2}. \text{ 所以}$$

$$\int \dfrac{1}{x^4+1}\mathrm{d}x = \int \dfrac{\dfrac{\sqrt{2}}{4}x + \dfrac{1}{2}}{x^2+\sqrt{2}x+1}\mathrm{d}x + \int \dfrac{-\dfrac{\sqrt{2}}{4}x + \dfrac{1}{2}}{x^2-\sqrt{2}x+1}\mathrm{d}x$$

$$= \dfrac{\sqrt{2}}{4}\int \dfrac{\left(x+\dfrac{\sqrt{2}}{2}\right)\mathrm{d}x}{\left(x+\dfrac{\sqrt{2}}{2}\right)^2 + \dfrac{1}{2}} + \dfrac{1}{4}\int \dfrac{\mathrm{d}x}{\left(x+\dfrac{\sqrt{2}}{2}\right)^2 + \dfrac{1}{2}}$$

$$- \dfrac{\sqrt{2}}{4}\int \dfrac{\left(x-\dfrac{\sqrt{2}}{2}\right)\mathrm{d}x}{\left(x-\dfrac{\sqrt{2}}{2}\right)^2 + \dfrac{1}{2}} + \dfrac{1}{4}\int \dfrac{\mathrm{d}x}{\left(x-\dfrac{\sqrt{2}}{2}\right)^2 + \dfrac{1}{2}}$$

$$= \dfrac{\sqrt{2}}{8}\ln\dfrac{x^2+\sqrt{2}x+1}{x^2-\sqrt{2}x+1} + \dfrac{\sqrt{2}}{4}\left[\arctan\left(\dfrac{2x+\sqrt{2}}{\sqrt{2}}\right)\right.$$

$$\left. + \arctan\dfrac{2x-\sqrt{2}}{\sqrt{2}}\right] + C.$$

【1885】 $\int \dfrac{\mathrm{d}x}{x^4+x^2+1}$.

解 设 $\dfrac{1}{x^4+x^2+1} = \dfrac{Ax+B}{x^2+x+1} + \dfrac{Cx+D}{x^2-x+1}$,则有

$$1 = (Ax+B)(x^2-x+1) + (Cx+D)(x^2+x+1).$$

比较两边 x 的同次幂系数得

$A+C=0,$
$-A+B+C+D=0,$
$A-B+C+D=0,$
$B+D=1.$

解之得 $A=\dfrac{1}{2}, B=\dfrac{1}{2}, C=-\dfrac{1}{2}, D=\dfrac{1}{2}$. 所以

$$\int \dfrac{1}{x^4+x^2+1}dx = \int \dfrac{\dfrac{1}{2}(x+1)}{x^2+x+1}dx - \int \dfrac{\dfrac{1}{2}(x-1)}{x^2-x+1}dx$$

$$= \dfrac{1}{4}\int \dfrac{2x+1}{x^2+x+1}dx + \dfrac{1}{4}\int \dfrac{dx}{x^2+x+1} - \dfrac{1}{4}\int \dfrac{2x-1}{x^2-x+1}dx$$

$$+ \dfrac{1}{4}\int \dfrac{dx}{x^2-x+1}$$

$$= \dfrac{1}{4}\int \dfrac{d(x^2+x+1)}{x^2+x+1} + \dfrac{1}{4}\int \dfrac{d\left(x+\dfrac{1}{2}\right)}{\left(x+\dfrac{1}{2}\right)^2 + \dfrac{3}{4}}$$

$$- \dfrac{1}{4}\int \dfrac{d(x^2-x+1)}{x^2-x+1} + \dfrac{1}{4}\int \dfrac{d\left(x+\dfrac{1}{2}\right)}{\left(x-\dfrac{1}{2}\right)^2 + \dfrac{3}{4}}$$

$$= \dfrac{1}{4}\ln\dfrac{x^2+x+1}{x^2-x+1} + \dfrac{1}{2\sqrt{3}}\left[\arctan\left(\dfrac{2x+1}{\sqrt{3}}\right) + \arctan\dfrac{2x-1}{\sqrt{3}}\right]$$

$$+ C.$$

【1886】 $\int \dfrac{dx}{x^6+1}.$

解 本题如果用待定系数法来解,计算相当麻烦. 用其他技巧来解则较为简单.

$$\dfrac{1}{x^6+1} = \dfrac{1}{(x^2+1)(x^4-x^2+1)}$$

$$= \dfrac{1}{3(x^2+1)} - \dfrac{x^2-2}{3(x^4-x^2+1)},$$

所以 $\int \dfrac{\mathrm{d}x}{x^6+1} = \dfrac{1}{3}\int \dfrac{\mathrm{d}x}{x^2+1} - \dfrac{1}{3}\int \dfrac{x^2-2}{x^4-x^2+1}\mathrm{d}x$

$= \dfrac{1}{3}\arctan x - \dfrac{1}{6}\int \dfrac{(x^2+1)+(x^2-1)}{x^4-x^2+1}\mathrm{d}x$

$\quad + \dfrac{1}{3}\int \dfrac{(x^2+1)-(x^2-1)}{x^4-x^2+1}\mathrm{d}x$

$= \dfrac{1}{3}\arctan x + \dfrac{1}{6}\int \dfrac{x^2+1}{x^4-x^2+1}\mathrm{d}x - \dfrac{1}{2}\int \dfrac{x^2-1}{x^4-x^2+1}\mathrm{d}x$

$= \dfrac{1}{3}\arctan x + \dfrac{1}{6}\int \dfrac{\mathrm{d}\left(x-\dfrac{1}{x}\right)}{\left(x-\dfrac{1}{x}\right)^2+1} - \dfrac{1}{2}\int \dfrac{\mathrm{d}\left(x+\dfrac{1}{x}\right)}{\left(x+\dfrac{1}{x}\right)^2-3}$

$= \dfrac{1}{3}\arctan x + \dfrac{1}{6}\arctan \dfrac{x^2-1}{x} + \dfrac{1}{4\sqrt{3}}\ln \dfrac{x^2+\sqrt{3}x+1}{x^2-\sqrt{3}x+1} + C.$

【1887】 $\int \dfrac{\mathrm{d}x}{(1+x)(1+x^2)(1+x^3)}.$

解 设 $\dfrac{1}{(1+x)(1+x^2)(1+x^3)}$

$= \dfrac{A}{1+x} + \dfrac{B}{(x+1)^2} + \dfrac{Cx+D}{x^2+1} + \dfrac{Ex+F}{x^2-x+1},$

从而有 $1 = A(x+1)(x^2+1)(x^2-x+1)$
$\quad + B(x^2+1)(x^2-x+1)$
$\quad + (Cx+D)(x+1)^2(x^2-x+1)$
$\quad + (Ex+F)(1+x)^2(x^2+1).$

比较上式两端 x 的同次幂的系数有

$A+C+E=0,$
$B+C+D+2E+F=0,$
$A+D+2E+2F-B=0,$
$A+2B+C+2E+2F=0,$
$-B+C+D+E+2F=0,$
$A+B+D+F=1,$

解之得 $A=\dfrac{1}{3}, B=\dfrac{1}{6}, C=0, D=\dfrac{1}{2}, E=-\dfrac{1}{3}, F=0$

所以 $\int \dfrac{\mathrm{d}x}{(1+x)(1+x^2)(1+x^3)}$

$$= \int \left[\frac{1}{3(x+1)} + \frac{1}{6(x+1)^2} + \frac{1}{2(x^2+1)} - \frac{x}{3(x^2-x+1)} \right] dx$$

$$= \frac{1}{3}\ln|1+x| - \frac{1}{6(x+1)} + \frac{1}{2}\arctan x$$

$$\quad - \frac{1}{6}\ln(x^2-x+1) - \frac{1}{3\sqrt{3}}\arctan\frac{2x-1}{\sqrt{3}} + C.$$

【1888】 $\int \dfrac{dx}{x^5 - x^4 + x^3 - x^2 + x - 1}.$

解
$$\frac{1}{x^5-x^4+x^3-x^2+x-1}$$

$$= \frac{1}{(x-1)(x^2-x+1)(x^2+x+1)}$$

$$= \frac{A}{x-1} + \frac{Bx+C}{x^2+x+1} + \frac{Dx+E}{x^2-x+1},$$

则有
$$1 = A(x^2+x+1)(x^2-x+1)$$
$$\quad + (Bx+C)(x-1)(x^2-x+1)$$
$$\quad + (Dx+E)(x-1)(x^2+x+1).$$

比较系数得

$A + B + D = 0,$

$-2B + C + E = 0,$

$A + 2B - 2C = 0,$

$-B + 2C - D = 0,$

$A - C - E = 1,$

解之得 $A = \dfrac{1}{3}, B = -\dfrac{1}{3}, C = -\dfrac{1}{6}, D = 0, E = -\dfrac{1}{2}.$ 所以

$$\int \frac{dx}{x^5-x^4+x^3-x^2-1}$$

$$= \int \left[\frac{1}{3(x-1)} - \frac{2x+1}{6(x^2+x+1)} - \frac{1}{2(x^2-x+1)} \right] dx$$

$$= \frac{1}{6}\ln\frac{(x-1)^2}{x^2+x+1} - \frac{1}{\sqrt{3}}\arctan\frac{2x-1}{\sqrt{3}} + C.$$

【1889】 $\int \dfrac{x^2 \, dx}{x^4 + 3x^3 + \dfrac{9}{2}x^2 + 3x + 1}.$

解
$$\frac{x^2}{x^4+3x^3+\frac{9}{2}x^2+3x+1}$$
$$=\frac{x^2}{(x^2+2x+2)\left(x^2+x+\frac{1}{2}\right)}$$
$$=\frac{Ax+B}{x^2+2x+2}+\frac{Cx+D}{x^2+x+\frac{1}{2}},$$

从而有
$$x^2=(Ax+B)\left(x^2+x+\frac{1}{2}\right)+(Cx+D)(x^2+2x+2).$$

比较系数得
$$A+C=0,$$
$$A+B+2C+D=1,$$
$$\frac{A}{2}+B+2C+2D=0,$$
$$\frac{B}{2}+2D=0,$$

解之得 $A=\frac{4}{5}, B=\frac{12}{5}, C=-\frac{4}{5}, D=-\frac{3}{5}$. 所以
$$\int\frac{x^2\mathrm{d}x}{x^4+3x^3+\frac{9}{2}x^2+3x+1}$$
$$=\int\left[\frac{4(x+3)}{5(x^2+2x+2)}-\frac{4x+3}{5\left(x^2+x+\frac{1}{2}\right)}\right]\mathrm{d}x$$
$$=\frac{2}{5}\int\frac{2x+2}{x^2+2x+2}\mathrm{d}x+\frac{8}{5}\int\frac{\mathrm{d}x}{x^2+2x+2}$$
$$-\frac{2}{5}\int\frac{2x+1}{x^2+x+\frac{1}{2}}\mathrm{d}x-\frac{1}{5}\int\frac{\mathrm{d}x}{x^2+x+\frac{1}{2}}$$
$$=\frac{2}{5}\int\frac{\mathrm{d}(x^2+2x+2)}{x^2+2x+2}+\frac{8}{5}\int\frac{\mathrm{d}(x+1)}{(x+1)^2+1}$$
$$-\frac{2}{5}\int\frac{\mathrm{d}\left(x^2+x+\frac{1}{2}\right)}{x^2+x+\frac{1}{2}}-\frac{1}{5}\int\frac{\mathrm{d}\left(x+\frac{1}{2}\right)}{\left(x+\frac{1}{2}\right)^2+\frac{1}{4}}$$

$$= \frac{2}{5}\ln\frac{x^2+2x+2}{x^2+x+\frac{1}{2}} + \frac{8}{5}\arctan(x+1) - \frac{2}{5}\arctan(2x+1) + C.$$

【1890】 在什么条件下,积分 $\int\frac{ax^2+bx+c}{x^3(x-1)^2}\mathrm{d}x$ 是有理函数?

解 设

$$\frac{ax^2+bx+c}{x^3(x-1)^2} = \frac{A}{x} + \frac{B}{x^2} + \frac{C}{x^3} + \frac{D}{x-1} + \frac{E}{(x-1)^2},$$

从而有 $ax^2 + bx + c = Ax^2(x-1)^2 + Bx(x-1)^2$
$$+ C(x-1)^2 + Dx^3(x-1) + Ex^3.$$

比较系数得

$A + D = 0,$

$-2A + B - D + E = 0,$

$A - 2B + C = a,$

$B - 2C = b,$

$C = c,$

解之得 $A = a+2b+3c, B = b+2c, C = c, D = -(a+2b+3c), E = a+b+c.$

当 $A = D = 0$,即 $a+2b+3c = 0$ 时,积分 $\int\frac{ax^2+bx+c}{x^3(x-1)^2}\mathrm{d}x$ 为有理函数.

利用奥斯特罗格拉斯基法求解以下积分(1891~1897).

【1891】 $\int\frac{x\mathrm{d}x}{(x-1)^2(x+1)^3}.$

解 设

$$\frac{x}{(x-1)^2(x+1)^3} = \left(\frac{Ax^2+Bx+C}{(x-1)(x+1)^2}\right)' + \frac{Dx+E}{(x-1)(x+1)},$$

从而有 $x = (2Ax+B)(x-1)(x+1)$
$$- (3x-1)(Ax^2+Bx+C)$$
$$+ (Dx+E)(x-1)(x+1)^2.$$

比较系数得

$D = 0,$

$-A + D + E = 0,$

$$A - 2B - D + E = 0,$$
$$-2A - 3C + B - D - E = 1,$$
$$-B + C - E = 0,$$

解之得 $A = -\dfrac{1}{8}, B = -\dfrac{1}{8}, C = -\dfrac{1}{4}, D = 0, E = -\dfrac{1}{8}$. 所以

$$\int \frac{x \mathrm{d}x}{(x-1)^2(x+1)^3}$$
$$= -\frac{x^2 + x + 2}{8(x-1)(x+1)^2} - \frac{1}{8} \int \frac{\mathrm{d}x}{x^2 - 1}$$
$$= -\frac{x^2 + x + 2}{8(x-1)(x+1)^2} - \frac{1}{16} \ln \left| \frac{x-1}{x+1} \right| + C.$$

* 关于奥氏方法,可参见菲赫全哥尔茨著《微积分学教程》第二卷一分册.

【1892】 $\int \dfrac{\mathrm{d}x}{(x^3+1)^2}.$

解 $(x^3+1)^2 = (x+1)^2(x^2-x+1)^2$,设

$$\frac{1}{(x^3+1)^2} = \left(\frac{Ax^2 + Bx + C}{x^3 + 1} \right)' + \frac{Dx^2 + Ex + F}{x^3 + 1},$$

从而 $1 = (2Ax + B)(x^3 + 1) - 3x^2(Ax^2 + Bx + C)$
$\qquad + (Dx^2 + Ex + F)(x^3 + 1).$

比较系数得

$$D = 0,$$
$$-A + E = 0,$$
$$-2B + F = 0,$$
$$-3C + D = 0,$$
$$2A + E = 0,$$
$$B + F = 1,$$

解之得 $A = 0, B = \dfrac{1}{3}, C = 0, D = 0, E = 0, F = \dfrac{2}{3}$. 所以

$$\int \frac{\mathrm{d}x}{(x^3+1)^2}$$
$$= \frac{x}{3(x^2+1)} + \frac{2}{3} \int \frac{\mathrm{d}x}{x^3 + 1}$$

$$= \frac{x}{3(x^2+1)} + \frac{2}{3}\int\left[\frac{1}{3(x+1)} - \frac{x-2}{3(x^2-x+1)}\right]dx$$

$$= \frac{x}{3(x^2+1)} + \frac{1}{9}\ln\frac{(x+1)^2}{x^2-x+1} + \frac{2}{3\sqrt{3}}\arctan\frac{2x-1}{\sqrt{3}} + C.$$

【1893】 $\int \frac{dx}{(x^2+1)^3}$.

解 设 $\frac{1}{(x^2+1)^3} = \left(\frac{Ax^3+Bx^2+Cx+D}{(x^2+1)^2}\right)' + \frac{Ex+F}{x^2+1}$,

从而 $1 = (3Ax^2+2Bx+C)(x^2+1) - 4x(Ax^3+Bx^2+Cx+D)$
$\qquad + (Ex+F)(x^2+1)^2.$

比较系数得

$\qquad E = 0,$

$\qquad -A+F = 0,$

$\qquad -2B+2E = 0,$

$\qquad 3A-3C+2F = 0,$

$\qquad 2B-4D+E = 0,$

$\qquad C+F = 1,$

解之得 $A = \frac{3}{8}, B = 0, C = \frac{5}{8}, D = 0, E = 0, F = \frac{3}{8}$. 所以

$$\int \frac{dx}{(x^2+1)^3} = \frac{x(3x^2+5)}{8(x^2+1)^2} + \frac{3}{8}\int \frac{dx}{x^2+1}$$

$$= \frac{x(3x^2+5)}{8(x^2+1)^2} + \frac{3}{8}\arctan x + C.$$

【1894】 $\int \frac{x^2 dx}{(x^2+2x+2)^2}$.

解 设 $\frac{x^2}{(x^2+2x+2)^2} = \left(\frac{Ax+B}{x^2+2x+2}\right)' + \frac{Cx+D}{x^2+2x+2}$,

从而 $x^2 = A(x^2+2x+2) - 2(x+1)(Ax+B)$
$\qquad + (Cx+D)(x^2+2x+2).$

比较系数得

$\qquad C = 0,$

$\qquad -A+2C+D = 1,$

$\qquad -2B+2C+2D = 0,$

$$2A - 2B + 2D = 0,$$

解之得 $A = 0, B = 1, C = 0, D = 1$. 所以

$$\int \frac{x^2 \mathrm{d}x}{(x^2+2x+2)^2} = \frac{1}{x^2+2x+2} + \int \frac{\mathrm{d}x}{x^2+2x+2}$$

$$= \frac{1}{x^2+2x+2} + \int \frac{\mathrm{d}(x+1)}{(x+1)^2+1}$$

$$= \frac{1}{x^2+2x+2} + \arctan(x+1) + C.$$

【1895】 $\int \dfrac{\mathrm{d}x}{(x^4+1)^2}.$

解 设 $\dfrac{1}{(x^4+1)^2} = \left(\dfrac{Ax^3+Bx^2+Cx+D}{x^4+1} \right)'$
$$+ \frac{Ex^3+Fx^2+Gx+H}{x^4+1},$$

从而有 $1 = (3Ax^2+2Bx+C)(x^4+1) - 4x^3(Ax^3+Bx^2+Cx+D)$
$$+ (Ex^3+Fx^2+Gx+H)(x^4+1)$$

比较系数得

$$E = 0,$$
$$-A + F = 0,$$
$$-2B + G = 0,$$
$$-3C + H = 0,$$
$$-4D + E = 0,$$
$$3A + F = 0,$$
$$2B + G = 0,$$
$$C + H = 1,$$

解之得 $A = B = D = E = F = G = 0,$
$$C = \frac{1}{4}, H = \frac{3}{4}.\ 所以$$

$$\int \frac{\mathrm{d}x}{(x^4+1)^2} = \frac{x}{4(x^4+1)} + \frac{3}{4} \int \frac{\mathrm{d}x}{x^4+1}.$$

由 1884 题的结果有

$$\int \frac{\mathrm{d}x}{x^4+1} = \frac{1}{4\sqrt{2}} \ln \frac{x^2+\sqrt{2}x+1}{x^2-\sqrt{2}x+1}$$

$$+ \frac{\sqrt{2}}{4}\left[\arctan\frac{2x+\sqrt{2}}{\sqrt{2}} + \arctan\frac{2x-\sqrt{2}}{\sqrt{2}}\right] + C,$$

因此
$$\int\frac{\mathrm{d}x}{(x^4+1)^2} = \frac{x}{4(x^4+1)} + \frac{3}{16\sqrt{2}}\ln\frac{x^2+\sqrt{2}x+1}{x^2-\sqrt{2}x+1}$$
$$+ \frac{3\sqrt{2}}{16}\left[\arctan\frac{2x+\sqrt{2}}{\sqrt{2}} + \arctan\frac{2x-\sqrt{2}}{\sqrt{2}}\right] + C.$$

【1896】 $\int\dfrac{x^2+3x-2}{(x-1)(x^2+x+1)^2}\mathrm{d}x.$

解 设 $\dfrac{x^2+3x-2}{(x-1)(x^2+x+1)^2}$

$$= \left(\frac{Ax+B}{x^2+x+1}\right)' + \frac{Cx^2+Dx+E}{(x-1)(x^2+x+1)},$$

从而有
$$x^2+3x-2 = A(x-1)(x^2+x+1)$$
$$-(Ax+B)(2x+1)(x-1)$$
$$+(Cx^2+Dx+E)(x^2+x+1).$$

比较系数得

$C = 0,$
$-A + C + D = 0,$
$A - 2B + C + D + E = 1,$
$A + B + D + E = 3,$
$-A + B + E = -2,$

解之得 $A = \dfrac{5}{3}, B = \dfrac{2}{3}, C = 0, D = \dfrac{5}{3}, E = -1.$ 所以

$$\int\frac{x^2+3x-2}{(x-1)(x^2+x+1)}\mathrm{d}x$$

$$= \frac{5x+2}{3(x^2+x+1)} + \int\frac{\dfrac{5}{3}x-1}{(x-1)(x^2+x+1)}\mathrm{d}x$$

$$= \frac{5x+2}{3(x^2+x+1)} + \frac{2}{9}\int\frac{\mathrm{d}x}{x-1} - \frac{1}{9}\int\frac{2x-11}{x^2+x+1}\mathrm{d}x$$

$$= \frac{5x+2}{3(x^2+x+1)} + \frac{2}{9}\ln|x-1|$$

$$-\frac{1}{9}\int\frac{2x+1}{x^2+x+1}dx+\frac{4}{3}\int\frac{d\left(x+\frac{1}{2}\right)}{\left(x+\frac{1}{2}\right)^2+\frac{3}{4}}$$

$$=\frac{5x+2}{3(x^2+x+1)}+\frac{1}{9}\ln\frac{(x-1)^2}{x^2+x+1}$$

$$+\frac{8}{3\sqrt{3}}\arctan\frac{2x+1}{\sqrt{3}}+C.$$

【1897】 $\int\dfrac{dx}{(x^4-1)^3}.$

解 设 $\dfrac{1}{(x^4-1)^3}=\left[\dfrac{P_1(x)}{(x^4-1)^2}\right]'+\dfrac{P_2(x)}{x^4-1}$,其中

$P_1(x)=A_7x^7+A_6x^6+A_5x^5+A_4x^4+A_3x^3+A_2x^2+A_1x+A_0,$

$P_2(x)=B_3x^3+B_2x^2+B_1x+B_0,$

利用待定系数法可得

$A_7=A_6=A_4=A_3=A_2=A_0=0,$

$B_3=B_2=B_1=0,$

$A_5=\dfrac{7}{32}, A_1=-\dfrac{11}{32}, B_0=\dfrac{21}{32}.$ 所以

$$\int\frac{dx}{(x^4-1)^3}=\frac{7x^5-11x}{32(x^4-1)^2}+\frac{21}{32}\int\frac{dx}{x^4-1}$$

$$=\frac{7x^5-11}{32(x^4-1)^2}+\frac{21}{64}\int\left(\frac{1}{x^2-1}-\frac{1}{x^2+1}\right)dx$$

$$=\frac{7x^5-11}{32(x^4-1)^2}+\frac{21}{128}\ln\left|\frac{x-1}{x+1}\right|-\frac{21}{64}\arctan x+C.$$

求出下列积分的代数部分(1898~1902).

【1898】 $\int\dfrac{x^2+1}{(x^4+x^2+1)^2}dx.$

解 设 $\int\dfrac{x^2+1}{(x^4+x^2+1)^2}dx$

$$=\frac{Ax^3+Bx^2+Cx+D}{x^4+x^2+1}+\int\frac{A_1x^3+B_1x^2+C_1x+D_1}{x^4+x^2+1}dx,$$

上式右端的积分为非代数部分,因此只要求出 $A,B,C,D.$ 等式两边求导数,得

$$\frac{x^2+1}{(x^4+x^2+1)^2}$$
$$= \left(\frac{Ax^3+Bx^2+Cx+D}{x^4+x^2+1}\right)' + \frac{A_1x^3+B_1x^2+C_1x+D_1}{x^4+x^2+1},$$

从而 $x^2+1 = (3Ax^2+2Bx+C)(x^4+x^2+1)$
$$- (4x^3+2x)(Ax^3+Bx^2+Cx+D)$$
$$+ (A_1x^3+B_1x^2+C_1x+D_1)(x^4+x^2+1).$$

比较系数可得 $A=\frac{1}{6}, B=0, C=\frac{1}{3}, D=0$，因此，所求积分的代数部分为 $\frac{x^3+2x}{6(x^4+x^2+1)}$.

【1899】 $\int \frac{\mathrm{d}x}{(x^3+x+1)^3}$.

解 设 $\int \frac{\mathrm{d}x}{(x^3+x+1)^3}$
$$= \frac{Ax^5+Bx^4+Cx^3+Dx^2+Ex+F}{(x^3+x+1)^2}$$
$$+ \int \frac{A_1x^2+B_1x+C_1}{x^3+x+1}\mathrm{d}x,$$

两边求导数得

$$\frac{1}{(x^3+x+1)^3}$$
$$= \left[\frac{Ax^5+Bx^4+Cx^3+Dx^3+Ex+F}{(x^3+x+1)^2}\right]'$$
$$+ \frac{A_1x^2+B_1x+C_1}{x^3+x+1},$$

从而有 $1 = (5Ax^4+4Bx^3+3Cx^2+2Dx+E)(x^3+x+1)$
$$- 2(3x^2+1)(Ax^5+Bx^4+Cx^3+Dx^2+Ex+F)$$
$$+ (A_1x^2+B_1x+C_1)(x^3+x+1)^2,$$

比较系数并解之得

$$A=-\frac{243}{961}, B=\frac{357}{1\,922}, C=-\frac{405}{961}, D=-\frac{315}{1922}, E=\frac{156}{961},$$
$$F=-\frac{224}{961}, A_1=0, B_1=-\frac{243}{961}, C_1=\frac{357}{961}.$$

所求积分的代数部分为

$$\dfrac{-486x^5+357x^4-810x^3-315x^2+312x-448}{1\,922(x^3+x+1)^2}.$$

【1900】 $\displaystyle\int \dfrac{4x^5-1}{(x^5+x+1)^2}\mathrm{d}x.$

解 设 $\displaystyle\int \dfrac{4x^5-1}{(x^5+x+1)^2}\mathrm{d}x$

$$=\dfrac{Ax^4+Bx^3+Cx^2+Dx+E}{x^5+x+1}$$

$$+\int \dfrac{A_1x^4+B_1x^3+C_1x^2+D_1x+E_1}{x^5+x+1}\mathrm{d}x,$$

求导数得

$$\dfrac{4x^5-1}{(x^5+x+1)^2}$$

$$=\left(\dfrac{Ax^4+Bx^3+Cx^2+Dx+E}{x^5+x+1}\right)'$$

$$+\dfrac{A_1x^4+B_1x^3+C_1x^2+D_1x+E_1}{x^5+x+1}.$$

从而有 $4x^5-1=(4Ax^3+3Bx^2+2Cx+D)(x^5+x+1)$
$-(Ax^4+Bx^3+Cx^2+Dx+E)(5x^4+1)$
$+(A_1x^4+B_1x^3+C_1x^2+D_1x+E_1)(x^5+x+1).$

比较系数并解之得 $D=-1$,其他系数均为 0,因此,所求积分的代数部分为 $-\dfrac{x}{x^5+x+1}.$

【1901】 求解积分:

$$\int \dfrac{\mathrm{d}x}{x^4+2x^3+3x^2+2x+1}.$$

解 因为 $x^4+2x^3+3x^2+2x+1=(x^2+x+1)^2$

所以设 $\dfrac{1}{x^4+2x^3+3x^2+2x+1}$

$$=\left(\dfrac{Ax+B}{x^2+x+1}\right)'+\dfrac{Cx+D}{x^2+x+1}$$

从而有 $1=A(x^2+x+1)-(Ax+B)(2x+1)$
$+(Cx+D)(x^2+x+1)$

比较系数得

$C=0$

$$-A+C+D=0$$
$$-2B+C+D=0$$
$$A-B+D=1$$

解之得 $A=\dfrac{2}{3}, B=\dfrac{1}{3}, C=0, D=\dfrac{2}{3}.$

所以
$$\int \frac{\mathrm{d}x}{x^4+2x^3+3x^2+2x+1}$$
$$=\frac{2x+1}{3(x^2+x+1)}+\frac{2}{3}\int\frac{\mathrm{d}x}{x^2+x+1}$$
$$=\frac{2x+1}{3(x^2+x+1)}+\frac{2}{3}\int\frac{\mathrm{d}\left(x+\dfrac{1}{2}\right)}{\left(x+\dfrac{1}{2}\right)^2+\dfrac{3}{4}}$$
$$=\frac{2x+1}{3(x^2+x+1)}+\frac{4}{3\sqrt{3}}\arctan\frac{2x+1}{\sqrt{3}}+C.$$

【1902】 在什么条件下积分 $\displaystyle\int\frac{\alpha x^2+2\beta x+\gamma}{(ax^2+2bx+c)^2}\mathrm{d}x$ 是有理函数?

解 (1) 当 $a\neq 0,$ 且 $b^2-ac=0$ 时
$$ax^2+2bx+c=a(x-x_0)^2,$$

其中 $x_0=\dfrac{b}{a}$ 为实数,此时
$$\frac{\alpha x^2+2\beta x+\gamma}{(ax^2+bx+c)^2}$$
$$=\frac{\alpha(x-x_0)^2+2\beta(x-x_0)+2\alpha x_0(x-x_0)+\alpha x_0^2+2\beta x_0+\gamma}{a^2(x-x_0)^4}$$
$$=\frac{\alpha}{a^2(x-x_0)^2}+\frac{2\beta+2\alpha x_0}{a^2(x-x_0)^3}+\frac{\alpha x_0^2+2\beta x_0+\gamma}{a^2(x-x_0)^4}.$$

从而积分为有理函数.

(2) 当 $a\neq 0,$ 且 $b^2-ac\neq 0,$ 设
$$\frac{\alpha x^2+2\beta x+\gamma}{(ax^2+bx+c)^2}$$
$$=\left(\frac{Ax+B}{ax^2+2bx+c}\right)'+\frac{Cx+D}{ax^2+2bx+c},$$

从而有 $\alpha x^2+2\beta x+\gamma = A(ax^2+2bx+c)-(Ax+B)(2ax+2b)$
$$+(Cx+D)(ax^2+2bx+c).$$

比较系数并解方程得 $C = 0$,
$$D = \frac{2b\beta - a\gamma - c\alpha}{2(b^2 - ac)}.$$

从而当 $D = 0$, 即 $2b\beta = a\gamma + c\alpha$ 时, 积分为有理函数.

(3) 当 $a = 0, b \neq 0$ 时

$$\frac{\alpha x^2 + 2\beta x + \gamma}{(ax^2 + 2bx + c)^2}$$

$$= \frac{\alpha\left(x + \frac{c}{2b}\right)^2 - \frac{\alpha c}{b}\left(x + \frac{c}{2b}\right) + \frac{\alpha c^2}{4b^2} + 2\beta\left(x + \frac{c}{2b}\right) - \frac{\beta c}{b} + \gamma}{4b^2\left(x + \frac{c}{2b}\right)^2}$$

$$= \frac{\alpha}{4b^2} + \frac{2\beta - \frac{\alpha c}{b}}{4b^2\left(x + \frac{c}{2b}\right)} + \frac{\frac{\alpha c^2}{4b^2} - \frac{\beta c}{b} + \gamma}{4b^2\left(x + \frac{c}{2b}\right)^2}.$$

故当 $2\beta - \frac{\alpha c}{b} = 0$, 即 $\alpha c = 2b\beta$ 时, 积分为有理函数, 这种可归并到情况 (2), 即 $a\gamma + c\alpha = 2b\beta$ 中去.

(4) 当 $a = b = 0, c \neq 0$ 时, 积分显然为有理函数, 这种情况可包含在 $b^2 - ac = 0$ 中.

综上所述, 当 $b^2 - ac = 0$ 或 $a\gamma + c\alpha = 2b\beta$ 时, 积分为有理函数.

运用不同的方法求解下列积分 $(1903 \sim 1920)$.

【1903】 $\int \frac{x^3}{(x-1)^{100}} \mathrm{d}x.$

解 $\int \frac{x^3}{(x-1)^{100}} \mathrm{d}x = \int \frac{[(x-1)+1]^3}{(x-1)^{100}} \mathrm{d}x$

$$= \int \left[\frac{1}{(x-1)^{97}} + \frac{3}{(x-1)^{98}} + \frac{3}{(x-1)^{99}} + \frac{1}{(x-1)^{100}}\right] \mathrm{d}x$$

$$= -\frac{1}{96(x-1)^{96}} - \frac{3}{97(x-1)^{97}} - \frac{3}{98(x-1)^{98}}$$

$$\quad - \frac{1}{99(x-1)^{99}} + C.$$

【1904】 $\int \frac{x \mathrm{d}x}{x^8 - 1}.$

解 $\int \frac{x \mathrm{d}x}{x^8 - 1} = \frac{1}{2} \int \frac{\mathrm{d}(x^2)}{(x^2)^4 - 1}$

$$= \frac{1}{4}\int\left(\frac{1}{(x^2)^2-1} - \frac{1}{(x^2)^2+1}\right)\mathrm{d}(x^2)$$

$$= \frac{1}{8}\ln\left|\frac{x^2-1}{x^2+1}\right| - \frac{1}{4}\arctan(x^2) + C.$$

【1905】 $\int \frac{x^3 \mathrm{d}x}{x^8+3}.$

解 $\int \frac{x^3}{x^8+3}\mathrm{d}x = \frac{1}{4}\int\frac{\mathrm{d}(x^4)}{(x^4)^2+3} = \frac{1}{4\sqrt{3}}\arctan\frac{x^4}{\sqrt{3}} + C.$

【1906】 $\int \frac{x^2+x}{x^6+1}\mathrm{d}x.$

解 $\int \frac{x^2+x}{x^6+1}\mathrm{d}x = \frac{1}{3}\int\frac{\mathrm{d}(x^3)}{(x^3)^2+1} + \frac{1}{2}\int\frac{\mathrm{d}(x^2)}{(x^2)^3+1}$

$$= \frac{1}{3}\arctan(x^3) + \frac{1}{2}\left[\frac{1}{3}\int\frac{\mathrm{d}x^2}{x^2+1}\right.$$

$$\left. - \frac{1}{3}\int\frac{x^2-2}{(x^2)^2-x^2+1}\mathrm{d}(x^2)\right]$$

$$= \frac{1}{3}\arctan(x^3) + \frac{1}{12}\ln\frac{(1+x^2)^2}{x^4-x^2+1}$$

$$+ \frac{1}{2\sqrt{3}}\arctan\frac{2x^2-1}{\sqrt{3}} + C.$$

【1907】 $\int \frac{x^4-3}{x(x^8+3x^4+2)}\mathrm{d}x.$

解 设 $x = \frac{1}{t}$,

则 $\mathrm{d}x = -\frac{1}{t^2}\mathrm{d}t.$

所以 $\int \frac{x^4-3}{x(x^8+3x^4+2)}\mathrm{d}x$

$$= \int\frac{\frac{1}{t^4}-3}{\frac{1}{t}\left(\frac{1}{t^8}+\frac{3}{t^4}+2\right)}\left(-\frac{1}{t^2}\right)\mathrm{d}t$$

$$= \int\frac{(3t^4-1)t^3}{2t^8+3t^4+1}\mathrm{d}t$$

$$= \frac{1}{4}\int\left(\frac{4}{t^4+1} - \frac{5}{2t^4+1}\right)\mathrm{d}t^4$$

$$= \ln(t^4+1) - \frac{5}{8}\ln(2t^4+1) + C$$

$$= \ln\frac{x^4+1}{x^4} - \frac{5}{8}\ln\frac{x^4+2}{x^4} + C.$$

【1908】 $\int \dfrac{x^4 \mathrm{d}x}{(x^{10}-10)^2}.$

解 $\int \dfrac{x^4 \mathrm{d}x}{(x^{10}-10)^2} = \dfrac{1}{5}\int \dfrac{\mathrm{d}(x^5)}{(x^5-\sqrt{10})^2(x^5+\sqrt{10})^2}$

$$= \frac{1}{200}\int\left[\frac{(x^5+\sqrt{10})-(x^5-\sqrt{10})}{(x^5-\sqrt{10})(x^5+\sqrt{10})}\right]^2 \mathrm{d}(x^5)$$

$$= \frac{1}{200}\int\left(\frac{1}{x^5-\sqrt{10}} - \frac{1}{x^5+\sqrt{10}}\right)^2 \mathrm{d}(x^5)$$

$$= \frac{1}{200}\int \frac{\mathrm{d}(x^5-\sqrt{10})}{(x^5-\sqrt{10})^2} - \frac{1}{100}\int \frac{\mathrm{d}(x^5)}{(x^5)^2-10}$$

$$+ \frac{1}{200}\int \frac{\mathrm{d}(x^5+\sqrt{10})}{(x^5+\sqrt{10})^2}$$

$$= -\frac{1}{200(x^5-\sqrt{10})} - \frac{1}{200(x^5+\sqrt{10})}$$

$$+ \frac{1}{200\sqrt{10}}\ln\left|\frac{x^5+\sqrt{10}}{x^5-\sqrt{10}}\right| + C.$$

【1909】 $\int \dfrac{x^{11} \mathrm{d}x}{x^8+3x^4+2}.$

解 $\int \dfrac{x^{11}\mathrm{d}x}{x^8+3x^4+2} = \int \dfrac{\frac{1}{4}x^8 \mathrm{d}(x^4)}{(x^4+1)(x^4+2)}$

$$= \frac{1}{4}\int\left[1 - \frac{3x^4+2}{(x^4+1)(x^4+2)}\right]\mathrm{d}(x^4)$$

$$= \frac{1}{4}\int\left[1 + \frac{1}{x^4+1} - \frac{4}{x^4+2}\right]\mathrm{d}(x^4)$$

$$= \frac{1}{4}x^4 + \frac{1}{4}\ln(x^4+1) - \ln(x^4+2) + C.$$

【1910】 $\int \dfrac{x^9 \mathrm{d}x}{(x^{10}+2x^5+2)^2}.$

解 $\int \dfrac{x^9 \mathrm{d}x}{(x^{10}+2x^5+2)^2} = \dfrac{1}{5}\int \dfrac{x^5 \mathrm{d}(x^5)}{[(x^5+1)^2+1]^2}$

$$= \frac{1}{5}\int \frac{(x^5+1)\mathrm{d}(x^5+1)}{[(x^5+1)^2+1]^2} - \frac{1}{5}\int \frac{\mathrm{d}(x^5+1)}{[(x^5+1)^2+1]^2}$$

$$= -\frac{1}{10(x^{10}+2x^5+2)} - \frac{1}{5}\left\{\frac{x^5+1}{2[(x^5+1)^2+1]}\right.$$

$$\left. + \frac{1}{2}\arctan(x^5+1)\right\} + C^*$$

$$= -\frac{x^5+2}{10(x^{10}+2x^5+2)} - \frac{1}{10}\arctan(x^5+1) + C.$$

（∗）利用 1817 题的结果.

【1911】 $\int \dfrac{x^{2n-1}}{x^n+1}\mathrm{d}x.$

解 当 $n=0$ 时，

$$\int \frac{x^{2n-1}}{x^n+1}\mathrm{d}x = \int \frac{\mathrm{d}x}{2x} = \frac{1}{2}\ln|x|+C.$$

当 $n\neq 0$ 时，

$$\int \frac{x^{2n-1}}{x^n+1}\mathrm{d}x = \frac{1}{n}\int \frac{x^n}{x^n+1}\mathrm{d}(x^n)$$

$$= \frac{1}{n}\int\left(1-\frac{1}{x^n+1}\right)\mathrm{d}(x^n)$$

$$= \frac{1}{n}(x^n - \ln|x^n+1|) + C.$$

【1912】 $\int \dfrac{x^{3n-1}}{(x^{2n}+1)^2}\mathrm{d}x.$

解 当 $n=0$ 时，

$$\int \frac{x^{3n-1}}{(x^{2n}+1)^2}\mathrm{d}x = \frac{1}{4}\int \frac{\mathrm{d}x}{x} = \frac{1}{4}\ln|x|+C.$$

当 $n\neq 0$ 时，

$$\int \frac{x^{3n-1}}{(x^{2n}+1)^2}\mathrm{d}x$$

$$= \int \frac{x^{2n}\cdot x^{n-1}}{(x^{2n}+1)^2}\mathrm{d}x = \frac{1}{n}\int \frac{x^{2n}}{(x^{2n}+1)^2}\mathrm{d}(x^n)$$

$$= \frac{1}{n}\int \frac{x^{2n}+1-1}{(x^{2n}+1)^2}\mathrm{d}(x^n)$$

$$= \frac{1}{n}\int \frac{\mathrm{d}(x^n)}{(x^n)^2+1} - \frac{1}{n}\int \frac{\mathrm{d}(x^n)}{[(x^n)^2+1]^2}$$

$$= \frac{1}{n}\arctan(x^n) - \frac{1}{n}\Big[\frac{x^n}{2(x^{2n}+1)} + \frac{1}{2}\arctan(x^n)\Big]^* + C$$

$$= \frac{1}{2n}\Big[\arctan(x^n) - \frac{x^n}{x^{2n}+1}\Big] + C.$$

（*）利用 1817 题的结果.

【1913】 $\int \frac{\mathrm{d}x}{x(x^{10}+2)}$.

解 $\int \frac{\mathrm{d}x}{x(x^{10}+2)} = \frac{1}{2}\int \frac{x^{10}+2-x^{10}}{x(x^{10}+2)}\mathrm{d}x$

$$= \frac{1}{2}\int\Big(\frac{1}{x} - \frac{x^9}{x^{10}+2}\Big)\mathrm{d}x$$

$$= \frac{1}{2}\int \frac{1}{x}\mathrm{d}x - \frac{1}{20}\int \frac{\mathrm{d}(x^{10}+2)}{x^{10}+2}$$

$$= \frac{1}{2}\ln|x| - \frac{1}{20}\ln(x^{10}+2) + C$$

$$= \frac{1}{20}\ln\frac{x^{10}}{x^{10}+2} + C.$$

【1914】 $\int \frac{\mathrm{d}x}{x(x^{10}+1)^2}$.

解 因为

$$\frac{1}{x(x^{10}+1)^2} = \frac{x^{10}+1-x^{10}}{x(x^{10}+1)^2}$$

$$= \frac{1}{x(x^{10}+1)} - \frac{x^9}{(x^{10}+1)^2}$$

$$= \frac{x^{10}+1-x^{10}}{x(x^{10}+1)} - \frac{x^9}{(x^{10}+1)^2}$$

$$= \frac{1}{x} - \frac{x^9}{x^{10}+1} - \frac{x^9}{(x^{10}+1)^2},$$

所以 $\int \frac{\mathrm{d}x}{x(x^{10}+1)^2}$

$$= \int\Big(\frac{1}{x} - \frac{x^9}{x^{10}+1} - \frac{x^9}{(x^{10}+1)^2}\Big)\mathrm{d}x$$

$$= \int \frac{\mathrm{d}x}{x} - \frac{1}{10}\int \frac{\mathrm{d}(x^{10}+1)}{x^{10}+1} - \frac{1}{10}\int \frac{\mathrm{d}(x^{10}+1)}{(x^{10}+1)^2}$$

$$= \ln|x| - \frac{1}{10}\ln(x^{10}+1) + \frac{1}{10(x^{10}+1)} + C$$

$$= \frac{1}{10}\ln\frac{x^{10}}{x^{10}+1} + \frac{1}{10(x^{10}+1)} + C.$$

【1915】 $\int \dfrac{1-x^7}{x(1+x^7)}\mathrm{d}x.$

解 $\int \dfrac{1-x^7}{x(1+x^7)}\mathrm{d}x = \int \dfrac{(x^7+1) - 2x^7}{x(1+x^7)}\mathrm{d}x$

$$= \int \frac{\mathrm{d}x}{x} - 2\int \frac{x^6\,\mathrm{d}x}{1+x^7}$$

$$= \ln|x| - \frac{2}{7}\ln|1+x^7| + C.$$

【1916】 $\int \dfrac{x^4-1}{x(x^4-5)(x^5-5x+1)}\mathrm{d}x.$

解 $\int \dfrac{x^4-1}{x(x^4-5)(x^5-5x+1)}\mathrm{d}x$

$$= \frac{1}{5}\int \frac{\mathrm{d}(x^5-5x)}{(x^5-5x)(x^5-5x+1)}$$

$$= \frac{1}{5}\int \left(\frac{1}{x^5-5x} - \frac{1}{x^5-5x+1}\right)\mathrm{d}(x^5-5x)$$

$$= \frac{1}{5}\int \frac{\mathrm{d}(x^5-5x)}{x^5-5x} - \frac{1}{5}\int \frac{\mathrm{d}(x^5-5x+1)}{x^5-5x+1}$$

$$= \frac{1}{5}\ln\left|\frac{x(x^4-5)}{x^5-5x+1}\right| + C.$$

【1917】 $\int \dfrac{x^2+1}{x^4+x^2+1}\mathrm{d}x.$

解 因为

$$\frac{x^2+1}{x^4+x^2+1} = \frac{x^2+1}{(x^2+1)^2 - x^2}$$

$$= \frac{x^2+1}{(x^2-x+1)(x^2+x+1)}$$

$$= \frac{1}{2}\left(\frac{1}{x^2-x+1} + \frac{1}{x^2+x+1}\right),$$

所以 $\int \dfrac{x^2+1}{x^4+x^2+1}\mathrm{d}x$

$$= \frac{1}{2}\int \frac{\mathrm{d}x}{x^2-x+1} + \frac{1}{2}\int \frac{\mathrm{d}x}{x^2+x+1}$$

$$= \frac{1}{2} \int \frac{\mathrm{d}\left(x - \frac{1}{2}\right)}{\left(x - \frac{1}{2}\right)^2 + \frac{3}{4}} + \frac{1}{2} \int \frac{\mathrm{d}\left(x + \frac{1}{2}\right)}{\left(x + \frac{1}{2}\right)^2 + \frac{3}{4}}$$

$$= \frac{1}{\sqrt{3}} \arctan \frac{2x-1}{\sqrt{3}} + \frac{1}{\sqrt{3}} \arctan \frac{2x+1}{\sqrt{3}} + C.$$

【1918】 $\int \frac{x^2 - 1}{x^4 + x^3 + x^2 + x + 1} \mathrm{d}x.$

解 $\int \frac{x^2 - 1}{x^4 + x^3 + x^2 + x + 1} \mathrm{d}x$

$$= \int \frac{\left(1 - \frac{1}{x^2}\right) \mathrm{d}x}{\left(x^2 + \frac{1}{x^2}\right) + \left(x + \frac{1}{x}\right) + 1}$$

$$= \int \frac{\mathrm{d}\left(x + \frac{1}{x}\right)}{\left(x + \frac{1}{x}\right)^2 + \left(x + \frac{1}{x}\right) - 1}$$

$$= \int \frac{\mathrm{d}\left(x + \frac{1}{x} + \frac{1}{2}\right)}{\left[\left(x + \frac{1}{x}\right) + \frac{1}{2}\right]^2 - \frac{5}{4}}$$

$$= \frac{1}{\sqrt{5}} \ln \frac{x + \frac{1}{x} + \frac{1}{2} - \frac{\sqrt{5}}{2}}{x + \frac{1}{x} + \frac{1}{2} + \frac{\sqrt{5}}{2}} + C$$

$$= \frac{1}{\sqrt{5}} \ln \frac{2x^2 + (1 - \sqrt{5})x + 2}{2x^2 + (1 + \sqrt{5})x + 2} + C.$$

【1919】 $\int \frac{x^5 - x}{x^8 + 1} \mathrm{d}x.$

解 令 $x^2 = t$,则

$$\int \frac{x^5 - x}{x^8 + 1} \mathrm{d}x = \frac{1}{2} \int \frac{t^2 - 1}{t^4 + 1} \mathrm{d}t = \frac{1}{2} \int \frac{1 - \frac{1}{t^2}}{t^2 + \frac{1}{t^2}} \mathrm{d}t$$

第三章 不定积分 §2. 有理函数的积分法

$$= \frac{1}{2}\int \frac{\mathrm{d}\left(t+\frac{1}{t}\right)}{\left(t+\frac{1}{t}\right)^2 - 2}$$

$$= \frac{1}{4\sqrt{2}}\ln\left|\frac{t+\frac{1}{t}-\sqrt{2}}{t+\frac{1}{t}+\sqrt{2}}\right| + C$$

$$= \frac{1}{4\sqrt{2}}\ln\left|\frac{x^4-\sqrt{2}x^2+1}{x^4+\sqrt{2}x^2+1}\right| + C.$$

【1920】 $\int \frac{x^4+1}{x^6+1}\mathrm{d}x.$

解 $\int \frac{x^4+1}{x^6+1}\mathrm{d}x = \int \frac{(x^4-x^2+1)+x^2}{x^6+1}\mathrm{d}x$

$$= \int \frac{x^4-x^2+1}{(x^2+1)(x^4-x^2+1)}\mathrm{d}x + \frac{1}{3}\int \frac{\mathrm{d}(x^3)}{(x^3)^2+1}$$

$$= \int \frac{1}{x^2+1}\mathrm{d}x + \frac{1}{3}\int \frac{\mathrm{d}(x^3)}{(x^3)^2+1}$$

$$= \arctan x + \frac{1}{3}\arctan(x^3) + C.$$

【1921】 推导出计算下列积分的递推公式：

$$I_n = \int \frac{\mathrm{d}x}{(ax^2+bx+c)^n} \quad (a \neq 0),$$

利用这个公式计算

$$I_3 = \int \frac{\mathrm{d}x}{(x^2+x+1)^3}.$$

提示：利用恒等式

$$4a(ax^2+bx+c) = (2ax+b)^2 + (4ac-b^2).$$

解 由于

$$4a(ax^2+bx+c) = (2ax+b)^2 + (4ac-b^2)$$
$$= t^2 + \Delta,$$

其中 $t = 2ax+b, \Delta = 4ac-b^2,$

于是 $I_n = \int \frac{\mathrm{d}x}{(ax^2+bx+c)^n} = \int \frac{(4a)^n \mathrm{d}x}{[(2ax+b)^2+\Delta]^n}$

$$= 2^{2n-1}a^{n-1}\int \frac{\mathrm{d}t}{(t^2+\Delta)^n},$$

记 $$J_n = \int \frac{dt}{(t^2+\Delta)^n},$$

当 $\Delta \neq 0$ 时,对 J_n 应用分部积分法,得

$$J_n = \frac{t}{(t^2+\Delta)^n} + 2n\int \frac{t^2\,dt}{(t^2+\Delta)^{n+1}}$$

$$= \frac{t}{(t^2+\Delta)^n} + 2n\int \frac{t^2+\Delta-\Delta}{(t^2+\Delta)^{n+1}}dt$$

$$= \frac{t}{(t^2+\Delta)^n} + 2n\int \frac{dt}{(t^2+\Delta)^n} - 2n\Delta\int \frac{dt}{(t^2+\Delta)^{n+1}}$$

$$= \frac{t}{(t^2+\Delta)^n} + 2nJ_n - 2n\Delta J_{n+1},$$

从而有 $$J_{n+1} = \frac{1}{2n\Delta}\frac{t}{(t^2+\Delta)^n} + \frac{2n-1}{2n}\frac{1}{\Delta}J_n,$$

所以 $$J_n = \frac{1}{2(n-1)\Delta}\cdot\frac{t}{(t^2+\Delta)^{n-1}} + \frac{2n-3}{2n-2}\frac{1}{\Delta}J_{n-1}.$$

代入 I_n 中,得

$$I_n = 2^{2n-1}a^{n-1}\cdot\left\{\frac{1}{2(n-1)\Delta}\cdot\frac{t}{(t^2+\Delta)^{n-1}} + \frac{2n-3}{2n-2}\frac{1}{\Delta}J_{n-1}\right\}$$

$$= 2^{2n-1}\cdot a^{n-1}\left\{\frac{1}{2(n-1)\Delta}\cdot\frac{2ax+b}{(4a)^{n-1}(ax^2+bx+c)^{n-1}}\right.$$

$$\left.+ \frac{2n-3}{2n-2}\cdot\frac{1}{\Delta}\frac{2a}{(4a)^{n-1}}\int \frac{dx}{(ax^2+bx+c)^{n-1}}\right\}$$

$$= \frac{1}{(n-1)\Delta}\cdot\frac{2ax+b}{(ax^2+bx+c)^{n-1}} + \frac{2n-3}{n-1}\cdot\frac{2a}{\Delta}I_{n-1}.$$

因此,递推公式为

$$I_n = \frac{1}{(n-1)\Delta}\frac{2ax+b}{(ax^2+bx+c)^{n-1}} + \frac{2n-3}{n-1}\cdot\frac{2a}{\Delta}I_{n-1}.$$

当 $\Delta = 0$ 时,则有

$$I_n = \int \frac{(4a)^n}{(2ax+b)^{2n}}dx$$

$$= 2^{2n-1}\cdot a^{n-1}\int \frac{d(2ax+b)}{(2ax+b)^{2n}}$$

$$= -\frac{2^{2n-1}a^{n-1}}{2n-1}\cdot\frac{1}{(2ax+b)^{2n-1}} + C,$$

对于 I_3,因为 $\Delta = 4ac - b^2 = 3 \neq 0$,两次应用递推公式得

$$I_3 = \int \frac{\mathrm{d}x}{(x^2+x+1)^3}$$

$$= \frac{2x+1}{2 \cdot 3(x^2+x+1)^2} + \int \frac{\mathrm{d}x}{(x^2+x+1)^2}$$

$$= \frac{2x+1}{6(x^2+x+1)^2} + \frac{2x+1}{3(x^2+x+1)} + \frac{2}{3}\int \frac{\mathrm{d}x}{x^2+x+1}$$

$$= \frac{2x+1}{6(x^2+x+1)^2} + \frac{2x+1}{3(x^2+x+1)}$$

$$+ \frac{2}{3}\int \frac{\mathrm{d}\left(x+\frac{1}{2}\right)}{\left(x+\frac{1}{2}\right)^2 + \frac{3}{4}}$$

$$= \frac{2x+1}{6(x^2+x+1)^2} + \frac{2x+1}{3(x^2+x+1)}$$

$$+ \frac{4}{3\sqrt{3}}\arctan\frac{2x+1}{\sqrt{3}} + C.$$

【1922】 运用代换 $t = \dfrac{x+a}{x+b}$ 计算积分

$$I = \int \frac{\mathrm{d}x}{(x+a)^m(x+b)^n} (m \text{ 和 } n \text{ 为自然数}).$$

利用这个代换求解 $\displaystyle\int \frac{\mathrm{d}x}{(x-2)^2(x+3)^3}$.

解 设 $t = \dfrac{x+a}{x+b}$,

则 $\quad 1-t = \dfrac{b-a}{x+b}$,

即 $\quad x+b = \dfrac{b-a}{1-t}, \mathrm{d}x = \dfrac{b-a}{(1-t)^2}\mathrm{d}t,$

$$(x+a) = t(x+b) = \frac{(b-a)t}{1-t},$$

代入 I 中得

$$I = \frac{1}{(b-a)^{m+n-1}} \int \frac{(1-t)^{m+n-2}}{t^m} \mathrm{d}t \quad (a \neq b).$$

将 $(1-t)^{m+n-2}$ 展开,并逐项求积分,即可得 I.

在 $\displaystyle\int \frac{\mathrm{d}x}{(x-2)^2(x+3)^3}$ 中,$a=-2, b=3, m=2, n=3$.

设 $t = \dfrac{x-2}{x+3}$,

即 $\displaystyle\int \dfrac{\mathrm{d}x}{(x-2)^2(x+3)^3}$

$= \dfrac{1}{5^4}\displaystyle\int \dfrac{(1-t)^3}{t^2}\mathrm{d}t$

$= \dfrac{1}{5^4}\displaystyle\int \left(\dfrac{1}{t^2} - \dfrac{3}{t} + 3 - t\right)\mathrm{d}t$

$= \dfrac{1}{625}\left(-\dfrac{1}{t} - 3\ln|t| + 3t - \dfrac{t^2}{2}\right) + C$

$= \dfrac{1}{625}\left(-\dfrac{x+3}{x-2} - 3\ln\left|\dfrac{x-2}{x+3}\right| + \dfrac{3(x-2)}{x+3} - \dfrac{(x-2)^2}{2(x+3)^2}\right) + C.$

【1923】 若 $P_n(x)$ 是 x 的 n 次多项式,计算 $\displaystyle\int \dfrac{P_n(x)}{(x-a)^{n+1}}\mathrm{d}x$.

提示:利用泰勒公式.

解 因为 $P_n(x)$ 为 x 的 n 次多项式,故得

$$P_n(x) = \sum_{k=0}^{n} \dfrac{P_n^{(k)}(a)}{k!}(x-a)^k.$$

其中 $P_n^{(0)}(a) = P_n(a), 0! = 1$,

所以 $\displaystyle\int \dfrac{P_n(x)\mathrm{d}x}{(x-a)^{n+1}}$

$= \displaystyle\sum_{k=0}^{n-1} \dfrac{P_n^{(k)}(a)}{k!}\int \dfrac{\mathrm{d}x}{(x-a)^{n-k+1}} + \dfrac{1}{n!}P_n^{(n)}(a)\int \dfrac{\mathrm{d}x}{x-a}$

$= -\displaystyle\sum_{k=0}^{n-1} \dfrac{P_n^{(k)}(a)}{(n-k)k!} \cdot \dfrac{1}{(x-a)^{n-k}}$

$\quad + \dfrac{1}{n!}P_n^{(n)}(a)\ln|x-a| + C.$

【1924】 设 $R(x) = R^*(x^2)$,其中 R^* 为有理函数. 则把函数 $R(x)$ 分解为有理分式具有哪些特点?

解 设 $R^*(x) = P(x) + H(x)$,其中 $P(x)$ 为多项式,$H(x)$ 为真分式(当 $R^*(x)$ 为多项式时,$H(x) \equiv 0$). 下面考虑 $H(x)$ 在复数域上的分解. 记 $H(x) = \dfrac{P_1(x)}{Q_1(x)}$,$P_1(x), Q_1(x)$ 为多项式. 设 $Q_1(x)$ 在复数域中的根为 α_i,其相应重数记为 $n_i (i = 1, 2, \cdots, m;$ 显然 $m \geqslant 1)$. 即

$$Q_1(x) = a_0 \prod_{i=1}^{m}(x-\alpha_i)^{n_i},$$

由于 $Q_1(x)$ 为实多项式，若 α_i 不为实数，则存在一个 $\alpha_k(k \neq i, 1 \leqslant k \leqslant m)$ 使得 $\alpha_k = \bar{\alpha}_i$ 且 $n_i = n_k$，那么 $Q_1(x^2)$ 中的每一项 $x^2 - \alpha_i$ 可分解为

$$x^2 - \alpha_i = (x-b_i)(x+b_i),$$

于是
$$Q_1(x^2) = a_0 \prod_{i=1}^{m}(x-b_i)^{n_i}(x+b_i)^{n_i},$$

从而
$$H(x^2) = \frac{P(x^2)}{Q_1(x^2)}$$
$$= \sum_{i=1}^{m}\sum_{k=1}^{n_i}\left[\frac{A_{ik}}{(x-b_i)^k} + \frac{A'_{ik}}{(x+b_i)^k}\right].$$

又
$$H((-x)^2) = \sum_{i=1}^{m}\sum_{k=1}^{n_i}\left[\frac{(-1)^k A_{ik}}{(x+b_i)^k} + \frac{(-1)^k A'_{ik}}{(x-b_i)^k}\right],$$

由于 $H(x^2) = H((-x)^2)$，由分解式的唯一性可得
$$A'_{ik} = (-1)^k A_{ik}.$$

因此
$$H(x^2) = \sum_{i=1}^{m}\sum_{k=1}^{n_i} A'_{ik}\left[\frac{1}{(b_i-x)^k} + \frac{1}{(b_i+x)^k}\right].$$

故
$$R(x) = P(x^2) + \sum_{i=1}^{m}\sum_{k=1}^{n_i} A'_{ik}\left[\frac{1}{(b_i-x)^k} + \frac{1}{(b_i+x)^k}\right].$$

【1925】 计算 $\displaystyle\int \frac{\mathrm{d}x}{1+x^{2n}}$ 式中，n 为正整数.

解 记多项式 $x^{2n}+1$ 的根为 $\alpha_k(k=1,2,\cdots,2n)$，显然
$$\alpha_k = \cos\frac{2k-1}{2n}\pi + i\sin\frac{2k-1}{2n}\pi.$$

其中 $i = \sqrt{-1}$ 为虚数单位. 并且 α_k 及 $\bar{\alpha}_k = \alpha_{2n-k+1}$ 均为 $x^{2n}+1$ 的根，而
$$|\alpha_k| = 1, \alpha_k^{2n} = -1, \alpha_k\bar{\alpha}_k = 1,$$
$$\alpha_k + \bar{\alpha}_k = 2\cos\frac{2k-1}{2n}\pi.$$

设
$$\frac{1}{1+x^{2n}} = \sum_{k=1}^{2n}\frac{A_k}{x-\alpha_k},$$

即
$$1 = \sum_{k=1}^{2n}\frac{A_k(1+x^{2n})}{x-\alpha_k}.$$

令 $x \to \alpha_l$ 应用洛必达法则求极限,可得

$$1 = \lim_{x \to \alpha_l} \sum_{k=1}^{2n} \frac{A_k(1+x^{2n})}{x-\alpha_k} = \lim_{x \to \alpha_l} \frac{A_l(1+x^{2n})}{x-\alpha_l}$$

$$= 2nA_l\alpha_l^{2n-1} = -\frac{2nA_l}{\alpha_l} \quad (l=1,2,\cdots,2n),$$

所以 $\quad A_k = -\dfrac{\alpha_k}{2n} \quad (k=1,2,\cdots,2n).$

于是
$$\frac{1}{1+x^{2n}} = -\frac{1}{2n}\sum_{k=1}^{2n}\frac{\alpha_k}{x-\alpha_k}$$

$$= -\frac{1}{2n}\sum_{k=1}^{n}\left(\frac{\alpha_k}{x-\alpha_k} + \frac{\bar{\alpha}_k}{x-\bar{\alpha}_k}\right)$$

$$= -\frac{1}{2n}\sum_{k=1}^{n}\frac{(\alpha_k+\bar{\alpha}_k)x - 2\alpha_k\bar{\alpha}_k}{x^2-(\alpha_k+\bar{\alpha}_k)x+\alpha_k\bar{\alpha}_k}$$

$$= \frac{1}{n}\sum_{k=1}^{n}\frac{1-x\cos\dfrac{2k-1}{2n}\pi}{x^2-2x\cos\dfrac{2k-1}{2n}\pi+1}.$$

因此
$$\int\frac{\mathrm{d}x}{1+x^{2n}}$$

$$= \frac{1}{n}\sum_{k=1}^{n}\int\frac{1-x\cos\dfrac{2k-1}{2n}\pi}{x^2-2x\cos\dfrac{2k-1}{2n}\pi+1}\mathrm{d}x$$

$$= -\frac{1}{2n}\sum_{k=1}^{n}\left[\cos\frac{2k-1}{2n}\pi\int\frac{2x-2\cos\dfrac{2k-1}{2n}x}{x^2-2x\cos\dfrac{2k-1}{2n}\pi+1}\mathrm{d}x\right]$$

$$+ \frac{1}{n}\sum_{k=1}^{n}\left[\sin^2\frac{2k-1}{2n}\pi\int\frac{\mathrm{d}x}{\left(x-\cos\dfrac{2k-1}{2n}\pi\right)^2+\sin^2\dfrac{2k-1}{2n}\pi}\right]$$

$$= -\frac{1}{2n}\sum_{k=1}^{n}\left[\cos\frac{2k-1}{2n}\pi\cdot\ln\left(x^2-2x\cos\frac{2k-1}{2n}\pi+1\right)\right]$$

$$+ \frac{1}{n}\sum_{k=1}^{n}\left[\sin\frac{2k-1}{2n}\pi\cdot\arctan\frac{x-\cos\dfrac{2k-1}{2n}\pi}{\sin\dfrac{2k-1}{2n}\pi}\right] + C.$$

§3. 无理函数的积分法

把被积函数化为有理函数,以求解下列积分(1926～1936).

【1926】 $\int \dfrac{\mathrm{d}x}{1+\sqrt{x}}$.

解 设 $\sqrt{x}=t$,则 $x=t^2$,$\mathrm{d}x=2t\mathrm{d}t$. 所以

$$\int \dfrac{\mathrm{d}x}{1+\sqrt{x}} = \int \dfrac{2t\mathrm{d}t}{1+t} = 2\int\left(1-\dfrac{1}{1+t}\right)\mathrm{d}t$$
$$= 2[t-\ln(1+t)]+C$$
$$= 2[\sqrt{x}-\ln(1+\sqrt{x})]+C.$$

【1927】 $\int \dfrac{\mathrm{d}x}{x(1+2\sqrt{x}+\sqrt[3]{x})}$.

解 设 $\sqrt[6]{x}=t$,则 $x=t^6$,$\mathrm{d}x=6t^5\mathrm{d}t$. 所以

$$\int \dfrac{\mathrm{d}x}{x(1+2\sqrt{x}+\sqrt[3]{x})} = 6\int \dfrac{\mathrm{d}t}{t(1+2t^3+t^2)}$$
$$= 6\int \dfrac{\mathrm{d}t}{t(1+t)(2t^2-t+1)}$$
$$= 6\int\left[\dfrac{1}{t}-\dfrac{1}{4(1+t)}-\dfrac{6t-1}{4(2t^2-t+1)}\right]\mathrm{d}t$$
$$= 6\left[\ln t-\dfrac{1}{4}\ln(1+t)-\dfrac{3}{8}\int\dfrac{4t-1}{2t^2-t+1}\mathrm{d}t\right.$$
$$\left.-\dfrac{1}{16}\int\dfrac{\mathrm{d}\left(t-\dfrac{1}{4}\right)}{\left(t-\dfrac{1}{4}\right)^2+\dfrac{7}{16}}\right]$$
$$= 6\left[\ln t-\dfrac{1}{4}\ln(1+t)-\dfrac{3}{8}\ln(2t^2-t+1)\right.$$
$$\left.-\dfrac{1}{4\sqrt{7}}\arctan\dfrac{4t-1}{\sqrt{7}}\right]+C$$
$$= \dfrac{3}{4}\ln\dfrac{x\sqrt[3]{x}}{(1+\sqrt[6]{x})^2(2\sqrt[3]{x}-\sqrt[6]{x}+1)^3}$$
$$-\dfrac{3}{2\sqrt{7}}\arctan\dfrac{4\sqrt[6]{x}-1}{\sqrt{7}}+C.$$

【1928】 $\int \dfrac{x\sqrt[3]{2+x}}{x+\sqrt[3]{2+x}}\mathrm{d}x.$

解 设 $\sqrt[3]{2+x} = t$,则 $x = t^3 - 2, \mathrm{d}x = 3t^2\,\mathrm{d}t$. 所以

$$\int \dfrac{x\sqrt[3]{2+x}}{x+\sqrt[3]{2+x}}\mathrm{d}x = 3\int \dfrac{(t^3-2)t^3}{t^3+t-2}\mathrm{d}t$$

$$= 3\int \left(t^3 - t + \dfrac{t^2-2t}{t^3+t-2}\right)\mathrm{d}t$$

$$= \dfrac{3}{4}t^4 - \dfrac{3}{2}t^2 + 3\int \dfrac{t^2-2t}{(t-1)(t^2+t+2)}\mathrm{d}t$$

$$= \dfrac{3}{4}t^4 - \dfrac{3}{2}t^2 + 3\int \left[-\dfrac{1}{4(t-1)} + \dfrac{\dfrac{5}{4}t - \dfrac{1}{2}}{t^2+t+2}\right]\mathrm{d}t$$

$$= \dfrac{3}{4}t^4 - \dfrac{3}{2}t^2 - \dfrac{3}{4}\ln|t-1| + \dfrac{15}{8}\int \dfrac{\mathrm{d}(t^2+t+2)}{t^2+t+2}$$

$$\quad - \dfrac{27}{8}\int \dfrac{\mathrm{d}\left(t+\dfrac{1}{2}\right)}{\left(t+\dfrac{1}{2}\right)^2 + \dfrac{7}{4}}$$

$$= \dfrac{3}{4}t^4 - \dfrac{3}{2}t^2 - \dfrac{3}{4}\ln|t-1| + \dfrac{15}{8}\ln(t^2+t+2)$$

$$\quad - \dfrac{27}{4\sqrt{7}}\arctan\dfrac{2t+1}{\sqrt{7}} + C$$

$$= \dfrac{3}{4}(2+x)^{\frac{4}{3}} - \dfrac{3}{2}(2+x)^{\frac{2}{3}} - \dfrac{3}{4}\ln\left|\sqrt[3]{2+x}-1\right|$$

$$\quad + \dfrac{15}{8}\ln\left[(2+x)^{\frac{2}{3}} + (2+x)^{\frac{1}{3}} + 2\right]$$

$$\quad - \dfrac{27}{4\sqrt{7}}\arctan\dfrac{2\sqrt[3]{2+x}+1}{\sqrt{7}} + C.$$

【1929】 $\int \dfrac{1-\sqrt{x+1}}{1+\sqrt[3]{x+1}}\mathrm{d}x.$

解 设 $\sqrt[6]{x+1} = t$,则 $x = t^6 - 1, \mathrm{d}x = 6t^5\,\mathrm{d}t$. 所以

$$\int \dfrac{1-\sqrt{x+1}}{1+\sqrt[3]{x+1}}\mathrm{d}x = 6\int \dfrac{t^5(1-t^3)}{1+t^2}\mathrm{d}t$$

$$= 6\int \left(-t^6 + t^4 + t^3 - t^2 - t + 1 + \dfrac{t-1}{1+t^2}\right)\mathrm{d}t$$

$$= -\frac{6}{7}t^7 + \frac{6}{5}t^5 + \frac{3}{2}t^4 - 2t^3 - 3t^2 + 6t + 3\ln(1+t^2)$$
$$\quad - 6\arctan t + C$$
$$= -\frac{6}{7}(x+1)^{\frac{7}{6}} + \frac{6}{5}(x+1)^{\frac{5}{6}} + \frac{3}{2}(x+1)^{\frac{2}{3}} - 2(x+1)^{\frac{1}{2}}$$
$$\quad - 3(x+1)^{\frac{1}{3}} + 6(x+1)^{\frac{1}{6}} + 3\ln[1+(x+1)^{\frac{1}{3}}]$$
$$\quad - 6\arctan \sqrt[6]{x+1} + C.$$

【1930】 $\int \dfrac{\mathrm{d}x}{(1+\sqrt[4]{x})^3 \sqrt{x}}$.

解 设 $\sqrt[4]{x} = t$,
则 $x = t^4, \mathrm{d}x = 4t^3 \mathrm{d}t$. 所以
$$\int \frac{\mathrm{d}x}{(1+\sqrt[4]{x})^3 \sqrt{x}} = 4\int \frac{t\mathrm{d}t}{(1+t)^3}$$
$$= 4\int \frac{\mathrm{d}t}{(1+t)^2} - 4\int \frac{\mathrm{d}t}{(1+t)^3}$$
$$= -\frac{4}{1+t} + 2\frac{1}{(1+t)^2} + C$$
$$= -\frac{4}{1+\sqrt[4]{x}} + \frac{2}{(1+\sqrt[4]{x})^2} + C.$$

【1931】 $\int \dfrac{\sqrt{x+1} - \sqrt{x-1}}{\sqrt{x+1} + \sqrt{x-1}} \mathrm{d}x$.

解 法一:设 $\sqrt{\dfrac{x+1}{x-1}} = t$,则

$x = \dfrac{t^2+1}{t^2-1}, \mathrm{d}x = -\dfrac{4t}{(t^2-1)^2}\mathrm{d}t$. 所以

$$\int \frac{\sqrt{x+1} - \sqrt{x-1}}{\sqrt{x+1} + \sqrt{x-1}} \mathrm{d}x = \int \frac{\sqrt{\dfrac{x+1}{x-1}} - 1}{\sqrt{\dfrac{x+1}{x-1}} + 1} \mathrm{d}x$$

$$= \int \frac{t-1}{t+1} \cdot \left[-\frac{4t}{(t^2-1)^2}\right] \mathrm{d}t = -4\int \frac{t}{(t-1)(t+1)^3} \mathrm{d}t$$

$$= \int \left[-\frac{1}{2(t-1)} + \frac{1}{2(t+1)} + \frac{1}{(t+1)^2} - \frac{2}{(t+1)^3}\right] \mathrm{d}t$$

$$= \frac{1}{2}\ln\left|\frac{t+1}{t-1}\right| - \frac{1}{t+1} + \frac{1}{(t+1)^2} + C_1$$

$$= \frac{1}{2}\ln\left|x+\sqrt{x^2-1}\right|+\frac{1}{2}x^2-\frac{1}{2}x\sqrt{x^2-1}+C.$$

法二：
$$\int\frac{\sqrt{x+1}-\sqrt{x-1}}{\sqrt{x+1}+\sqrt{x-1}}\mathrm{d}x=\int\frac{(\sqrt{x+1}-\sqrt{x-1})^2}{(x+1)-(x-1)}\mathrm{d}x$$

$$=\int(x+\sqrt{x^2-1})\mathrm{d}x$$

$$=\frac{1}{2}x^2-\frac{1}{2}x\sqrt{x^2-1}+\frac{1}{2}\ln\left|x+\sqrt{x^2-1}\right|+C.$$

【1932】 $\int\dfrac{\mathrm{d}x}{\sqrt[3]{(x+1)^2(x-1)^4}}.$

解 设 $\sqrt[3]{\dfrac{x+1}{x-1}}=t,$ 则

$$x=\frac{t^3+1}{t^3-1},\ x-1=\frac{2}{t^3-1},$$

$$\mathrm{d}x=-\frac{6t^2}{(t^3-1)^2}\mathrm{d}t,$$

所以
$$\int\frac{\mathrm{d}x}{\sqrt[3]{(x+1)^2(x-1)^4}}=\int\frac{\dfrac{1}{(x-1)^2}}{\sqrt[3]{\left(\dfrac{x+1}{x-1}\right)^2}}\mathrm{d}x$$

$$=\int\frac{(t^3-1)^2}{4t^2}\left[-\frac{6t^2}{(t^3-1)^2}\right]\mathrm{d}t=-\int\frac{3}{2}\mathrm{d}t$$

$$=-\frac{3}{2}t+C=-\frac{3}{2}\sqrt[3]{\frac{x+1}{x-1}}+C.$$

【1933】 $\int\dfrac{x\mathrm{d}x}{\sqrt[4]{x^3(a-x)}}\qquad (a>0).$

解 设 $\sqrt[4]{\dfrac{a-x}{x}}=t,$

则 $x=\dfrac{a}{t^4+1},\ \mathrm{d}x=-\dfrac{4at^3}{(1+t^4)^2}\mathrm{d}t,$ 所以

$$\int\frac{x\mathrm{d}x}{\sqrt[4]{x^3(a-x)}}=\int\frac{\mathrm{d}x}{\sqrt[4]{\dfrac{a-x}{x}}}=-4a\int\frac{t^2}{(1+t^4)^2}\mathrm{d}t$$

$$=-4a\int\left[\frac{t}{(t^2-\sqrt{2}t+1)(t^2+\sqrt{2}t+1)}\right]^2\mathrm{d}t$$

$$=-\frac{a}{2}\int\left(\frac{1}{t^2-\sqrt{2}t+1}-\frac{1}{t^2+\sqrt{2}t+1}\right)^2 dt$$

$$=-\frac{a}{2}\int\frac{dt}{(t^2-\sqrt{2}t+1)^2}-\frac{a}{2}\int\frac{dt}{(t^2+\sqrt{2}t+1)^2}+a\int\frac{dt}{t^4+1}.$$

利用 1921 题的递推公式可得

$$\int\frac{dt}{(t^2-\sqrt{2}t+1)^2}$$

$$=\frac{2t-\sqrt{2}}{2(t^2-\sqrt{2}t+1)}+\int\frac{dt}{t^2-\sqrt{2}t+1}$$

$$=\frac{2t-\sqrt{2}}{2(t^2-\sqrt{2}t+1)}+\int\frac{d\left(t-\frac{\sqrt{2}}{2}\right)}{\left(t-\frac{\sqrt{2}}{2}\right)^2+\frac{1}{2}}$$

$$=\frac{2t-\sqrt{2}}{2(t^2-\sqrt{2}t+1)}+\sqrt{2}\arctan(\sqrt{2}t-1)+C_1.$$

$$\int\frac{dt}{(t^2+\sqrt{2}t+1)^2}$$

$$=\frac{2t+\sqrt{2}}{2(t^2+\sqrt{2}t+1)}+\int\frac{dt}{t^2+\sqrt{2}t+1}$$

$$=\frac{2t+\sqrt{2}}{2(t^2+\sqrt{2}t+1)}+\sqrt{2}\arctan(\sqrt{2}t+1)+C_2.$$

利用 1884 题的结果,有

$$\int\frac{dt}{t^4+1}=\frac{1}{4\sqrt{2}}\ln\frac{t^2+\sqrt{2}t+1}{t^2-\sqrt{2}t+1}$$

$$+\frac{\sqrt{2}}{4}\left[\arctan(\sqrt{2}t+1)+\arctan(\sqrt{2}t-1)\right]+C_3,$$

因此

$$\int\frac{x dx}{\sqrt[4]{x^3(a-x)}}$$

$$=-\frac{a}{2}\left[\frac{2t-\sqrt{2}}{2(t^2-\sqrt{2}t+1)}+\sqrt{2}\arctan(\sqrt{2}t-1)\right.$$

$$+\frac{2t+\sqrt{2}}{2(t^2+\sqrt{2}t+1)}+\sqrt{2}\arctan(\sqrt{2}t+1)$$

$$-\frac{1}{2\sqrt{2}}\ln\frac{t^2+\sqrt{2}t+1}{t^2-\sqrt{2}t+1}-\frac{\sqrt{2}}{2}\arctan(\sqrt{2}t+1)$$

$$-\frac{\sqrt{2}}{2}\arctan(\sqrt{2}t-1)\Big]+C$$

$$=-\frac{at^3}{1+t^4}+\frac{a}{4\sqrt{2}}\ln\frac{t^2+\sqrt{2}t+1}{t^2-\sqrt{2}t+1}$$

$$+\frac{a}{4\sqrt{2}}\arctan(\sqrt{2}t+1)+\frac{a}{4\sqrt{2}}\arctan(\sqrt{2}t-1)+C.$$

其中 $t=\sqrt[4]{\dfrac{a-x}{x}}$.

【1934】 $\displaystyle\int\frac{\mathrm{d}x}{\sqrt[n]{(x-a)^{n+1}(x-b)^{n-1}}}$ （n—自然数）.

解 当 $a=b$ 时,则

$$\int\frac{\mathrm{d}x}{\sqrt[n]{(x-a)^{n+1}(x-b)^{n-1}}}=\int\frac{\mathrm{d}x}{(x-a)^2}$$

$$=-\frac{1}{x-a}+C.$$

当 $a\neq b$ 时,设 $\sqrt[n]{\dfrac{x-b}{x-a}}=t$,

则 $x=a+\dfrac{a-b}{t^n-1},\mathrm{d}x=-\dfrac{n(a-b)t^{n-1}}{(t^n-1)^2}\mathrm{d}t,$

$x-a=\dfrac{a-b}{t^n-1},$

所以 $\displaystyle\int\frac{\mathrm{d}x}{\sqrt[n]{(x-a)^{n+1}(x-b)^{n-1}}}=\int\frac{\dfrac{1}{(x-a)^2}}{\left(\sqrt[n]{\dfrac{x-b}{x-a}}\right)^{n-1}}\mathrm{d}x$

$$=-\frac{n}{a-b}\int\mathrm{d}t=\frac{n}{b-a}t+C=\frac{n}{b-a}\sqrt[n]{\frac{x-b}{x-a}}+C.$$

【1935】 $\displaystyle\int\frac{\mathrm{d}x}{1+\sqrt{x}+\sqrt{1+x}}$.

提示:假设 $x=\left(\dfrac{t^2-1}{2t}\right)^2$.

解 设 $\sqrt{x}+\sqrt{x+1}=t,$

则 $\dfrac{t^2-1}{2t}=\sqrt{x}$,

即 $x=\dfrac{(t^2-1)^2}{4t^2}, \mathrm{d}x=\dfrac{t^4-1}{2t^3}\mathrm{d}t.$

所以
$$\int\dfrac{1}{1+\sqrt{x}+\sqrt{x+1}}=\dfrac{1}{2}\int\dfrac{t^4-1}{t^3(t+1)}\mathrm{d}t$$
$$=\dfrac{1}{2}\int\dfrac{(t^2+1)(t-1)}{t^3}\mathrm{d}t$$
$$=\dfrac{1}{2}\int\left(1-\dfrac{1}{t}+\dfrac{1}{t^2}-\dfrac{1}{t^3}\right)\mathrm{d}t$$
$$=\dfrac{1}{2}\left(t-\ln t-\dfrac{1}{t}+\dfrac{1}{2t^2}\right)+C_1$$
$$=\sqrt{x}-\dfrac{1}{2}\ln(\sqrt{x}+\sqrt{x+1})+\dfrac{x}{2}-\dfrac{1}{2}\sqrt{x(x+1)}+C.$$

【1936】 证明:若 $p+q=kn$,其中 k 为整数,则积分
$$\int R[x,(x-a)^{\frac{p}{n}}(x-b)^{\frac{q}{n}}]\mathrm{d}x.$$

(其中 R 为有理函数且 p,q,n 为整数) 是初等函数.

证 当 $a=b$ 时,
$$(x-a)^{\frac{p}{n}}(x-b)^{\frac{q}{n}}=(x-a)^k.$$
则被积函数为 x 的有理函数. 所以积分为初等函数.

当 $a\neq b$ 时,设
$$\dfrac{x-a}{x-b}=y, x=b-\dfrac{b-a}{1-y}=\dfrac{a-by}{1-y},$$
$$\mathrm{d}x=\dfrac{a-b}{(1-y)^2}\mathrm{d}y,$$
$$x-a=\dfrac{(a-b)y}{1-y}, x-b=\dfrac{a-b}{1-y}.$$

所以
$$\int R(x,(x-a)^{\frac{p}{n}}(x-b)^{\frac{q}{n}})\mathrm{d}x$$
$$=(a-b)\int R\left[\dfrac{a-by}{1-y},y^{\frac{p}{n}}\left(\dfrac{a-b}{1-y}\right)^k\right]\dfrac{\mathrm{d}y}{(1-y)^2}$$

再设 $\sqrt[n]{y}=t$,则 $y=t^n, \mathrm{d}y=nt^{n-1}\mathrm{d}t$,故
$$\int R(x,(x-a)^{\frac{p}{n}}(x-b)^{\frac{q}{n}})\mathrm{d}x$$

$$= n(a-b)\int R\left[\frac{a-bt^n}{1-t^n}, t^p\left(\frac{a-b}{1-t^n}\right)^k\right]\frac{t^{n-1}}{(1-t^n)^2}dt.$$

因为被积函数为 t 的有理函数，从而积分为 t 的初等函数，因此也为 x 的初等函数.

求解最简单二次无理式的积分(1937～1942).

【1937】 $\int\dfrac{x^2}{\sqrt{1+x+x^2}}dx.$

解 $\int\dfrac{x^2}{\sqrt{1+x+x^2}}dx$

$= \int\dfrac{x^2+x+1}{\sqrt{1+x+x^2}}dx - \dfrac{1}{2}\int\dfrac{2x+1}{\sqrt{1+x+x^2}}dx$

$\quad - \dfrac{1}{2}\int\dfrac{dx}{\sqrt{1+x+x^2}}$

$= \int\sqrt{\left(x+\dfrac{1}{2}\right)^2+\dfrac{3}{4}}\,d\left(x+\dfrac{1}{2}\right)$

$\quad - \dfrac{1}{2}\int(1+x+x^2)^{-\frac{1}{2}}d(x^2+x+1)$

$\quad - \dfrac{1}{2}\int\dfrac{d\left(x+\dfrac{1}{2}\right)}{\sqrt{\left(x+\dfrac{1}{2}\right)^2+\dfrac{3}{4}}}$

$= \dfrac{2x+1}{4}\sqrt{1+x+x^2} + \dfrac{3}{8}\ln\left(x+\dfrac{1}{2}+\sqrt{1+x+x^2}\right)$

$\quad - \sqrt{1+x+x^2} - \dfrac{1}{2}\ln\left(x+\dfrac{1}{2}+\sqrt{1+x+x^2}\right) + C$

$= \dfrac{2x-3}{4}\sqrt{1+x+x^2} - \dfrac{1}{8}\ln\left(x+\dfrac{1}{2}+\sqrt{1+x+x^2}\right) + C.$

【1938】 $\int\dfrac{dx}{(x+1)\sqrt{x^2+x+1}}.$

解 设 $t=\dfrac{1}{1+x}$，则

$x = \dfrac{1}{t}-1,\ dx=-\dfrac{1}{t^2}dt,\ 且$

$\sqrt{x^2+x+1} = \text{sgn}\,t \cdot \dfrac{\sqrt{t^2-t+1}}{t},$

所以
$$\int \frac{\mathrm{d}x}{(1+x)\sqrt{x^2+x+1}} = -\operatorname{sgn}t \int \frac{\mathrm{d}t}{\sqrt{t^2-t+1}}$$

$$= -\operatorname{sgn}t \int \frac{\mathrm{d}\left(t-\frac{1}{2}\right)}{\sqrt{\left(t-\frac{1}{2}\right)^2+\frac{3}{4}}}$$

$$= -\operatorname{sgn}t \cdot \ln\left|t-\frac{1}{2}+\sqrt{t^2-t+1}\right| + C_1$$

$$= -\operatorname{sgn}(x+1) \cdot \ln\left|\frac{1-x+2\operatorname{sgn}(x+1)\cdot\sqrt{x^2+x+1}}{2(x+1)}\right| + C_1.$$

当 $x+1>0$ 时,

$$\int \frac{\mathrm{d}x}{(1+x)\sqrt{x^2+x+1}}$$

$$= -\ln\left|\frac{1-x+2\sqrt{x^2+x+1}}{x+1}\right| + C.$$

当 $x+1<0$ 时,

$$\int \frac{\mathrm{d}x}{(x+1)\sqrt{x^2+x+1}}$$

$$= \ln\left|\frac{1-x-2\sqrt{x^2+x+1}}{2(1+x)}\right| + C_1$$

$$= \ln\left|\frac{-3(x+1)}{2(1-x+2\sqrt{x^2+x+1})}\right| + C_1$$

$$= -\ln\left|\frac{1-x+2\sqrt{x^2+x+1}}{x+1}\right| + C.$$

总之,
$$\int \frac{\mathrm{d}x}{(1+x)\sqrt{x^2+x+1}}$$

$$= -\ln\left|\frac{1-x+2\sqrt{x^2+x+1}}{x+1}\right| + C.$$

【1939】 $\int \dfrac{\mathrm{d}x}{(1-x)^2 \sqrt{1-x^2}}.$

解 设 $\sqrt{\dfrac{1-x}{1+x}} = t$,则

$$x = \frac{2}{1+t^2} - 1 = \frac{1-t^2}{1+t^2},$$

$$\mathrm{d}x = -\frac{4t}{(1+t^2)^2}\mathrm{d}t,\ 1-x = \frac{2t^2}{1+t^2},\ \sqrt{1-x^2} = \frac{2t}{1+t^2}.$$

所以 $\int \dfrac{dx}{(1-x)^2 \sqrt{1-x^2}} = -\dfrac{1}{2} \int \dfrac{1+t^2}{t^4} dt$

$= -\dfrac{1}{2} \int \left(\dfrac{1}{t^4} + \dfrac{1}{t^2}\right) dt = \dfrac{1}{6t^3} + \dfrac{1}{2t} + C$

$= \dfrac{2-x}{3(1-x)^2} \sqrt{1-x^2} + C.$

【1940】 $\int \dfrac{\sqrt{x^2+2x+2}}{x} dx.$

解 设 $\sqrt{x^2+2x+2} = t - x$,则

$x = \dfrac{t^2-2}{2(t+1)}, dx = \dfrac{t^2+2t+2}{2(t+1)^2} dt,$ 且

$\sqrt{x^2+2x+2} = \dfrac{t^2+2t+2}{2(t+1)},$

所以 $\int \dfrac{\sqrt{x^2+2x+2}}{x} dx = \dfrac{1}{2} \int \dfrac{(t^2+2t+2)^2}{(t^2-2)(t+1)^2} dt$

$= \dfrac{1}{2} \int \left[1 + \dfrac{2}{t+1} - \dfrac{1}{(t+1)^2} - \dfrac{2\sqrt{2}}{t+\sqrt{2}} + \dfrac{2\sqrt{2}}{t-\sqrt{2}}\right] dt$

$= \dfrac{t}{2} + \ln|t+1| + \dfrac{1}{2(t+1)} - \sqrt{2} \ln\left|\dfrac{t+\sqrt{2}}{t-\sqrt{2}}\right| + C_1$

$= \sqrt{x^2+2x+2} + \ln(x+1+\sqrt{x^2+2x+2})$

$\quad - \sqrt{2} \ln\left|\dfrac{x+2+\sqrt{2(x^2+2x+2)}}{x}\right| + C.$

【1941】 $\int \dfrac{x dx}{(1+x) \sqrt{1-x-x^2}}.$

解 设 $t = \dfrac{1}{1+x}$,则

$x = \dfrac{1-t}{t}, dx = -\dfrac{1}{t^2} dt,$ 且

$\sqrt{1-x-x^2} = \text{sgn}\, t \cdot \dfrac{\sqrt{t^2+t-1}}{t},$

所以 $\int \dfrac{x dx}{(x+1) \sqrt{1-x-x^2}}$

$= \int \dfrac{dx}{\sqrt{1-x-x^2}} - \int \dfrac{dx}{(x+1) \sqrt{1-x-x^2}}$

$$= \int \frac{\mathrm{d}\left(x+\frac{1}{2}\right)}{\sqrt{\frac{5}{4}-\left(x+\frac{1}{2}\right)^2}} + \mathrm{sgn}\, t \cdot \int \frac{\mathrm{d}t}{\sqrt{t^2+t-1}}$$

$$= \arcsin \frac{2x+1}{\sqrt{5}} +$$

$$\mathrm{sgn}(1+x)\ln\left|\frac{3+x+2\mathrm{sgn}(1+x)\sqrt{1-x-x^2}}{2(1+x)}\right| + C_1$$

$$= \arcsin \frac{2x+1}{\sqrt{5}} + \ln\left|\frac{3+x+2\sqrt{1-x-x^2}}{1+x}\right| + C^*.$$

（*）与 1938 题类似地讨论.

【1942】 $\int \dfrac{1-x+x^2}{\sqrt{1+x-x^2}}\mathrm{d}x.$

解 $\int \dfrac{1-x+x^2}{\sqrt{1+x-x^2}}\mathrm{d}x = \int \dfrac{(x^2-x-1)+2}{\sqrt{1+x-x^2}}\mathrm{d}x$

$$= -\int \sqrt{\frac{5}{4}-\left(x-\frac{1}{2}\right)^2}\,\mathrm{d}\left(x-\frac{1}{2}\right) + 2\int \frac{\mathrm{d}\left(x-\frac{1}{2}\right)}{\sqrt{\frac{5}{4}-\left(x-\frac{1}{2}\right)^2}}$$

$$= -\frac{1}{2}\left(x-\frac{1}{2}\right)\sqrt{\frac{5}{4}-\left(x-\frac{1}{2}\right)^2} - \frac{5}{8}\arcsin\frac{2\left(x-\frac{1}{2}\right)}{\sqrt{5}}$$

$$+ 2\arcsin\frac{2\left(x-\frac{1}{2}\right)}{\sqrt{5}} + C$$

$$= \frac{1-2x}{4}\sqrt{1+x-x^2} + \frac{11}{8}\arcsin\frac{2x-1}{\sqrt{5}} + C.$$

利用公式：$\int \dfrac{P_n(x)}{y}\mathrm{d}x = Q_{n-1}(x)y + \lambda \int \dfrac{\mathrm{d}x}{y},$

其中 $y = \sqrt{ax^2+bx+c}, P_n(x)$ 为 n 次多项式，$Q_{n-1}(x)$ 为 $n-1$ 次多项式，而 λ 为常数.

求解下列积分 (1943 ~ 1950).

【1943】 $\int \dfrac{x^3}{\sqrt{1+2x-x^2}}\mathrm{d}x.$

解 设 $\int \dfrac{x^3}{\sqrt{1+2x-x^2}}\mathrm{d}x$

$$= (Ax^2 + Bx + C)\sqrt{1+2x-x^2} + \lambda \int \dfrac{\mathrm{d}x}{\sqrt{1+2x-x^2}},$$

两边对 x 求导数得

$$\dfrac{x^3}{\sqrt{1+2x-x^2}}$$

$$= (2Ax + B)\sqrt{1+2x-x^2}$$

$$+ \dfrac{(1-x)(Ax^2+Bx+C)}{\sqrt{1+2x-x^2}} + \dfrac{\lambda}{\sqrt{1+2x-x^2}}$$

从而有 $x^3 = (2Ax+B)(1+2x-x^2)$

$$+ (1-x)(Ax^2+Bx+C) + \lambda$$

比较两边的系数并解方程得

$$A = -\dfrac{1}{3}, B = -\dfrac{5}{6}, C = -\dfrac{19}{6}, \lambda = 4.$$

因此 $\int \dfrac{x^3}{\sqrt{1+2x-x^2}}\mathrm{d}x$

$$= -\dfrac{2x^2+5x+19}{6}\sqrt{1+2x-x^2} + 4\int \dfrac{\mathrm{d}x}{\sqrt{1+2x-x^2}}$$

$$= -\dfrac{2x^2+5x+19}{6}\sqrt{1+2x-x^2} + 4\arcsin \dfrac{x-1}{\sqrt{2}} + C.$$

【1944】 $\int \dfrac{x^{10}\mathrm{d}x}{\sqrt{1+x^2}}.$

解 设 $\int \dfrac{x^{10}\mathrm{d}x}{\sqrt{1+x^2}}$

$$= (Ax^9 + Bx^8 + Cx^7 + Dx^6 + Ex^5 + Fx^4 + Gx^3$$

$$+ Hx^2 + Ix + K)\sqrt{1+x^2} + \lambda \int \dfrac{\mathrm{d}x}{\sqrt{1+x^2}},$$

两边求导数得

$$\dfrac{x^{10}}{\sqrt{1+x^2}}$$

$$= (9Ax^8 + 8Bx^7 + 7Cx^6 + 6Dx^5 + 5Ex^4 + 4Fx^3 + 3Gx^2 +$$

$$2Hx+I)\sqrt{1+x^2}+\frac{x}{\sqrt{1+x^2}}(Ax^9+Bx^8+Cx^7+Dx^6+$$
$$Ex^5+Fx^4+Gx^3+Hx^2+Ix+K)+\frac{\lambda}{\sqrt{1+x^2}}.$$

从而有 $x^{10}=(9Ax^8+8Bx^7+7Cx^6+6Dx^5+5Ex^4$
$$+4Fx^3+3Gx^2+2Hx+I)(1+x^2)$$
$$+x(Ax^9+Bx^8+Cx^7+Dx^6+Ex^5$$
$$+Fx^4+Gx^3+Hx^2+Ix+K)+\lambda.$$

比较系数并解方程得
$$A=\frac{1}{10},B=0,C=-\frac{9}{80},D=0,E=\frac{21}{160},F=0,$$
$$G=-\frac{21}{128},H=0,I=\frac{63}{256},K=0,\lambda=-\frac{63}{256}.$$

所以 $\int\frac{x^{10}}{\sqrt{1+x^2}}\mathrm{d}x$
$$=\left(\frac{1}{10}x^9-\frac{9}{80}x^7+\frac{21}{160}x^5-\frac{21}{128}x^3+\frac{63}{256}x\right)\sqrt{1+x^2}$$
$$-\frac{63}{256}\ln(x+\sqrt{1+x^2})+C.$$

【1945】 $\int x^4\sqrt{a^2-x^2}\mathrm{d}x.$

解 设 $\int x^4\sqrt{a^2-x^2}\mathrm{d}x=\int\frac{x^4(a^2-x^2)}{\sqrt{a^2-x^2}}\mathrm{d}x$
$$=(Ax^5+Bx^4+Cx^3+Dx^2+Ex+F)\sqrt{a^2-x^2}$$
$$+\lambda\int\frac{\mathrm{d}x}{\sqrt{a^2-x^2}},$$

从而有 $x^4(a^2-x^2)$
$$=(5Ax^4+4Bx^3+3Cx^2+2Dx+E)(a^2-x^2)$$
$$-x(Ax^5+Bx^4+Cx^3+Dx^2+Ex+F)+\lambda.$$

比较系数并解方程得
$$A=\frac{1}{6},B=0,C=-\frac{a^2}{24},D=0,E=-\frac{a^4}{16},$$
$$F=0,\lambda=\frac{a^6}{16}.$$

所以 $\int x^4 \sqrt{a^2-x^2}\,dx$

$$= \left(\frac{1}{6}x^5 - \frac{a^2}{24}x^3 - \frac{a^4}{16}x\right)\sqrt{a^2-x^2} + \frac{a^6}{16}\arcsin\frac{x}{|a|} + C.$$

【1946】 $\int \dfrac{x^3 - 6x^2 + 11x - 6}{\sqrt{x^2+4x+3}}\,dx.$

解 设 $\int \dfrac{x^3 - 6x^2 + 11x - 6}{\sqrt{x^2+4x+3}}\,dx$

$$= (Ax^2 + Bx + C)\sqrt{x^2+4x+3} + \lambda \int \frac{dx}{\sqrt{x^2+4x+3}},$$

求导数,通分并比较两边的分子可得

$$x^3 - 6x^2 + 11x - 6$$
$$= (2Ax+B)(x^2+4x+3) + (Ax^2+Bx+C)(x+2) + \lambda.$$

比较上式两边的系数,可得

$$\begin{cases} 3A = 1, \\ 10A + 2B = -6, \\ 6A + 6B + C = 11, \\ 3B + 2C + \lambda = -6, \end{cases}$$

解之得 $A = \dfrac{1}{3}, B = -\dfrac{14}{3}, C = 37, \lambda = -66.$

所以 $\int \dfrac{x^3-6x^2+11x-6}{\sqrt{x^2+4x+3}}\,dx$

$$= \left(\frac{1}{3}x^2 - \frac{14}{3}x + 37\right)\sqrt{x^2+4x+3} - 66\int \frac{d(x+2)}{\sqrt{(x+2)^2-1}}$$

$$= \left(\frac{1}{3}x^2 - \frac{14}{3}x + 37\right)\sqrt{x^2+4x+3}$$
$$\quad - 66\ln\left|x+2+\sqrt{x^2+4x+3}\right| + C.$$

【1947】 $\int \dfrac{dx}{x^3\sqrt{x^2+1}}.$

解 设 $x = \dfrac{1}{t},$

则 $dx = -\dfrac{1}{t^2}dt.$

我们这里只讨论 $t>0$ 的情形,对 $t<0$ 的情形类似地讨论可得相

同的结论.

所以，
$$\int \frac{\mathrm{d}x}{x^3\sqrt{x^2+1}} = -\int \frac{t^2}{\sqrt{1+t^2}}\mathrm{d}t$$
$$= -\int \sqrt{1+t^2}\,\mathrm{d}t + \int \frac{\mathrm{d}t}{\sqrt{1+t^2}}$$
$$= -\frac{t}{2}\sqrt{t^2+1} - \frac{1}{2}\ln|t+\sqrt{1+t^2}| + \ln|t+\sqrt{1+t^2}| + C$$
$$= -\frac{\sqrt{x^2+1}}{2x^2} + \frac{1}{2}\ln\frac{1+\sqrt{x^2+1}}{|x|} + C.$$

【1948】 $\int \dfrac{\mathrm{d}x}{x^4\sqrt{x^2-1}}$.

解 设 $x = \dfrac{1}{t} > 0$，则

$$\mathrm{d}x = -\frac{1}{t^2}\mathrm{d}t,\ \sqrt{x^2-1} = \frac{\sqrt{1-t^2}}{t},\ \text{所以}$$

$$\int \frac{\mathrm{d}x}{x^4\sqrt{x^2-1}}$$
$$= -\int \frac{t^3}{\sqrt{1-t^2}}\mathrm{d}t = \int \frac{t(1-t^2)-t}{\sqrt{1-t^2}}\mathrm{d}t$$
$$= \int t\sqrt{1-t^2}\,\mathrm{d}t - \int \frac{t}{\sqrt{1-t^2}}\mathrm{d}t$$
$$= -\frac{1}{2}\int (1-t^2)^{\frac{1}{2}}\mathrm{d}(1-t^2) + \frac{1}{2}\int (1-t^2)^{-\frac{1}{2}}\mathrm{d}(1-t^2)$$
$$= -\frac{1}{3}(1-t^2)^{\frac{3}{2}} + (1-t^2)^{\frac{1}{2}} + C$$
$$= \frac{1+2x^2}{3x^3}\sqrt{x^2-1} + C.$$

【1949】 $\int \dfrac{\mathrm{d}x}{(x-1)^3\sqrt{x^2+3x+1}}$.

解 设 $x - 1 = \dfrac{1}{t}$，

则 $\mathrm{d}x = -\dfrac{1}{t^2}\mathrm{d}t$.

只考虑 $t > 0$ 的情形，则有

$$\sqrt{x^2+3x+1} = \frac{\sqrt{5t^2+5t+1}}{t}.$$

所以 $\displaystyle\int \frac{\mathrm{d}x}{(x-1)^3 \sqrt{x^2+3x+1}} = -\int \frac{t^2}{\sqrt{5t^2+5t+1}} \mathrm{d}t.$

设 $\displaystyle -\int \frac{t^2}{\sqrt{5t^2+5t+1}} \mathrm{d}t$

$$= (At+B)\sqrt{5t^2+5t+1} + \lambda \int \frac{\mathrm{d}t}{\sqrt{5t^2+5t+1}},$$

从而有 $-t^2 = A(5t^2+5t+1) + \dfrac{1}{2}(At+B)(10t+5) + \lambda.$

比较两边的系数得

$$\begin{cases} 10A = -1, \\ \dfrac{3}{2}A + B = 0, \\ A + \dfrac{5}{2}B + \lambda = 0, \end{cases}$$

解之得 $A = -\dfrac{1}{10}, B = \dfrac{3}{20}, \lambda = -\dfrac{11}{40}.$

因此 $\displaystyle\int \frac{\mathrm{d}x}{(x-1)^3 \sqrt{x^2+3x+1}}$

$$= \left(-\frac{t}{10} + \frac{3}{20}\right)\sqrt{5t^2+5t+1} - \frac{11}{40}\int \frac{\mathrm{d}t}{\sqrt{5t^2+5t+1}}$$

$$= \frac{3-2t}{20}\sqrt{5t^2+5t+1}$$

$$\quad - \frac{11}{40\sqrt{5}} \ln\left| t + \frac{1}{2} + \sqrt{t^2+t+\frac{1}{5}} \right| + C_1$$

$$= \frac{3x-5}{20(x-1)^2}\sqrt{x^2+3x+1}$$

$$\quad - \frac{11}{40\sqrt{5}} \ln\left| \frac{\sqrt{5}(x+1) + 2\sqrt{x^2+3x+1}}{x-1} \right| + C.$$

【1950】 $\displaystyle\int \frac{\mathrm{d}x}{(x+1)^5 \sqrt{x^2+2x}}.$

解 设 $x+1 = \dfrac{1}{t},$ 则

$$\mathrm{d}x = -\frac{1}{t^2}\mathrm{d}t.$$

只考虑 $t>0$ 的情形($t<0$ 的情形可类似地讨论),则
$$\sqrt{x^2+2x}=\frac{\sqrt{1-t^2}}{t},$$
所以 $\int\frac{\mathrm{d}x}{(x+1)^5\sqrt{x^2+2x}}=-\int\frac{t^4}{\sqrt{1-t^2}}\mathrm{d}t.$

设 $-\int\frac{t^4}{\sqrt{1-t^2}}\mathrm{d}t$
$$=(At^3+Bt^2+Ct+D)\sqrt{1-t^2}+\lambda\int\frac{\mathrm{d}t}{\sqrt{1-t^2}},$$

从而有 $-t^4=(3At^2+2Bt+C)(1-t^2)$
$$-t(At^3+Bt^2+Ct+D)+\lambda.$$

比较两边的系数,并解方程得
$$A=\frac{1}{4},B=0,C=\frac{3}{8},D=0,\lambda=-\frac{3}{8}.$$

所以 $\int\frac{\mathrm{d}x}{(x+1)^5\sqrt{x^2+2x}}$
$$=\left(\frac{1}{4}t^3+\frac{3}{8}t\right)\sqrt{1-t^2}-\frac{3}{8}\int\frac{\mathrm{d}t}{\sqrt{1-t^2}}$$
$$=\frac{3x^2+6x+5}{8(x+1)^4}\sqrt{x^2+2x}-\frac{3}{8}\arcsin\left|\frac{1}{x+1}\right|+C.$$

【1951】 在什么条件下积分 $\int\frac{a_1x^2+b_1x+c_1}{\sqrt{ax^2+bx+c}}\mathrm{d}x$ 是代数函数?

解 当 $a=0$ 时,积分显然为代数函数,不妨设 $a\neq 0$,设
$$\int\frac{a_1x^2+b_1x+c_1}{\sqrt{ax^2+bx+c}}\mathrm{d}x$$
$$=(Ax+B)\sqrt{ax^2+bx+c}+\lambda\int\frac{\mathrm{d}x}{\sqrt{ax^2+bx+c}}.$$

从而有 $a_1x^2+b_1x+c_1$
$$=A(ax^2+bx+c)+\frac{1}{2}(Ax+B)(2ax+b)+\lambda.$$

比较两边的系数,并解方程得
$$A=\frac{a_1}{2a},B=\frac{4ab_1-3a_1b}{4a^2},$$
$$\lambda=\frac{8a^2c_1+3a_1b^2-4a(a_1c+bb_1)}{8a^2}.$$

于是当 $\lambda = 0$,即 $8a^2c_1 + 3a_1b^2 = 4a(a_1c+bb_1)$ 时,积分为代数函数.

要求解 $\int \dfrac{P(x)}{Q(x)y} dx$,其中 $y = \sqrt{ax^2+bx+c}$,应先分解有理函数 $\dfrac{P(x)}{Q(x)}$ 为最简分式($1952 \sim 1960$).

【1952】 $\int \dfrac{x dx}{(x-1)^2 \sqrt{1+2x-x^2}}$.

解 $\int \dfrac{x dx}{(x-1)^2 \sqrt{1+2x-x^2}}$

$= \int \dfrac{dx}{(x-1) \sqrt{1+2x-x^2}} + \int \dfrac{dx}{(x-1)^2 \sqrt{1+2x-x^2}}$.

设 $x-1 = \dfrac{1}{t} > 0$,

则 $dx = -\dfrac{1}{t^2} dt$,

而 $\sqrt{1+2x-x^2} = \dfrac{\sqrt{2t^2-1}}{t}$,

所以 $\int \dfrac{x dx}{(x-1)^2 \sqrt{1+2x-x^2}}$

$= -\int \dfrac{dt}{\sqrt{2t^2-1}} - \int \dfrac{t dt}{\sqrt{2t^2-1}}$

$= -\dfrac{1}{\sqrt{2}} \ln\left|\sqrt{2}t + \sqrt{2t^2-1}\right| - \dfrac{1}{2} \sqrt{2t^2-1} + C$

$= -\dfrac{1}{\sqrt{2}} \ln\left|\dfrac{\sqrt{2} + \sqrt{1+2x-x^2}}{1-x}\right| + \dfrac{\sqrt{1+2x-x^2}}{2(1-x)} + C$.

【1953】 $\int \dfrac{x dx}{(x^2-1) \sqrt{x^2-x-1}}$.

解 $\int \dfrac{x dx}{(x^2-1) \sqrt{x^2-x-1}}$

$= \dfrac{1}{2} \int \left(\dfrac{1}{x+1} + \dfrac{1}{x-1}\right) \dfrac{dx}{\sqrt{x^2-x-1}}$

$= \dfrac{1}{2} \int \dfrac{dx}{(x+1) \sqrt{x^2-x-1}} + \dfrac{1}{2} \int \dfrac{dx}{(x-1) \sqrt{x^2-x-1}}$.

对于 $\int \dfrac{\mathrm{d}x}{(x+1)\sqrt{x^2-x-1}}$,设

$$x+1=\dfrac{1}{t}(>0),$$

则 $\quad \mathrm{d}x=-\dfrac{1}{t^2}\mathrm{d}t,$

$$\sqrt{x^2-x-1}=\dfrac{\sqrt{t^2-3t+1}}{t}.$$

所以 $\quad \int \dfrac{\mathrm{d}x}{(x+1)\sqrt{x^2-x-1}}$

$$=-\int \dfrac{\mathrm{d}t}{\sqrt{t^2-3t+1}}=-\int \dfrac{\mathrm{d}\left(t-\dfrac{3}{2}\right)}{\sqrt{\left(t-\dfrac{3}{2}\right)^2-\dfrac{5}{4}}}$$

$$=-\ln\left|t-\dfrac{3}{2}+\sqrt{t^2-3t+1}\right|+C_1$$

$$=-\ln\left|\dfrac{3x+1-2\sqrt{x^2-x+1}}{x+1}\right|+C_2.$$

对于 $\int \dfrac{\mathrm{d}x}{(x-1)\sqrt{x^2-x-1}}$,设

$$x-1=\dfrac{1}{t}, \mathrm{d}x=-\dfrac{1}{t^2}\mathrm{d}t,$$

则 $\quad \int \dfrac{\mathrm{d}x}{(x-1)\sqrt{x^2-x-1}}$

$$=-\int \dfrac{\mathrm{d}t}{\sqrt{1+t-t^2}}=-\int \dfrac{\mathrm{d}\left(t-\dfrac{1}{2}\right)}{\sqrt{\dfrac{5}{4}-\left(t-\dfrac{1}{2}\right)}}$$

$$=-\arcsin\dfrac{2t-1}{\sqrt{5}}+C_3=\arcsin\dfrac{x-3}{\sqrt{5}\,|\,x-1\,|}+C_3.$$

因此 $\quad \int \dfrac{\mathrm{d}x}{(x^2-1)\sqrt{x^2-x-1}}$

$$=-\dfrac{1}{2}\ln\left|\dfrac{3x+1-2\sqrt{x^2-x-1}}{x+1}\right|$$

$$+\frac{1}{2}\arcsin\frac{x-3}{\sqrt{5}\mid x-1\mid}+C.$$

【1954】 $\int\frac{\sqrt{x^2+x+1}}{(x+1)^2}\mathrm{d}x.$

解 法一：$\int\frac{\sqrt{x^2+x+1}}{(x+1)^2}\mathrm{d}x$

$$=\int\frac{x^2+x+1}{(x+1)^2}\cdot\frac{\mathrm{d}x}{\sqrt{x^2+x+1}}$$

$$=\int\frac{(x+1)^2-(x+1)+1}{(x+1)^2}\cdot\frac{\mathrm{d}x}{\sqrt{x^2+x+1}}$$

$$=\int\frac{\mathrm{d}x}{\sqrt{x^2+x+1}}-\int\frac{\mathrm{d}x}{(x+1)\sqrt{x^2+x+1}}$$

$$+\int\frac{\mathrm{d}x}{(x+1)^2\sqrt{x^2+x+1}}.$$

而 $\int\frac{\mathrm{d}x}{\sqrt{x^2+x+1}}=\int\frac{\mathrm{d}\left(x+\frac{1}{2}\right)}{\sqrt{\left(x+\frac{1}{2}\right)^2+\frac{3}{4}}}$

$$=\ln\left(x+\frac{1}{2}+\sqrt{x^2+x+1}\right)+C_1.$$

由 1938 题的结果知

$$\int\frac{\mathrm{d}x}{(x+1)\sqrt{x^2+x+1}}$$

$$=-\ln\left|\frac{1-x+2\sqrt{x^2+x+1}}{x+1}\right|+C_2.$$

对于 $\int\frac{\mathrm{d}x}{(x+1)^2\sqrt{x^2+x+1}}$，设 $x+1=\frac{1}{t}$，则

$$\mathrm{d}x=-\frac{1}{t^2}\mathrm{d}t.\ \text{不妨设}\ t>0,\text{则}\ \sqrt{x^2+x+1}=\frac{\sqrt{t^2-t+1}}{t}.$$

所以 $\int\frac{\mathrm{d}x}{(x+1)^2\sqrt{x^2+x+1}}=-\int\frac{t}{\sqrt{t^2-t+1}}\mathrm{d}t$

$$=-\frac{1}{2}\int\frac{\mathrm{d}(t^2-t+1)}{\sqrt{t^2-t+1}}-\frac{1}{2}\int\frac{\mathrm{d}t}{\sqrt{t^2-t+1}}$$

$$= -\sqrt{t^2-t+1} - \frac{1}{2}\ln\left|t-\frac{1}{2}+\sqrt{t^2-t+1}\right| + C_3$$

$$= -\frac{\sqrt{x^2+x+1}}{x+1} - \frac{1}{2}\ln\left|\frac{1-x+2\sqrt{x^2+x+1}}{x+1}\right| + C_4.$$

因此 $\displaystyle\int \frac{\sqrt{x^2+x+1}}{(x+1)^2}dx$

$$= \ln\left(x+\frac{1}{2}+\sqrt{x^2+x+1}\right) - \frac{\sqrt{x^2+x+1}}{x+1}$$

$$+ \frac{1}{2}\ln\left|\frac{1-x+2\sqrt{x^2+x+1}}{x+1}\right| + C.$$

法二：$\displaystyle\int \frac{\sqrt{x^2+x+1}}{(x+1)^2}dx = -\int \sqrt{x^2+x+1}\, d\left(\frac{1}{x+1}\right)$

$$= -\frac{\sqrt{x^2+x+1}}{x+1} + \int \frac{\left(x+\frac{1}{2}\right)}{(x+1)\sqrt{x^2+x+1}}dx$$

$$= -\frac{\sqrt{x^2+x+1}}{x+1} + \int \frac{dx}{\sqrt{x^2+x+1}}$$

$$\qquad - \frac{1}{2}\int \frac{dx}{(x+1)\sqrt{x^2+x+1}}$$

$$= -\frac{\sqrt{x^2+x+1}}{x} + \ln\left(x+\frac{1}{2}+\sqrt{x^2+x+1}\right)$$

$$+ \frac{1}{2}\ln\left|\frac{1-x+2\sqrt{x^2+x+1}}{x+1}\right| + C.$$

【1955】$\displaystyle\int \frac{x^3}{(1+x)\sqrt{1+2x-x^2}}dx.$

解 $\displaystyle\int \frac{x^3}{(1+x)\sqrt{1+2x-x^2}}dx$

$$= \int \frac{(x^3+1)-1}{(1+x)\sqrt{1+2x-x^2}}dx$$

$$= \int \frac{x^2-x+1}{\sqrt{1+2x-x^2}}dx - \int \frac{dx}{(1+x)\sqrt{1+2x-x^2}}$$

$$= \int \frac{x^2-2x-1}{\sqrt{1+2x-x^2}}dx + \int \frac{x-1}{\sqrt{1+2x-x^2}}dx$$

$$+ 3\int \frac{1}{\sqrt{1+2x-x^2}}dx - \int \frac{dx}{(1+x)\sqrt{1+2x-x^2}}$$

$$= -\int \sqrt{2-(x-1)^2}\,dx - \frac{1}{2}\int \frac{d(1+2x-x^2)}{\sqrt{1+2x-x^2}}$$

$$+ 3\int \frac{d(x-1)}{\sqrt{2-(x-1)^2}} - \int \frac{dx}{(1+x)\sqrt{1+2x-x^2}}$$

$$= -\frac{x-1}{2}\sqrt{1+2x-x^2} - \arcsin\frac{x-1}{\sqrt{2}} - \sqrt{1+2x-x^2}$$

$$+ 3\arcsin\frac{x-1}{\sqrt{2}} - \int \frac{dx}{(1+x)\sqrt{1+2x-x^2}}.$$

对于 $\int \frac{dx}{(1+x)\sqrt{1+2x-x^2}}$ 令 $1+x=\frac{1}{t}$，则

$$dx = -\frac{1}{t^2}dt, 且$$

$$\sqrt{1+2x-x^2} = \frac{\sqrt{-2t^2+4t-1}}{t} \qquad (t>0),$$

所以 $\int \frac{dx}{(1+x)\sqrt{1+2x-x^2}}$

$$= -\int \frac{dt}{\sqrt{-2t^2+4t-1}}$$

$$= -\frac{1}{\sqrt{2}}\int \frac{d[\sqrt{2}(t-1)]}{\sqrt{1-[\sqrt{2}(t-1)]^2}}$$

$$= -\frac{1}{\sqrt{2}}\arcsin(\sqrt{2}(t-1)) + C$$

$$= \frac{1}{\sqrt{2}}\arcsin\frac{\sqrt{2}x}{|1+x|} + C.$$

因此 $\int \frac{x^3}{(1+x)\sqrt{1+2x-x^2}}dx$

$$= -\frac{x+1}{2}\sqrt{1+2x-x^2}$$

$$+ 2\arcsin\frac{x-1}{\sqrt{2}} - \frac{1}{\sqrt{2}}\arcsin\frac{\sqrt{2}x}{|1+x|} + C.$$

【1956】 $\int \dfrac{x\mathrm{d}x}{(x^2-3x+2)\sqrt{x^2-4x+3}}.$

解 $\int \dfrac{x\mathrm{d}x}{(x^2-3x+2)\sqrt{x^2-4x+3}}$

$= \int \left(\dfrac{2}{x-2} - \dfrac{1}{x-1}\right) \dfrac{\mathrm{d}x}{\sqrt{x^2-4x+3}}$

$= 2\int \dfrac{\mathrm{d}x}{(x-2)\sqrt{x^2-4x+3}} - \int \dfrac{\mathrm{d}x}{(x-1)\sqrt{x^2-4x+3}}.$

对于 $\int \dfrac{\mathrm{d}x}{(x-2)\sqrt{x^2-4x+3}}$，设 $x-2 = \dfrac{1}{t}$，

则 $\mathrm{d}x = -\dfrac{1}{t^2}\mathrm{d}t,$

则 $\int \dfrac{\mathrm{d}x}{(x-2)\sqrt{x^2-4x+3}}$

$= -\int \dfrac{\mathrm{d}t}{\sqrt{1+t^2}} = -\operatorname{arcsin}\dfrac{1}{|x-2|} + C_1.$

设 $x-1 = \dfrac{1}{t},$

则 $\int \dfrac{\mathrm{d}x}{(x-1)\sqrt{x^2-4x+3}}$

$= -\int \dfrac{\mathrm{d}t}{\sqrt{1-2t}} = \sqrt{1-2t} + C_2 = \dfrac{\sqrt{x^2-4x+3}}{x-1} + C_2.$

因此 $\int \dfrac{x\mathrm{d}x}{(x^2-3x+2)\sqrt{x^2-4x+3}}$

$= -2\operatorname{arcsin}\dfrac{1}{|x-2|} - \dfrac{\sqrt{x^2-4x+3}}{x-1} + C.$

【1957】 $\int \dfrac{\mathrm{d}x}{(1+x^2)\sqrt{1-x^2}}.$

解 设 $x = \sin t \quad \left(-\dfrac{\pi}{2} < t < \dfrac{\pi}{2}\right),$

则 $\mathrm{d}x = \cos t\,\mathrm{d}t, \sqrt{1-x^2} = \cos t,$

$\int \dfrac{\mathrm{d}x}{(1+x^2)\sqrt{1-x^2}} = \int \dfrac{\mathrm{d}t}{1+\sin^2 t}$

$$= \int \frac{dt}{2\sin^2 t + \cos^2 t} = \frac{1}{\sqrt{2}} \int \frac{d(\sqrt{2}\tan t)}{1 + (\sqrt{2}\tan t)^2}$$

$$= \frac{1}{\sqrt{2}} \arctan(\sqrt{2}\tan t) + C = \frac{1}{\sqrt{2}} \arctan \frac{\sqrt{2}x}{\sqrt{1-x^2}} + C.$$

【1958】 $\int \frac{dx}{(x^2+1)\sqrt{x^2-1}}$.

解 被积函数定义域为 $|x|>1$. 当 $x>1$ 时,设

$$x = \sec t \quad \left(0 < t < \frac{\pi}{2}\right),$$

则

$$dx = \sec t \cdot \tan t \, dt, \sqrt{x^2-1} = \tan t,$$

所以

$$\int \frac{dx}{(x^2+1)\sqrt{x^2-1}} = \int \frac{\sec t \, dt}{1+\sec^2 t}$$

$$= \int \frac{\cos t \, dt}{\cos^2 t + 1} = \int \frac{d(\sin t)}{2-\sin^2 t}$$

$$= \frac{1}{2\sqrt{2}} \ln \left| \frac{\sqrt{2}+\sin t}{\sqrt{2}-\sin t} \right| + C$$

$$= \frac{1}{2\sqrt{2}} \ln \left| \frac{\sqrt{2}x+\sqrt{x^2-1}}{\sqrt{2}x-\sqrt{x^2-1}} \right| + C$$

当 $x<-1$ 时,仍设 $x=\sec t$,并限制 $\pi < t < \frac{3\pi}{2}$,可得到同样的结果,因此

$$\int \frac{dx}{(x^2+1)\sqrt{x^2-1}} = \frac{1}{2\sqrt{2}} \ln \left| \frac{\sqrt{2}x+\sqrt{x^2-1}}{\sqrt{2}x-\sqrt{x^2-1}} \right| + C.$$

【1959】 $\int \frac{dx}{(1-x^4)\sqrt{1+x^2}}$.

解 设 $x = \tan t, -\frac{\pi}{2} < t < \frac{\pi}{2}$ 且 $t \neq \pm \frac{\pi}{4}$,则

$$dx = \sec^2 t \, dt, \sqrt{1+x^2} = \sec t,$$

所以

$$\int \frac{dx}{(1-x^4)\sqrt{1+x^2}} = \int \frac{\sec t}{1-\tan^4 t} dt$$

$$= \int \frac{\cos^3 t \, dt}{\cos^2 t - \sin^2 t} = \int \frac{1-\sin^2 t}{1-2\sin^2 t} d(\sin t)$$

$$= \frac{1}{2}\int \frac{1-2\sin^2 t}{1-2\sin^2 t}\mathrm{d}(\sin t) + \frac{1}{2}\int \frac{\mathrm{d}(\sin t)}{1-2\sin^2 t}$$

$$= \frac{1}{2}\sin t + \frac{1}{4\sqrt{2}}\ln\left|\frac{1+\sqrt{2}\sin t}{1-\sqrt{2}\sin t}\right| + C$$

$$= \frac{x}{2\sqrt{1+x^2}} + \frac{1}{4\sqrt{2}}\ln\left|\frac{\sqrt{1+x^2}+\sqrt{2}x}{\sqrt{1+x^2}-\sqrt{2}x}\right| + C.$$

【1960】 $\int \frac{\sqrt{x^2+2}}{x^2+1}\mathrm{d}x.$

解 $\int \frac{\sqrt{x^2+2}}{x^2+1}\mathrm{d}x = \int \frac{x^2+2}{(x^2+1)\sqrt{x^2+2}}\mathrm{d}x$

$$= \int \frac{\mathrm{d}x}{\sqrt{x^2+2}} + \int \frac{\mathrm{d}x}{(x^2+1)\sqrt{x^2+2}}$$

$$= \ln|x+\sqrt{x^2+2}| + \int \frac{\mathrm{d}x}{(x^2+1)\sqrt{x^2+2}}.$$

设 $x = \sqrt{2}\tan t \quad \left(-\frac{\pi}{2} < t < \frac{\pi}{2}\right),$ 则

$$\mathrm{d}x = \sqrt{2}\sec^2 t\,\mathrm{d}t, \quad \sqrt{x^2+2} = \sqrt{2}\sec t,$$

所以 $\int \frac{\mathrm{d}x}{(x^2+1)\sqrt{x^2+2}} = \int \frac{\sec t}{1+2\tan^2 t}\mathrm{d}t$

$$= \int \frac{\cos t}{1+\sin^2 t}\mathrm{d}t = \arctan(\sin t) + C$$

$$= \arctan\left(\frac{x}{\sqrt{2+x^2}}\right) + C.$$

因此 $\int \frac{\sqrt{x^2+2}}{x^2+1}\mathrm{d}x$

$$= \ln|x+\sqrt{x^2+2}| + \arctan\frac{x}{\sqrt{2+x^2}} + C.$$

把二次三项式简化成范式,计算下列积分(1961～1963).

【1961】 $\int \frac{\mathrm{d}x}{(x^2+x+1)\sqrt{x^2+x-1}}.$

解 $\int \frac{\mathrm{d}x}{(x^2+x+1)\sqrt{x^2+x-1}}$

$$= \int \frac{\mathrm{d}x}{\left[\left(x+\frac{1}{2}\right)^2+\frac{3}{4}\right]\sqrt{\left(x+\frac{1}{2}\right)^2-\frac{5}{4}}}.$$

当 $x+\frac{1}{2} > \frac{\sqrt{5}}{2}$ 时,设 $x+\frac{1}{2} = \frac{\sqrt{5}}{2}\sec t \left(0 < t < \frac{\pi}{2}\right)$,则

$$\mathrm{d}x = \frac{\sqrt{5}}{2}\sec t \cdot \tan t \mathrm{d}t,$$

$$\sqrt{\left(x+\frac{1}{2}\right)^2 - \frac{5}{4}} = \frac{\sqrt{5}}{2}\tan t,$$

$$\left(x+\frac{1}{2}\right)^2 + \frac{3}{4} = \frac{1}{4}(5\sec^2 t + 3),$$

所以 $\int \frac{\mathrm{d}x}{(x^2+x+1)\sqrt{x^2+x+1}}$

$$= 4\int \frac{\sec t \mathrm{d}t}{5\sec^2 t + 3} = 4\int \frac{\cos t \mathrm{d}t}{5 + 3\cos^2 t}$$

$$= \frac{4}{\sqrt{3}}\int \frac{\mathrm{d}(\sqrt{3}\sin t)}{(\sqrt{8})^2 - (\sqrt{3}\sin t)^2}$$

$$= \frac{4}{\sqrt{3}} \cdot \frac{1}{2\sqrt{8}}\ln\left|\frac{\sqrt{8}+\sqrt{3}\sin t}{\sqrt{8}-\sqrt{3}\sin t}\right| + C$$

$$= \frac{1}{\sqrt{6}}\ln\left|\frac{\sqrt{2}(2x+1)+\sqrt{3(x^2+x-1)}}{\sqrt{2}(2x+1)-\sqrt{3(x^2+x-1)}}\right| + C.$$

当 $x+\frac{1}{2} < -\frac{\sqrt{5}}{2}$ 时,仍设

$$x+\frac{1}{2} = \frac{\sqrt{5}}{2}\sec t,$$

并限制 $\pi < t < \frac{3\pi}{2}$,可得同样的结果. 因此

$$\int \frac{\mathrm{d}x}{(x^2+x+1)\sqrt{x^2+x+1}}$$

$$= \frac{1}{\sqrt{6}}\ln\left|\frac{\sqrt{2}(2x+1)+\sqrt{3(x^2+x-1)}}{\sqrt{2}(2x+1)-\sqrt{3(x^2+x-1)}}\right| + C.$$

【1962】 $\int \frac{x^2 \mathrm{d}x}{(4-2x+x^2)\sqrt{2+2x-x^2}}.$

解 $\displaystyle\int\frac{x^2\mathrm{d}x}{(4-2x+x^2)\sqrt{2+2x-x^2}}$

$\displaystyle=\int\frac{(x-1)^2+2(x-1)+1}{[3+(x-1)^2]\sqrt{3-(x-1)^2}}\mathrm{d}x$

设 $x-1=\sqrt{3}\sin t \quad \left(-\dfrac{\pi}{2}<t<\dfrac{\pi}{2}\right)$,

则 $\mathrm{d}x=\sqrt{3}\cos t\mathrm{d}t,\sqrt{3-(x-1)^2}=\sqrt{3}\cos t.$

所以 $\displaystyle\int\frac{x^2\mathrm{d}x}{(4-2x+x^2)\sqrt{2+2x-x^2}}$

$\displaystyle=\int\frac{3\sin^2 t+2\sqrt{3}\sin t+1}{3(1+\sin^2 t)}\mathrm{d}t$

$\displaystyle=\int\mathrm{d}t+\frac{2\sqrt{3}}{3}\int\frac{\sin t}{1+\sin^2 t}\mathrm{d}t-\frac{2}{3}\int\frac{\mathrm{d}t}{1+\sin^2 t}$

$\displaystyle=t-\frac{2\sqrt{3}}{3}\int\frac{\mathrm{d}(\cos t)}{2-\cos^2 t}-\frac{2}{3}\int\frac{\mathrm{d}(\tan t)}{1+2\tan^2 t}$

$\displaystyle=t-\frac{\sqrt{3}}{3\sqrt{2}}\ln\left|\frac{\sqrt{2}+\cos t}{\sqrt{2}-\cos t}\right|-\frac{\sqrt{2}}{3}\arctan(\sqrt{2}\tan t)+C$

$\displaystyle=\arcsin\frac{x-1}{\sqrt{3}}-\frac{1}{\sqrt{6}}\ln\left|\frac{\sqrt{6}+\sqrt{2+2x-x^2}}{\sqrt{6}-\sqrt{2+2x-x^2}}\right|$

$\displaystyle\quad-\frac{\sqrt{2}}{3}\arctan\frac{\sqrt{2}(x-1)}{\sqrt{2+2x-x^2}}+C.$

【1963】 $\displaystyle\int\frac{(x+1)\mathrm{d}x}{(x^2+x+1)\sqrt{x^2+x+1}}.$

解 $\displaystyle\int\frac{(x+1)\mathrm{d}x}{(x^2+x+1)\sqrt{x^2+x+1}}$

$\displaystyle=\int\frac{x+\dfrac{1}{2}+\dfrac{1}{2}}{\left[\left(x+\dfrac{1}{2}\right)^2+\dfrac{3}{4}\right]^{\frac{3}{2}}}\mathrm{d}x$

$\displaystyle=\frac{1}{2}\int\frac{\mathrm{d}\left[\left(x+\dfrac{1}{2}\right)^2+\dfrac{3}{4}\right]}{\left[\left(x+\dfrac{1}{2}\right)^2+\dfrac{3}{4}\right]^{\frac{3}{2}}}+\frac{1}{2}\int\frac{\mathrm{d}\left(x+\dfrac{1}{2}\right)}{\left[\left(x+\dfrac{1}{2}\right)^2+\dfrac{3}{4}\right]^{\frac{3}{2}}}.$

而 $\dfrac{1}{2}\displaystyle\int \dfrac{\mathrm{d}\left[\left(x+\dfrac{1}{2}\right)^2+\dfrac{3}{4}\right]}{\left[\left(x+\dfrac{1}{2}\right)^2+\dfrac{3}{4}\right]^{\frac{3}{2}}}=-\dfrac{1}{\sqrt{x^2+x+1}}+C_1,$

由 1781 题结果知

$$\dfrac{1}{2}\int \dfrac{\mathrm{d}\left(x+\dfrac{1}{2}\right)}{\left[\left(x+\dfrac{1}{2}\right)^2+\dfrac{3}{4}\right]^{\frac{3}{2}}}$$

$$=\dfrac{1}{2}\dfrac{x+\dfrac{1}{2}}{\dfrac{3}{4}\cdot\sqrt{x^2+x+1}}+C_2$$

$$=\dfrac{2x+1}{3\sqrt{x^2+x+1}}+C_2,$$

因此 $\displaystyle\int \dfrac{(x+1)\mathrm{d}x}{(x^2+x+1)\sqrt{x^2+x+1}}$

$$=-\dfrac{1}{\sqrt{x^2+x+1}}+\dfrac{2x+1}{3\sqrt{x^2+x+1}}+C$$

$$=\dfrac{2(x-1)}{3\sqrt{x^2+x+1}}+C.$$

【1964】 利用线性分式代换 $x=\dfrac{\alpha+\beta t}{1+t}$,计算积分:

$$\int \dfrac{\mathrm{d}x}{(x^2-x+1)\sqrt{x^2+x+1}}.$$

解 设 $x=\dfrac{\alpha+\beta t}{1+t}$,则

$x^2\pm x+1$

$=\dfrac{(\beta^2\pm\beta+1)t^2+[2\alpha\beta\pm(\alpha+\beta)+2]t+(\alpha^2\pm\alpha+1)}{(1+t)^2}.$

当 $2\alpha\beta\pm(\alpha+\beta)+2=0$ 时,即可化成规范式,所以取 $\alpha=-1,\beta=1$,即设 $x=\dfrac{t-1}{t+1}$,则 $\mathrm{d}x=\dfrac{2\mathrm{d}t}{(1+t)^2}$,且

$x^2-x+1=\dfrac{t^2+3}{(t+1)^2},$

$$\sqrt{x^2+x+1} = \frac{\sqrt{1+3t^2}}{t+1} \qquad (t+1>0),$$

于是
$$\int \frac{\mathrm{d}x}{(x^2-x+1)\sqrt{x^2+x+1}}$$
$$= 2\int \frac{t+1}{(t^2+3)\sqrt{1+3t^2}}\mathrm{d}t$$
$$= 2\int \frac{t\mathrm{d}t}{(t^2+3)\sqrt{1+3t^2}} + 2\int \frac{\mathrm{d}t}{(t^2+3)\sqrt{1+3t^2}}.$$

对于积分 $\int \frac{t\mathrm{d}t}{(t^2+3)\sqrt{1+3t^2}}$,设 $z = \sqrt{1+3t^2}$,则

$$\mathrm{d}z = \frac{3t\mathrm{d}t}{\sqrt{1+3t^2}}, t^2+3 = \frac{z^2+8}{3},$$

所以
$$\int \frac{t\mathrm{d}t}{(t^3+3)\sqrt{1+3t^2}}$$
$$= \int \frac{\mathrm{d}z}{z^2+8} = \frac{1}{2\sqrt{2}}\arctan \frac{z}{2\sqrt{2}} + C_1$$
$$= \frac{1}{2\sqrt{2}}\arctan \frac{\sqrt{x^2+x+1}}{\sqrt{2}(1-x)} + C_1.$$

对于积分 $\int \frac{\mathrm{d}t}{(t^2+3)\sqrt{1+3t^2}}$,设 $z = \frac{3t}{\sqrt{1+3t^2}}$,则

$$\frac{\mathrm{d}t}{\sqrt{1+3t^2}} = \frac{\mathrm{d}z}{3-z^2}, t^2+3 = \frac{27-8z^2}{3(3-z^2)},$$

所以
$$\int \frac{\mathrm{d}t}{(t^2+3)\sqrt{1+3t^2}} = 3\int \frac{\mathrm{d}z}{27-8z^2}$$
$$= \frac{1}{4\sqrt{6}}\ln\left|\frac{3\sqrt{3}+2\sqrt{2}z}{3\sqrt{3}-2\sqrt{2}z}\right| + C_2$$
$$= \frac{1}{4\sqrt{6}}\ln\left|\frac{\sqrt{3(x^2+x+1)}+\sqrt{2}(x+1)}{\sqrt{3(x^2+x+1)}-\sqrt{2}(x+1)}\right| + C_2.$$

因此
$$\int \frac{\mathrm{d}x}{(x^2-x+1)\sqrt{x^2+x+1}}$$
$$= \frac{1}{\sqrt{2}}\arctan \frac{\sqrt{x^2+x+1}}{\sqrt{2}(1-x)}$$

$$+\frac{1}{2\sqrt{6}}\ln\left|\frac{\sqrt{3(x^2+x+1)}+\sqrt{2}(x+1)}{\sqrt{3(x^2+x+1)}-\sqrt{2}(x+1)}\right|+C.$$

【1965】 求解 $\int\dfrac{\mathrm{d}x}{(x^2+2)\sqrt{2x^2-2x+5}}$.

解 应用与 1964 题同样的方法.

设 $x=\dfrac{\alpha+\beta t}{1+t}$,选择适当的 α 与 β,使两个二次三项式中的一次项同时消去. 为此,将 $x=\dfrac{\alpha+\beta t}{1+t}$ 代入 x^2+2 及 $2x^2-2x+5$ 中,令一次项的系数为零,得 $\alpha=-1,\beta=2$.

即设 $x=\dfrac{2t-1}{t+1}$,则

$$\mathrm{d}x=\frac{3}{(t+1)^2}\mathrm{d}t, \quad x^2+2=\frac{3(2t^2+1)}{(t+1)^2},$$

$$\sqrt{2x^2-2x+5}=\frac{3\sqrt{t^2+1}}{|t+1|},$$

不妨设 $t+1>0$,所以

$$\int\frac{\mathrm{d}x}{(x^2+2)\sqrt{2x^2-2x+5}}$$

$$=\frac{1}{3}\int\frac{t+1}{(2t^2+1)\sqrt{t^2+1}}\mathrm{d}t$$

$$=\frac{1}{3}\int\frac{t\mathrm{d}t}{(2t^2+1)\sqrt{t^2+1}}+\frac{1}{3}\int\frac{\mathrm{d}t}{(2t^2+1)\sqrt{t^2+1}}.$$

对于 $\dfrac{1}{3}\int\dfrac{t\mathrm{d}t}{(2t^2+1)\sqrt{t^2+1}}$,设 $z=\sqrt{t^2+1}$,则

$$\mathrm{d}z=\frac{t\mathrm{d}t}{\sqrt{t^2+1}}, \quad 2t^2+1=2z^2-1,$$

故

$$\frac{1}{3}\int\frac{t\mathrm{d}t}{(2t^2+1)\sqrt{t^2+1}}=\frac{1}{3}\int\frac{\mathrm{d}z}{2z^2-1}$$

$$=\frac{1}{6\sqrt{2}}\ln\frac{\sqrt{2}z-1}{\sqrt{2}z+1}+C_1$$

$$=\frac{1}{6\sqrt{2}}\ln\frac{\sqrt{2(2x^2-2x+5)}+(x-2)}{\sqrt{2(2x^2-2x+5)}-(x-2)}+C_1.$$

对于 $\dfrac{1}{3}\displaystyle\int\dfrac{\mathrm{d}t}{(2t^2+1)\sqrt{t^2+1}}$,设 $z=\dfrac{t}{\sqrt{t^2+1}}$,则

$$\frac{\mathrm{d}t}{\sqrt{t^2+1}}=\frac{\mathrm{d}z}{1-z^2},\ 2t^2+1=\frac{1+z^2}{1-z^2},$$

故 $\dfrac{1}{3}\displaystyle\int\dfrac{\mathrm{d}t}{(2t^2+1)\sqrt{t^2+1}}=\dfrac{1}{3}\displaystyle\int\dfrac{\mathrm{d}z}{1+z^2}$

$$=\frac{1}{3}\arctan z+C_2$$

$$=\frac{1}{3}\arctan\frac{1+x}{\sqrt{2x^2-2x+5}}+C_2,$$

因此 $\displaystyle\int\dfrac{\mathrm{d}x}{(x^2+2)\sqrt{2x^2-2x+5}}$

$$=\frac{1}{6\sqrt{2}}\ln\frac{\sqrt{2(2x^2-2x+5)}+(x-2)}{\sqrt{2(2x^2-2x+5)}-(x-2)}$$

$$+\frac{1}{3}\arctan\frac{1+x}{\sqrt{2x^2-2x+5}}+C.$$

利用欧拉代换:

(1) 若 $a>0$, $\sqrt{ax^2+bx+c}=\pm\sqrt{a}\,x+z$;

(2) 若 $c>0$, $\sqrt{ax^2+bx+c}=xz\pm\sqrt{c}$;

(3) $\sqrt{a(x-x_1)(x-x_2)}=z(x-x_1)$.

求解下列积分(1966~1970).

【1966】 $\displaystyle\int\dfrac{\mathrm{d}x}{x+\sqrt{x^2+x+1}}.$

解 设 $\sqrt{x^2+x+1}=z-x$,

则 $x=\dfrac{z^2-1}{2z+1},\ \mathrm{d}x=\dfrac{2(z^2+z+1)}{(2z+1)^2}\mathrm{d}z,$

$$\sqrt{x^2+x+1}+x=z.$$

所以 $\displaystyle\int\dfrac{\mathrm{d}x}{x+\sqrt{x^2+x+1}}$

$$=\frac{1}{2}\int\frac{z^2+z+1}{z\left(z+\dfrac{1}{2}\right)^2}\mathrm{d}z$$

$$= \frac{1}{2}\int \left[\frac{4}{z} - \frac{3}{z+\frac{1}{2}} - \frac{3}{2\left(z+\frac{1}{2}\right)^2}\right] dz$$

$$= \frac{1}{2}\ln \frac{z^4}{\left|z+\frac{1}{2}\right|^3} + \frac{3}{4} \cdot \frac{1}{z+\frac{1}{2}} + C_1$$

$$= \frac{1}{2}\ln \frac{z^4}{|2z+1|^3} + \frac{3}{2}\frac{1}{(2z+1)} + C$$

$$= \frac{1}{2}\ln \frac{(x+\sqrt{x^2+x+1})^4}{|2(x+\sqrt{x^2+x+1})+1|^3}$$

$$+ \frac{3}{4(x+\sqrt{x^2+x+1})+2} + C.$$

【1967】 $\int \frac{dx}{1+\sqrt{1-2x-x^2}}.$

解 设 $\sqrt{1-2x-x^2} = xz-1$,则

$$z = \frac{1+\sqrt{1-2x-x^2}}{x}, x = \frac{2(z-1)}{z^2+1},$$

$$dx = \frac{2(1+2z-z^2)}{(z^2+1)^2}dz,$$

$$1+\sqrt{1-2x-x^2} = z \cdot x = \frac{2z(z-1)}{z^2+1}.$$

所以 $\int \frac{dx}{1+\sqrt{1-2x-x^2}}$

$$= \int \frac{1+2z-z^2}{z(z-1)(z^2+1)}dz$$

$$= \int \left(\frac{1}{z-1} - \frac{1}{z} - \frac{2}{z^2+1}\right)dz$$

$$= \ln\left|\frac{z-1}{z}\right| - 2\arctan z + C$$

$$= \ln\left|\frac{1+\sqrt{1-2x-x^2}-x}{1+\sqrt{1-2x-x^2}}\right|$$

$$- 2\arctan \frac{1+\sqrt{1-2x-x^2}}{x} + C.$$

【1968】 $\int x\sqrt{x^2-2x+2}\,dx.$

解 设 $\sqrt{x^2-2x+2}=z-x$,

则 $x=\dfrac{z^2-2}{2(z-1)}, \mathrm{d}x=\dfrac{z^2-2z+2}{2(z-1)^2}\mathrm{d}z.$

$$x\sqrt{x^2-2x+2}=x(z-x)$$
$$=\dfrac{z^2-2}{2(z-1)}\Big[z-\dfrac{z^2-2}{2(z-1)}\Big]$$
$$=\dfrac{(z^2-2)(z^2-2z+2)}{4(z-1)^2}.$$

所以 $\displaystyle\int x\sqrt{x^2-2x+2}\,\mathrm{d}x$

$$=\dfrac{1}{8}\int\dfrac{(z^2-2)(z^2-2z+2)^2}{(z-1)^4}\mathrm{d}z$$
$$=\dfrac{1}{8}\int\dfrac{[(z-1)^2+2(z-1)-1][(z-1)^2+1]^2}{(z-1)^4}\mathrm{d}z$$
$$=\dfrac{1}{8}\int\{[(z-1)^2-(z-1)^{-4}]+2[(z-1)+(z-1)^{-3}]$$
$$\qquad+[1-(z-1)^{-2}]+4(z-1)^{-1}\}\mathrm{d}(z-1)$$
$$=\dfrac{1}{24}[(z-1)^3+(z-1)^{-3}]+\dfrac{1}{8}[(z-1)^2-(z-1)^{-2}]$$
$$\qquad+\dfrac{1}{8}[(z-1)+(z-1)^{-1}]+\dfrac{1}{2}\ln|z-1|+C.$$

其中 $z=x+\sqrt{x^2-2x+2}.$

【1969】 $\displaystyle\int\dfrac{x-\sqrt{x^2+3x+2}}{x+\sqrt{x^2+3x+2}}\mathrm{d}x.$

解 设 $\sqrt{x^2+3x+2}=z(x+1),$

则 $x=\dfrac{2-z^2}{z^2-1}, \mathrm{d}x=-\dfrac{2z}{(z^2-1)^2}\mathrm{d}z,$

$$\sqrt{x^2+3x+2}=\dfrac{z}{z^2-1}.$$

所以 $\displaystyle\int\dfrac{x-\sqrt{x^2+3x+2}}{x+\sqrt{x^2+3x+2}}\mathrm{d}x$

$$=\int\dfrac{2z(2-z-z^2)}{(z^2-z-2)(z^2-1)^2}\mathrm{d}z$$

$$= \int \left[-\frac{17}{108(z+1)} + \frac{5}{18(z+1)^2} + \frac{1}{3(z+1)^3} \right.$$
$$\left. + \frac{3}{4(z-1)} - \frac{16}{27(z-2)} \right] dz$$
$$= -\frac{17}{108}\ln|z+1| - \frac{5}{18(z+1)} - \frac{1}{6(z+1)^2}$$
$$+ \frac{3}{4}\ln|z-1| - \frac{16}{27}\ln|z-2| + C.$$

其中 $z = \dfrac{\sqrt{x^2+3x+2}}{x+1}$.

【1970】 $\displaystyle\int \frac{dx}{[1+\sqrt{x(1+x)}]^2}$.

解 设 $\sqrt{x(1+x)} = z + x$, 则
$$x = \frac{z^2}{1-2z},\ dx = \frac{2z(1-z)}{(1-2z)^2}dz,$$
$$1 + \sqrt{x(1+x)} = \frac{1-z-z^2}{1-2z}.$$

所以 $\displaystyle\int \frac{dx}{[1+\sqrt{x(1+x)}]^2}$

$$= 2\int \frac{z(1-z)}{(1-z-z^2)^2}dz$$

$$= 2\int \frac{1-z-z^2 + (2z+1) - 2}{(1-z-z^2)^2}dz$$

$$= 2\int \frac{dz}{1-z-z^2} - 2\int \frac{d(1-z-z^2)}{(1-z-z^2)^2} - 4\int \frac{dz}{(1-z-z^2)^2}$$

$$= 2\int \frac{d\left(z+\dfrac{1}{2}\right)}{\dfrac{5}{4}-\left(z+\dfrac{1}{2}\right)^2} + \frac{2}{1-z-z^2}$$

$$- 4\left\{ \frac{2z+1}{5(1-z-z^2)} + \frac{2}{5}\int \frac{d\left(z+\dfrac{1}{2}\right)}{\dfrac{5}{4}-\left(z+\dfrac{1}{2}\right)^2} \right\}$$

$$= \frac{2}{5\sqrt{5}}\ln\left|\frac{\dfrac{\sqrt{5}}{2}+z+\dfrac{1}{2}}{\dfrac{\sqrt{5}}{2}-z-\dfrac{1}{2}}\right| + \frac{2}{1-z-z^2} - \frac{4(2z+1)}{5(1-z-z^2)} + C.$$

其中 $z = \sqrt{x(1+x)} - x$.

注：倒数第二步利用了 1921 题的递推公式.

运用不同的方法求解下列积分(1971 ~ 1979).

【1971】 $\int \dfrac{\mathrm{d}x}{\sqrt{x^2+1} - \sqrt{x^2-1}}$.

解 $\int \dfrac{\mathrm{d}x}{\sqrt{x^2+1} - \sqrt{x^2-1}}$

$= \int \dfrac{\sqrt{x^2+1} + \sqrt{x^2-1}}{(x^2+1) - (x^2-1)} \mathrm{d}x$

$= \dfrac{1}{2} \int \sqrt{x^2+1}\, \mathrm{d}x + \dfrac{1}{2} \int \sqrt{x^2-1}\, \mathrm{d}x$

$= \dfrac{x}{4}(\sqrt{x^2+1} + \sqrt{x^2-1}) + \dfrac{1}{4} \ln \left| \dfrac{x + \sqrt{x^2+1}}{x + \sqrt{x^2-1}} \right| + C$.

【1972】 $\int \dfrac{x\,\mathrm{d}x}{(1-x^3)\sqrt{1-x^2}}$.

解 设 $\sqrt{\dfrac{1+x}{1-x}} = z$，则

$x = \dfrac{z^2-1}{z^2+1},\ \mathrm{d}x = \dfrac{4z}{(z^2+1)^2} \mathrm{d}z$.

所以 $\int \dfrac{x\,\mathrm{d}x}{(1-x^3)\sqrt{1-x^2}}$

$= \int \dfrac{x}{(1-x^2)(1+x+x^2)\sqrt{\dfrac{1-x}{1+x}}} \mathrm{d}x$

$= \int \dfrac{(z^2-1)(z^2+1)}{3z^4+1} \mathrm{d}z$

$= \dfrac{1}{3} \int \mathrm{d}z - \dfrac{4}{3} \int \dfrac{1}{3z^4+1} \mathrm{d}z$

$= \dfrac{1}{3} z - \dfrac{4}{3\sqrt[4]{3}} \int \dfrac{\mathrm{d}(\sqrt[4]{3}z)}{(\sqrt[4]{3}z)^4+1}$.

由 1884 题结果有

$\int \dfrac{\mathrm{d}(\sqrt[4]{3}z)}{(\sqrt[4]{3}z)^4+1} = \dfrac{1}{4\sqrt{2}} \ln \left| \dfrac{\sqrt{3}z^2 + \sqrt[4]{12}z + 1}{\sqrt{3}z^2 - \sqrt[4]{12}z + 1} \right|$

$$+\frac{\sqrt{2}}{4}\arctan\left(\frac{\sqrt[4]{12}z}{1-\sqrt{3}z}\right)+C.$$

因此 $\int\frac{x\mathrm{d}x}{(1-x^3)\sqrt{1-x^2}}$

$$=\frac{1}{3}\sqrt{\frac{1+x}{1-x}}-\frac{1}{3\sqrt[4]{12}}\ln\left|\frac{\sqrt{3}\frac{1+x}{1-x}+\sqrt[4]{12}\sqrt{\frac{1+x}{1-x}}+1}{\sqrt{3}\frac{1+x}{1-x}-\sqrt[4]{12}\sqrt{\frac{1+x}{1-x}}+1}\right|$$

$$-\frac{\sqrt{2}}{3\sqrt[4]{3}}\arctan\left(\frac{\sqrt[4]{12}\sqrt{\frac{1+x}{1-x}}}{1-\sqrt{3}\frac{1+x}{1-x}}\right)+C.$$

【1973】 $\int\frac{\mathrm{d}x}{\sqrt{2}+\sqrt{1-x}+\sqrt{1+x}}.$

解 $\int\frac{\mathrm{d}x}{\sqrt{2}+\sqrt{1-x}+\sqrt{1+x}}$

$$=\int\frac{\sqrt{1-x}+\sqrt{1+x}-\sqrt{2}}{(\sqrt{2}+\sqrt{1-x}+\sqrt{1+x})(\sqrt{1-x}+\sqrt{1+x}-\sqrt{2})}\mathrm{d}x$$

$$=\frac{1}{2}\int\frac{\sqrt{1-x}+\sqrt{1+x}-\sqrt{2}}{\sqrt{1-x^2}}\mathrm{d}x$$

$$=\frac{1}{2}\int\frac{\mathrm{d}x}{\sqrt{1+x}}+\frac{1}{2}\int\frac{\mathrm{d}x}{\sqrt{1-x}}-\frac{\sqrt{2}}{2}\int\frac{\mathrm{d}x}{\sqrt{1-x^2}}$$

$$=\sqrt{1+x}-\sqrt{1-x}-\frac{\sqrt{2}}{2}\arcsin x+C.$$

【1974】 $\int\frac{x+\sqrt{1+x+x^2}}{1+x+\sqrt{1+x+x^2}}\mathrm{d}x.$

解 $\int\frac{x+\sqrt{1+x+x^2}}{1+x+\sqrt{1+x+x^2}}\mathrm{d}x$

$$=\int\frac{(x+\sqrt{1+x+x^2})(1+x-\sqrt{1+x+x^2})}{(1+x)^2-(1+x+x^2)}\mathrm{d}x$$

$$=\int\frac{\sqrt{1+x+x^2}-1}{x}\mathrm{d}x$$

$$= \int \frac{\sqrt{1+x+x^2}}{x} dx - \ln|x|.$$

对于积分 $\int \frac{\sqrt{1+x+x^2}}{x} dx$,设 $x = \frac{1}{t}$ 先讨论 $x > 0$ 的情形,则

$$dx = -\frac{1}{t^2} dt, \sqrt{1+x+x^2} = \frac{\sqrt{t^2+t+1}}{t},$$

$$\int \frac{\sqrt{1+x+x^2}}{x} dx = -\int \frac{\sqrt{1+t+t^2}}{t^2} dt$$

$$= \int \sqrt{1+t+t^2} \, d\left(\frac{1}{t}\right)$$

$$= \frac{\sqrt{t^2+t+1}}{t} - \frac{1}{2} \int \frac{2t+1}{t\sqrt{1+t+t^2}} dt$$

$$= \frac{\sqrt{t^2+t+1}}{t} - \int \frac{1}{\sqrt{1+t+t^2}} dt - \frac{1}{2} \int \frac{dt}{t\sqrt{1+t+t^2}}$$

$$= \frac{\sqrt{t^2+t+1}}{t} - \ln\left(t + \frac{1}{2} + \sqrt{1+t+t^2}\right)$$

$$+ \frac{1}{2} \int \frac{d\left(\frac{1}{t}\right)}{\sqrt{\left(\frac{1}{t}\right)^2 + \left(\frac{1}{t}\right) + 1}}$$

$$= \frac{\sqrt{t^2+t+1}}{t} - \ln\left(t + \frac{1}{2} + \sqrt{1+t+t^2}\right)$$

$$+ \frac{1}{2} \ln\left(\frac{1}{t} + \frac{1}{2} + \sqrt{\left(\frac{1}{t}\right)^2 + \left(\frac{1}{t}\right) + 1}\right) + C_1$$

$$= \sqrt{1+x+x^2} - \ln \frac{2 + x + 2\sqrt{1+x+x^2}}{2x}$$

$$+ \frac{1}{2} \ln \frac{2x+1+2\sqrt{1+x+x^2}}{2} + C_1$$

$$= \sqrt{1+x+x^2} + \frac{1}{2} \ln \frac{2x+1+2\sqrt{1+x+x^2}}{(2+x+2\sqrt{1+x+x^2})^2}$$

$$+ \ln|x| + C.$$

因此 $\int \frac{x + \sqrt{1+x+x^2}}{1+x+\sqrt{1+x+x^2}} dx$

$$= \sqrt{1+x+x^2} + \frac{1}{2}\ln\frac{2x+1+2\sqrt{1+x+x^2}}{(2+x+2\sqrt{1+x+x^2})^2} + C.$$

当 $x < 0$ 时类似地讨论可得到同样的结果.

【1975】 $\int \dfrac{\sqrt{x(x+1)}}{\sqrt{x}+\sqrt{x+1}}\mathrm{d}x.$

解 $\int \dfrac{\sqrt{x(x+1)}}{\sqrt{x}+\sqrt{x+1}}\mathrm{d}x$

$$= \int \frac{\sqrt{x(x+1)}(\sqrt{x+1}-\sqrt{x})}{(x+1)-x}\mathrm{d}x$$

$$= \int [(x+1)\sqrt{x} - x\sqrt{x+1}]\mathrm{d}x$$

$$= \int [x^{\frac{3}{2}} + x^{\frac{1}{2}} - (x+1)^{\frac{3}{2}} + (x+1)^{\frac{1}{2}}]\mathrm{d}x$$

$$= \frac{2}{5}x^{\frac{5}{2}} + \frac{2}{3}x^{\frac{3}{2}} - \frac{2}{5}(x+1)^{\frac{5}{2}} + \frac{2}{3}(x+1)^{\frac{3}{2}} + C.$$

【1976】 $\int \dfrac{(x^2-1)\mathrm{d}x}{(x^2+1)\sqrt{x^4+1}}.$

解 $\int \dfrac{x^2-1}{(x^2+1)\sqrt{x^4+1}}\mathrm{d}x$

$$= \int \frac{\dfrac{x^2-1}{(x^2+1)^2}}{\sqrt{\dfrac{x^4+1}{(x^2+1)^2}}}\mathrm{d}x = \int \frac{\dfrac{x^2-1}{(x^2+1)^2}\mathrm{d}x}{\sqrt{1-\left(\dfrac{\sqrt{2}x}{1+x^2}\right)^2}}$$

$$= -\frac{1}{\sqrt{2}}\int \frac{\mathrm{d}\left(\dfrac{\sqrt{2}x}{1+x^2}\right)}{\sqrt{1-\left(\dfrac{\sqrt{2}x}{1+x^2}\right)^2}}$$

$$= -\frac{1}{\sqrt{2}}\arcsin\frac{\sqrt{2}x}{1+x^2} + C.$$

注:其中 $\dfrac{x^2-1}{(x^2+1)^2}\mathrm{d}x = \mathrm{d}\left(\dfrac{\sqrt{2}x}{1+x^2}\right)$ 可由

$$\int \frac{x^2-1}{(x^2+1)^2}\mathrm{d}x = \int \frac{\tan^2 t - 1}{\sec^4 t}\sec^2 t\,\mathrm{d}t$$

$$=-\frac{1}{2}\sin 2t+C_1=-\frac{x}{1+x^2}+C_1 \text{ 提到}.$$

【1977】 $\int\frac{(x^2+1)\mathrm{d}x}{(x^2-1)\sqrt{x^4+1}}.$

解
$$\int\frac{(x^2+1)\mathrm{d}x}{(x^2-1)\sqrt{x^4+1}}=\int\frac{\dfrac{x^2+1}{(x^2-1)^2}\mathrm{d}x}{\sqrt{\dfrac{x^4+1}{(x^2-1)^2}}}$$

$$=\int\frac{\dfrac{x^2+1}{(x^2-1)^2}\mathrm{d}x}{\sqrt{1+\left(\dfrac{\sqrt{2}x}{x^2-1}\right)^2}}$$

$$=-\frac{1}{\sqrt{2}}\int\frac{\mathrm{d}\left(\dfrac{\sqrt{2}x}{x^2-1}\right)}{\sqrt{1+\left(\dfrac{\sqrt{2}x}{x^2-1}\right)^2}}$$

$$=-\frac{1}{\sqrt{2}}\ln\left|\frac{\sqrt{2}x}{x^2-1}+\sqrt{1+\left(\frac{\sqrt{2}x}{x^2-1}\right)^2}\right|+C$$

$$=-\frac{1}{\sqrt{2}}\ln\left|\frac{\sqrt{2}x+\sqrt{x^4+1}}{x^2-1}\right|+C.$$

【1978】 $\int\dfrac{\mathrm{d}x}{x\sqrt{x^4+2x^2-1}}.$

解 先讨论 $x>0$，设 $\dfrac{1}{x}=\sqrt{t}$，

则 $\mathrm{d}x=-\dfrac{1}{2t^{\frac{3}{2}}}\mathrm{d}t,$

$$\sqrt{x^4+2x^2-1}=\frac{\sqrt{1+2t-t^2}}{t}.$$

所以
$$\int\frac{\mathrm{d}x}{x\sqrt{x^4+2x^2-1}}=-\frac{1}{2}\int\frac{\mathrm{d}t}{\sqrt{1+2t-t^2}}$$

$$=\frac{1}{2}\int\frac{\mathrm{d}(1-t)}{\sqrt{2-(1-t)^2}}=\frac{1}{2}\arcsin\frac{1-t}{\sqrt{2}}+C$$

$$=\frac{1}{2}\arcsin\frac{x^2-1}{\sqrt{2}x^2}+C.$$

当 $x<0$ 时,设 $\dfrac{1}{x}=-\sqrt{t}$,类似地讨论可得相同的结果.

【1979】 $\displaystyle\int\dfrac{(x^2+1)\mathrm{d}x}{x\sqrt{x^4+x^2+1}}.$

解 $\displaystyle\int\dfrac{(x^2+1)\mathrm{d}x}{x\sqrt{x^4+x^2+1}}$

$\displaystyle=\int\dfrac{x\mathrm{d}x}{\sqrt{x^4+x^2+1}}+\int\dfrac{\mathrm{d}x}{x\sqrt{x^4+x^2+1}}$

$\displaystyle=\dfrac{1}{2}\int\dfrac{\mathrm{d}\left(x^2+\dfrac{1}{2}\right)}{\left(x^2+\dfrac{1}{2}\right)^2+\dfrac{3}{4}}-\dfrac{1}{2}\int\dfrac{\mathrm{d}\left(\dfrac{1}{x^2}+\dfrac{1}{2}\right)}{\sqrt{\left(\dfrac{1}{x^2}+\dfrac{1}{2}\right)^2+\dfrac{3}{4}}}$

$=\dfrac{1}{2}\ln\dfrac{x^2+\dfrac{1}{2}+\sqrt{x^4+x^2+1}}{\dfrac{1}{x^2}+\dfrac{1}{2}+\sqrt{\dfrac{x^4+x^2+1}{x^4}}}+C$

$=\dfrac{1}{2}\ln\dfrac{x^2(2x^2+1+2\sqrt{x^4+x^2+1})}{2+x^2+2\sqrt{x^4+x^2+1}}+C.$

【1980】 证明积分:
$$\int R(x,\sqrt{ax+b},\sqrt{cx+d})\mathrm{d}x$$
(其中 R 为有理函数) 的求解,可归结为有理函数的积分.

证 当 $a=c=0$ 时,积分显然为有理函数的积分.

当 $a\neq 0, c=0$,令 $\sqrt{ax+b}=t$,则
$$x=\dfrac{1}{a}(t^2-b),\mathrm{d}x=\dfrac{2}{a}t\mathrm{d}t,$$

则 $\displaystyle\int R(x,\sqrt{ax+b},\sqrt{cx+d})\mathrm{d}x=\int R\left(\dfrac{1}{a}t^2-b,t\right)\dfrac{2}{a}t\mathrm{d}t$

为有理函数的积分.

当 $a=0, c\neq 0$ 时,有同样的结论.

当 $a\neq 0, c\neq 0$ 时,设 $\sqrt{ax+b}=t,$

则 $x=\dfrac{t^2-b}{a},\mathrm{d}x=\dfrac{2}{a}t\mathrm{d}t,$

$$\sqrt{cx+d}=\sqrt{\frac{c}{a}t^2+d-\frac{bc}{a}}=\sqrt{c_1 t^2+d_1}.$$

其中 $c_1=\frac{c}{a}, d_1=d-\frac{bc}{a}$. 所以

$$\int R(x,\sqrt{ax+b},\sqrt{cx+d})\mathrm{d}x$$
$$=\int R\Big(\frac{t^2-b}{a},t,\sqrt{c_1 t^2+d_1}\Big)\frac{2t}{a}\mathrm{d}t$$
$$=\int R_1(t,\sqrt{c_1 t^2+d_1})\mathrm{d}t.$$

其中 R_1 为有理函数,再设

$$\sqrt{c_1 t^2+d_1}=\pm\sqrt{c_1}t+z \quad (z_1>0),$$

或 $\sqrt{c_1 t^2+d_1}=tz\pm\sqrt{d_1} \quad (d_1>0),$

即尤拉变换,就可将被积函数化为有理函数.

二项微分式的积分: $\int x^m(a+bx^n)^p\mathrm{d}x$

(其中 m、n 和 p 为有理数) 只能在以下三种情况下可化为有理函数的积分(切贝绍夫定理):

第一种情况:

令 p 为整数,假定 $x=z^N$,其中 N 为分数 m 和 n 的公分母;

第二种情况:

令 $\frac{m+1}{n}$ 为整数,假定 $a+bx^n=z^N$,其中 N 为分数 p 的分母;

第三种情况:

令 $\frac{m+1}{n}+p$ 为整数,运用代换 $ax^{-n}+b=z^N$,其中 N 为分数 p 的分母.

若 $n=1$,则这些情况等同于如下:

(1) p 为整数;(2) m 为整数;(3) $m+p$ 为整数.

求解下列积分(1981 ~ 1989).

【1981】 $\int\sqrt{x^3+x^4}\mathrm{d}x.$

解 $\sqrt{x^3+x^4}=x^{\frac{3}{2}}(1+x)^{\frac{1}{2}},$

则 $m = \dfrac{3}{2}, n = 1, p = \dfrac{1}{2},$

则 $\dfrac{m+1}{n} + p = 3.$

这是二项微分式的第三种情况,设
$$x^{-1} + 1 = z^2,$$

则 $x = \dfrac{1}{z^2 - 1}, \mathrm{d}x = -\dfrac{2z}{(z^2-1)^2}\mathrm{d}z,$

$$\sqrt{x^3 + x^4} = \dfrac{z}{(z^2-1)^2} \quad (\text{不妨设 } z > 0).$$

代入并利用 1921 题的结果有,

$$\int \sqrt{x^3 + x^4}\,\mathrm{d}x = -2\int \dfrac{z^2}{(z^2-1)^4}\mathrm{d}z$$

$$= -2\int \dfrac{\mathrm{d}z}{(z^2-1)^4} - 2\int \dfrac{\mathrm{d}z}{(z^2-1)^3}$$

$$= -2\left[-\dfrac{z}{6(z^2-1)^3} - \dfrac{5}{6}\int \dfrac{\mathrm{d}z}{(z^2-1)^3}\right] - 2\int \dfrac{\mathrm{d}z}{(z^2-1)^3}$$

$$= \dfrac{z}{3(z^2-1)^3} - \dfrac{1}{3}\int \dfrac{\mathrm{d}z}{(z^2-1)^3}$$

$$= \dfrac{z}{3(z^2-1)^3} + \dfrac{z}{12(z^2-1)^2} - \dfrac{z}{8(z^2-1)} + \dfrac{1}{16}\ln\dfrac{z+1}{z-1} + C$$

$$= \dfrac{1}{3}\sqrt{(x+x^2)^3} - \dfrac{1+2x}{8}\sqrt{x+x^2}$$

$$\quad + \dfrac{1}{8}\ln(\sqrt{x} + \sqrt{1+x}) + C.$$

【1982】 $\displaystyle\int \dfrac{\sqrt{x}}{(1+\sqrt[3]{x})^2}\mathrm{d}x.$

解 $\dfrac{\sqrt{x}}{(1+\sqrt[3]{x})^2} = x^{\frac{1}{2}}(1+x^{\frac{1}{3}})^{-2},$

这里 $m = \dfrac{1}{2}, n = \dfrac{1}{3}, p = -2; p$ 为整数,这是二项微分式的第一种情形.

设 $x = z^6,$

则 $\mathrm{d}x = 6z^5\mathrm{d}z,$

$\sqrt{x}=z^3, \sqrt[3]{x}=z^2.$

代入并利用 1921 题的结果有

$$\int \frac{\sqrt{x}}{(1+\sqrt[3]{x})^2}dx = 6\int \frac{z^8}{(1+z^2)^2}dz$$

$$= 6\int \left[z^4 - 2z^2 + 3 - \frac{4}{z^2+1} + \frac{1}{(z^2+1)^2}\right]dz$$

$$= \frac{6}{5}z^5 - 4z^3 + 18z - 24\arctan z$$

$$\quad + 6\left[\frac{z}{2(z^2+1)} + \frac{1}{2}\arctan z\right] + C$$

$$= \frac{6}{5}x^{\frac{5}{6}} - 4x^{\frac{1}{2}} + 18x^{\frac{1}{6}} + 3\frac{x^{\frac{1}{6}}}{1+x^{\frac{1}{3}}} - 21\arctan(x^{\frac{1}{6}}) + C.$$

【1983】 $\int \dfrac{x\,dx}{\sqrt{1+\sqrt[3]{x^2}}}.$

解 $\dfrac{x}{\sqrt{1+\sqrt[3]{x^2}}} = x(1+x^{\frac{2}{3}})^{-\frac{1}{2}},$

这里 $m=1, n=\dfrac{2}{3}, p=-\dfrac{1}{2}, \dfrac{m+1}{n}=3$,这是二项微分式的第二种情形.

设 $1+x^{\frac{2}{3}}=z^2,$

则 $x=(z^2-1)^{\frac{3}{2}},$

$dx = 3z(z^2-1)^{\frac{1}{2}}dz.$

所以 $\int \dfrac{x\,dx}{\sqrt{1+\sqrt[3]{x^2}}} = 3\int (z^2-1)^2 dz$

$$= \frac{3}{5}z^5 - 2z^3 + 3z + C$$

$$= \frac{3}{5}(\sqrt{1+\sqrt[3]{x^2}})^5 - 2(\sqrt{1+\sqrt[3]{x^2}})^3 + 3\sqrt{1+\sqrt[3]{x^2}} + C.$$

【1984】 $\int \dfrac{x^5\,dx}{\sqrt{1-x^2}}.$

解 $\dfrac{x^5}{\sqrt{1-x^2}} = x^5(1-x^2)^{-\frac{1}{2}},$

这里 $m=5, n=2, p=-\dfrac{1}{2}, \dfrac{m+1}{n}=3$,这是二项微分式的第二种情形.

设 $\sqrt{1-x^2}=z$(不妨设 $x>0$). 则
$$x=\sqrt{1-z^2}, \mathrm{d}x=-\dfrac{z}{\sqrt{1-z^2}}\mathrm{d}z$$

所以 $\displaystyle\int\dfrac{x^5}{\sqrt{1-x^2}}\mathrm{d}x=-\int(1-z^2)^2\mathrm{d}z$

$=-z+\dfrac{2}{3}z^3-\dfrac{1}{5}z^5+C$

$=-\sqrt{1-x^2}+\dfrac{2}{3}(\sqrt{1-x^2})^3-\dfrac{1}{5}(\sqrt{1-x^2})^5+C.$

【1985】 $\displaystyle\int\dfrac{\mathrm{d}x}{\sqrt[3]{1+x^3}}.$

解 $\dfrac{1}{\sqrt[3]{1+x^3}}=x^0(1+x^3)^{-\frac{1}{3}}$,这里 $m=0, n=3, p=-\dfrac{1}{3}$,

$\dfrac{m+1}{3}+p=0$,这是二项微分式的第三种情形.

设 $x^{-3}+1=z^3$,

则 $x=(z^3-1)^{-\frac{1}{3}}, \mathrm{d}x=-z^2(z^3-1)^{-\frac{4}{3}}\mathrm{d}z.$

代入得 $\displaystyle\int\dfrac{\mathrm{d}x}{\sqrt[3]{1+x^3}}=-\int\dfrac{z}{z^3-1}\mathrm{d}z$

$=-\dfrac{1}{3}\displaystyle\int\dfrac{\mathrm{d}z}{z-1}+\dfrac{1}{3}\int\dfrac{z-1}{z^2+z+1}\mathrm{d}z$

$=-\dfrac{1}{3}\ln|z-1|+\dfrac{1}{6}\ln(z^2+z+1)-\dfrac{1}{\sqrt{3}}\arctan\dfrac{2z+1}{\sqrt{3}}+C$

$=\dfrac{1}{6}\ln\dfrac{z^2+z+1}{(z-1)^2}-\dfrac{1}{\sqrt{3}}\arctan\dfrac{2z+1}{\sqrt{3}}+C.$

其中 $z=\dfrac{\sqrt[3]{1+x^3}}{x}.$

【1986】 $\displaystyle\int\dfrac{\mathrm{d}x}{\sqrt[4]{1+x^4}}.$

解 $\dfrac{1}{\sqrt[4]{1+x^4}}=x^0(1+x^4)^{-\frac{1}{4}},$

$m=0, n=4, p=-\dfrac{1}{4}, \dfrac{m+1}{n}+p=0$,这是二项微分式的第三种情形.

设 $x^{-4}+1=z^4$,即 $z=\dfrac{\sqrt[4]{1+x^4}}{|x|}$. 则

$$x=(z^4-1)^{-\frac{1}{4}}, \mathrm{d}x=-z^3(z^4-1)^{-\frac{5}{4}}\mathrm{d}z.$$

所以 $\displaystyle\int\dfrac{\mathrm{d}x}{\sqrt[4]{1+x^4}}=-\int\dfrac{z^2}{z^4-1}\mathrm{d}z$

$\qquad =\displaystyle\int\left[\dfrac{1}{4(z+1)}-\dfrac{1}{4(z-1)}-\dfrac{1}{2(z^2+1)}\right]\mathrm{d}z$

$\qquad =\dfrac{1}{4}\ln\left|\dfrac{z+1}{z-1}\right|-\dfrac{1}{2}\arctan z+C$

$\qquad =\dfrac{1}{4}\ln\left(\dfrac{\sqrt[4]{1+x^4}+|x|}{\sqrt[4]{1+x^4}-|x|}\right)-\dfrac{1}{2}\arctan\dfrac{\sqrt[4]{1+x^4}}{|x|}+C.$

【1987】 $\displaystyle\int\dfrac{\mathrm{d}x}{x\sqrt[6]{1+x^6}}.$

解 $\dfrac{1}{x\sqrt[6]{1+x^6}}=x^{-1}(1+x^6)^{-\frac{1}{6}}.$

$m=-1, n=6, p=-\dfrac{1}{6}, \dfrac{m+1}{n}=0$,是二项微分式的第二种情形.

设 $1+x^6=z^6$,则

$z=\sqrt[6]{1+x^6}, x=\sqrt[6]{z^6-1}$(不妨设 $z>0, x>0$),

$\mathrm{d}x=z^5(z^6-1)^{-\frac{5}{6}}\mathrm{d}z.$

所以 $\displaystyle\int\dfrac{\mathrm{d}x}{x\sqrt[6]{1+x^6}}=\int\dfrac{z^4}{z^6-1}\mathrm{d}z$

$\qquad =\displaystyle\int\left[-\dfrac{1}{6(z+1)}+\dfrac{z+1}{6(z^2-z+1)}+\dfrac{1}{6(z-1)}\right.$

$\qquad\qquad \left.+\dfrac{-z+1}{6(z^2+z+1)}\right]\mathrm{d}z$

$\qquad =\dfrac{1}{6}\ln\dfrac{z-1}{z+1}+\dfrac{1}{12}\ln\dfrac{z^2-z+1}{z^2+z+1}$

$\qquad\quad +\dfrac{1}{2\sqrt{3}}\left(\arctan\dfrac{2z-1}{\sqrt{3}}+\arctan\dfrac{2z+1}{\sqrt{3}}\right)+C$

$$= \frac{1}{6}\ln\frac{\sqrt[6]{1+x^6}-1}{\sqrt[6]{1+x^6}+1} + \frac{1}{12}\ln\frac{\sqrt[3]{1+x^6}-\sqrt[6]{1+x^6}+1}{\sqrt[3]{1+x^6}+\sqrt[6]{1+x^6}+1}$$

$$+ \frac{1}{2\sqrt{3}}\left\{\arctan\frac{2\sqrt[6]{1+x^6}-1}{\sqrt{3}} + \arctan\frac{2\sqrt[6]{1+x^6}+1}{\sqrt{3}}\right\} + C.$$

【1988】 $\displaystyle\int\frac{\mathrm{d}x}{x^3\sqrt[5]{1+\frac{1}{x}}}.$

解 $\displaystyle\frac{1}{x^3\sqrt[5]{1+\frac{1}{x}}} = x^{-3}(1+x^{-1})^{-\frac{1}{5}}.$

$m=-3, n=-1, p=-\frac{1}{5}, \frac{m+1}{n}=2,$ 这是二项微分式的第二种情形.

设 $1+x^{-1}=z^5,$ 则

$$x = \frac{1}{z^5-1}, \mathrm{d}x = -5z^4(z^5-1)^{-2}\mathrm{d}z.$$

所以 $\displaystyle\int\frac{\mathrm{d}x}{x^3\sqrt[5]{1+\frac{1}{x}}} = -5\int z^3(z^5-1)\mathrm{d}z$

$$= -\frac{5}{9}z^9 + \frac{5}{4}z^4 + C$$

$$= -\frac{5}{9}\left(\sqrt[5]{1+\frac{1}{x}}\right)^9 + \frac{5}{4}\left(\sqrt[5]{1+\frac{1}{x}}\right)^4 + C.$$

【1989】 $\displaystyle\int\sqrt[3]{3x-x^3}\,\mathrm{d}x.$

解 $\sqrt[3]{3x-x^3} = x^{\frac{1}{3}}(3-x^2)^{\frac{1}{3}},$

$m=\frac{1}{3}, n=2, p=\frac{1}{3}, \frac{m+1}{n}+p=1,$ 这是二项微分式的第三种情形.

设 $3x^{-2}-1=z^3$(不妨设 $x>0$). 则

$$z = \frac{\sqrt[3]{3x-x^3}}{x}, x = \sqrt{\frac{3}{z^3+1}},$$

$$\mathrm{d}x = -\frac{3\sqrt{3}}{2}\cdot\frac{z^2}{(z^3+1)^{\frac{3}{2}}}\mathrm{d}z,$$

代入并利用 1892 题及 1881 题的结果有

$$\int \sqrt[3]{3x-x^3} = -\frac{9}{2}\int \frac{z^3}{(z^3+1)^2}dz$$

$$= -\frac{9}{2}\int \frac{1}{(z^3+1)}dz + \frac{9}{2}\int \frac{dz}{(z^3+1)^2}$$

$$= -\frac{9}{2}\left[\frac{1}{6}\ln\frac{(z+1)^2}{z^2-z+1} + \frac{1}{\sqrt{3}}\arctan\frac{2z-1}{\sqrt{3}}\right]$$

$$+ \frac{9}{2}\left[\frac{z}{3(z^3+1)} + \frac{1}{9}\ln\frac{(z+1)^2}{z^2-z+1}\right.$$

$$\left.+ \frac{2}{3\sqrt{3}}\arctan\frac{2z-1}{\sqrt{3}}\right] + C$$

$$= \frac{3z}{z(z^3+1)} - \frac{1}{4}\ln\frac{(z+1)^2}{z^2-z+1} - \frac{\sqrt{3}}{2}\arctan\frac{2z-1}{\sqrt{3}} + C.$$

其中 $z = \dfrac{\sqrt[3]{3x-x^3}}{x}$.

【1990】 在什么情况下积分 $\int \sqrt{1+x^m}dx$(其中 m 为有理数) 是初等函数？

解 $\sqrt{1+x^m} = x^0(1+x^m)^{\frac{1}{2}}$

由于 $p = \dfrac{1}{2}$. 故由切贝协夫定理知仅在下述两种情形下，此积分可化为有理函数的积分.

(1) $\dfrac{1}{m}$ 为整数，即 $m = \dfrac{1}{k_1} = \dfrac{2}{2k_1}(k_1 = \pm 1, \pm 2, \cdots)$.

(2) $\dfrac{1}{m} + \dfrac{1}{2}$ 为整数，即 $\dfrac{1}{m} + \dfrac{1}{2} = k_2$,

$$m = \dfrac{2}{2k_2-1} \quad (k_2 = 0, \pm 1, \pm 2, \cdots).$$

因此，当 $m = \dfrac{2}{k}(k = \pm 1, \pm 2, \cdots)$ 时，积分 $\int \sqrt{1+x^m}dx$ 为初等函数.

§4. 三角函数的积分法

形如 $\int \sin^m x \cos^n x\, dx$(其中 m 与 n 为整数) 的积分，可通过巧妙的变换或采用递推公式进行计算.

求解下列积分(1991～2010).

【1991】 $\int \cos^5 x \, dx$.

解
$$\int \cos^5 x \, dx = \int \cos^4 x \cos x \, dx$$
$$= \int (1 - 2\sin^2 x + \sin^4 x) \, d(\sin x)$$
$$= \sin x - \frac{2}{3}\sin^3 x + \frac{1}{5}\sin^5 x + C.$$

【1992】 $\int \sin^6 x \, dx$.

解
$$\int \sin^6 x \, dx = \int \left(\frac{1 - \cos 2x}{2}\right)^3 dx$$
$$= \frac{1}{8}\int (1 - 3\cos 2x + 3\cos^2 2x - \cos^3 2x) \, dx$$
$$= \frac{x}{8} - \frac{3}{16}\sin 2x + \frac{3}{8}\int \frac{1 + \cos 4x}{2} dx$$
$$- \frac{1}{16}\int (1 - \sin^2 2x) \, d(\sin 2x)$$
$$= \frac{x}{8} - \frac{3}{16}\sin 2x + \frac{3}{16}x + \frac{3}{64}\sin 4x$$
$$- \frac{1}{16}\sin 2x + \frac{1}{48}\sin^3 2x + C$$
$$= \frac{5x}{16} - \frac{1}{4}\sin 2x + \frac{3}{64}\sin 4x + \frac{1}{48}\sin^3 2x + C.$$

【1993】 $\int \cos^6 x \, dx$.

解 利用 1992 题的结果有
$$\int \cos^6 x \, dx = \int \sin^6\left(x - \frac{\pi}{2}\right) d\left(x - \frac{\pi}{2}\right)$$
$$= \frac{5}{16}\left(x - \frac{\pi}{2}\right) - \frac{1}{4}\sin 2\left(x - \frac{\pi}{2}\right)$$
$$+ \frac{3}{64}\sin 4\left(x - \frac{\pi}{2}\right) + \frac{1}{48}\sin^3 2\left(x - \frac{\pi}{2}\right) + C_1$$
$$= \frac{5x}{16} + \frac{1}{4}\sin 2x + \frac{3}{64}\sin 4x - \frac{1}{48}\sin^3 2x + C.$$

【1994】 $\int \sin^2 x \cos^4 x \, dx$.

解 $\int \sin^2 x \cos^4 x \, dx = \dfrac{1}{4} \int \sin^2 2x \cos^2 x \, dx$

$= \dfrac{1}{8} \int \sin^2 2x (1 + \cos 2x) \, dx$

$= \dfrac{1}{8} \int \sin^2 2x \, dx + \dfrac{1}{8} \int \sin^2 2x \cos 2x \, dx$

$= \dfrac{1}{16} \int (1 - \cos 4x) \, dx + \dfrac{1}{16} \int \sin^2 2x \, d(\sin 2x)$

$= \dfrac{x}{16} - \dfrac{1}{64} \sin 4x + \dfrac{1}{48} \sin^3 2x + C.$

【1995】 $\int \sin^4 x \cos^5 x \, dx$.

解 $\int \sin^4 x \cos^5 x \, dx = \int \sin^4 x (1 - \sin^2 x)^2 \, d(\sin x)$

$= \dfrac{1}{5} \sin^5 x - \dfrac{2}{7} \sin^7 x + \dfrac{1}{9} \sin^9 x + C.$

【1996】 $\int \sin^5 x \cos^5 x \, dx$.

解 $\int \sin^5 x \cos^5 x \, dx = \dfrac{1}{32} \int \sin^5 2x \, dx$

$= -\dfrac{1}{64} \int (1 - \cos^2 2x)^2 \, d(\cos 2x)$

$= -\dfrac{1}{64} \cos 2x + \dfrac{1}{96} \cos^3 2x - \dfrac{1}{320} \cos^5 2x + C.$

【1997】 $\int \dfrac{\sin^3 x}{\cos^4 x} \, dx$.

解 $\int \dfrac{\sin^3 x}{\cos^4 x} \, dx = -\int \dfrac{1 - \cos^2 x}{\cos^4 x} \, d(\cos x)$

$= -\int \left(\dfrac{1}{\cos^4 x} - \dfrac{1}{\cos^2 x} \right) d(\cos x)$

$= \dfrac{1}{3} \cdot \dfrac{1}{\cos^3 x} - \dfrac{1}{\cos x} + C.$

【1998】 $\int \dfrac{\cos^4 x}{\sin^3 x} \, dx$.

解 $\int \dfrac{\cos^4 x}{\sin^3 x}\mathrm{d}x = \int \dfrac{\cos^3 x}{\sin^3 x}\mathrm{d}(\sin x)$

$= -\dfrac{1}{2}\int \cos^3 x \mathrm{d}\left(\dfrac{1}{\sin^2 x}\right)$

$= -\dfrac{\cos^3 x}{2\sin^2 x} - \dfrac{3}{2}\int \dfrac{\cos^2 x \sin x}{\sin^2 x}\mathrm{d}x$

$= -\dfrac{\cos^3 x}{2\sin^2 x} - \dfrac{3}{2}\int \dfrac{1-\sin^2 x}{\sin x}\mathrm{d}x$

$= -\dfrac{\cos^3 x}{2\sin^2 x} - \dfrac{3}{2}\ln\left|\tan\dfrac{x}{2}\right| - \dfrac{3}{2}\cos x + C.$

【1999】 $\int \dfrac{\mathrm{d}x}{\sin^3 x}.$

解 $\int \dfrac{\mathrm{d}x}{\sin^3 x} = -\int \dfrac{1}{\sin x}\mathrm{d}(\cot x)$

$= -\dfrac{\cot x}{\sin x} - \int \cot x \dfrac{\cos x}{\sin^2 x}\mathrm{d}x$

$= -\dfrac{\cos x}{\sin^2 x} - \int \dfrac{1-\sin^2 x}{\sin^3 x}\mathrm{d}x$

$= -\dfrac{\cos x}{\sin^2 x} - \int \dfrac{\mathrm{d}x}{\sin^3 x} + \ln\left|\tan\dfrac{x}{2}\right|,$

故 $\int \dfrac{\mathrm{d}x}{\sin^3 x} = -\dfrac{\cos x}{2\sin^2 x} + \dfrac{1}{2}\ln\left|\tan\dfrac{x}{2}\right| + C.$

【2000】 $\int \dfrac{\mathrm{d}x}{\cos^3 x}.$

解 $\int \dfrac{\mathrm{d}x}{\cos^3 x} = \int \dfrac{1}{\cos x}\mathrm{d}(\tan x)$

$= \dfrac{\tan x}{\cos x} - \int \tan x \dfrac{\sin x}{\cos^2 x}\mathrm{d}x$

$= \dfrac{\sin x}{\cos^2 x} - \int \dfrac{1-\cos^2 x}{\cos^3 x}\mathrm{d}x$

$= \dfrac{\sin x}{\cos^2 x} - \int \dfrac{\mathrm{d}x}{\cos^3 x} + \ln\left|\tan\left(\dfrac{x+\dfrac{\pi}{2}}{2}\right)\right|,$

故 $\int \dfrac{\mathrm{d}x}{\cos^3 x} = \dfrac{\sin x}{2\cos^2 x} + \dfrac{1}{2}\ln\left|\tan\left(\dfrac{x}{2}+\dfrac{\pi}{4}\right)\right| + C.$

【2001】 $\int \dfrac{\mathrm{d}x}{\sin^4 x \cos^4 x}.$

解 $\int \dfrac{\mathrm{d}x}{\sin^4 x \cos^4 x} = 16\int \dfrac{\mathrm{d}x}{\sin^4 2x}$

$= -8\int \csc^2 2x \, \mathrm{d}(\cot 2x) = -8\int (1+\cot^2 2x)\mathrm{d}(\cot 2x)$

$= -8\cot 2x - \dfrac{8}{3}\cot^3 2x + C.$

【2002】 $\int \dfrac{\mathrm{d}x}{\sin^3 x \cos^5 x}.$

解 $\int \dfrac{\mathrm{d}x}{\sin^3 x \cos^5 x} = \int \dfrac{\sin^2 x + \cos^2 x}{\sin^3 x \cos^5 x}\mathrm{d}x$

$= \int \dfrac{\mathrm{d}x}{\sin x \cos^5 x} + \int \dfrac{\mathrm{d}x}{\sin^3 x \cos^3 x}$

$= \int \dfrac{\sin^2 x + \cos^2 x}{\sin x \cos^5 x}\mathrm{d}x + \int \dfrac{\sin^2 x + \cos^2 x}{\sin^3 x \cos^3 x}\mathrm{d}x$

$= \int \dfrac{\sin x}{\cos^5 x}\mathrm{d}x + 2\int \dfrac{\mathrm{d}x}{\sin x \cos^3 x} + \int \dfrac{\mathrm{d}x}{\sin^3 x \cos x}$

$= -\int \dfrac{\mathrm{d}(\cos x)}{\cos^5 x} + 2\int \dfrac{\sin x}{\cos^3 x}\mathrm{d}x + 3\int \dfrac{\mathrm{d}x}{\sin x \cos x} + \int \dfrac{\cos x}{\sin^3 x}\mathrm{d}x$

$= \dfrac{1}{4\cos^4 x} + \dfrac{1}{\cos^2 x} - \dfrac{1}{2\sin^2 x} + 3\int \dfrac{\mathrm{d}(\tan x)}{\tan x}$

$= \dfrac{1}{4\cos^4 x} + \dfrac{1}{\cos^2 x} - \dfrac{1}{2\sin^2 x} + 3\ln|\tan x| + C.$

【2003】 $\int \dfrac{\mathrm{d}x}{\sin x \cos^4 x}.$

解 $\int \dfrac{\mathrm{d}x}{\sin x \cos^4 x} = \int \dfrac{\sin^2 x + \cos^2 x}{\sin x \cos^4 x}\mathrm{d}x$

$= \int \dfrac{\sin x}{\cos^4 x}\mathrm{d}x + \int \dfrac{1}{\sin x \cos^2 x}\mathrm{d}x$

$= -\int \dfrac{\mathrm{d}(\cos x)}{\cos^4 x} + \int \dfrac{\sin x}{\cos^2 x}\mathrm{d}x + \int \dfrac{1}{\sin x}\mathrm{d}x$

$= \dfrac{1}{3\cos^3 x} + \dfrac{1}{\cos x} + \ln\left|\tan \dfrac{x}{2}\right| + C.$

【2004】 $\int \tan^5 x \, \mathrm{d}x.$

解 $\int \tan^5 x \, \mathrm{d}x = \int \tan x (\sec^2 x - 1)^2 \mathrm{d}x$

$$= \int \sec^4 x \tan x \, dx - 2 \int \sec^2 x \tan x \, dx + \int \tan x \, dx$$

$$= \int \sec^3 x \, d(\sec x) - 2 \int \sec x \, d(\sec x) - \int \frac{d(\cos x)}{\cos x}$$

$$= \frac{1}{4} \sec^4 x - \sec^2 x - \ln|\cos x| + C_1$$

$$= \frac{1}{4} \tan^4 x - \frac{1}{2} \tan^2 x - \ln|\cos x| + C.$$

【2005】 $\int \tan^6 x \, dx.$

解 $\int \tan^6 x \, dx = \int \tan^4 x (\sec^2 x - 1) \, dx$

$$= \int \tan^4 x \sec^2 x \, dx - \int \tan^2 x (\sec^2 x - 1) \, dx$$

$$= \int \tan^4 x \, d(\tan x) - \int \tan^2 x \, d(\tan x) + \int (\csc^2 x - 1) \, dx$$

$$= \frac{1}{5} \tan^5 x - \frac{1}{3} \tan^3 x + \tan x - x + C.$$

【2006】 $\int \frac{\sin^4 x}{\cos^6 x} \, dx.$

解 $\int \frac{\sin^4 x}{\cos^6 x} \, dx = \int \tan^4 x \, d(\tan x) = \frac{1}{5} \tan^5 x + C.$

【2007】 $\int \frac{dx}{\sqrt{\sin^3 x \cos^5 x}}$

解 $\int \frac{dx}{\sqrt{\sin^3 x \cos^5 x}}$

$$= \int \frac{\sin^2 x}{\sqrt{\sin^3 x \cos^5 x}} \, dx + \int \frac{\cos^2 x}{\sqrt{\sin^3 x \cos^5 x}} \, dx$$

$$= \int \sqrt{\frac{\sin x}{\cos x}} \cdot \frac{1}{\cos^2 x} \, dx + \int \frac{1}{\sqrt{\frac{\cos x}{\sin x}} \sin^2 x} \, dx$$

$$= \int \sqrt{\tan x} \, d(\tan x) + \int \frac{1}{\sqrt{\cot x}} \, d(\cot x)$$

$$= \frac{2}{3} \sqrt{\tan^3 x} - 2\sqrt{\cot x} + C.$$

【2008】 $\int \dfrac{\mathrm{d}x}{\cos x \sqrt[3]{\sin^2 x}}.$

解 设 $t = \sqrt[3]{\sin x}$，不妨只考虑 $\cos x$ 为正的情况. 即 $0 < |x| < \dfrac{\pi}{2}$，则有

$$\mathrm{d}x = \dfrac{3t^2}{\sqrt{1-t^6}}, \cos x = \sqrt{1-t^6},$$

代入并利用 1881 题的结果得

$$\int \dfrac{\mathrm{d}x}{\cos x \sqrt[3]{\sin^2 x}} = 3\int \dfrac{\mathrm{d}t}{1-t^6}$$

$$= \dfrac{3}{2}\int \left(\dfrac{1}{1-t^3} + \dfrac{1}{1+t^3}\right)\mathrm{d}t$$

$$= \dfrac{1}{2}\int \left(\dfrac{1}{1-t} + \dfrac{t+2}{1+t+t^2}\right)\mathrm{d}t + \dfrac{3}{2}\int \dfrac{\mathrm{d}t}{1+t^3}$$

$$= -\dfrac{1}{2}\ln|1-t| + \dfrac{1}{4}\int \dfrac{\mathrm{d}(1+t+t^2)}{1+t+t^2} + \dfrac{3}{4}\int \dfrac{\mathrm{d}\left(t+\dfrac{1}{2}\right)}{\left(t+\dfrac{1}{2}\right)^2 + \dfrac{3}{4}}$$

$$\quad + \dfrac{3}{2}\left[\dfrac{1}{6}\ln \dfrac{(t+1)^2}{t^2-t+1} + \dfrac{1}{\sqrt{3}}\arctan \dfrac{2t-1}{\sqrt{3}}\right] + C$$

$$= \dfrac{1}{4}\ln \dfrac{(t+1)^2(1+t+t^2)}{(1-t)^2(t^2-t+1)}$$

$$\quad + \dfrac{\sqrt{3}}{2}\left(\arctan \dfrac{2t+1}{\sqrt{3}} + \arctan \dfrac{2t-1}{\sqrt{3}}\right) + C$$

$$= \dfrac{1}{4}\ln \dfrac{(1+t)^3(1-t^3)}{(1-t)^3(1+t^3)}$$

$$\quad + \dfrac{\sqrt{3}}{2}\left(\arctan \dfrac{2t+1}{\sqrt{3}} + \arctan \dfrac{2t-1}{\sqrt{3}}\right) + C.$$

其中 $t = \sqrt[3]{\sin x}$.

【2009】 $\int \dfrac{\mathrm{d}x}{\sqrt{\tan x}}.$

解 设 $t = \sqrt{\tan x}$，
则 $x = \arctan t^2,$

$$dx = \frac{2t}{1+t^4}dt,$$

代入并利用 1884 题的结果有

$$\int \frac{dx}{\sqrt{\tan x}} = 2\int \frac{dt}{1+t^4}$$

$$= \frac{1}{2\sqrt{2}}\ln\frac{t^2+\sqrt{2}t+1}{t^2-\sqrt{2}t+1}$$

$$+ \frac{\sqrt{2}}{2}\left[\arctan\frac{2t+\sqrt{2}}{\sqrt{2}} + \arctan\frac{2t-\sqrt{2}}{\sqrt{2}}\right] + C.$$

其中 $t = \sqrt{\tan x}$.

【2010】 $\int \dfrac{dx}{\sqrt[3]{\tan x}}$.

解 设 $\sqrt[3]{\tan x} = t$,

则 $x = \arctan t^3$,

$$dx = \frac{3t^2}{1+t^6}dt,$$

代入并利用 1881 题的结果有

$$\int \frac{dx}{\sqrt[3]{\tan x}}$$

$$= 3\int \frac{t\,dt}{1+t^6} = \frac{3}{2}\int \frac{d(t^2)}{1+(t^2)^3}$$

$$= \frac{3}{2}\left[\frac{1}{6}\ln\frac{(t^2+1)^2}{t^4-t^2+1} + \frac{1}{\sqrt{3}}\arctan\frac{2t^2-1}{\sqrt{3}}\right] + C$$

$$= \frac{1}{4}\ln\frac{(t^2+1)^2}{t^4-t^2+1} + \frac{\sqrt{3}}{2}\arctan\frac{2t^2-1}{\sqrt{3}} + C.$$

其中 $t = \sqrt[3]{\tan x}$.

【2011】 推导积分的递推公式：

(1) $I_n = \int \sin^n x\,dx$；   (2) $K_n = \int \cos^n x\,dx$ $(n > 2)$.

并利用这些公式计算 $\int \sin^6 x\,dx$ 及 $\int \cos^8 x\,dx$.

解 (1) $I_n = \int \sin^n x\,dx = -\int \sin^{n-1} x\,d(\cos x)$

$$= -\cos x \sin^{n-1} x + (n-1)\int \sin^{n-2} x \cos^2 x \, dx$$
$$= -\cos x \sin^{n-1} x + (n-1)I_{n-2} + (1-n)I_n,$$

所以 $\quad I_n = -\dfrac{\cos x \sin^{n-1} x}{n} + \dfrac{n-1}{n} I_{n-2}.$

利用此公式得

$$I_6 = \int \sin^6 x \, dx = -\dfrac{\cos x \sin^5 x}{6} + \dfrac{5}{6} I_4$$

$$= -\dfrac{\cos x \sin^5 x}{6} - \dfrac{5\cos x \sin^3 x}{24} + \dfrac{5}{6} \times \dfrac{3}{4} I_2$$

$$= -\dfrac{\cos x \sin^5 x}{6} - \dfrac{5\cos x \sin^3 x}{24} - \dfrac{5\cos x \sin x}{16} + \dfrac{5}{16}\int dx$$

$$= -\dfrac{\cos x \sin^5 x}{6} - \dfrac{5\cos x \sin^3 x}{24} - \dfrac{5\cos x \sin x}{16} + \dfrac{5}{16} x + C.$$

(2) $K_n = \int \cos^n x \, dx = \int \cos^{n-1} x \, d(\sin x)$

$$= \sin x \cos^{n-1} x + (n-1)\int \cos^{n-2} x \cdot \sin^2 x \, dx$$

$$= \sin x \cos^{n-1} x + (n-1)K_{n-2} - (n-1)K_n,$$

所以 $\quad K_n = \dfrac{\sin x \cos^{n-1} x}{n} + \dfrac{n-1}{n} K_{n-2}.$

利用此公式并注意到

$$K_0 = \int dx = x + C,$$

即得 $K_8 = \int \cos^8 x \, dx = \dfrac{\sin x \cos^7 x}{8} + \dfrac{7}{8} K_6$

$$= \dfrac{\sin x \cos^7 x}{8} + \dfrac{7}{48}\sin x \cos^5 x + \dfrac{7}{8} \times \dfrac{5}{6} K_4$$

$$= \dfrac{1}{8}\sin x \cos^7 x + \dfrac{7}{48}\sin x \cos^5 x + \dfrac{35}{192}\sin x \cos^3 x$$

$$\quad + \dfrac{7}{8} \times \dfrac{5}{6} \times \dfrac{3}{4} I_2$$

$$= \dfrac{1}{8}\sin x \cos^7 x + \dfrac{7}{48}\sin x \cos^5 x + \dfrac{35}{192}\sin x \cos^3 x$$

$$\quad + \dfrac{35}{128}\sin x \cos x + \dfrac{35}{128} x + C.$$

【2012】 推导积分的递推公式：

(1) $I_n = \int \dfrac{\mathrm{d}x}{\sin^n x}$； (2) $K_n = \int \dfrac{\mathrm{d}x}{\cos^n x}$ $(n > 2)$

并利用这些公式计算 $\int \dfrac{\mathrm{d}x}{\sin^5 x}$ 及 $\int \dfrac{\mathrm{d}x}{\cos^7 x}$.

解 (1) $I_n = \int \dfrac{\mathrm{d}x}{\sin^n x} = \int \dfrac{\sin^2 x + \cos^2 x}{\sin^n x} \mathrm{d}x$

$= I_{n-2} - \dfrac{1}{n-1} \int \cos x\, \mathrm{d}\left(\dfrac{1}{\sin^{n-1} x}\right)$

$= I_{n-2} - \dfrac{\cos x}{(n-1)\sin^{n-1} x} - \dfrac{1}{n-1} I_{n-2}$

$= -\dfrac{\cos x}{(n-1)\sin^{n-1} x} + \dfrac{n-2}{n-1} I_{n-2}.$

又 $I_1 = \int \dfrac{\mathrm{d}x}{\sin x} = \ln\left|\tan\dfrac{x}{2}\right| + C,$

所以 $I_5 = \int \dfrac{\mathrm{d}x}{\sin^5 x} = -\dfrac{\cos x}{4\sin^4 x} + \dfrac{3}{4} I_3$

$= -\dfrac{\cos x}{4\sin^4 x} - \dfrac{3\cos x}{8\sin^2 x} + \dfrac{3}{8}\ln\left|\tan\dfrac{x}{2}\right| + C.$

(2) $K_n = \int \dfrac{\mathrm{d}x}{\cos^n x} = \int \dfrac{\sin^2 x + \cos^2 x}{\cos^n x} \mathrm{d}x$

$= K_{n-2} + \dfrac{1}{n-1} \int \sin x\, \mathrm{d}\left(\dfrac{1}{\cos^{n-1} x}\right)$

$= K_{n-2} + \dfrac{\sin x}{(n-1)\cos^{n-1} x} - \dfrac{1}{n-1} K_{n-2}$

$= \dfrac{\sin x}{(n-1)\cos^{n-1} x} + \dfrac{n-2}{n-1} K_{n-2},$

又 $K_1 = \int \dfrac{\mathrm{d}x}{\cos x} = \ln\left|\tan\left(\dfrac{x}{2} + \dfrac{\pi}{4}\right)\right| + C,$

所以 $K_7 = \int \dfrac{\mathrm{d}x}{\cos^7 x} = \dfrac{\sin x}{6\cos^6 x} + \dfrac{5}{6} K_5$

$= \dfrac{\sin x}{6\cos^6 x} + \dfrac{5\sin x}{24\cos^4 x} + \dfrac{5}{6} \times \dfrac{3}{4} K_3$

$= \dfrac{\sin x}{6\cos^6 x} + \dfrac{5\sin x}{24\cos^4 x} + \dfrac{5\sin x}{16\cos^2 x}$

$$+ \frac{5}{16}\ln\left|\tan\left(\frac{x}{2}+\frac{\pi}{4}\right)\right|+C.$$

利用下列公式：

(1) $\sin\alpha\sin\beta = \frac{1}{2}[\cos(\alpha-\beta)-\cos(\alpha+\beta)]$；

(2) $\cos\alpha\cos\beta = \frac{1}{2}[\cos(\alpha-\beta)+\cos(\alpha+\beta)]$；

(3) $\sin\alpha\cos\beta = \frac{1}{2}[\sin(\alpha-\beta)+\sin(\alpha+\beta)]$.

来求解下列积分(2013～2018).

【2013】 $\int \sin 5x \cos x \, dx$.

解
$$\int \sin 5x \cos x \, dx = \frac{1}{2}\int(\sin 4x + \sin 6x)\,dx$$
$$= -\frac{1}{8}\cos 4x - \frac{1}{12}\cos 6x + C.$$

【2014】 $\int \cos x \cos 2x \cos 3x \, dx$.

解
$$\int \cos x \cos 2x \cos 3x \, dx$$
$$= \frac{1}{2}\int \cos 2x (\cos 2x + \cos 4x)\,dx$$
$$= \frac{1}{4}\int(1+\cos 4x)\,dx + \frac{1}{4}\int(\cos 6x + \cos 2x)\,dx$$
$$= \frac{1}{4}x + \frac{1}{16}\sin 4x + \frac{1}{24}\sin 6x + \frac{1}{8}\sin 2x + C.$$

【2015】 $\int \sin x \sin\frac{x}{2}\sin\frac{x}{3}\,dx$.

解
$$\int \sin x \sin\frac{x}{2}\sin\frac{x}{3}\,dx$$
$$= \frac{1}{2}\int\left(\cos\frac{x}{2}-\cos\frac{3x}{2}\right)\sin\frac{x}{3}\,dx$$
$$= \frac{1}{2}\int \cos\frac{x}{2}\sin\frac{x}{3}\,dx - \frac{1}{2}\int \cos\frac{3x}{2}\sin\frac{x}{3}\,dx$$
$$= -\frac{1}{4}\int \sin\frac{x}{6}\,dx + \frac{1}{4}\int \sin\frac{5x}{6}\,dx$$

$$+ \frac{1}{4}\int \sin\frac{7x}{6}dx - \frac{1}{4}\int \sin\frac{11x}{6}dx$$

$$= \frac{3}{2}\cos\frac{x}{6} - \frac{3}{10}\cos\frac{5x}{6} - \frac{3}{14}\cos\frac{7x}{6} + \frac{3}{22}\cos\frac{11x}{6} + C.$$

【2016】 $\int \sin x \sin(x+a)\sin(x+b)dx.$

解 $\int \sin x \sin(x+a)\sin(x+b)dx$

$$= \frac{1}{2}\int \sin x [\cos(a-b) - \cos(2x+a+b)]dx$$

$$= \frac{1}{2}\cos(a-b)\int \sin x dx - \frac{1}{2}\int \sin x \cos(2x+a+b)dx$$

$$= -\frac{1}{2}\cos x \cos(a-b) + \frac{1}{4}\int \sin(x+a+b)dx$$

$$\quad -\frac{1}{4}\int \sin(3x+a+b)dx$$

$$= -\frac{1}{2}\cos x \cos(a-b) - \frac{1}{4}\cos(x+a+b)$$

$$\quad +\frac{1}{12}\cos(3x+a+b) + C.$$

【2017】 $\int \cos^2 ax \cos^2 bx\, dx.$

解 $\int \cos^2 ax \cos^2 bx\, dx = \int (\cos ax \cos bx)^2 dx$

$$= \frac{1}{4}\int [\cos(a-b)x + \cos(a+b)x]^2 dx$$

$$= \frac{1}{4}\int [\cos^2(a-b)x + 2\cos(a-b)x \cdot \cos(a+b)x$$

$$\quad + \cos^2(a+b)x]dx$$

$$= \frac{1}{8}\int [2 + \cos 2(a-b)x + \cos 2(a+b)x]dx$$

$$\quad + \frac{1}{4}\int (\cos 2bx + \cos 2ax)dx$$

$$= \frac{1}{4}x + \frac{\sin 2(a-b)x}{16(a-b)} + \frac{\sin 2(a+b)x}{16(a+b)} + \frac{\sin 2bx}{8b} + \frac{\sin 2ax}{8a} + C.$$

【2018】 $\int \sin^3 2x \cdot \cos^2 3x\, dx.$

解 因为 $\sin^3 2x \cos^2 3x$

$= \sin 2x (\sin 2x \cos 3x)^2$

$= \dfrac{1}{4} \sin 2x (\sin 5x - \sin x)^2$

$= \dfrac{1}{4} \sin 2x \left(1 - \dfrac{1}{2}\cos 10x - \dfrac{1}{2}\cos 2x - 2\sin 5x \sin x\right)$

$= \dfrac{1}{4} \sin 2x - \dfrac{1}{8} \sin 2x \cos 10x - \dfrac{1}{8} \sin 2x \cos 2x$

$\quad - \dfrac{1}{4} \sin 2x (\cos 4x - \cos 6x)$

$= \dfrac{1}{4} \sin 2x - \dfrac{1}{16}(\sin 12x - \sin 8x) - \dfrac{1}{16}\sin 4x$

$\quad - \dfrac{1}{8}(\sin 6x - \sin 2x) + \dfrac{1}{8}(\sin 8x - \sin 4x)$

$= \dfrac{3}{8}\sin 2x - \dfrac{3}{16}\sin 4x - \dfrac{1}{8}\sin 6x + \dfrac{3}{16}\sin 8x - \dfrac{1}{16}\sin 12x,$

所以 $\displaystyle\int \sin^3 2x \cos^2 3x \, dx$

$= -\dfrac{3}{16}\cos 2x + \dfrac{3}{64}\cos 4x + \dfrac{1}{48}\cos 6x$

$\quad - \dfrac{3}{128}\cos 8x + \dfrac{1}{192}\cos 12x + C.$

运用恒等式：

$$\sin(\alpha - \beta) \equiv \sin[(x+\alpha) - (x+\beta)]$$

及 $\quad \cos(\alpha - \beta) \equiv \cos[(x+\alpha) - (x+\beta)].$

求解下列积分 (2019～2024).

【2019】 $\displaystyle\int \dfrac{dx}{\sin(x+a)\sin(x+b)}.$

解 $\displaystyle\int \dfrac{dx}{\sin(x+a)\sin(x+b)}$

$= \dfrac{1}{\sin(a-b)} \displaystyle\int \dfrac{\sin[(x+a)-(x+b)]}{\sin(x+a)\sin(x+b)} dx$

$= \dfrac{1}{\sin(a-b)} \displaystyle\int \left[\dfrac{\cos(x+b)}{\sin(x+b)} - \dfrac{\cos(x+a)}{\sin(x+a)}\right] dx$

$= \dfrac{1}{\sin(a-b)} \ln\left|\dfrac{\sin(x+b)}{\sin(x+a)}\right| + C,$

其中　$\sin(a-b) \neq 0$.

若　$\sin(a-b) = 0$,

即　$a - b = k\pi \quad (k = 0, \pm 1, \pm 2, \cdots)$,

则
$$\int \frac{\mathrm{d}x}{\sin(x+a)\sin(x+b)} = (-1)^k \int \frac{\mathrm{d}x}{\sin^2(x+a)}$$
$$= (-1)^{k+1} \cot(x+a) + C.$$

【2020】 $\int \dfrac{\mathrm{d}x}{\sin(x+a)\cos(x+b)}$.

解　设 $\cos(a-b) \neq 0$, 则

$$\int \frac{\mathrm{d}x}{\sin(x+a)\cos(x+b)}$$
$$= \frac{1}{\cos(a-b)} \int \frac{\cos[(x+a)-(x+b)]}{\sin(x+a)\cos(x+b)} \mathrm{d}x$$
$$= \frac{1}{\cos(a-b)} \int \left[\frac{\cos(x+a)}{\sin(x+a)} + \frac{\sin(x+b)}{\cos(x+b)} \right] \mathrm{d}x$$
$$= \frac{1}{\cos(a-b)} \ln \left| \frac{\sin(x+a)}{\cos(x+b)} \right| + C.$$

若 $\cos(a-b) = 0$ 与前题类似地讨论.

【2021】 $\int \dfrac{\mathrm{d}x}{\cos(x+a)\cos(x+b)}$.

解　设 $\sin(a-b) \neq 0$,

则
$$\int \frac{\mathrm{d}x}{\cos(x+a)\cos(x+b)}$$
$$= \frac{1}{\sin(a-b)} \int \frac{\sin[(x+a)-(x+b)]}{\cos(x+a)\cos(x+b)} \mathrm{d}x$$
$$= \frac{1}{\sin(a-b)} \int \left[\frac{\sin(x+a)}{\cos(x+a)} - \frac{\sin(x+b)}{\cos(x+b)} \right] \mathrm{d}x$$
$$= \frac{1}{\sin(a-b)} \ln \left| \frac{\cos(x+b)}{\cos(x+a)} \right| + C.$$

若　$\sin(a-b) = 0$, 即 $a - b = k\pi (k = 0, \pm 1, \pm 2, \cdots)$

则
$$\int \frac{1}{\cos(x+a)\cos(x+b)} = (-1)^k \tan(x+a) + C.$$

【2022】 $\int \dfrac{\mathrm{d}x}{\sin x - \sin a}$.

解 $\displaystyle\int\frac{\mathrm{d}x}{\sin x-\sin a}=\int\frac{\mathrm{d}x}{2\cos\dfrac{x+a}{2}\sin\dfrac{x-a}{2}}$

$\displaystyle=\frac{1}{\cos a}\int\frac{\cos\left(\dfrac{x+a}{2}-\dfrac{x-a}{2}\right)}{2\cos\dfrac{x+a}{2}\sin\dfrac{x-a}{2}}\mathrm{d}x$

$\displaystyle=\frac{1}{\cos a}\int\frac{\cos\dfrac{x+a}{2}\cos\dfrac{x-a}{2}+\sin\dfrac{x+a}{2}\sin\dfrac{x-a}{2}}{2\cos\dfrac{x+a}{2}\sin\dfrac{x-a}{2}}\mathrm{d}x$

$\displaystyle=\frac{1}{2\cos a}\int\left(\frac{\cos\dfrac{x-a}{2}}{\sin\dfrac{x-a}{2}}+\frac{\sin\dfrac{x+a}{2}}{\cos\dfrac{x+a}{2}}\right)\mathrm{d}x$

$\displaystyle=\frac{1}{\cos a}\ln\left|\frac{\sin\dfrac{x-a}{2}}{\cos\dfrac{x+a}{2}}\right|+C.\quad(\cos a\neq 0)$

【2023】 $\displaystyle\int\frac{\mathrm{d}x}{\cos x+\cos a}.$

解 $\displaystyle\int\frac{\mathrm{d}x}{\cos x+\cos a}=\int\frac{\mathrm{d}x}{2\cos\dfrac{x+a}{2}\cos\dfrac{x-a}{2}}$

$\displaystyle=\frac{1}{2\sin a}\int\frac{\sin\left(\dfrac{x+a}{2}-\dfrac{x-a}{2}\right)}{\cos\dfrac{x+a}{2}\cos\dfrac{x-a}{2}}\mathrm{d}x$

$\displaystyle=\frac{1}{2\sin a}\int\left[\frac{\sin\dfrac{x+a}{2}}{\cos\dfrac{x+a}{2}}-\frac{\sin\dfrac{x-a}{2}}{\cos\dfrac{x-a}{2}}\right]\mathrm{d}x$

$\displaystyle=\frac{1}{\sin a}\ln\left|\frac{\cos\dfrac{x-a}{2}}{\cos\dfrac{x+a}{2}}\right|+C.\quad(\sin a\neq 0)$

【2024】 $\displaystyle\int\tan x\tan(x+a)\mathrm{d}x.$

解 $\int \tan x \tan(x+a) dx$

$= \int \dfrac{\sin x \sin(x+a)}{\cos x \cos(x+a)} dx$

$= \int \dfrac{\cos x \cos(x+a) + \sin x \sin(x+a) - \cos x \cos(x+a)}{\cos x \cos(x+a)} dx$

$= \int \dfrac{\cos a - \cos x \cos(x+a)}{\cos x \cos(x+a)} dx$

$= -x + \cos a \int \dfrac{dx}{\cos x \cos(x+a)}$

$= -x + \cot a \cdot \ln\left|\dfrac{\cos x}{\cos(x+a)}\right| + C.$ ($\sin a \neq 0$)

形如 $\int R(\sin x, \cos x) dx$ 的积分 (R 为有理函数),在一般情况下,可用代换 $\tan \dfrac{x}{2} = t$ 将其化为有理函数的积分.

(1) 若等式

$$R(-\sin x, \cos x) \equiv -R(\sin x, \cos x)$$

或 $\qquad R(\sin x, -\cos x) \equiv -R(\sin x, \cos x)$

成立,则最好运用代换 $\cos x = t$ 或相应的 $\sin x = t$.

(2) 若等式

$$R(-\sin x, -\cos x) \equiv R(\sin x, \cos x)$$

成立,则最好运用代换 $\tan x = t$.

求解下列积分 (2025~2040).

【2025】 $\int \dfrac{dx}{2\sin x - \cos x + 5}.$

解 设 $t = \tan \dfrac{x}{2}$,

则 $\sin x = \dfrac{2t}{1+t^2}, \cos x = \dfrac{1-t^2}{1+t^2},$

$dx = \dfrac{2dt}{1+t^2}.$

所以 $\int \dfrac{dx}{2\sin x - \cos x + 5} = \int \dfrac{dt}{3t^2 + 2t + 2}$

$= \dfrac{1}{\sqrt{5}} \arctan\left(\dfrac{3t+1}{\sqrt{5}}\right) + C$

$$= \frac{1}{\sqrt{5}} \text{arctan}\left(\frac{3\tan\frac{x}{2}+1}{\sqrt{5}}\right) + C.$$

【2026】 $\int \dfrac{\mathrm{d}x}{(2+\cos x)\sin x}.$

解 设 $t = \tan\dfrac{x}{2}$,

则 $\sin x = \dfrac{2t}{1+t^2}, \cos x = \dfrac{1-t^2}{1+t^2}, \mathrm{d}x = \dfrac{2\mathrm{d}t}{1+t^2}.$

所以
$$\int \frac{\mathrm{d}x}{(2+\cos x)\sin x} = \int \frac{1+t^2}{t(3+t^2)} \mathrm{d}t$$

$$= \int \left[\frac{1}{3t} + \frac{2t}{3(3+t^2)}\right]\mathrm{d}t = \frac{1}{3}\ln|t(3+t^2)| + C_1$$

$$= \frac{1}{3}\ln\left|\tan\frac{x}{2}\left(2+\sec^2\frac{x}{2}\right)\right| + C_1$$

$$= \frac{1}{3}\ln\left|\frac{\sin\frac{x}{2}}{\cos^3\frac{x}{2}}\left(1+2\cos^2\frac{x}{2}\right)\right| + C_1$$

$$= \frac{1}{3}\ln\left|\frac{\left(\frac{1-\cos x}{2}\right)^{\frac{1}{2}}}{\left(\frac{1+\cos x}{2}\right)^{\frac{3}{2}}}(\cos x + 2)\right| + C_1$$

$$= \frac{1}{6}\ln\left|\frac{(1-\cos x)(\cos x+2)^2}{(1+\cos x)^3}\right| + C.$$

【2027】 $\int \dfrac{\sin^2 x}{\sin x + 2\cos x}\mathrm{d}x.$

解 设 $\tan\dfrac{x}{2} = t$,则

$$\sin x = \frac{2t}{1+t^2}, \cos x = \frac{1-t^2}{1+t^2}, \mathrm{d}x = \frac{2\mathrm{d}t}{1+t^2}.$$

所以
$$\int \frac{\sin^2 x}{\sin x + 2\cos x} = 4\int \frac{t^2}{(1+t^2)^2(1+t-t^2)}\mathrm{d}t$$

$$= \frac{4}{5}\int \left[\frac{1}{1+t^2} + \frac{-2+t}{(1+t^2)^2} + \frac{1}{1+t-t^2}\right]\mathrm{d}t$$

$$= \frac{4}{5}\int \frac{\mathrm{d}t}{1+t^2} - \frac{8}{5}\int \frac{\mathrm{d}t}{(1+t^2)^2} + \frac{2}{5}\int \frac{\mathrm{d}(t^2+1)}{(1+t^2)^2}$$

$$+ \frac{4}{5}\int \frac{\mathrm{d}\left(t-\frac{1}{2}\right)}{\frac{5}{4}-\left(t-\frac{1}{2}\right)^2}.$$

而由 1817 题的结果有

$$\int \frac{\mathrm{d}t}{(1+t^2)^2} = \frac{1}{2}\arctan t + \frac{t}{2(1+t^2)} + C_1.$$

因此 $\int \frac{\sin^2 x}{\sin x + 2\cos x}\mathrm{d}x$

$$= \frac{4}{5}\arctan t - \frac{8}{5}\left[\frac{1}{2}\arctan t + \frac{t}{2(1+t^2)}\right] - \frac{2}{5}\frac{1}{1+t^2}$$

$$+ \frac{4}{5\sqrt{5}}\ln\left|\frac{\frac{\sqrt{5}-1}{2}+t}{\frac{\sqrt{5}+1}{2}-t}\right| + C_2$$

$$= -\frac{2}{5}\frac{1+2t}{1+t^2} + \frac{4}{5\sqrt{5}}\ln\left|\frac{\frac{\sqrt{5}-1}{2}+t}{\frac{\sqrt{5}+1}{2}-t}\right| + C_2$$

$$= -\frac{2}{5}\frac{1+2\tan\frac{x}{2}}{\sec^2\frac{x}{2}} + \frac{4}{5\sqrt{5}}\ln\left|\frac{\tan\left(\frac{\arctan 2}{2}\right)+\tan\frac{x}{2}}{\cot\left(\frac{\arctan 2}{2}\right)-\tan\frac{x}{2}}\right| + C_2$$

$$= -\frac{1}{5}(\cos x + 2\sin x) + \frac{4}{5\sqrt{5}}\ln\left|\tan\left(\frac{x}{2}+\frac{\arctan 2}{2}\right)\right| + C.$$

【2028】 $\int \frac{\mathrm{d}x}{1+\varepsilon\cos x}.$

(1) $0<\varepsilon<1$;(2) $\varepsilon>1$.

解 设 $t = \tan\frac{x}{2}$

则 $\sin x = \frac{2t}{1+t^2}, \cos x = \frac{1-t^2}{1+t^2}, \mathrm{d}x = \frac{2\mathrm{d}t}{1+t^2}.$

所以 $\int \frac{\mathrm{d}x}{1+\varepsilon\cos x} = 2\int \frac{\mathrm{d}t}{(1+\varepsilon)+(1-\varepsilon)t^2} = I.$

(1) 当 $0<\varepsilon<1$ 时,

$$I = \frac{2}{1+\varepsilon}\int \frac{\mathrm{d}t}{1+\frac{1-\varepsilon}{1+\varepsilon}t^2}$$

$$= \frac{2}{\sqrt{1-\varepsilon^2}}\arctan\left(t\sqrt{\frac{1-\varepsilon}{1+\varepsilon}}\right)+C$$

$$= \frac{2}{\sqrt{1-\varepsilon^2}}\arctan\left(\sqrt{\frac{1-\varepsilon}{1+\varepsilon}}\tan\frac{x}{2}\right)+C.$$

(2) 当 $\varepsilon > 1$ 时,

$$I = \frac{2}{\varepsilon-1}\int \frac{\mathrm{d}t}{\left(\frac{\varepsilon+1}{\varepsilon-1}\right)-t^2}$$

$$= \frac{1}{\sqrt{\varepsilon^2-1}}\ln\left|\frac{\sqrt{\frac{\varepsilon+1}{\varepsilon-1}}+t}{\sqrt{\frac{\varepsilon+1}{\varepsilon-1}}-t}\right|+C$$

$$= \frac{1}{\sqrt{\varepsilon^2-1}}\ln\left|\frac{\sqrt{\varepsilon+1}+t\sqrt{\varepsilon-1}}{\sqrt{\varepsilon+1}-t\sqrt{\varepsilon-1}}\right|+C$$

$$= \frac{1}{\sqrt{\varepsilon^2-1}}\ln\left|\frac{\varepsilon+1+2t\sqrt{\varepsilon^2-1}+(\varepsilon-1)t^2}{(\varepsilon+1)-(\varepsilon-1)t^2}\right|+C$$

$$= \frac{1}{\sqrt{\varepsilon^2-1}}\ln\left|\frac{\varepsilon(1+t^2)+(1-t^2)+2t\sqrt{\varepsilon^2-1}}{\varepsilon(1-t^2)+(1+t^2)}\right|+C$$

$$= \frac{1}{\sqrt{\varepsilon^2-1}}\ln\left|\frac{\varepsilon+\frac{1-t^2}{1+t^2}+\frac{2t}{1+t^2}\sqrt{\varepsilon^2-1}}{1+\varepsilon\frac{1-t^2}{1+t^2}}\right|+C$$

$$= \frac{1}{\sqrt{\varepsilon^2-1}}\ln\left|\frac{\varepsilon+\cos x+\sqrt{\varepsilon^2-1}\sin x}{1+\varepsilon\cos x}\right|+C.$$

【2029】 $\int \frac{\sin^2 x}{1+\sin^2 x}\mathrm{d}x.$

解 $\int \frac{\sin^2 x}{1+\sin^2 x}\mathrm{d}x = \int \left(1-\frac{1}{\sin^2 x}\right)\mathrm{d}x$

$$= x-\int \frac{\mathrm{d}(\tan x)}{\sec^2 x+\tan^2 x} = x-\int \frac{\mathrm{d}(\tan x)}{1+2\tan^2 x}$$

$$= x-\frac{1}{\sqrt{2}}\arctan(\sqrt{2}\tan x)+C.$$

【2030】 $\int \dfrac{dx}{a^2\sin^2 x + b^2\cos^2 x}.$

解 $\int \dfrac{dx}{a^2\sin^2 x + b^2\cos^2 x}$

$= \int \dfrac{1}{a^2\tan^2 x + b^2} \cdot \dfrac{1}{\cos^2 x}dx$

$= \dfrac{1}{b^2}\int \dfrac{d(\tan x)}{1+\left(\dfrac{a}{b}\tan x\right)^2}$

$= \dfrac{1}{ab}\arctan\left(\dfrac{a\tan x}{b}\right) + C. \qquad (ab \neq 0)$

【2031】 $\int \dfrac{\cos^2 x\, dx}{(a^2\sin^2 x + b^2\cos^2 x)^2}.$

解 利用 1921 题的结果可得

$\int \dfrac{\cos^2 x\, dx}{(a^2\sin^2 x + b^2\cos^2 x)^2} = \dfrac{1}{a}\int \dfrac{d(a\tan x)}{(a^2\tan^2 x + b^2)^2}$

$= \dfrac{\tan x}{2b^2(a^2\tan^2 x + b^2)} + \dfrac{1}{2ab^3}\arctan\left(\dfrac{a\tan x}{b}\right) + C.$

【2032】 $\int \dfrac{\sin x\cos x}{\sin x + \cos x}dx.$

解 $\int \dfrac{\sin x\cos x}{\sin x + \cos x}dx = \int \dfrac{\dfrac{1}{2}\sin 2x}{\sqrt{2}\sin\left(x+\dfrac{\pi}{4}\right)}dx$

$= \int \dfrac{-\dfrac{1}{2}\cos 2\left(x+\dfrac{\pi}{4}\right)}{\sqrt{2}\sin\left(x+\dfrac{\pi}{4}\right)}dx = \int \dfrac{\sin^2\left(x+\dfrac{\pi}{4}\right) - \dfrac{1}{2}}{\sqrt{2}\sin\left(x+\dfrac{\pi}{4}\right)}dx$

$= \dfrac{1}{\sqrt{2}}\int \sin\left(x+\dfrac{\pi}{4}\right)dx - \dfrac{1}{2\sqrt{2}}\int \dfrac{dx}{\sin\left(x+\dfrac{\pi}{4}\right)}$

$= -\dfrac{1}{\sqrt{2}}\cos\left(x+\dfrac{\pi}{4}\right) - \dfrac{1}{2\sqrt{2}}\ln\left|\tan\left(\dfrac{x}{2}+\dfrac{\pi}{8}\right)\right| + C.$

【2033】 $\int \dfrac{dx}{(a\sin x + b\cos x)^2}.$

解 $\int \dfrac{dx}{(a\sin x + b\cos x)^2} = \int \dfrac{dx}{(a\tan x + b)^2 \cdot \cos^2 x}$

第三章 不定积分 §4. 三角函数的积分法

$$= \frac{1}{a}\int \frac{\mathrm{d}(a\tan x+b)}{(a\tan x+b)^2} = -\frac{1}{a}\cdot\frac{1}{a\tan x+b}+C$$

$$= -\frac{\cos x}{a(a\sin x+b\cos x)}+C.$$

【2034】 $\int \dfrac{\sin x \mathrm{d}x}{\sin^3 x+\cos^3 x}.$

解 $\int \dfrac{\sin x}{\sin^3 x+\cos^3 x}\mathrm{d}x = \int \dfrac{\tan x}{1+\tan^3 x}\mathrm{d}(\tan x)$

$$= \frac{1}{3}\int\left(\frac{\tan x+1}{1-\tan x+\tan^2 x}-\frac{1}{1+\tan x}\right)\mathrm{d}(\tan x)$$

$$= \frac{1}{6}\int \frac{\mathrm{d}(1-\tan x+\tan^2 x)}{1-\tan x+\tan^2 x} + \frac{1}{2}\int \frac{\mathrm{d}\left(\tan x-\frac{1}{2}\right)}{\left(\tan x-\frac{1}{2}\right)^2+\frac{3}{4}}$$

$$\quad -\frac{1}{3}\int \frac{\mathrm{d}(\tan x)}{1+\tan x}$$

$$= \frac{1}{6}\ln(1-\tan x+\tan^2 x) - \frac{1}{3}\ln|1+\tan x|$$

$$\quad + \frac{1}{\sqrt{3}}\arctan\frac{2\tan x-1}{\sqrt{3}}+C.$$

【2035】 $\int \dfrac{\mathrm{d}x}{\sin^4 x+\cos^4 x}.$

解 $\int \dfrac{\mathrm{d}x}{\sin^4 x+\cos^4 x}$

$$= \int \frac{\mathrm{d}x}{\left(\dfrac{1-\cos 2x}{2}\right)^2+\left(\dfrac{1+\cos 2x}{2}\right)^2}$$

$$= \int \frac{2\mathrm{d}x}{2-\sin^2 2x} = \int \frac{\mathrm{d}(\tan 2x)}{2\sec^2 2x-\tan^2 2x}$$

$$= \int \frac{\mathrm{d}(\tan 2x)}{2+\tan^2 2x} = \frac{1}{\sqrt{2}}\arctan\left(\frac{\tan 2x}{\sqrt{2}}\right)+C.$$

【2036】 $\int \dfrac{\sin^2 x\cos^2 x}{\sin^8 x+\cos^8 x}\mathrm{d}x.$

解 $\int \dfrac{\sin^2 x\cos^2 x}{\sin^8 x+\cos^8 x}\mathrm{d}x = \int \dfrac{2\sin^2 2x\mathrm{d}x}{\sin^4 2x-8\sin^2 2x+8}$

$$= \int \frac{\tan^2 2x\mathrm{d}(\tan 2x)}{\tan^4 2x-8\tan^2 2x\sec^2 2x+8\sec^4 2x}$$

$$= \int \frac{\tan^2 2x \, \mathrm{d}(\tan 2x)}{\tan^4 2x + 8\tan^2 2x + 8}$$

$$= \frac{\sqrt{2}}{4}(2+\sqrt{2}) \int \frac{\mathrm{d}(\tan 2x)}{\tan^2 2x + 4 + 2\sqrt{2}}$$

$$- \frac{\sqrt{2}}{4}(2-\sqrt{2}) \int \frac{\mathrm{d}(\tan 2x)}{\tan^2 2x + 4 - 2\sqrt{2}}$$

$$= \frac{1}{4}\left[\sqrt{2+\sqrt{2}}\arctan\frac{\tan 2x}{\sqrt{4+2\sqrt{2}}}\right.$$

$$\left. - \sqrt{2-\sqrt{2}}\arctan\frac{\tan 2x}{\sqrt{4-2\sqrt{2}}}\right] + C.$$

【2037】 $\int \dfrac{\sin^2 x - \cos^2 x}{\sin^4 x + \cos^4 x}\mathrm{d}x.$

解 $\int \dfrac{\sin^2 x - \cos^2 x}{\sin^4 x + \cos^4 x}\mathrm{d}x = -\int \dfrac{\cos 2x}{1 - \dfrac{1}{2}\sin^2 2x}\mathrm{d}x$

$$= -\frac{1}{2\sqrt{2}}\int\left(\frac{2\cos 2x}{\sqrt{2}-\sin 2x} + \frac{2\cos 2x}{\sqrt{2}+\sin 2x}\right)\mathrm{d}x$$

$$= \frac{1}{2\sqrt{2}}\ln\frac{\sqrt{2}-\sin 2x}{\sqrt{2}+\sin 2x} + C.$$

【2038】 $\int \dfrac{\sin x \cos x}{1+\sin^4 x}\mathrm{d}x.$

解 $\int \dfrac{\sin x \cos x}{1+\sin^4 x}\mathrm{d}x = \int \dfrac{\tan x \sec^2 x \, \mathrm{d}x}{\sec^4 x + \tan^4 x}$

$$= \frac{1}{2}\int \frac{\mathrm{d}(\tan^2 x)}{2\tan^4 x + 2\tan^2 x + 1}$$

$$= \frac{1}{2}\arctan(1+2\tan^2 x) + C.$$

【2039】 $\int \dfrac{\mathrm{d}x}{\sin^6 x + \cos^6 x}.$

解 $\int \dfrac{\mathrm{d}x}{\sin^6 x + \cos^6 x} = \int \dfrac{\mathrm{d}x}{(\sin^2 x)^3 + (\cos^2 x)^3}$

$$= \int \frac{\mathrm{d}x}{(\sin^2 x + \cos^2 x)(\sin^4 x - \sin^2 x\cos^2 x + \cos^4 x)}$$

$$= \int \frac{\mathrm{d}x}{1-3\sin^2 x\cos^2 x} = \int \frac{\mathrm{d}x}{1-\frac{3}{4}\sin^2 2x}$$

$$= \int \frac{2\mathrm{d}(\tan 2x)}{4\sec^2 2x - 3\tan^2 2x} = \int \frac{2\mathrm{d}(\tan 2x)}{4+\tan^4 2x}$$

$$= \arctan\left(\frac{\tan 2x}{2}\right) + C.$$

【2040】 $\int \dfrac{\mathrm{d}x}{(\sin^2 x + 2\cos^2 x)^2}.$

解 $\int \dfrac{\mathrm{d}x}{(\sin^2 x + 2\cos^2 x)^2} = \int \dfrac{\sec^4 x \mathrm{d}x}{(\tan^2 x + 2)^2}$

$$= \int \frac{\tan^2 x + 1}{(\tan^2 x + 2)^2} \mathrm{d}(\tan x)$$

$$= \int \frac{\mathrm{d}(\tan x)}{\tan^2 x + 2} - \int \frac{1}{(\tan^2 x + 2)^2} \mathrm{d}(\tan x)$$

$$= \frac{1}{\sqrt{2}}\arctan\frac{\tan x}{\sqrt{2}} - \frac{\tan x}{4(\tan^2 x + 2)} - \frac{1}{4\sqrt{2}}\arctan\frac{\tan x}{\sqrt{2}} + C$$

$$= \frac{3}{4\sqrt{2}}\arctan\frac{\tan x}{\sqrt{2}} - \frac{\tan x}{4(\tan^2 x + 2)} + C.$$

【2041】 求解积分 $\int \dfrac{\mathrm{d}x}{a\sin x + b\cos x}$ 先把分母化为对数形状.

解 $a\sin x + b\cos x = \sqrt{a^2+b^2}\sin(x+\varphi),$

其中 $\cos\varphi = \dfrac{a}{\sqrt{a^2+b^2}},\sin\varphi = \dfrac{b}{\sqrt{a^2+b^2}}, a^2+b^2 \neq 0.$

所以 $\int \dfrac{\mathrm{d}x}{a\sin x + b\cos x} = \dfrac{1}{\sqrt{a^2+b^2}}\int\dfrac{\mathrm{d}x}{\sin(x+\varphi)}$

$$= \frac{1}{\sqrt{a^2+b^2}}\ln\left|\tan\left(\frac{x+\varphi}{2}\right)\right| + C.$$

【2042】 证明

$$\int \frac{a_1\sin x + b_1\cos x}{a\sin x + b\cos x}\mathrm{d}x = Ax + B\ln|a\sin x + b\cos x| + C.$$

其中 $A、B、C$ 为常数.

提示：设

$$a_1\sin x + b_1\cos x = A(a\sin x + b\cos x) + B(a\cos x - b\sin x),$$

其中　A、B 为常数.

证　设 $a_1\sin x+b_1\cos x=A(a\sin x+b\cos x)+B(a\cos x-b\sin x)$,

其中　$A=\dfrac{aa_1+bb_1}{a^2+b^2}, B=\dfrac{ab_1-a_1b}{a^2+b^2}, a^2+b^2\neq 0.$

则

$$\int\frac{a_1\sin x+b_1\cos x}{a\sin x+b\cos x}\mathrm{d}x$$

$$=A\int\mathrm{d}x+B\int\frac{a\cos x-b\sin x}{a\sin x+b\cos x}\mathrm{d}x$$

$$=Ax+B\ln|a\sin x+b\cos x|+C.$$

求解下列积分(2043～2045).

【2043】$\int\dfrac{\sin x-\cos x}{\sin x+2\cos x}\mathrm{d}x.$

解　$\int\dfrac{\sin x-\cos x}{\sin x+2\cos x}\mathrm{d}x$

$$=\int\frac{-\dfrac{1}{5}(\sin x+2\cos x)-\dfrac{3}{5}(\cos x-2\sin x)}{\sin x+2\cos x}\mathrm{d}x$$

$$=-\frac{1}{5}\int\mathrm{d}x-\frac{3}{5}\int\frac{\mathrm{d}(\sin x+2\cos x)}{\sin x+2\cos x}$$

$$=-\frac{1}{5}x-\frac{3}{5}\ln|\sin x+2\cos x|+C.$$

【2043.1】$\int\dfrac{\sin x}{\sin x-3\cos x}\mathrm{d}x.$

解　$\int\dfrac{\sin x}{\sin x-3\cos x}\mathrm{d}x$

$$=\int\frac{\dfrac{1}{10}(\sin x-3\cos x)+\dfrac{3}{10}(\cos x+3\sin x)}{\sin x-3\cos x}\mathrm{d}x$$

$$=\int\frac{1}{10}\mathrm{d}x+\frac{3}{10}\int\frac{\mathrm{d}(\sin x-3\cos x)}{\sin x-3\cos x}$$

$$=\frac{1}{10}x+\frac{3}{10}\ln|\sin x-3\cos x|+C.$$

【2044】$\int\dfrac{\mathrm{d}x}{3+5\tan x}.$

解　$\int\dfrac{\mathrm{d}x}{3+5\tan x}=\int\dfrac{\cos x\mathrm{d}x}{5\sin x+3\cos x}$

$$= \int \frac{\frac{3}{34}(5\sin x + 3\cos x) + \frac{5}{34}(5\cos x - 3\sin x)}{5\sin x + 3\cos x} dx$$

$$= \frac{3}{34}x + \frac{5}{34}\ln|5\sin x + 3\cos x| + C.$$

【2045】 $\int \frac{a_1\sin x + b_1\cos x}{(a\sin x + b\cos x)^2} dx.$

解 因为
$$a_1\sin x + b_1\cos x = A(a\sin x + b\cos x) + B(a\cos x - b\sin x),$$

其中 $A = \dfrac{aa_1 + bb_1}{a^2 + b^2}, B = \dfrac{ab_1 - ba_1}{a^2 + b^2},$ 所以

$$\int \frac{a_1\sin x + b_1\cos x}{(a_1\sin x + b\cos x)^2} dx$$

$$= A\int \frac{dx}{a\sin x + b\cos x} + B\int \frac{d(a\sin x + b\cos x)}{(a\sin x + b\cos x)^2}$$

$$= \frac{A}{\sqrt{a^2 + b^2}} \int \frac{dx}{\sin(x + \varphi)} - \frac{B}{a\sin x + b\cos x}$$

$$= \frac{A}{\sqrt{a^2 + b^2}} \ln\left|\tan\left(\frac{x}{2} + \frac{\varphi}{2}\right)\right| - \frac{B}{a\sin x + b\cos x} + C.$$

其中 $\cos\varphi = \dfrac{a}{\sqrt{a^2 + b^2}}, \sin\varphi = \dfrac{b}{\sqrt{a^2 + b^2}},$

$$A = \frac{aa_1 + bb_1}{a^2 + b^2}, B = \frac{ab_1 - ba_1}{a^2 + b^2}.$$

【2046】 证明

$$\int \frac{a_1\sin x + b_1\cos x + c_1}{a\sin x + b\cos x + c} dx$$

$$= Ax + B\ln|a\sin x + b\cos x + c| + C\int \frac{dx}{a\sin x + b\cos x + c},$$

其中 $A、B、C$ 为常系数.

证 设 $a_1\sin x + b_1\cos x + c_1$
$$= A(a\sin x + b\cos x + c) + B(a\cos x - b\sin x) + C,$$

比较两边的系数得
$$\begin{cases} aA - bB = a_1, \\ bA + aB = b_1, \\ cA + C = c_1, \end{cases}$$

解之得 $A = \dfrac{aa_1 + bb_1}{a^2 + b^2}, B = \dfrac{ab_1 - a_1 b}{a^2 + b^2},$

$$C = \dfrac{a(ac_1 - a_1 c) + b(bc_1 - b_1 c)}{a^2 + b^2}.$$

所以 $\displaystyle\int \dfrac{a_1 \sin x + b_1 \cos + c_1}{a \sin x + b \cos x + c} \mathrm{d}x$

$= A\displaystyle\int \mathrm{d}x + B\int \dfrac{\mathrm{d}(a\sin x + b\cos x + c)}{a\sin x + b\cos x + c}$

$\quad + C\displaystyle\int \dfrac{\mathrm{d}x}{a\sin x + b\cos x + c}$

$= Ax + B\ln|a\sin x + b\cos x + c|$

$\quad + C\displaystyle\int \dfrac{\mathrm{d}x}{a\sin x + b\cos x + c}.$

求解下列积分(2047~2049).

【2047】 $\displaystyle\int \dfrac{\sin x + 2\cos x - 3}{\sin x - 2\cos x + 3} \mathrm{d}x.$

解 利用 2046 题求解,这里

$a_1 = 1, b_1 = 2, c_1 = -3, a = 1, b = -2, c = 3,$

从而 $A = \dfrac{aa_1 + bb_1}{a^2 + b^2} = -\dfrac{3}{5},$

$B = \dfrac{ab_1 - ba_1}{a^2 + b^2} = \dfrac{4}{5},$

$C = \dfrac{a(ac_1 - a_1 c) + b(bc_1 - b_1 c)}{a^2 + b^2} = -\dfrac{6}{5}.$

因此 $\displaystyle\int \dfrac{\sin x + 2\cos x - 3}{\sin x - 2\cos x + 3} \mathrm{d}x$

$= -\dfrac{3}{5}x + \dfrac{4}{5}\ln|\sin x - 2\cos x + 3|$

$\quad - \dfrac{6}{5}\displaystyle\int \dfrac{\mathrm{d}x}{\sin x - 2\cos x + 3}.$

设 $t = \tan \dfrac{x}{2},$ 可求得

$$\int \dfrac{\mathrm{d}x}{\sin x - 2\cos x + 3} = \arctan \dfrac{1 + 5\tan \dfrac{x}{2}}{2} + C,$$

故 $\int \dfrac{\sin x + 2\cos x - 3}{\sin x - 2\cos x + 3} dx$

$= -\dfrac{3}{5}x + \dfrac{4}{5}\ln|\sin x - 2\cos x + 3|$

$\quad - \dfrac{6}{5}\arctan\dfrac{1 + 5\tan\dfrac{x}{2}}{2} + C.$

【2048】 $\int \dfrac{\sin x}{\sqrt{2} + \sin x + \cos x} dx.$

解 利用 2046 题求解，这里
$a_1 = 1, b_1 = 0, c_1 = 0,$
$a = 1, b = 1, c = \sqrt{2},$
$A = \dfrac{1}{2}, B = -\dfrac{1}{2}, C = -\dfrac{1}{\sqrt{2}}.$

所以 $\int \dfrac{\sin x}{\sqrt{2} + \sin x + \cos x} dx$

$= \dfrac{1}{2}x - \dfrac{1}{2}\ln|\sqrt{2} + \sin x + \cos x|$

$\quad - \dfrac{1}{\sqrt{2}} \int \dfrac{dx}{\sqrt{2} + \sin x + \cos x}.$

而 $\int \dfrac{dx}{\sqrt{2} + \sin x + \cos x} = \int \dfrac{dx}{\sqrt{2} + \sqrt{2}\cos\left(x - \dfrac{\pi}{4}\right)}$

$= \dfrac{1}{\sqrt{2}} \int \dfrac{dx}{2\cos^2\left(\dfrac{x}{2} - \dfrac{\pi}{8}\right)}$

$= \dfrac{1}{\sqrt{2}} \tan\left(\dfrac{x}{2} - \dfrac{\pi}{8}\right) + C,$

因此 $\int \dfrac{\sin x}{\sqrt{2} + \sin x + \cos x} dx$

$= \dfrac{1}{2}x - \dfrac{1}{2}\ln|\sqrt{2} + \sin x + \cos x|$

$\quad - \dfrac{1}{2}\tan\left(\dfrac{x}{2} - \dfrac{\pi}{8}\right) + C.$

【2049】 $\int \dfrac{2\sin x + \cos x}{3\sin x + 4\cos x - 2} dx.$

解 利用 2046 题求解,这里
$$a_1 = 2, b_1 = 1, c_1 = 0,$$
$$a = 3, b = 4, c = -2,$$
$$A = \frac{aa_1 + bb_1}{a^2 + b^2} = \frac{6+4}{9+16} = \frac{2}{5},$$
$$B = \frac{ab_1 - a_1 b}{a^2 + b^2} = -\frac{1}{5},$$
$$C = \frac{a(ac_1 - a_1 c) + b(bc_1 - b_1 c)}{a^2 + b^2} = \frac{4}{5},$$

所以 $\int \dfrac{2\sin x + \cos x}{3\sin x + 4\cos x - 2} \mathrm{d}x$

$= \dfrac{2}{5} x - \dfrac{1}{5} \ln | 3\sin x + 4\cos x - 2 |$

$\quad + \dfrac{4}{5} \int \dfrac{\mathrm{d}x}{3\sin x + 4\cos x - 2}.$

令 $t = \tan \dfrac{x}{2}$,可求得

$\int \dfrac{\mathrm{d}x}{3\sin x + 4\cos x - 2}$

$= \dfrac{1}{\sqrt{21}} \ln \left| \dfrac{\sqrt{7} + \sqrt{3}\left(2\tan \dfrac{x}{2} - 1\right)}{\sqrt{7} - \sqrt{3}\left(2\tan \dfrac{x}{2} - 1\right)} \right| + C.$

因此 $\int \dfrac{2\sin x + \cos x}{3\sin x + 4\cos x - 2} \mathrm{d}x$

$= \dfrac{2}{5} x - \dfrac{1}{5} \ln | 3\sin x + 4\cos x - 2 |$

$\quad + \dfrac{4}{5\sqrt{21}} \ln \left| \dfrac{\sqrt{7} + \sqrt{3}\left(2\tan \dfrac{x}{2} - 1\right)}{\sqrt{7} - \sqrt{3}\left(2\tan \dfrac{x}{2} - 1\right)} \right| + C.$

【2050】 证明

$\int \dfrac{a_1 \sin^2 x + 2b_1 \sin x \cos x + c_1 \cos^2 x}{a \sin x + b \cos x} \mathrm{d}x$

$= A \sin x + B \cos x + C \int \dfrac{\mathrm{d}x}{a \sin x + b \cos x},$

其中 $A、B、C$ 为常系数.

证 设 $a_1\sin^2 x + 2b_1\sin x\cos x + c_1\cos^2 x$
$$= A\cos x(a\sin x + b\cos x) - B\sin x(a\sin x + b\cos x) + C,$$
比较两边的系数得
$$\begin{cases} aA - bB = 2b_1, \\ C - aB = a_1, \\ C + bA_1 = c_1, \end{cases}$$

解之得 $A = \dfrac{bc_1 - a_1 b + 2ab_1}{a^2 + b^2},$

$B = \dfrac{ac_1 - aa_1 - 2bb_1}{a^2 + b^2},$

$C = \dfrac{a_1 b^2 + a^2 c_1 - 2abb_1}{a^2 + b^2}.$

所以 $\displaystyle\int \frac{a_1\sin^2 x + 2b_1\sin x\cos x + c_1\cos^2 x}{a\sin x + b\cos x}\mathrm{d}x$

$= A\displaystyle\int\cos x\,\mathrm{d}x - B\int\sin x\,\mathrm{d}x + C\int\frac{\mathrm{d}x}{a\sin x + b\cos x}$

$= A\sin x + B\cos x + C\displaystyle\int\frac{\mathrm{d}x}{a\sin x + b\cos x}.$

求解下列积分($2051 \sim 2052$).

【2051】 $\displaystyle\int\frac{\sin^2 x - 4\sin x\cos x + 3\cos^2 x}{\sin x + \cos x}\mathrm{d}x.$

解 利用 2050 题求解,这里
$a_1 = 1, b_1 = -2, c_1 = 3, a = 1, b = 1,$

$A = \dfrac{bc_1 - a_1 b + 2ab_1}{a^2 + b^2} = \dfrac{3 - 1 - 4}{1 + 1} = -1,$

$B = \dfrac{ac_1 - aa_1 - 2bb_1}{a^2 + b^2} = \dfrac{3 - 1 + 4}{1 + 1} = 3,$

$C = \dfrac{a_1 b^2 + a^2 c_1 - 2abb_1}{a^2 + b^2} = \dfrac{1 + 3 + 4}{1 + 1} = 4.$

所以 $\displaystyle\int\frac{\sin^2 x - 4\sin x\cos x + 3\cos^2 x}{\sin x + \cos x}\mathrm{d}x$

$= -\sin x + 3\cos x + 4\displaystyle\int\frac{\mathrm{d}x}{\sin x + \cos x}$

$$= -\sin x + 3\cos x + \frac{4}{\sqrt{2}} \int \frac{\mathrm{d}x}{\sin\left(x + \frac{\pi}{4}\right)}$$

$$= -\sin x + 3\cos x + 2\sqrt{2}\ln\left|\tan\left(\frac{x}{2} + \frac{\pi}{8}\right)\right| + C.$$

【2052】 $\int \frac{\sin^2 x - \sin x \cos x + 2\cos^2 x}{\sin x + 2\cos x} \mathrm{d}x.$

解 利用 2050 题求解，这里

$$a_1 = 1, b_1 = -\frac{1}{2}, c_1 = 2,$$

$$a = 1, b = 2,$$

$$A = \frac{1}{5}, B = \frac{3}{5}, C = \frac{8}{5},$$

所以 $\int \frac{\sin^2 x - \sin x \cos x + 2\cos^2 x}{\sin x + 2\cos x} \mathrm{d}x$

$$= \frac{1}{5}\sin x + \frac{3}{5}\cos x + \frac{8}{5} \int \frac{\mathrm{d}x}{\sin x + 2\cos x}.$$

令 $t = \tan\frac{x}{2}$, 则

$$\sin x = \frac{2t}{1 + t^2}, \cos x = \frac{1 - t^2}{1 + t^2}, \mathrm{d}x = \frac{2\mathrm{d}t}{1 + t^2},$$

$$\int \frac{\mathrm{d}x}{\sin x + 2\cos x} = \int \frac{\mathrm{d}t}{1 + t - t^2}$$

$$= \int \frac{\mathrm{d}\left(t - \frac{1}{2}\right)}{\frac{5}{4} - \left(t - \frac{1}{2}\right)^2} = \frac{1}{\sqrt{5}}\ln\left|\frac{\frac{\sqrt{5}}{2} + \left(t - \frac{1}{2}\right)}{\frac{\sqrt{5}}{2} - \left(t - \frac{1}{2}\right)}\right| + C$$

$$= \frac{1}{\sqrt{5}}\ln\left|\frac{\sqrt{5} + 2\tan\frac{x}{2} - 1}{\sqrt{5} - 2\tan\frac{x}{2} + 1}\right| + C.$$

因此 $\int \frac{\sin^2 x - \sin x \cos x + 2\cos^2 x}{\sin x + 2\cos x} \mathrm{d}x$

$$= \frac{1}{5}\sin x + \frac{3}{5}\cos x + \frac{8}{5\sqrt{5}}\ln\left|\frac{\sqrt{5} + 2\tan\frac{x}{2} - 1}{\sqrt{5} - 2\tan\frac{x}{2} + 1}\right| + C.$$

【2053】 证明:若$(a-c)^2+b^2\neq 0$,则
$$\int\frac{a_1\sin x+b_1\cos x}{a\sin^2 x+2b\sin x\cos x+c\cos^2 x}dx$$
$$=A\int\frac{du_1}{k_1u_1^2+\lambda_1}+B\int\frac{du_2}{k_2u_2^2+\lambda_2}$$

其中 A,B 为未定系数,λ_1,λ_2 为以下方程式的根.

$$\begin{vmatrix}a-\lambda & b\\ b & c-\lambda\end{vmatrix}=0\quad(\lambda_1\neq\lambda_2),$$

$$u_i=(a-\lambda_i)\sin x+b\cos x,$$

且 $\quad k_i=\dfrac{1}{a-\lambda_i}\quad(i=1,2).$

证 设 $a\sin^2 x+2b\sin x\cos x+c\cos^2 x$
$$=(a-\lambda_i)\sin^2 x+2b\sin x\cos x+(c-\lambda_i)\cos^2 x+\lambda_i$$
$$=\frac{1}{a-\lambda_i}[(a-\lambda_i)^2\sin^2 x+2b(a-\lambda_i)\sin x\cos x$$
$$+(c-\lambda_i)(a-\lambda_i)\cos^2 x]+\lambda_i,$$

其中 $\lambda_i(i=1,2)$ 为
$$\begin{vmatrix}a-\lambda & b\\ b & c-\lambda\end{vmatrix}=\lambda^2-(a+c)\lambda+ac-b^2=0$$

的根. 由假设
$$(a-c)^2+b^2\neq 0,$$

从而 $\quad(a-c)^2+4b^2\neq 0.$ 所以 $\lambda_1\neq\lambda_2.$ 再设

$$k_i=\frac{1}{a-\lambda_i}\quad(i=1,2),$$

及 $\quad u_i=(a-\lambda_i)\sin x+b\cos x.$

由于 $\quad b^2=(a-\lambda_i)(c-\lambda_i),$

于是 $a\sin^2 x+2b\sin x\cos x+c\cos^2 x$
$$=k_i[(a-\lambda_i)^2\sin^2 x+2b(a-\lambda_i)\sin x\cos x$$
$$+b^2\cos^2 x]+\lambda_i$$
$$=k_i[(a-\lambda_i)\sin x+b\cos x]^2+\lambda_i$$
$$=k_iu_i^2+\lambda_i,\quad\qquad\qquad\qquad\qquad①$$

其次设 $a_1\sin x+b_1\cos x=A[(a-\lambda_1)\cos x-b\sin x]$
$$+B[(a-\lambda_2)\cos x-b\sin x],\quad②$$

比较等式两边的系数,可得
$$-b(A+B) = a_1,$$
$$A(a-\lambda_1) + B(a-\lambda_2) = b_1,$$

所以
$$A = -\frac{a_1(\lambda_1-\lambda_2) + bb_1 + a_1(a-\lambda_1)}{b(\lambda_1-\lambda_2)}$$
$$B = \frac{bb_1 + a_1(a-\lambda_1)}{b(\lambda_1-\lambda_2)}.$$

由①及②有
$$\int \frac{a_1\sin x + b_1\cos x}{a\sin^2 x + 2b\sin x\cos x + c\cos^2 x}\mathrm{d}x$$
$$= A\int \frac{(a-\lambda_1)\cos x - b\sin x}{k_1[(a-\lambda_1)\sin x + b\cos x]^2 + \lambda_1}\mathrm{d}x$$
$$+ B\int \frac{(a-\lambda_2)\cos x - b\sin x}{k_2[(a-\lambda_2)\sin x + b\cos x]^2 + \lambda_2}\mathrm{d}x$$
$$= A\int \frac{\mathrm{d}u_1}{k_1 u_1^2 + \lambda_1} + B\int \frac{\mathrm{d}u_2}{k_2 u_2^2 + \lambda_2}.$$

注:题中要求 $b\neq 0$,因若 $b=0$,则 $\lambda_1 = a, \lambda_2 = c$,从而 k_1 无意义,但当 $b=0$ 时,积分仍能化为所要求的形式.事实上,若 $b=0$,则 $a\neq c$.

$$\int \frac{a_1\sin x + b_1\cos x}{a\sin^2 x + 2b\sin x\cos x + c\cos^2 x}\mathrm{d}x$$
$$= \int \frac{a_1\sin x + b_1\cos x}{a\sin^2 x + c\cos^2 x}\mathrm{d}x$$
$$= -a_1\int \frac{\mathrm{d}(\cos x)}{(c-a)\cos^2 x + a} + b_1\int \frac{\mathrm{d}(\sin x)}{(a-c)\sin^2 x + c}$$
$$= A\int \frac{\mathrm{d}u_1}{k_1 u_1^2 + \lambda_1} + B\int \frac{\mathrm{d}u_2}{k_2 u_2^2 + \lambda_2}.$$

式中 $A = -a_1, B = b_1, k_1 = c-a, k_2 = a-c, \lambda_1 = a, \lambda_2 = c.$

求解下列积分(2054~2056).

【2054】 $\int \frac{2\sin x - \cos x}{3\sin^2 x + 4\cos^2 x}\mathrm{d}x.$

解 $\int \frac{2\sin x - \cos x}{3\sin^2 x + 4\cos^2 x}\mathrm{d}x$
$$= \int \frac{2\sin x\,\mathrm{d}x}{3\sin^2 x + 4\cos^2 x} - \int \frac{\cos x\,\mathrm{d}x}{3\sin^2 x + 4\cos^2 x}$$
$$= -2\int \frac{\mathrm{d}(\cos x)}{3+\cos^2 x} - \int \frac{\mathrm{d}(\sin x)}{4-\sin^2 x}$$

$$= -\frac{2}{\sqrt{3}}\arctan\frac{\cos x}{\sqrt{3}} - \frac{1}{4}\ln\frac{2+\sin x}{2-\sin x} + C.$$

【2055】 $\int \dfrac{\sin x + \cos x}{2\sin^2 x - 4\sin x\cos x + 5\cos^2 x}\,\mathrm{d}x$

解 应用 2053 题的结果求解,这里

$$a_1 = 1 \qquad b_1 = 1$$
$$a = 2 \qquad b = -2 \qquad c = 5$$
$$\begin{vmatrix} a-\lambda & b \\ b & c-\lambda \end{vmatrix} = \begin{vmatrix} 2-\lambda & -2 \\ -2 & 5-\lambda \end{vmatrix} = \lambda^2 - 7\lambda + 6 = 0,$$

从而 $\lambda_1 = 1, \lambda_2 = 6$,所以

$$A = -\frac{a_1(\lambda_1 - \lambda_2) + b_1 b + a_1(a - \lambda_1)}{b(\lambda_1 - \lambda_2)} = \frac{3}{5},$$

$$B = \frac{bb_1 + a_1(a - \lambda_1)}{b(\lambda_1 - \lambda_2)} = -\frac{1}{10},$$

$$u_1 = (a - \lambda_1)\sin x + b\cos x = \sin x - 2\cos x,$$

$$u_2 = (a - \lambda_2)\sin x + b\cos x = -4\sin x - 2\cos x,$$

$$k_1 = \frac{1}{a - \lambda_1} = 1,\ k_2 = \frac{1}{a - \lambda_2} = -\frac{1}{4},$$

所以 $\int \dfrac{\sin x + \cos x}{2\sin^2 x - 4\sin x\cos x + 5\cos^2 x}\,\mathrm{d}x$

$$= \frac{3}{5}\int \frac{\mathrm{d}(\sin x - 2\cos x)}{(\sin x - 2\cos x)^2 + 1} - \frac{1}{10}\int \frac{\mathrm{d}(4\sin x + 2\cos x)}{\frac{1}{4}(4\sin x + 2\cos x)^2 - 6}$$

$$= \frac{3}{5}\arctan(\sin x - 2\cos x)$$

$$\quad + \frac{1}{10\sqrt{6}}\ln\left|\frac{\sqrt{6} + 2\sin x + \cos x}{\sqrt{6} - 2\sin x - \cos x}\right| + C.$$

【2056】 $\int \dfrac{\sin x - 2\cos x}{1 + 4\sin x\cos x}\,\mathrm{d}x.$

解 应用 2053 题求解

$$\int \frac{\sin x - 2\cos x}{1 + 4\sin x\cos x}\,\mathrm{d}x$$

$$= \int \frac{\sin x - 2\cos x}{\sin^2 x + 4\sin x\cos x + \cos^2 x}\,\mathrm{d}x.$$

这里 $a_1 = 1, b_1 = -2, a = 1, b = 2, c = 1;$

$$\begin{vmatrix} 1-\lambda & 2 \\ 2 & 1-\lambda \end{vmatrix} = \lambda^2 - 2\lambda - 3 = 0,$$

$\lambda_1 = 3, \lambda_2 = -1; k_1 = -\dfrac{1}{2}, k_2 = \dfrac{1}{2}; A = \dfrac{1}{4}, B = -\dfrac{3}{4};$

$u_1 = 2(\cos x - \sin x), u_2 = 2(\cos x + \sin x).$

所以 $\displaystyle\int \frac{\sin x - 2\cos x}{1 + 4\sin x \cos x} dx$

$$= \frac{1}{4}\int \frac{2d(\cos x - \sin x)}{-2(\cos x - \sin x)^2 + 3} - \frac{3}{4}\int \frac{2d(\cos x + \sin x)}{2(\cos x + \sin x) - 1}$$

$$= \frac{3}{4\sqrt{2}} \ln \left| \frac{\sqrt{2}(\sin x + \cos x) + 1}{\sqrt{2}(\sin x + \cos x) - 1} \right|$$

$$\quad - \frac{1}{4\sqrt{6}} \ln \left| \frac{\sqrt{3} + \sqrt{2}(\sin x - \cos x)}{\sqrt{3} - \sqrt{2}(\sin x - \cos x)} \right| + C.$$

【2057】 证明 $\displaystyle\int \frac{dx}{(a\sin x + b\cos x)^n}$

$$= \frac{A\sin x + B\cos x}{(a\sin x + b\cos x)^{n-1}} + C\int \frac{dx}{(a\sin x + b\cos x)^{n-2}}$$

其中 A, B, C 为未定系数.

证 $a\sin x + b\cos x = \sqrt{a^2 + b^2} \sin(x + \varphi),$

其中 $\cos\varphi = \dfrac{a}{\sqrt{a^2 + b^2}}, \sin\varphi = \dfrac{b}{\sqrt{a^2 + b^2}}.$

设 $I_n = \displaystyle\int \frac{dx}{(a\sin x + b\cos x)^n},$

则 $I_n = (a^2 + b^2)^{-\frac{n}{2}} \displaystyle\int \frac{dx}{\sin^n(x + \varphi)}$

$$= -(a^2 + b^2)^{-\frac{n}{2}} \int \frac{1}{\sin^{n-2}(x + \varphi)} d[\cot(x + \varphi)]$$

$$= -(a^2 + b^2)^{-\frac{n}{2}} \frac{\cot(x + \varphi)}{\sin^{n-2}(x + \varphi)}$$

$$\quad - \frac{n-2}{(a^2 + b^2)^{\frac{n}{2}}} \int \frac{\cot(x + \varphi)\cos(x + \varphi)}{\sin^{n-1}(x + \varphi)} dx$$

$$= \frac{\dfrac{b}{a^2 + b^2}\sin x - \dfrac{a}{a^2 + b^2}\cos x}{(a\sin x + b\cos x)^{n-1}}$$

$$-\frac{n-2}{(a^2+b^2)^{\frac{n}{2}}}\int\frac{1-\sin^2(x+\varphi)}{\sin^n(x+\varphi)}dx$$

$$=\frac{\dfrac{b}{a^2+b^2}\sin x-\dfrac{a}{a^2+b^2}\cos x}{(a\sin x+b\cos x)^{n-1}}+(2-n)I_n+\frac{n-2}{(a^2+b^2)}I_{n-2}.$$

所以
$$I_n=\frac{\dfrac{b}{(n-1)(a^2+b^2)}\sin x-\dfrac{a}{(n-1)(a^2+b^2)}\cos x}{(a\sin x+b\cos x)^{n-1}}$$

$$+\frac{n-2}{(n-1)(a^2+b^2)}I_{n-2}.$$

即
$$\int\frac{dx}{(a\sin x+b\cos x)^n}$$

$$=\frac{A\sin x+B\cos x}{(a\sin x+b\cos x)^{n-1}}+C\int\frac{dx}{(a\sin x+b\cos x)^{n-2}}.$$

其中 $A=\dfrac{b}{(n-1)(a^2+b^2)},\quad B=-\dfrac{a}{(n-1)(a^2+b^2)},$

$C=\dfrac{n-2}{(n-1)(a^2+b^2)}.$

【2058】 求积分 $\int\dfrac{dx}{(\sin x+2\cos x)^3}.$

解 应用 2057 题求解，这里

$$a=1, b=2, n=3, A=\frac{2}{10}, B=-\frac{1}{10}, C=\frac{1}{10}.$$

所以
$$\int\frac{dx}{(\sin x+2\cos x)^3}$$

$$=\frac{2\sin x-\cos x}{10(\sin x+2\cos x)^2}+\frac{1}{10}\int\frac{dx}{\sin x+2\cos x}$$

$$=\frac{2\sin x-\cos x}{10(\sin x+2\cos x)^2}+\frac{1}{10\sqrt{5}}\int\frac{dx}{\sin(x+\varphi)}$$

$$=\frac{2\sin x-\cos x}{10(\sin x+2\cos x)^2}+\frac{1}{10\sqrt{5}}\ln\left|\tan\left(\frac{x}{2}+\frac{\varphi}{2}\right)\right|+C,$$

其中 $\varphi=\arctan 2.$

【2059】 若 n 为大于 1 的自然数. 证明

$$\int\frac{dx}{(a+b\cos x)^n}=\frac{A\sin x}{(a+b\cos x)^{n-1}}$$

$$+ B\int \frac{\mathrm{d}x}{(a+b\cos x)^{n-1}} + C\int \frac{\mathrm{d}x}{(a+b\cos x)^{n-2}}$$

并确定系数 A、B 和 C,其中 $|a|\neq|b|$.

证 设 $I_n = \int \frac{\mathrm{d}x}{(a+b\cos x)^n}$,

则
$$I_{n-1} = \int \frac{\mathrm{d}x}{(a+b\cos x)^{n-1}}$$
$$= \frac{1}{a}\int \frac{(a+b\cos x) - b\cos x}{(a+b\cos x)^{n-1}}\mathrm{d}x$$
$$= \frac{1}{a}I_{n-2} - \frac{b}{a}\int \frac{\mathrm{d}(\sin x)}{(a+b\cos x)^{n-1}}$$
$$= \frac{1}{a}I_{n-2} - \frac{b}{a}\cdot\frac{\sin x}{(a+b\cos x)^{n-1}}$$
$$\quad + \frac{(n-1)b^2}{a}\int \frac{\sin^2 x}{(a+b\cos x)^n}\mathrm{d}x$$
$$= \frac{1}{a}I_{n-2} - \frac{b\sin x}{a(a+b\cos x)^{n-1}}$$
$$\quad + \frac{n-1}{a}\int \frac{(b^2-a^2)+(a+b\cos x)(a-b\cos x)}{(a+b\cos x)^n}\mathrm{d}x$$
$$= \frac{1}{a}I_{n-2} - \frac{b\sin x}{a(a+b\cos x)^{n-1}} + \frac{(n-1)(b^2-a^2)}{a}I_n$$
$$\quad + \frac{n-1}{a}\int \frac{a-b\cos x}{(a+b\cos x)^{n-1}}\mathrm{d}x$$
$$= \frac{1}{a}I_{n-2} - \frac{b\sin x}{a(a+b\cos x)^{n-1}} + \frac{(n-1)(b^2-a^2)}{a}I_n$$
$$\quad - \frac{n-1}{a}\int \frac{(a+b\cos x)-2a}{(a+b\cos x)^{n-1}}\mathrm{d}x$$
$$= \frac{1}{a}I_{n-2} - \frac{b\sin x}{a(a+b\cos x)^{n-1}} + \frac{(n-1)(b^2-a^2)}{a}I_n$$
$$\quad - \frac{n-1}{a}I_{n-2} + 2(n-1)I_{n-1},$$

所以
$$\frac{(n-1)(a^2-b^2)}{a}I_n$$
$$= -\frac{b\sin x}{a(a+b\cos x)^{n-1}} + (2n-3)I_{n-1} - \frac{n-2}{a}I_{n-2}.$$

第三章 不定积分 §4. 三角函数的积分法

即 $I_n = \dfrac{b}{(n-1)(b^2-a^2)} \cdot \dfrac{\sin x}{(a+b\cos x)^{n-1}}$
$+ \dfrac{a(2n-3)}{(n-1)(a^2-b^2)} I_{n-1} + \dfrac{(n-2)}{(n-1)(b^2-a^2)} I_{n-2}.$

因此 $\displaystyle\int \dfrac{\mathrm{d}x}{(a+b\cos x)^n}$

$= \dfrac{A\sin x}{(a+b\cos x)^{n-1}} + B\displaystyle\int \dfrac{\mathrm{d}x}{(a+b\cos x)^{n-1}}$
$+ C\displaystyle\int \dfrac{\mathrm{d}x}{(a+b\cos x)^{n-2}}.$

其中 $A = \dfrac{b}{(n-1)(b^2-a^2)},$

$B = \dfrac{(2n-3)a}{(n-1)(a^2-b^2)},$

$C = \dfrac{n-2}{(n-1)(b^2-a^2)}.$

求解下列积分（2060～2064）.

【2060】 $\displaystyle\int \dfrac{\sin x \mathrm{d}x}{\cos x \sqrt{1+\sin^2 x}}.$

解 $\displaystyle\int \dfrac{\sin x}{\cos x \sqrt{1+\sin^2 x}} \mathrm{d}x$

$= \displaystyle\int \dfrac{\sin x \mathrm{d}x}{\cos^2 x \sqrt{\sec^2 x + \tan^2 x}} = \displaystyle\int \dfrac{\mathrm{d}(\sec x)}{\sqrt{2\sec^2 x - 1}}$

$= \dfrac{1}{\sqrt{2}} \ln \left| \sqrt{2}\sec x + \sqrt{2\sec^2 x - 1} \right| + C$

$= \dfrac{1}{\sqrt{2}} \ln \dfrac{\sqrt{2} + \sqrt{1+\sin^2 x}}{|\cos x|} + C.$

【2061】 $\displaystyle\int \dfrac{\sin^2 x}{\cos^2 x \sqrt{\tan x}} \mathrm{d}x.$

解 $\displaystyle\int \dfrac{\sin^2 x \mathrm{d}x}{\cos^2 x \sqrt{\tan x}} = \displaystyle\int \dfrac{\sin^2 x \mathrm{d}(\tan x)}{\sqrt{\tan x}}$

$= 2\displaystyle\int \sin^2 x \mathrm{d}(\sqrt{\tan x}) = 2\displaystyle\int (1-\cos^2 x) \mathrm{d}(\sqrt{\tan x})$

$= 2\sqrt{\tan x} - 2\displaystyle\int \dfrac{\mathrm{d}\sqrt{\tan x}}{1+\tan^2 x}.$

由 1884 题有

$$\int \frac{\mathrm{d}x}{x^4+1} = \frac{1}{4\sqrt{2}} \ln\left|\frac{x^2+\sqrt{2}x+1}{x^2-\sqrt{2}x+1}\right|$$
$$+ \frac{\sqrt{2}}{4}\left[\arctan\left(\frac{2x+\sqrt{2}}{\sqrt{2}}\right) + \arctan\left(\frac{2x-\sqrt{2}}{\sqrt{2}}\right)\right] + C.$$

所以 $\displaystyle\int \frac{\sin^2 x \,\mathrm{d}x}{\cos^2 x \sqrt{\tan x}}$

$$= 2\sqrt{\tan x} - \frac{1}{2\sqrt{2}} \ln\left|\frac{\tan x + \sqrt{2\tan x}+1}{\tan x - \sqrt{2\tan x}+1}\right|$$
$$- \frac{\sqrt{2}}{2}\left[\arctan(\sqrt{2\tan x}+1) + \arctan(\sqrt{2\tan x}-1)\right] + C.$$

【2062】$\displaystyle\int \frac{\sin x \,\mathrm{d}x}{\sqrt{2+\sin 2x}}.$

解 因为 $2 + \sin 2x = 1 + (\sin x + \cos x)^2$
$$= 3 - (\sin x - \cos x)^2,$$

所以 $\displaystyle\int \frac{\sin x}{\sqrt{2+\sin 2x}}\mathrm{d}x$

$$= \int \frac{\cos x - (\cos x - \sin x)}{\sqrt{1+(\sin x+\cos x)^2}} \mathrm{d}x$$
$$= \int \frac{\cos x \,\mathrm{d}x}{\sqrt{3-(\sin x - \cos)^2}}$$
$$- \ln\left|\sin x + \cos x + \sqrt{2+\sin 2x}\right|$$
$$= -\int \frac{\sin x \,\mathrm{d}x}{\sqrt{2+\sin 2x}} + \int \frac{\mathrm{d}(\sin x - \cos x)}{\sqrt{3-(\sin x - \cos x)^2}}$$
$$- \ln\left|\sin x + \cos x + \sqrt{2+\sin 2x}\right|.$$

因此 $\displaystyle\int \frac{\sin x \,\mathrm{d}x}{\sqrt{2+\sin 2x}}$

$$= \frac{1}{2}\int \frac{\mathrm{d}(\sin x - \cos x)}{\sqrt{3-(\sin x - \cos x)^2}}$$
$$- \frac{1}{2}\ln\left|\sin x + \cos x + \sqrt{2+\sin 2x}\right|$$
$$= \frac{1}{2}\arcsin\left(\frac{\sin x - \cos x}{\sqrt{3}}\right)$$

$$-\frac{1}{2}\ln\left|\sin x+\cos x+\sqrt{2+\sin 2x}\right|+C.$$

【2063】 $\int \dfrac{\mathrm{d}x}{(1+\varepsilon\cos x)^2}$ $(0<\varepsilon<1).$

解 利用 2059 题求解，这里
$a=1, b=\varepsilon, n=2,$
$$A=-\frac{\varepsilon}{1-\varepsilon^2}, B=\frac{1}{1-\varepsilon^2}, C=0,$$

所以 $\int \dfrac{\mathrm{d}x}{(1+\varepsilon\cos x)^2}$
$$=-\frac{\varepsilon\sin x}{(1-\varepsilon^2)(1+\varepsilon\cos x)}+\frac{1}{1-\varepsilon^2}\int\frac{\mathrm{d}x}{1+\varepsilon\cos x}.$$

由 2028 题的结论知
$$\int\frac{\mathrm{d}x}{1+\varepsilon\cos x}=\frac{2}{\sqrt{1-\varepsilon^2}}\arctan\left(\sqrt{\frac{1-\varepsilon}{1+\varepsilon}}\tan\frac{x}{2}\right)+C.$$

因此 $\int \dfrac{\mathrm{d}x}{(1+\varepsilon\cos x)^2}$
$$=-\frac{\varepsilon\sin x}{(1-\varepsilon^2)(1+\varepsilon\cos x)}$$
$$+\frac{2}{(1-\varepsilon^2)^{\frac{3}{2}}}\arctan\left(\sqrt{\frac{1-\varepsilon}{1+\varepsilon}}\tan\frac{x}{2}\right)+C.$$

【2064】 $\int \dfrac{\cos^{n-1}\dfrac{x+a}{2}}{\sin^{n+1}\dfrac{x-a}{2}}\mathrm{d}x.$

提示：假定 $t=\dfrac{\cos\dfrac{x+a}{2}}{\sin\dfrac{x-a}{2}}.$

解 设 $t=\dfrac{\cos\dfrac{x+a}{2}}{\sin\dfrac{x-a}{2}},$ 则

$$\mathrm{d}t=\frac{-\dfrac{1}{2}\cos a}{\sin^2\dfrac{x-a}{2}}\mathrm{d}x.$$

所以 $\displaystyle\int \frac{\cos^{n-1}\frac{x+a}{2}}{\sin^{n+1}\frac{x-a}{2}}\mathrm{d}x = -\frac{2}{\cos a}\int t^{n-1}\mathrm{d}t$

$\displaystyle= -\frac{2}{n\cos a}t^n + C = -\frac{2}{n\cos a}\left(\frac{\cos\frac{x+a}{2}}{\sin\frac{x-a}{2}}\right)^n + C.$

【2065】 推导积分的递推公式:

$$I_n = \int\left(\frac{\sin\frac{x-a}{2}}{\sin\frac{x+a}{2}}\right)^n \mathrm{d}x, \quad (n \text{ 为自然数}).$$

解 设 $t = \dfrac{\sin\frac{x-a}{2}}{\sin\frac{x+a}{2}}$,

则 $x = 2\arctan\left(\dfrac{1+t}{1-t}\cdot\tan\dfrac{a}{2}\right)$,

$$\mathrm{d}x = \frac{4\tan\frac{a}{2}}{t^2\sec^2\frac{a}{2} + 2t\left(\tan^2\frac{a}{2}-1\right) + \sec^2\frac{a}{2}}\mathrm{d}t,$$

所以 $\displaystyle I_n = \int\left(\frac{\sin\frac{x-a}{2}}{\sin\frac{x+a}{2}}\right)^n \mathrm{d}x$

$$= \int \frac{4t^n\tan\frac{a}{2}}{t^2\sec^2\frac{a}{2} + 2t\left(\tan^2\frac{a}{2}-1\right) + \sec^2\frac{a}{2}}\mathrm{d}t$$

$$= \int \frac{4\tan\frac{a}{2}}{\sec^2\frac{a}{2}}t^{n-2}\mathrm{d}t$$

$$-4\tan\frac{a}{2}\cdot\frac{2\left(\tan^2\frac{a}{2}-1\right)}{\sec^2\frac{a}{2}}t^{n-1}$$
$$+\int\frac{}{t^2\sec^2\frac{a}{2}+2t\left(\tan^2\frac{a}{2}-1\right)+\sec^2\frac{a}{2}}dt$$

$$+\int\frac{-4\tan\frac{a}{2}}{t^2\sec^2\frac{a}{2}+2t\left(\tan^2\frac{a}{2}-1\right)+\sec^2\frac{a}{2}}t^{n-2}dt$$

$$=\frac{2\sin a}{n-1}t^{n-1}+2I_{n-1}\cos a-I_{n-2}.$$

§5. 各种超越函数的积分法

【2066】 证明:若 $P(x)$ 为 n 次多项式,则

$$\int P(x)e^{ax}dx$$
$$=e^{ax}\left[\frac{P(x)}{a}-\frac{P'(x)}{a^2}+\cdots+(-1)^n\frac{P^n(x)}{a^{n+1}}\right]+C.$$

证 利用分部积分法并注意到

$$P^{(n+1)}(x)\equiv 0,$$

有
$$\int P(x)e^{ax}dx$$
$$=\frac{1}{a}\int P(x)d(e^{ax})$$
$$=\frac{1}{a}P(x)e^{ax}-\frac{1}{a}\int e^{ax}P'(x)dx$$
$$=\frac{1}{a}P(x)e^{ax}-\frac{1}{a^2}\int P'(x)d(e^{ax})$$
$$=\frac{1}{a}P(x)e^{ax}-\frac{1}{a^2}P'(x)e^{ax}+\frac{1}{a^2}\int e^{ax}P'(x)dx$$
$$=\cdots$$
$$=e^{ax}\left[\frac{P(x)}{a}-\frac{P'(x)}{a^2}+\cdots+(-1)^n\frac{P^{(n)}(x)}{a^{n+1}}\right]+C.$$

【2067】 证明:若 $P(x)$ 为 n 次多项式,则

$$\int P(x)\cos ax\,dx$$

$$= \frac{\sin ax}{a}\left[P(x) - \frac{P''(x)}{a^2} + \frac{P^{(4)}(x)}{a^4} - \cdots\right]$$
$$+ \frac{\cos ax}{a^2}\left[P'(x) - \frac{P'''(x)}{a^2} + \frac{P^{(5)}(x)}{a^4} - \cdots\right] + C,$$

及 $\quad \int P(x)\sin ax\,dx$

$$= -\frac{\cos ax}{a}\left[P(x) - \frac{P''(x)}{a^2} + \frac{P^{(4)}(x)}{a^4} - \cdots\right]$$
$$+ \frac{\sin ax}{a^2}\left[P'(x) - \frac{P'''(x)}{a^2} + \frac{P^{(5)}(x)}{a^4} - \cdots\right] + C.$$

证 利用分部积分公式,并注意到
$P^{(n+1)}(x) \equiv 0$,

$$\int P(x)\cos ax\,dx = \frac{1}{a}\int P(x)d(\sin ax)$$
$$= \frac{1}{a}P(x)\sin ax - \frac{1}{a}\int P'(x)\sin ax\,dx$$
$$= \frac{1}{a}P(x)\sin ax + \frac{1}{a^2}\int P'(x)d(\cos ax)$$
$$= \frac{1}{a}P(x)\sin ax + \frac{1}{a^2}P'(x)\cos ax - \frac{1}{a^2}\int P''(x)\cos ax\,dx$$
$$= \frac{1}{a}P(x)\sin ax + \frac{1}{a^2}P'(x)\cos ax - \frac{1}{a^3}P''(x)\sin ax$$
$$\quad - \frac{1}{a^4}P'''(x)\cos ax + \frac{1}{a^4}\int P^{(4)}(x)\cos ax\,dx$$
$$= \cdots$$
$$= \frac{\sin ax}{a}\left[P(x) - \frac{P''(x)}{a^2} + \frac{P^4(x)}{a^4} - \cdots\right]$$
$$+ \frac{\cos ax}{a^2}\left[P'(x) - \frac{P'''(x)}{a^2} + \frac{P^{(5)}(x)}{a^4} - \cdots\right] + C.$$

$$\int P(x)\sin ax\,dx = -\frac{1}{a}\int P(x)d(\cos ax)$$
$$= -\frac{1}{a}P(x)\cos ax + \frac{1}{a}\int P'(x)\cos ax\,dx$$
$$= -\frac{1}{a}P(x)\cos ax + \frac{1}{a^2}\int P'(x)d(\sin ax)$$

$$= -\frac{1}{a}P(x)\cos ax + \frac{1}{a^2}P'(x)\sin ax - \frac{1}{a^2}\int P''(x)\sin ax\,\mathrm{d}x$$

$$= -\frac{1}{a}P(x)\cos ax + \frac{1}{a^2}P'(x)\sin ax + \frac{1}{a^3}P''(x)\cos ax$$

$$\quad -\frac{1}{a^3}\int P'''(x)\cos ax\,\mathrm{d}x$$

$$= \cdots$$

$$= -\frac{\cos ax}{a}\left[P(x) - \frac{P''(x)}{a^2} + \frac{P^{(4)}(x)}{a^4} - \cdots\right]$$

$$\quad + \frac{\sin ax}{a^2}\left[P'(x) - \frac{P'''(x)}{a^2} + \frac{P^{(5)}(x)}{a^4} - \cdots\right] + C.$$

求解下列积分(2068~2080).

【2068】 $\int x^3 \mathrm{e}^{3x}\,\mathrm{d}x.$

解 利用2066题的结果有

$$\int x^3 \mathrm{e}^{3x}\,\mathrm{d}x = \mathrm{e}^{3x}\left(\frac{x^3}{3} - \frac{3x^2}{3^2} + \frac{6x}{3^3} - \frac{6}{3^4}\right) + C$$

$$= \mathrm{e}^{3x}\left(\frac{x^3}{3} - \frac{x^2}{3} + \frac{2x}{9} - \frac{2}{27}\right) + C.$$

【2069】 $\int (x^2 - 2x + 2)\mathrm{e}^{-x}\,\mathrm{d}x.$

解 利用2066题的结果有

$$\int (x^2 - 2x + 2)\mathrm{e}^{-x}\,\mathrm{d}x$$

$$= \mathrm{e}^{-x}\left[\frac{x^2 - 2x + 2}{-1} - \frac{2x - 2}{(-1)^2} + \frac{2}{(-1)^3}\right] + C$$

$$= -\mathrm{e}^{-x}(x^2 + 2) + C.$$

【2070】 $\int x^5 \sin 5x\,\mathrm{d}x.$

解 利用2067题的结果有

$$\int x^5 \sin 5x\,\mathrm{d}x = -\frac{\cos 5x}{5}\left(x^5 - \frac{20x^3}{5^2} + \frac{120x}{5^4}\right)$$

$$\quad + \frac{\sin 5x}{5^2}\left(5x^4 - \frac{60x^2}{5^2} + \frac{120}{5^4}\right) + C$$

$$= -\frac{\cos 5x}{5}\left(x^5 - \frac{4x^3}{5} + \frac{24x}{125}\right) + \frac{\sin 5x}{25}\left(5x^4 - \frac{12x^2}{5} + \frac{24}{125}\right) + C.$$

【2071】 $\int (1+x^2)^2 \cos x \, \mathrm{d}x$.

解 利用 2067 题结果有

$$\int (1+x^2)^2 \cos x \, \mathrm{d}x$$
$$= \sin x [(1+2x^2+x^4) - (4+12x^2) + 24]$$
$$\quad + \cos x [(4x+4x^3) - 24x] + C$$
$$= (x^4 - 10x^2 + 21)\sin x + (4x^3 - 20x)\cos x + C.$$

【2072】 $\int x^7 \mathrm{e}^{-x^2} \, \mathrm{d}x$.

解 设 $t = x^2$,

则有 $\int x^7 \mathrm{e}^{-x^2} \, \mathrm{d}x = \frac{1}{2} \int t^3 \mathrm{e}^{-t} \, \mathrm{d}t$

$$= \frac{1}{2} \mathrm{e}^{-t} \left[\frac{t^3}{-1} - \frac{3t^2}{(-1)^2} + \frac{6t}{(-1)^3} - \frac{6}{(-1)^4} \right] + C$$
$$= -\frac{1}{2} \mathrm{e}^{-x^2} (x^6 + 3x^4 + 6x^2 + 6) + C.$$

【2073】 $\int x^2 \mathrm{e}^{\sqrt{x}} \, \mathrm{d}x$.

解 设 $\sqrt{x} = t$,

则 $x = t^2, \mathrm{d}x = 2t \, \mathrm{d}t$.

所以 $\int x^2 \mathrm{e}^{\sqrt{x}} \, \mathrm{d}x = 2 \int t^5 \mathrm{e}^t \, \mathrm{d}t$

$$= 2\mathrm{e}^t (t^5 - 5t^4 + 20t^3 - 60t^2 + 120t - 120) + C$$
$$= 2\mathrm{e}^{\sqrt{x}} (x^{\frac{5}{2}} - 5x^2 + 20x^{\frac{3}{2}} - 60x + 120x^{\frac{1}{2}} - 120) + C.$$

【2074】 $\int \mathrm{e}^{ax} \cos^2 bx \, \mathrm{d}x$.

解 $\int \mathrm{e}^{ax} \cos^2 bx \, \mathrm{d}x = \frac{1}{2} \int \mathrm{e}^{ax} (1 + \cos 2bx) \, \mathrm{d}x$

$$= \frac{1}{2a} \mathrm{e}^{ax} + \frac{1}{2} \int \mathrm{e}^{ax} \cos 2bx \, \mathrm{d}x,$$

而由 1828 题的结果有

$$\int \mathrm{e}^{ax} \cos 2bx \, \mathrm{d}x = \mathrm{e}^{ax} \frac{a\cos 2bx + 2b\sin 2bx}{a^2 + 4b^2} + C,$$

因此 $\int \mathrm{e}^{ax} \cos^2 bx \, \mathrm{d}x = \frac{1}{2a} \mathrm{e}^{ax} + \frac{1}{2} \mathrm{e}^{ax} \frac{a\cos 2bx + 2b\sin 2bx}{a^2 + 4b^2} + C.$

【2075】 $\int e^{ax}\sin^3 bx\,dx$.

解 $\int e^{ax}\sin^3 bx\,dx = \int e^{ax}\sin bx\,\dfrac{1-\cos 2bx}{2}dx$

$= \int e^{ax}\left(\dfrac{3}{4}\sin bx - \dfrac{1}{4}\sin 3bx\right)dx$,

由于 $\int e^{ax}\sin bx\,dx = \dfrac{e^{ax}(a\sin bx - b\cos bx)}{a^2+b^2} + C$,

所以 $\int e^{ax}\sin^3 bx\,dx = \dfrac{3}{4}e^{ax}\dfrac{a\sin bx - b\cos bx}{a^2+b^2}$

$\quad -\dfrac{1}{4}e^{ax}\dfrac{a\sin 3bx - 3b\cos 3bx}{a^2+9b^2} + C$.

【2076】 $\int xe^x\sin x\,dx$.

解 $\int xe^x\sin x\,dx = -\int xe^x\,d(\cos x)$

$= -xe^x\cos x + \int(1+x)e^x\cos x\,dx$

$= -xe^x\cos x + \int(1+x)e^x\,d\sin x$

$= -xe^x\cos x + (1+x)e^x\sin x - \int(2+x)e^x\sin x\,dx$

$= e^x(x\sin x + \sin x - x\cos x) - 2\int e^x\sin x\,dx - \int xe^x\sin x\,dx$.

由于

$\int e^x\sin x\,dx = \dfrac{1}{2}e^x(\sin x - \cos x) + C_1$,

因此 $\int xe^x\sin x\,dx = \dfrac{1}{2}e^x(x\sin x - x\cos x + \cos x) + C$.

【2077】 $\int x^2 e^x\cos x\,dx$.

解 $\int x^2 e^x\cos x\,dx = \int x^2\cos x\,d(e^x)$

$= x^2 e^x\cos x - \int e^x(2x\cos x - x^2\sin x)dx$

$= x^2 e^x\cos x - \int(2x\cos x - x^2\sin x)d(e^x)$

$$= x^2 e^x \cos x - e^x(2x\cos x - x^2 \sin x)$$
$$+ \int e^x(2\cos x - 4x\sin x - x^2\cos x)dx$$
$$= e^x[x^2(\cos x + \sin x) - 2x\cos x] + 2\int e^x \cos x dx$$
$$- 4\int x e^x \sin x dx - \int x^2 e^x \cos x dx.$$

而 $\quad \int e^x \cos x dx = \dfrac{1}{2} e^x(\sin x + \cos x) + C_1.$

由 2076 题的结果知
$$\int x e^x \sin x dx = \dfrac{1}{2} e^x[x(\sin x - \cos x) + \cos x] + C_2.$$

故 $\quad \int x^2 e^x \cos x dx$
$$= \dfrac{1}{2} e^x[x^2(\sin x + \cos x) - 2x\cos x] + \dfrac{1}{2} e^x(\sin x + \cos x)$$
$$- 2 \cdot \dfrac{e^x}{2}[x(\sin x - \cos x) + \cos x] + C$$
$$= \dfrac{1}{2} e^x[x^2(\sin x + \cos x) - 2x\sin x + (\sin x - \cos x)] + C.$$

【2078】 $\int x e^x \sin^2 x dx.$

解 $\quad \int x e^x \sin^2 x dx = \dfrac{1}{2} \int x e^x(1 - \cos 2x) dx$
$$= \dfrac{1}{2} \int x e^x dx - \dfrac{1}{2} \int x e^x \cos 2x dx$$
$$= \dfrac{1}{2} e^x(x - 1) - \dfrac{1}{2} \int x e^x \cos 2x dx.$$

而 $\quad \int x e^x \cos 2x dx = \int x\cos 2x d(e^x)$
$$= x e^x \cos 2x - \int e^x \cos 2x dx + 2\int x e^x \sin 2x dx$$
$$\int x e^x \sin 2x dx = x e^x \sin 2x - \int e^x \sin 2x dx - 2\int x e^x \cos 2x dx$$

又由 1828 题及 1829 题知
$$\int e^x \cos 2x dx = \dfrac{e^x}{5}(\cos 2x + 2\sin 2x) + C_1$$

$$\int e^x \sin 2x \mathrm{d}x = \frac{e^x}{5}(\sin 2x - 2\cos 2x) + C_2$$

代入得 $\int x e^x \sin^2 x \mathrm{d}x$

$$= \frac{1}{2}e^x(x-1) - \frac{1}{10}xe^x\cos 2x - \frac{2}{5}xe^x\sin 2x$$

$$+ \frac{2}{25}e^x\sin 2x - \frac{3}{50}e^x\cos 2x + C.$$

【2079】 $\int (x - \sin x)^3 \mathrm{d}x.$

解 $\int (x-\sin x)^3 \mathrm{d}x$

$$= \int (x^3 - 3x^2\sin x + 3x\sin^2 x - \sin^3 x)\mathrm{d}x$$

$$= \frac{1}{4}x^4 - 3\int x^2\sin x\mathrm{d}x + \frac{3}{2}\int x(1-\cos 2x)\mathrm{d}x$$

$$+ \int (1-\cos^2 x)\mathrm{d}(\cos x)$$

$$= \frac{1}{4}x^4 + 3(x^2\cos x - 2x\sin x - 2\cos x) + \frac{3}{4}x^2$$

$$- \frac{3}{2}\left(\frac{\sin 2x}{2}x + \frac{\cos 2x}{2^2}\right) + \cos x - \frac{1}{3}\cos^3 x + C$$

$$= \frac{1}{4}x^4 + \frac{3}{4}x^2 + 3x^2\cos x - 6x\sin x - 5\cos x$$

$$- \frac{3}{4}x\sin 2x - \frac{3}{8}\cos 2x - \frac{1}{3}\cos^3 x + C.$$

【2080】 $\int \cos^2\sqrt{x}\, \mathrm{d}x.$

解 设 $\sqrt{x} = t$,

则 $x = t^2, \mathrm{d}x = 2t\mathrm{d}t.$

所以 $\int \cos^2\sqrt{x}\, \mathrm{d}x = \int 2t\cos^2 t\, \mathrm{d}t = \int t(1+\cos 2t)\mathrm{d}t$

$$= \frac{1}{2}t^2 + \frac{1}{2}t\sin 2t - \frac{1}{2}\int \sin 2t\, \mathrm{d}t$$

$$= \frac{1}{2}t^2 + \frac{1}{2}t\sin 2t + \frac{1}{4}\cos 2t + C$$

$$= \frac{1}{2}x + \frac{1}{2}\sqrt{x}\cdot\sin(2\sqrt{x}) + \frac{1}{4}\cos(2\sqrt{x}) + C.$$

【2081】 证明:若 R 为有理函数,$a_1,a_2,\cdots,a_n$ 为可公约的数,则积分 $\int R(\mathrm{e}^{a_1 x},\mathrm{e}^{a_2 x},\cdots,\mathrm{e}^{a_n x})\mathrm{d}x$ 是初等函数.

证 因为 $a_1,a_2,\cdots,a_n$ 为可公约的数,所以存在一非零实数 α 及整数 $k_1,k_2,\cdots,k_n$,使得 $a_1=k_1\alpha,a_2=k_2\alpha,\cdots,a_n=k_n\alpha$. 设 $\mathrm{e}^{\alpha x}=t$,则 $x=\dfrac{1}{\alpha}\ln t,\mathrm{d}x=\dfrac{1}{\alpha t}\mathrm{d}t$.

故
$$\int R(\mathrm{e}^{a_1 x},\mathrm{e}^{a_2 x},\cdots,\mathrm{e}^{a_n x})\mathrm{d}x$$
$$=\int \frac{1}{\alpha}R(t^{k_1},t^{k_2},\cdots,t^{k_n})\frac{\mathrm{d}t}{t}=\int R_1(t)\mathrm{d}t,$$

其中 $R_1(t)$ 为 t 的有理函数,从而 $\int R_1(t)\mathrm{d}t$ 为 t 的初等函数. 因此积分 $\int R(\mathrm{e}^{a_1 x},\mathrm{e}^{a_2 x},\cdots,\mathrm{e}^{a_n x})\mathrm{d}x$ 为初等函数.

求解下列积分(2082~2090).

【2082】 $\int \dfrac{\mathrm{d}x}{(1+\mathrm{e}^x)^2}.$

解
$$\int \frac{\mathrm{d}x}{(1+\mathrm{e}^x)^2}=\int \frac{1+\mathrm{e}^x-\mathrm{e}^x}{(1+\mathrm{e}^x)^2}\mathrm{d}x$$
$$=\int \frac{1}{1+\mathrm{e}^x}\mathrm{d}x-\int \frac{\mathrm{e}^x}{(1+\mathrm{e}^x)^2}\mathrm{d}x$$
$$=\int\left(1-\frac{\mathrm{e}^x}{1+\mathrm{e}^x}\right)\mathrm{d}x-\int \frac{\mathrm{d}(1+\mathrm{e}^x)}{(1+\mathrm{e}^x)^2}$$
$$=x-\ln(1+\mathrm{e}^x)+\frac{1}{1+\mathrm{e}^x}+C.$$

【2083】 $\int \dfrac{\mathrm{e}^{2x}}{1+\mathrm{e}^x}\mathrm{d}x.$

解
$$\int \frac{\mathrm{e}^{2x}}{1+\mathrm{e}^x}\mathrm{d}x=\int \frac{\mathrm{e}^{2x}-1+1}{1+\mathrm{e}^x}\mathrm{d}x$$
$$=\int(\mathrm{e}^x-1)\mathrm{d}x+\int \frac{1+\mathrm{e}^x-\mathrm{e}^x}{1+\mathrm{e}^x}\mathrm{d}x$$
$$=\mathrm{e}^x-x+\int\left(1-\frac{\mathrm{e}^x}{1+\mathrm{e}^x}\right)\mathrm{d}x$$
$$=\mathrm{e}^x-\ln(1+\mathrm{e}^x)+C.$$

【2084】 $\int \dfrac{\mathrm{d}x}{\mathrm{e}^{2x}+\mathrm{e}^x-2}$.

解 $\int \dfrac{\mathrm{d}x}{\mathrm{e}^{2x}+\mathrm{e}^x-2} = \int \dfrac{\mathrm{d}x}{(\mathrm{e}^x+2)(\mathrm{e}^x-1)}$

$= \int \dfrac{1}{3}\left(\dfrac{1}{\mathrm{e}^x-1} - \dfrac{1}{\mathrm{e}^x+2}\right)\mathrm{d}x$

$= \dfrac{1}{3}\int \left(\dfrac{\mathrm{e}^x}{\mathrm{e}^x-1}-1\right)\mathrm{d}x - \dfrac{1}{6}\int\left(1-\dfrac{\mathrm{e}^x}{\mathrm{e}^x+2}\right)\mathrm{d}x$

$= \dfrac{1}{3}\ln|\mathrm{e}^x-1| - \dfrac{x}{3} - \dfrac{x}{6} + \dfrac{1}{6}\ln(\mathrm{e}^x+2) + C$

$= -\dfrac{x}{2} + \dfrac{1}{6}\ln[(\mathrm{e}^x-1)^2(\mathrm{e}^x+2)] + C.$

【2085】 $\int \dfrac{\mathrm{d}x}{1+\mathrm{e}^{\frac{x}{2}}+\mathrm{e}^{\frac{x}{3}}+\mathrm{e}^{\frac{x}{6}}}$.

解 设 $\mathrm{e}^{\frac{x}{6}} = t$,则

$x = 6\ln t$,

$\mathrm{d}x = \dfrac{6}{t}\mathrm{d}t$,所以

$\int \dfrac{\mathrm{d}x}{1+\mathrm{e}^{\frac{x}{2}}+\mathrm{e}^{\frac{x}{3}}+\mathrm{e}^{\frac{x}{6}}}$

$= 6\int \dfrac{\mathrm{d}t}{t(1+t+t^2+t^3)} = 6\int \dfrac{\mathrm{d}t}{t(t+1)(t^2+1)}$

$= 6\int \left[\dfrac{1}{t} - \dfrac{1}{2(t+1)} - \dfrac{t+1}{2(t^2+1)}\right]\mathrm{d}t$

$= 6\ln t - 3\ln(t+1) - \dfrac{3}{2}\ln(1+t^2) - 3\arctan t + C$

$= x - 3\ln(1+\mathrm{e}^{\frac{x}{6}}) - \dfrac{3}{2}\ln(1+\mathrm{e}^{\frac{x}{3}}) - 3\arctan(\mathrm{e}^{\frac{x}{6}}) + C.$

【2086】 $\int \dfrac{1+\mathrm{e}^{\frac{x}{2}}}{(1+\mathrm{e}^{\frac{x}{4}})^2}\mathrm{d}x$.

解 设 $\mathrm{e}^{\frac{x}{4}} = t$,则

$x = 4\ln t, \mathrm{d}x = \dfrac{4}{t}\mathrm{d}t,$

所以 $\int \dfrac{1+\mathrm{e}^{\frac{x}{2}}}{(1+\mathrm{e}^{\frac{x}{4}})^2}\mathrm{d}x = 4\int \dfrac{1+t^2}{t(1+t)^2}\mathrm{d}t$

$$= 4\int \left[\frac{1}{t} - \frac{2}{(1+t)^2}\right] dt = 4\ln t + \frac{8}{1+t} + C$$

$$= x + \frac{8}{1+e^{\frac{x}{4}}} + C.$$

【2087】 $\int \dfrac{dx}{\sqrt{e^x - 1}}$.

解 设 $\sqrt{e^x - 1} = t$,则

$$x = \ln(t^2 + 1), dx = \frac{2t}{t^2 + 1} dt, \text{所以}$$

$$\int \frac{dx}{\sqrt{e^x - 1}} = 2\int \frac{dt}{t^2 + 1} = 2\arctan t + C$$

$$= 2\arctan(\sqrt{e^x - 1}) + C$$

【2088】 $\int \sqrt{\dfrac{e^x - 1}{e^x + 1}} dx$.

解 设 $\sqrt{\dfrac{e^x - 1}{e^x + 1}} = t$,则

$$x = \ln \frac{1+t^2}{1-t^2}, dx = \frac{4t}{(1+t^2)(1-t^2)} dt,$$

所以 $\int \sqrt{\dfrac{e^x - 1}{e^x + 1}} dx = \int \dfrac{4t^2}{(1+t^2)(1-t^2)} dt$

$$= 2\int \left(\frac{1}{1-t^2} - \frac{1}{1+t^2}\right) dt$$

$$= \ln \frac{1+t}{1-t} - 2\arctan t + C_1$$

$$= \ln \frac{1 + \sqrt{\dfrac{e^x - 1}{e^x + 1}}}{1 - \sqrt{\dfrac{e^x - 1}{e^x + 1}}} - 2\arctan \sqrt{\dfrac{e^x - 1}{e^x + 1}} + C_1$$

$$= \ln(e^x + \sqrt{e^{2x} - 1}) - 2\arctan \sqrt{\dfrac{e^x - 1}{e^x + 1}} + C.$$

【2089】 $\int \sqrt{e^{2x} + 4e^x - 1} dx$.

解 $\int \sqrt{e^{2x} + 4e^x - 1} dx = \int \dfrac{e^{2x} + 4e^x - 1}{\sqrt{e^{2x} + 4e^x - 1}} dx$

$$= \frac{1}{2}\int \frac{2e^{2x}+4e^{x}}{\sqrt{e^{2x}+4e^{x}-1}}dx$$

$$+ 2\int \frac{e^{x}}{\sqrt{e^{2x}+4e^{x}-1}}dx - \int \frac{dx}{\sqrt{e^{2x}+4e^{x}-1}}$$

$$= \frac{1}{2}\int \frac{d(e^{2x}+4e^{x}-1)}{\sqrt{e^{2x}+4e^{x}-1}} + 2\int \frac{d(e^{x}+2)}{\sqrt{(e^{x}+2)^{2}-5}}$$

$$+ \int \frac{d(e^{-x}-2)}{\sqrt{5-(e^{-x}-2)^{2}}}$$

$$= \sqrt{e^{2x}+4e^{x}-1} + 2\ln(e^{x}+2+\sqrt{e^{2x}+4e^{x}-1})$$

$$- \arcsin\frac{2e^{x}-1}{\sqrt{5}e^{x}} + C.$$

【2090】 $\int \frac{dx}{\sqrt{1+e^{x}}+\sqrt{1-e^{x}}}$.

解 $\int \frac{dx}{\sqrt{1+e^{x}}+\sqrt{1-e^{x}}}$

$$= \frac{1}{2}\int e^{-x}(\sqrt{1+e^{x}}-\sqrt{1-e^{x}})dx$$

$$= -\frac{1}{2}e^{-x}(\sqrt{1+e^{x}}-\sqrt{1-e^{x}})$$

$$+ \frac{1}{4}\int \left(\frac{1}{\sqrt{1+e^{x}}}+\frac{1}{\sqrt{1-e^{x}}}\right)dx$$

$$= -\frac{1}{2}e^{-x}(\sqrt{1+e^{x}}-\sqrt{1-e^{x}}) + \frac{1}{4}I_{1}+\frac{1}{4}I_{2},$$

其中 $I_{1} = \int \frac{1}{\sqrt{1+e^{x}}}dx, I_{2} = \int \frac{1}{\sqrt{1-e^{x}}}dx.$

设 $\sqrt{1+e^{x}} = t,$

则 $x = \ln(t^{2}-1), dx = \frac{2tdt}{t^{2}-1},$

所以 $I_{1} = \int \frac{1}{\sqrt{1+e^{x}}}dx = 2\int \frac{dt}{t^{2}-1}$

$$= \ln\frac{t-1}{t+1} + C_{1} = \ln\frac{\sqrt{1+e^{x}}-1}{\sqrt{1+e^{x}}+1} + C_{1}.$$

设 $\sqrt{1-e^{x}} = t,$

则 $x = \ln(1-t^2), \mathrm{d}x = -\dfrac{2t}{1-t^2}\mathrm{d}t,$

所以 $I_2 = \displaystyle\int \dfrac{\mathrm{d}x}{\sqrt{1-\mathrm{e}^x}} = -2\int \dfrac{\mathrm{d}t}{1-t^2} = \ln\dfrac{1-t}{1+t} + C_2$

$= \ln\dfrac{1-\sqrt{1-\mathrm{e}^x}}{1+\sqrt{1-\mathrm{e}^x}} + C_2.$

因此 $\displaystyle\int \dfrac{\mathrm{d}x}{\sqrt{1+\mathrm{e}^x}+\sqrt{1-\mathrm{e}^x}}$

$= -\dfrac{\mathrm{e}^{-x}}{2}(\sqrt{1+\mathrm{e}^x} - \sqrt{1-\mathrm{e}^x})$

$+ \dfrac{1}{4}\ln\dfrac{(\sqrt{1+\mathrm{e}^x}-1)(1-\sqrt{1-\mathrm{e}^x})}{(\sqrt{1+\mathrm{e}^x}+1)(1+\sqrt{1-\mathrm{e}^x})} + C.$

【2091】 证明:积分

$$\int R(x)\mathrm{e}^{ax}\mathrm{d}x$$

(其中 R 为有理函数,其分母仅有实根)可用初等函数和超越函数来表示,

$$\int \dfrac{\mathrm{e}^{ax}}{x}\mathrm{d}x = \mathrm{li}(\mathrm{e}^{ax}) + C,$$

其中 $\mathrm{li}\,x = \displaystyle\int \dfrac{\mathrm{d}x}{\ln x}.$

证 因为 R 的分母仅有实根,所以 $R(x)$ 可分解为如下的部分分式.

$$R(x) = P(x) + \sum_{i=1}^{l}\sum_{j=1}^{i_k} \dfrac{A_{ij}}{(x-a_i)^j},$$

其中 $R(x)$ 为多项式,A_{ij} 是常数. 从而有

$\displaystyle\int R(x)\mathrm{e}^{ax}\mathrm{d}x = \int P(x)\mathrm{e}^{ax}\mathrm{d}x + \sum_{i=1}^{l}\sum_{j=1}^{i_k}\int \dfrac{A_{ij}}{(x-a_i)^j}\mathrm{e}^{ax}\mathrm{d}x$

$\displaystyle\int P(x)\mathrm{e}^{ax}\mathrm{d}x$ 显然为初等函数. 而 $\displaystyle\int \dfrac{\mathrm{e}^{ax}}{(x-a_i)^j}\mathrm{d}x$ 可表为初等函数与超越函数 $\mathrm{li}(\mathrm{e}^{ax})$ 的和.

事实上,设 $x - a_i = t$,则

$$\int \dfrac{\mathrm{e}^{ax}}{(x-a_i)^j}\mathrm{d}x = \int \dfrac{\mathrm{e}^{a(t+a_i)}}{t^j}\mathrm{d}t = \dfrac{\mathrm{e}^{aa_i}}{1-j}\int \mathrm{e}^{at}\mathrm{d}\left(\dfrac{1}{t^{j-1}}\right)$$

$$= \frac{e^{aa_i}}{1-j} e^{at} \frac{1}{t^{j-1}} - \frac{ae^{aa_i}}{1-j} \int \frac{e^{at}}{t^{j-1}} dt = \cdots$$

$$= e^{at}\left(\frac{D_{j-1}}{t^{j-1}} + \frac{D_{j-2}}{t^{j-2}} + \cdots + \frac{D_2}{t^2}\right) + B_{ij} \int \frac{e^{at}}{t} dt$$

$$= g_{ij}(x) + B_{ij} \int \frac{e^{a(x-a_i)}}{(x-a_i)} dx$$

$$= g_{ij}(x) + B_{ij} \operatorname{li}(e^{a(x-a_i)}).$$

其中 $g_{ij}(x)$ 为 x 的初等函数，B_{ij} 为常数. 因此

$$\int R(x)e^{ax} dx = \int P(x)e^{ax} dx + \sum_{i=1}^{l}\sum_{j=1}^{i_k} A_{ij} g_{ij}(x)$$

$$+ \sum_{i=1}^{l}\sum_{j=1}^{i_k} A_{ij} B_{ij} \operatorname{li}(e^{a(x-a_i)}).$$

【2092】 在什么情况下，积分

$$\int P\left(\frac{1}{x}\right) e^x dx$$

（其中 $P\left(\frac{1}{x}\right) = a_0 + \frac{a_1}{x} + \cdots + \frac{a_n}{x^n}$ 及 $a_0, a_1, \cdots, a_n$ 为常数）是初等函数？

解
$$\int \frac{a_k}{x^k} e^x dx = -\frac{a_k}{k-1} \cdot \frac{e^x}{x^{k-1}} + \frac{a_k}{k-1} \int \frac{e^x}{x^{k-1}} dx$$

$$= -\frac{a_k}{k-1} \frac{e^x}{x^{k-1}} - \frac{a_k}{(k-1)(k-2)} \frac{e^x}{x^{k-2}}$$

$$+ \frac{a_k}{(k-1)(k-2)} \int \frac{e^x}{x^{k-2}} dx$$

$$= -\frac{a_k}{k-1} \cdot \frac{e^x}{x^{k-1}} - \cdots - \frac{a_k}{(k-1)!} \frac{e^x}{x}$$

$$+ \frac{a_k}{(k-1)!} \int \frac{e^x}{x} dx,$$

所以 $\int P\left(\frac{1}{x}\right) e^x dx$

$$= \int \left(\sum_{k=0}^{n} \frac{a_k}{x^k}\right) e^x dx = \sum_{k=0}^{n} \int \frac{a_k}{x^k} e^x dx$$

$$= -\sum_{k=2}^{n}\sum_{j=1}^{k-1} \frac{a_k}{(k-1)\cdots(k-j)} \cdot \frac{e^x}{x^{k-j}}$$

$$+ a_0 e^x + \sum_{k=1}^{n} \frac{a_k}{(k-1)!} \int \frac{e^x}{x} dx.$$

因此若 $\sum_{k=1}^{n} \frac{a_k}{(k-1)!} = 0$,即

$$a_1 + \frac{a_2}{1!} + \frac{a_3}{2!} + \cdots + \frac{a_n}{(n-1)!} = 0,$$

则积分 $\int P\left(\frac{1}{x}\right) e^x dx$ 为初等函数.

求解下列积分(2093~2097).

【2093】 $\int \left(1 - \frac{2}{x}\right)^2 e^x dx.$

解 $\int \left(1 - \frac{2}{x}\right)^2 e^x dx = \int \left(1 - \frac{4}{x} + \frac{4}{x^2}\right) e^x dx$

$= e^x - 4\int \frac{e^x}{x} dx - 4\int e^x d\left(\frac{1}{x}\right)$

$= e^x - 4\int \frac{e^x}{x} dx - 4\frac{e^x}{x} + 4\int \frac{e^x}{x} dx$

$= e^x \left(1 - \frac{4}{x}\right) + C.$

【2094】 $\int \left(1 - \frac{1}{x}\right) e^{-x} dx.$

解 $\int \left(1 - \frac{1}{x}\right) e^{-x} dx = -e^{-x} - \mathrm{li}(e^{-x}) + C.$

【2095】 $\int \frac{e^{2x}}{x^2 - 3x + 2} dx.$

解 $\int \frac{e^{2x}}{x^2 - 3x + 2} dx = \int \frac{e^{2x}}{(x-2)(x-1)} dx$

$= \int \frac{e^{2x}}{x-2} dx - \int \frac{e^{2x}}{x-1} dx$

$= e^4 \int \frac{e^{2(x-2)}}{x-2} d(x-2) - e^2 \int \frac{e^{2(x-1)}}{x-1} d(x-1)$

$= e^4 \mathrm{li}(e^{2x-4}) - e^2 \mathrm{li}(e^{2x-2}) + C.$

【2096】 $\int \frac{x e^x}{(x+1)^2} dx.$

解 $\int \frac{x e^x}{(x+1)^2} = -\int x e^x d\left(\frac{1}{x+1}\right)$

$$=-x\mathrm{e}^x\frac{1}{x+1}+\int\frac{1}{x+1}\cdot\mathrm{e}^x(x+1)\mathrm{d}x$$

$$=-x\mathrm{e}^x\frac{1}{x+1}+\mathrm{e}^x+C=\frac{\mathrm{e}^x}{x+1}+C.$$

【2097】 $\int\dfrac{x^4\mathrm{e}^{2x}}{(x-2)^2}\mathrm{d}x.$

解 $\int\dfrac{x^4\mathrm{e}^{2x}}{(x-2)^2}\mathrm{d}x$

$$=\int(x^2+4x+12)\mathrm{e}^{2x}\mathrm{d}x+32\int\frac{\mathrm{e}^{2x}}{x-2}\mathrm{d}x+16\int\frac{\mathrm{e}^{2x}\mathrm{d}x}{(x-2)^2}$$

$$=\mathrm{e}^{2x}\left(\frac{x^2}{2}+\frac{3}{2}x+\frac{21}{4}\right)+32\mathrm{e}^4\int\frac{\mathrm{e}^{2(x-2)}}{x-2}\mathrm{d}(x-2)$$

$$\quad-16\int\mathrm{e}^{2x}\mathrm{d}\left(\frac{1}{x-2}\right)$$

$$=\mathrm{e}^{2x}\left(\frac{x^2}{2}+\frac{3}{2}x+\frac{21}{4}\right)+32\mathrm{e}^4\mathrm{li}(\mathrm{e}^{2x-4})-\frac{16\mathrm{e}^{2x}}{x-2}$$

$$\quad+32\int\frac{\mathrm{e}^{2x}}{x-2}\mathrm{d}x$$

$$=\mathrm{e}^{2x}\left(\frac{x^2}{2}+\frac{3}{2}x+\frac{21}{4}-\frac{16}{x-2}\right)+64\mathrm{e}^4\mathrm{li}(\mathrm{e}^{2x-4})+C.$$

求解含有 $\ln f(x), \arctan f(x), \arcsin f(x), \arccos f(x)$ 等函数的积分,其中 $f(x)$ 为代数函数(2098～2115).

【2098】 $\int\ln^n x\mathrm{d}x$ （n 为自然数）.

解 $\int\ln^n x\mathrm{d}x=x\ln^n x-n\int\ln^{n-1}x\mathrm{d}x$

$$=x\ln^n x-nx\ln^{n-1}x+n(n-1)\int\ln^{n-2}x\mathrm{d}x$$

$$=\cdots$$

$$=x\big[\ln^n x-n\ln^{n-1}x+n(n-1)\ln^{n-2}x-\cdots$$

$$\quad+(-1)^{n-1}n!\ln x+(-1)^n n!\big]+C.$$

【2099】 $\int x^3\ln^3 x\mathrm{d}x.$

解 $\int x^3\ln^3 x\mathrm{d}x=\dfrac{1}{4}\int\ln^3 x\mathrm{d}(x^4)$

$$= \frac{1}{4}x^4\ln^3 x - \frac{3}{4}\int x^3\ln^2 x\,\mathrm{d}x$$

$$= \frac{1}{4}x^4\ln^3 x - \frac{3}{16}\int \ln^2 x\,\mathrm{d}(x^4)$$

$$= \frac{1}{4}x^4\ln^3 x - \frac{3}{16}x^4\ln^2 x + \frac{3}{8}\int x^3\ln x\,\mathrm{d}x$$

$$= \frac{1}{4}x^4\ln^3 x - \frac{3}{16}x^4\ln^2 x + \frac{3}{32}x^4\ln x - \frac{3}{32}\int x^3\,\mathrm{d}x$$

$$= \frac{1}{4}x^4\left(\ln^3 x - \frac{3}{4}\ln^2 x + \frac{3}{8}\ln x - \frac{3}{32}\right) + C.$$

【2100】 $\int\left(\dfrac{\ln x}{x}\right)^3\mathrm{d}x.$

解 $\int\left(\dfrac{\ln x}{x}\right)^3\mathrm{d}x = -\dfrac{1}{2}\int \ln^3 x\,\mathrm{d}\left(\dfrac{1}{x^2}\right)$

$$= -\frac{1}{2x^2}\ln^3 x + \frac{3}{2}\int \frac{1}{x^3}\ln^2 x\,\mathrm{d}x$$

$$= -\frac{1}{2x^2}\ln^3 x + \frac{3}{4}\int \ln^2 x\,\mathrm{d}\left(-\frac{1}{x^2}\right)$$

$$= -\frac{1}{2x^2}\ln^3 x - \frac{3}{4x^2}\ln^2 x + \frac{6}{4}\int \frac{1}{x^3}\ln x\,\mathrm{d}x$$

$$= -\frac{1}{2x^2}\ln^3 x - \frac{3}{4x^2}\ln^2 x - \frac{3}{4}\int \ln x\,\mathrm{d}\left(\frac{1}{x^2}\right)$$

$$= -\frac{1}{2x^2}\ln^3 x - \frac{3}{4x^2}\ln^2 x - \frac{3}{4x^2}\ln x + \frac{3}{4}\int \frac{1}{x^3}\mathrm{d}x$$

$$= -\frac{1}{2x^2}\left(\ln^3 x + \frac{3}{2}\ln^2 x + \frac{3}{2}\ln x + \frac{3}{4}\right) + C.$$

【2101】 $\int \ln[(x+a)^{x+a}(x+b)^{x+b}]\cdot\dfrac{\mathrm{d}x}{(x+a)(x+b)}.$

解 $\int \ln[(x+a)^{x+a}(x+b)^{x+b}]\cdot\dfrac{\mathrm{d}x}{(x+a)(x+b)}$

$$= \int \frac{\ln(x+a)}{x+b}\mathrm{d}x + \int \frac{\ln(x+b)}{x+a}\mathrm{d}x$$

$$= \int \ln(x+a)\,\mathrm{d}[\ln(x+b)] + \int \ln(x+b)\,\mathrm{d}[\ln(x+a)]$$

$$= \ln(x+a)\cdot\ln(x+b) - \int \ln(x+b)\,\mathrm{d}[\ln(x+a)]$$

$$+ \int \ln(x+b) \mathrm{d}[\ln(x+a)]$$
$$= \ln(x+a) \cdot \ln(x+b) + C.$$

【2102】 $\int \ln^2(x+\sqrt{1+x^2})\mathrm{d}x.$

解 $\int \ln^2(x+\sqrt{1+x^2})\mathrm{d}x$

$$= x\ln^2(x+\sqrt{1+x^2}) - 2\int \frac{x}{\sqrt{1+x^2}}\ln(x+\sqrt{1+x^2})\mathrm{d}x$$

$$= x\ln^2(x+\sqrt{1+x^2}) - 2\int \ln(x+\sqrt{1+x^2})\mathrm{d}(\sqrt{1+x^2})$$

$$= x\ln^2(x+\sqrt{1+x^2}) - 2\sqrt{1+x^2}\ln(x+\sqrt{1+x^2}) + 2\int \mathrm{d}x$$

$$= x\ln^2(x+\sqrt{1+x^2}) - 2\sqrt{1+x^2}\ln(x+\sqrt{1+x^2}) + 2x + C.$$

【2103】 $\int \ln(\sqrt{1-x}+\sqrt{1+x})\mathrm{d}x.$

解 $\int \ln(\sqrt{1-x}+\sqrt{1+x})\mathrm{d}x$

$$= x\ln(\sqrt{1-x}+\sqrt{1+x}) - \frac{1}{2}\int x \frac{\frac{1}{\sqrt{1+x}}-\frac{1}{\sqrt{1-x}}}{\sqrt{1+x}+\sqrt{1-x}}\mathrm{d}x$$

$$= x\ln(\sqrt{1-x}+\sqrt{1+x})$$
$$-\frac{1}{2}\int \frac{x(\sqrt{1-x}-\sqrt{1+x})}{\sqrt{1-x^2}(\sqrt{1+x}+\sqrt{1-x})}\mathrm{d}x$$

$$= x\ln(\sqrt{1-x}+\sqrt{1+x}) + \frac{1}{2}\int \frac{1-\sqrt{1-x^2}}{\sqrt{1-x^2}}\mathrm{d}x$$

$$= x\ln(\sqrt{1-x}+\sqrt{1+x}) + \frac{1}{2}\arcsin x - \frac{1}{2}x + C.$$

【2104】 $\int \frac{\ln x}{(1+x^2)^{\frac{3}{2}}}\mathrm{d}x.$

解 $\int \frac{\ln x}{(1+x^2)^{\frac{3}{2}}}\mathrm{d}x = \int \ln x \mathrm{d}\left(\frac{x}{\sqrt{1+x^2}}\right)$

$$= \frac{x}{\sqrt{1+x^2}}\ln x - \int \frac{\mathrm{d}x}{\sqrt{1+x^2}}$$

$$= \frac{x\ln x}{\sqrt{1+x^2}} - \ln(x+\sqrt{1+x^2}) + C.$$

【2105】 $\int x\arctan(x+1)\mathrm{d}x.$

解 $\int x\arctan(x+1)\mathrm{d}x = \frac{1}{2}\int \arctan(x+1)\mathrm{d}(x^2)$

$$= \frac{1}{2}x^2\arctan(x+1) - \frac{1}{2}\int \frac{x^2}{x^2+2x+2}\mathrm{d}x$$

$$= \frac{1}{2}x^2\arctan(x+1) - \frac{1}{2}\int \left(1 - \frac{2x+2}{x^2+2x+2}\right)\mathrm{d}x$$

$$= \frac{1}{2}x^2\arctan(x+1) - \frac{1}{2}x + \frac{1}{2}\ln(x^2+2x+2) + C.$$

【2106】 $\int \sqrt{x}\arctan\sqrt{x}\,\mathrm{d}x.$

解 $\int \sqrt{x}\arctan\sqrt{x}\,\mathrm{d}x = \frac{2}{3}\int \arctan\sqrt{x}\,\mathrm{d}x^{\frac{3}{2}}$

$$= \frac{2}{3}x^{\frac{3}{2}}\arctan\sqrt{x} - \frac{1}{3}\int \frac{x}{1+x}\mathrm{d}x$$

$$= \frac{2}{3}x^{\frac{3}{2}}\arctan\sqrt{x} - \frac{1}{3}\int \left(1 - \frac{1}{1+x}\right)\mathrm{d}x$$

$$= \frac{2}{3}x\sqrt{x}\arctan\sqrt{x} - \frac{1}{3}x + \frac{1}{3}\ln|1+x| + C.$$

【2107】 $\int x\arcsin(1-x)\mathrm{d}x.$

解 $\int x\arcsin(1-x)\mathrm{d}x = \frac{1}{2}\int \arcsin(1-x)\mathrm{d}(x^2)$

$$= \frac{1}{2}x^2\arcsin(1-x) + \frac{1}{2}\int \frac{x^2}{\sqrt{1-(1-x)^2}}\mathrm{d}x$$

$$= \frac{1}{2}x^2\arcsin(1-x) + \frac{1}{2}\int \frac{(1-x)^2 - 2(1-x) + 1}{\sqrt{1-(1-x)^2}}\mathrm{d}x$$

$$= \frac{1}{2}x^2\arcsin(1-x) + \frac{1}{2}\int \sqrt{1-(1-x)^2}\,\mathrm{d}(1-x)$$

$$+ \frac{1}{2}\int \frac{\mathrm{d}[(1-x)^2 - 1]}{\sqrt{1-(1-x)^2}} - \int \frac{\mathrm{d}(1-x)}{\sqrt{1-(1-x)^2}}$$

$$= \frac{1}{2}x^2\arcsin(1-x) + \frac{1}{4}(1-x)\sqrt{1-(1-x)^2}$$

$$+ \frac{1}{4}\arcsin(1-x) - \sqrt{1-(1-x)^2}$$
$$-\arcsin(1-x) + C$$
$$= \frac{2x^2-3}{4}\arcsin(1-x) - \frac{x+3}{4}\sqrt{2x-x^2} + C.$$

【2108】 $\int \arcsin\sqrt{x}\,\mathrm{d}x.$

解 $\int \arcsin\sqrt{x}\,\mathrm{d}x = x\arcsin\sqrt{x} - \frac{1}{2}\int \frac{\sqrt{x}}{\sqrt{1-x}}\mathrm{d}x$

设 $\sqrt{x} = t,$

则 $x = t^2, \mathrm{d}x = 2t\mathrm{d}t.$

所以 $\int \frac{\sqrt{x}}{\sqrt{1-x}}\mathrm{d}x$

$$= 2\int \frac{t^2}{\sqrt{1-t^2}}\mathrm{d}t$$

$$= -2\int \sqrt{1-t^2} + 2\int \frac{\mathrm{d}t}{\sqrt{1-t^2}}$$

$$= -t\sqrt{1-t^2} - \arcsin t + 2\arcsin t + C_1$$

$$= \arcsin\sqrt{x} - \sqrt{x-x^2} + C_1.$$

因此 $\int \arcsin\sqrt{x}\,\mathrm{d}x = \left(x - \frac{1}{2}\right)\arcsin\sqrt{x} + \frac{1}{2}\sqrt{x-x^2} + C.$

【2109】 $\int x\arccos\frac{1}{x}\,\mathrm{d}x.$

解 $\int x\arccos\frac{1}{x}\,\mathrm{d}x = \frac{1}{2}\int \arccos\frac{1}{x}\,\mathrm{d}(x^2)$

$$= \frac{1}{2}x^2\arccos\frac{1}{x} - \frac{1}{2}\int \frac{\mathrm{sgn}\,x \cdot x}{\sqrt{x^2-1}}\mathrm{d}x$$

$$= \frac{1}{2}x^2\arccos\frac{1}{x} - \frac{1}{2}(\mathrm{sgn}\,x)\sqrt{x^2-1} + C.$$

【2110】 $\int \arcsin\frac{2\sqrt{x}}{1+x}\,\mathrm{d}x.$

解 $\int \arcsin\frac{2\sqrt{x}}{1+x}\,\mathrm{d}x = \int \arcsin\frac{2\sqrt{x}}{1+x}\,\mathrm{d}(x+1)$

$$= (x+1)\arcsin\frac{2\sqrt{x}}{1+x} - \text{sgn}(1-x)\int\frac{\mathrm{d}x}{\sqrt{x}}$$

$$= (x+1)\arcsin\frac{2\sqrt{x}}{1+x} - 2\sqrt{x}\cdot\text{sgn}(1-x) + C.$$

【2111】 $\int\dfrac{\arccos x}{(1-x^2)^{\frac{3}{2}}}\mathrm{d}x.$

解 $\int\dfrac{\arccos x}{(1-x^2)^{\frac{3}{2}}}\mathrm{d}x = \int\arccos x\,\mathrm{d}\left(\dfrac{x}{\sqrt{1-x^2}}\right)$

$$= \frac{x}{\sqrt{1-x^2}}\arccos x + \int\frac{x}{1-x^2}\mathrm{d}x$$

$$= \frac{x}{\sqrt{1-x^2}}\arccos x - \frac{1}{2}\ln|1-x^2| + C.$$

【2112】 $\int\dfrac{x\arccos x}{(1-x^2)^{\frac{3}{2}}}\mathrm{d}x.$

解 $\int\dfrac{x\arccos x}{(1-x^2)^{\frac{3}{2}}}\mathrm{d}x = \int\arccos x\,\mathrm{d}\left(\dfrac{1}{\sqrt{1-x^2}}\right)$

$$= \frac{\arccos x}{\sqrt{1-x^2}} + \int\frac{1}{1-x^2}\mathrm{d}x$$

$$= \frac{\arccos x}{\sqrt{1-x^2}} + \frac{1}{2}\ln\frac{1+x}{1-x} + C.$$

【2113】 $\int x\arctan x\ln(1+x^2)\mathrm{d}x.$

解 $\int x\arctan x\ln(1+x^2)\mathrm{d}x$

$$= \frac{1}{2}\int\arctan x\cdot\ln(1+x^2)\mathrm{d}(x^2)$$

$$= \frac{1}{2}x^2\arctan x\cdot\ln(1+x^2)$$

$$\quad - \frac{1}{2}\int x^2\left[\frac{\ln(1+x^2)}{1+x^2} + \frac{2x\arctan x}{1+x^2}\right]\mathrm{d}x$$

$$= \frac{1}{2}x^2\arctan x\cdot\ln(1+x^2) - \frac{1}{2}\int\ln(1+x^2)\mathrm{d}x$$

$$\quad + \frac{1}{2}\int\frac{\ln(1+x^2)}{1+x^2}\mathrm{d}x - \int x\arctan x\,\mathrm{d}x + \int\frac{x\arctan x}{1+x^2}\mathrm{d}x$$

$$= \frac{1}{2}x^2\arctan x \cdot \ln(1+x^2) - \frac{1}{2}x\ln(1+x^2)$$
$$+ \frac{1}{2}\int \frac{2x^2}{1+x^2}dx + \frac{1}{2}\arctan x\ln(1+x^2)$$
$$- \int \frac{x\arctan x}{1+x^2}dx + \int \frac{x\arctan x}{1+x^2}dx - \frac{1}{2}x^2\arctan x$$
$$+ \frac{1}{2}\int \frac{x^2}{1+x^2}dx$$
$$= \frac{1}{2}x^2\arctan x \cdot \ln(1+x^2) - \frac{1}{2}x\ln(1+x^2)$$
$$+ x - \arctan x + \frac{1}{2}\arctan x \cdot \ln(1+x^2)$$
$$- \frac{1}{2}x^2\arctan x + \frac{1}{2}x - \frac{1}{2}\arctan x + C$$
$$= \frac{1}{2}(x^2+1)\arctan x \cdot \ln(1+x^2) - \frac{1}{2}x\ln(1+x^2)$$
$$- \frac{1}{2}x^2\arctan x + \frac{3}{2}(x-\arctan x) + C.$$

[2114] $\int x\ln\frac{1+x}{1-x}dx.$

解 $\int x\ln\frac{1+x}{1-x}dx = \frac{1}{2}\int \ln\frac{1+x}{1-x}d(x^2)$
$$= \frac{1}{2}x^2\ln\frac{1+x}{1-x} - \int \frac{x^2}{1-x^2}dx$$
$$= \frac{1}{2}x^2\ln\frac{1+x}{1-x} + x - \int \frac{1}{1-x^2}dx$$
$$= \frac{1}{2}(x^2-1)\ln\frac{1+x}{1-x} + x + C.$$

[2115] $\int \frac{\ln(x+\sqrt{1+x^2})}{(1+x^2)^{\frac{3}{2}}}dx.$

解 $\int \frac{\ln(x+\sqrt{1+x^2})}{(1+x^2)^{\frac{3}{2}}}dx$
$$= \int \ln(x+\sqrt{1+x^2})d\left(\frac{x}{\sqrt{1+x^2}}\right)$$
$$= \frac{x\ln(x+\sqrt{1+x^2})}{\sqrt{1+x^2}} - \int \frac{x}{\sqrt{1+x^2}} \cdot \frac{1}{\sqrt{1+x^2}}dx$$

$$= \frac{x\ln(x+\sqrt{1+x^2})}{\sqrt{1+x^2}} - \ln(1+x^2) + C.$$

求解含有双曲函数的积分(2116～2125)．

【2116】 $\int \text{sh}^2 x \text{ch}^2 x \, dx$．

解 $\int \text{sh}^2 x \text{ch}^2 x \, dx = \frac{1}{4} \int \text{sh}^2 2x \, dx$

$$= \frac{1}{8} \int \frac{\text{ch}4x - 1}{2} d(2x) = -\frac{x}{8} + \frac{\text{sh}4x}{32} + C.$$

【2117】 $\int \text{ch}^4 x \, dx$．

解 $\int \text{ch}^4 x \, dx = \int \left(\frac{1+\text{ch}2x}{2}\right)^2 dx$

$$= \int \left(\frac{1}{4} + \frac{1}{2}\text{ch}2x + \frac{1}{4}\text{ch}^2 2x\right) dx$$

$$= \frac{1}{4}x + \frac{1}{4}\text{sh}2x + \frac{1}{4}\int \frac{1+\text{ch}4x}{2} dx$$

$$= \frac{1}{4}x + \frac{1}{4}\text{sh}2x + \frac{1}{8}x + \frac{1}{32}\text{sh}4x + C$$

$$= \frac{3x}{8} + \frac{1}{4}\text{sh}2x + \frac{1}{32}\text{sh}4x + C.$$

【2118】 $\int \text{sh}^3 x \, dx$．

解 $\int \text{sh}^3 x \, dx = \int \text{sh}^2 x \, \text{sh} x \, dx = \int (\text{ch}^2 x - 1) d(\text{ch} x)$

$$= \frac{1}{3}\text{ch}^3 x - \text{ch} x + C.$$

【2119】 $\int \text{sh} x \text{sh} 2x \text{sh} 3x \, dx$．

解 $\int \text{sh} x \text{sh} 2x \text{sh} 3x \, dx$

$$= \int \frac{1}{2}(\text{ch}4x - \text{ch}2x)\text{sh}2x \, dx$$

$$= \frac{1}{2}\int \text{ch}4x \text{sh}2x \, dx - \frac{1}{2}\int \text{ch}2x \cdot \text{sh}2x \, dx$$

$$= \frac{1}{4}\int (\text{sh}6x - \text{sh}2x) dx - \frac{1}{4}\int \text{sh}4x \, dx$$

$$= \frac{1}{24}\text{ch}6x - \frac{1}{16}\text{ch}4x - \frac{1}{8}\text{ch}2x + C.$$

【2120】 $\int \text{th}x \mathrm{d}x.$

解 $\int \text{th}x \mathrm{d}x = \int \frac{\text{sh}x}{\text{ch}x}\mathrm{d}x = \ln(\text{ch}x) + C.$

【2121】 $\int \text{cth}^2 x \mathrm{d}x.$

解 $\int \text{cth}^2 x \mathrm{d}x = \int \frac{\text{ch}^2 x}{\text{sh}^2 x}\mathrm{d}x = \int \frac{\text{sh}^2 x + 1}{\text{sh}^2 x}\mathrm{d}x$
$= x - \text{cth}x + C.$

【2122】 $\int \sqrt{\text{th}x}\,\mathrm{d}x.$

解 $\int \sqrt{\text{th}x}\,\mathrm{d}x$

$$= \int \sqrt{\frac{e^x - e^{-x}}{e^x + e^{-x}}}\,\mathrm{d}x = \int \frac{e^x - e^{-x}}{\sqrt{e^{2x} - e^{-2x}}}\,\mathrm{d}x$$

$$= \int \frac{e^{2x}}{\sqrt{e^{4x} - 1}}\,\mathrm{d}x - \int \frac{e^{-2x}}{\sqrt{1 - e^{-4x}}}\,\mathrm{d}x$$

$$= \frac{1}{2}\int \frac{\mathrm{d}(e^{2x})}{\sqrt{(e^{2x})^2 - 1}} + \frac{1}{2}\int \frac{\mathrm{d}(e^{-2x})}{\sqrt{1 - (e^{-2x})^2}}$$

$$= \frac{1}{2}\ln(e^{2x} + \sqrt{e^{4x} - 1}) + \frac{1}{2}\arcsin(e^{-2x}) + C.$$

【2123】 $\int \frac{\mathrm{d}x}{\text{sh}x + 2\text{ch}x}.$

解 $\int \frac{\mathrm{d}x}{\text{sh}x + 2\text{ch}x} = 2\int \frac{\mathrm{d}x}{3e^x + e^{-x}}$

$$= \frac{2}{\sqrt{3}}\int \frac{\mathrm{d}(\sqrt{3}e^x)}{(\sqrt{3}e^x)^2 + 1} = \frac{2}{\sqrt{3}}\arctan(\sqrt{3}e^x) + C.$$

【2123.1】 $\int \frac{\mathrm{d}x}{\text{sh}^2 x - 4\text{sh}x\text{ch}x + 9\text{ch}^2 x}.$

解 $\int \frac{\mathrm{d}x}{\text{sh}^2 x - 4\text{sh}x\text{ch}x + 9\text{ch}^2 x}$

$$= 2\int \frac{\mathrm{d}x}{3e^{2x} + 8 + 7e^{-2x}} = 2\int \frac{e^{2x}\mathrm{d}x}{3e^{4x} + 8e^{2x} + 7}$$

$$= \int \frac{d\left(e^{2x} + \frac{4}{3}\right)}{3\left(e^{2x} + \frac{4}{3}\right)^2 + \frac{5}{3}} = \frac{1}{3}\int \frac{d\left(e^{2x} + \frac{4}{3}\right)}{\left(e^{2x} + \frac{4}{3}\right)^2 + \frac{5}{9}}$$

$$= \frac{1}{3} \times \frac{3}{\sqrt{5}} \arctan \frac{3}{\sqrt{5}}\left(e^{2x} + \frac{4}{3}\right) + C$$

$$= \frac{1}{\sqrt{5}} \arctan\left(\frac{3e^{2x} + 4}{\sqrt{5}}\right) + C.$$

【2123. 2】 $\int \frac{dx}{0.1 + \text{ch}x}$.

解 $\int \frac{dx}{0.1 + \text{ch}x} = \int \frac{dx}{0.1 + \frac{e^x + e^{-x}}{2}}$

$$= \int \frac{2e^x dx}{0.2e^x + e^{2x} + 1} = 2\int \frac{d(e^x + 0.1)}{(e^x + 0.1)^2 + 0.99}$$

$$= \frac{2}{\sqrt{0.99}} \arctan \frac{e^x + 0.1}{\sqrt{0.99}} + C.$$

【2123. 3】 $\int \frac{\text{ch}x dx}{3\text{sh}x - 4\text{ch}x}$.

解 $\int \frac{\text{ch}x}{3\text{sh}x - 4\text{ch}x} dx = -\int \frac{e^x + e^{-x}}{e^x + 7e^{-x}} dx$

$$= -\int \frac{e^{2x} + 1}{e^{2x} + 7} dx = -\frac{1}{7}\int dx - \frac{6}{7}\int \frac{e^{2x}}{e^{2x} + 7} dx$$

$$= -\frac{1}{7}x - \frac{3}{7}\ln(e^{2x} + 7) + C.$$

【2124】 $\int \text{sh}ax \sin bx \, dx$.

解 由于 $\int e^{ax} \sin bx \, dx = \frac{e^{ax}(a\sin bx - b\cos bx)}{a^2 + b^2} + C$

所以 $\int \text{sh}ax \sin bx \, dx$

$$= \frac{1}{2}\int e^{ax} \sin bx \, dx - \frac{1}{2}e^{-ax} \sin bx \, dx$$

$$= \frac{1}{2} \frac{e^{ax}(a\sin bx - b\cos bx)}{a^2 + b^2}$$

$$+ \frac{1}{2} \frac{e^{-ax}(a\sin bx + b\cos bx)}{a^2 + b^2} + C$$

$$= \frac{a\sin bx \cdot \operatorname{ch}ax - b\cos bx \cdot \operatorname{sh}ax}{a^2+b^2} + C.$$

【2125】 $\int \operatorname{sh}ax \cos bx \, dx.$

解 由 1828 题的结果有

$$\int \operatorname{sh}ax \cos bx \, dx$$

$$= \frac{1}{2}\int e^{ax}\cos bx \, dx - \frac{1}{2}\int e^{-ax}\cos bx \, dx$$

$$= \frac{1}{2}e^{ax}\frac{a\cos bx + b\sin bx}{a^2+b^2} + \frac{1}{2}e^{-ax}\frac{a\cos bx - b\sin bx}{a^2+b^2} + C$$

$$= \frac{a\operatorname{ch}ax \cdot \cos bx + b\operatorname{sh}ax \cdot \sin bx}{a^2+b^2} + C.$$

§6. 函数的积分法的各种例题

求解下列积分(2126 ~ 2177).

【2126】 $\int \dfrac{dx}{x^6(1+x^2)}.$

解 $\int \dfrac{dx}{x^6(1+x^2)} = \int \dfrac{x^2+1-x^2}{x^6(1+x^2)} dx$

$$= \int \frac{dx}{x^6} - \int \frac{dx}{x^4(1+x^2)}$$

$$= -\frac{1}{5x^5} - \int \frac{(x^2+1)-x^2}{x^4(1+x^2)} dx$$

$$= -\frac{1}{5x^5} - \int \frac{1}{x^4} dx + \int \frac{1}{x^2(1+x^2)} dx$$

$$= -\frac{1}{5x^5} + \frac{1}{3x^3} + \int \left(\frac{1}{x^2} - \frac{1}{1+x^2}\right) dx$$

$$= -\frac{1}{5x^5} + \frac{1}{3x^3} - \frac{1}{x} - \arctan x + C.$$

【2127】 $\int \dfrac{x^2 \, dx}{(1-x^2)^3}.$

解 $\int \dfrac{x^2}{(1-x^2)^3} dx = \int \dfrac{x^2-1+1}{(1-x^2)^3} dx$

$$= -\int \frac{dx}{(x^2-1)^2} - \int \frac{dx}{(x^2-1)^3}.$$

由 1291 题的递推公式可得

$$\int \frac{x^2}{(1-x^2)^3}dx$$

$$= -\int \frac{dx}{(x^2-1)^2} - \left[\frac{2x}{2(-4)(x^2-1)^2} - \frac{3}{4}\int \frac{dx}{(x^2-1)^2}\right]$$

$$= \frac{x}{4(1-x^2)^2} - \frac{1}{4}\int \frac{dx}{(x^2-1)^2}$$

$$= \frac{x}{4(1-x^2)^2} - \frac{1}{4}\left\{-\frac{x}{2(x^2-1)} - \frac{1}{2}\int \frac{dx}{x^2-1}\right\}$$

$$= \frac{x+x^3}{8(1-x^2)^2} - \frac{1}{16}\ln\left|\frac{1+x}{1-x}\right| + C.$$

【2128】 $\int \dfrac{dx}{1+x^4+x^8}.$

解 $\int \dfrac{dx}{1+x^4+x^8}$

$$= \int \frac{dx}{(x^4+x^2+1)(x^4-x^2+1)}$$

$$= \frac{1}{2}\int \frac{x^2+1}{x^4+x^2+1}dx - \frac{1}{2}\int \frac{x^2-1}{x^4-x^2+1}dx$$

$$= \frac{1}{2}\int \frac{x^2+1}{(x^2+x+1)(x^2-x+1)}dx$$

$$\quad - \frac{1}{2}\int \frac{x^2-1}{(x^2+\sqrt{3}x+1)(x^3-\sqrt{3}x+1)}dx$$

$$= \frac{1}{4}\int \frac{dx}{x^2+x+1} + \frac{1}{4}\int \frac{dx}{x^2-x+1}$$

$$\quad + \frac{1}{4\sqrt{3}}\int \frac{2x+\sqrt{3}}{x^2+\sqrt{3}x+1}dx - \frac{1}{4\sqrt{3}}\int \frac{2x-\sqrt{3}}{x^2-\sqrt{3}x+1}dx$$

$$= \frac{1}{2\sqrt{3}}\left[\arctan\left(\frac{2x+1}{\sqrt{3}}\right) + \arctan\left(\frac{2x-1}{\sqrt{3}}\right)\right]$$

$$\quad + \frac{1}{4\sqrt{3}}\ln \frac{x^2+\sqrt{3}x+1}{x^2-\sqrt{3}x+1} + C.$$

【2129】 $\int \dfrac{dx}{\sqrt{x}+\sqrt[3]{x}}.$

解 设 $\sqrt[6]{x}=t$,

则 $\sqrt{x}=t^3, \sqrt[3]{x}=t^2, x=t^6, \mathrm{d}x=6t^5\mathrm{d}t.$

所以 $\displaystyle\int \frac{\mathrm{d}x}{\sqrt{x}+\sqrt[3]{x}}$

$$= \int \frac{6t^5}{t^3+t^2}\mathrm{d}t = 6\int \frac{t^3}{t+1}\mathrm{d}t$$

$$= 6\int\left(t^2-t+1-\frac{1}{t+1}\right)\mathrm{d}t$$

$$= 2t^3-3t^2+6t-6\ln(1+t)+C$$

$$= 2\sqrt{x}-3\sqrt[3]{x}+6\sqrt[6]{x}-6\ln(1+\sqrt[6]{x})+C.$$

【2130】 $\displaystyle\int x^2\sqrt{\frac{x}{1-x}}\mathrm{d}x.$

解 设 $\sqrt{\dfrac{1-x}{x}}=t,$

则 $x=\dfrac{1}{1+t^2}, \mathrm{d}x=-\dfrac{2t}{(1+t^2)^2}\mathrm{d}t.$

利用 1921 题的递推公式

所以 $\displaystyle\int x^2\sqrt{\dfrac{x}{1-x}}\mathrm{d}x$

$$= -2\int \frac{\mathrm{d}t}{(t^2+1)^4}$$

$$= -2\left[\frac{t}{6(t^2+1)^3}+\frac{5t}{24(t^2+1)^2}+\frac{5t}{16(t^2+1)}+\frac{5}{16}\arctan t\right]+C$$

$$= -\frac{1}{24}(8x^2+10x+15)\sqrt{x(1-x)}-\frac{5}{8}\arctan\sqrt{\frac{1-x}{x}}+C.$$

【2131】 $\displaystyle\int \frac{x+2}{x^2\sqrt{1-x^2}}\mathrm{d}x.$

解 设 $x=\sin t \quad \left(-\dfrac{\pi}{2}<t<\dfrac{\pi}{2}\right),$

则 $\mathrm{d}x=\cos t\,\mathrm{d}t,$ 所以

$$\int \frac{x+2}{x^2\sqrt{1-x^2}}\mathrm{d}x$$

$$= \int \frac{\sin t+2}{\sin^2 t}\mathrm{d}t = \int \frac{1}{\sin t}\mathrm{d}t + 2\int \frac{1}{\sin^2 t}\mathrm{d}t$$

$$= \ln\left|\tan\frac{t}{2}\right| - 2\cot t + C$$

$$= \ln|\csc t - \cot t| - 2\cot t + C$$

$$= -\ln\frac{1+\sqrt{1-x^2}}{|x|} - 2\frac{\sqrt{1-x^2}}{x} + C.$$

【2132】 $\int \sqrt{\dfrac{x}{1-x\sqrt{x}}}\,dx.$

解 设 $\sqrt{1-x\sqrt{x}} = t,$

则 $x = (1-t^2)^{\frac{2}{3}}, dx = -\dfrac{4}{3}t(1-t^2)^{-\frac{1}{3}}dt.$

所以 $\int \sqrt{\dfrac{x}{1-x\sqrt{x}}}\,dx = -\dfrac{4}{3}\int dt = -\dfrac{4}{3}t + C$

$$= -\frac{4}{3}\sqrt{1-x\sqrt{x}} + C \qquad (0 < x < 1).$$

【2133】 $\int \dfrac{x^5\,dx}{\sqrt{1+x^2}}.$

解 设 $\sqrt{1+x^2} = t,$

则 $x^2 = t^2 - 1, x\,dx = t\,dt,$

所以 $\int \dfrac{x^5\,dx}{\sqrt{1+x^2}} = \int (t^2-1)^2\,dt$

$$= \int (t^4 - 2t^2 + 1)\,dt$$

$$= \frac{1}{5}t^5 - \frac{2}{3}t^3 + t + C$$

$$= \frac{1}{15}(8 - 4x^2 + 3x^4)\sqrt{1+x^2} + C.$$

【2134】 $\int \dfrac{dx}{\sqrt[3]{x^2(1-x)}}.$

解 设 $\sqrt[3]{\dfrac{1-x}{x}} = t,$

则 $x = \dfrac{1}{t^3+1}, dx = -\dfrac{3t^2}{(t^3+1)^2},$

所以 $\int \dfrac{dx}{\sqrt[3]{x^2(1-x)}} = -3\int \dfrac{t}{t^3+1}dt$

$$= \int \frac{dt}{t+1} - \int \frac{t+1}{t^2-t+1}dt$$

$$= \ln|t+1| - \frac{1}{2}\int \frac{2t-1}{t^2-t+1}dt - \frac{3}{2}\int \frac{dt}{t^2-t+1}$$

$$= \frac{1}{2}\ln \frac{(1+t)^2}{t^2-t+1} - \sqrt{3}\arctan \frac{2t-1}{\sqrt{3}} + C$$

$$= \frac{1}{2}\ln \frac{\left(1+\sqrt[3]{\frac{1-x}{x}}\right)^2}{\left(\sqrt[3]{\frac{1-x}{x}}\right)^2 - \sqrt[3]{\frac{1-x}{x}} + 1}$$

$$-\sqrt{3}\arctan \frac{2\sqrt[3]{\frac{1-x}{x}}-1}{\sqrt{3}} + C.$$

【2135】 $\int \frac{dx}{x\sqrt{1+x^3+x^6}}.$

解 只讨论 $x>0$ 的情形(对于 $x<0$ 的情形可类似地讨论),

$$\int \frac{dx}{x\sqrt{1+x^3+x^6}} = \int \frac{dx}{x^4\sqrt{x^{-6}+x^{-3}+1}}$$

$$= -\frac{1}{3}\int \frac{d\left(x^{-3}+\frac{1}{2}\right)}{\sqrt{\left(x^{-3}+\frac{1}{2}\right)^2 + \frac{3}{4}}}$$

$$= -\frac{1}{3}\ln\left|x^{-3}+\frac{1}{2}+\sqrt{x^{-6}+x^{-3}+1}\right| + C_1$$

$$= -\frac{1}{3}\ln\left|\frac{2+x^3+2\sqrt{x^6+x^3+1}}{x^3}\right| + C.$$

【2136】 $\int \frac{dx}{x\sqrt{x^4-2x^2-1}}.$

解 $\int \frac{dx}{x\sqrt{x^4-2x^2-1}} = \int \frac{dx}{x^3\sqrt{1-2x^{-2}-x^{-4}}}$

$$= -\frac{1}{2}\int \frac{d(x^{-2}+1)}{\sqrt{2-(x^{-2}+1)^2}} = -\frac{1}{2}\arcsin \frac{x^{-2}+1}{\sqrt{2}} + C$$

$$= -\frac{1}{2}\arcsin \frac{x^2+1}{\sqrt{2}x^2} + C.$$

【2137】 $\int \dfrac{1+\sqrt{1-x^2}}{1-\sqrt{1-x^2}}dx.$

解 $\int \dfrac{1+\sqrt{1-x^2}}{1-\sqrt{1-x^2}}dx = \int \dfrac{(1+\sqrt{1-x^2})^2}{1-(1-x^2)}dx$

$= \int \dfrac{2-x^2+2\sqrt{1-x^2}}{x^2}dx$

$= -\dfrac{2}{x} - x - 2\int \sqrt{1-x^2}\, d\left(\dfrac{1}{x}\right)$

$= -\dfrac{2}{x} - x - \dfrac{2}{x}\sqrt{1-x^2} - 2\int \dfrac{dx}{\sqrt{1-x^2}}$

$= -\dfrac{2}{x} - x - \dfrac{2}{x}\sqrt{1-x^2} - 2\arcsin x + C.$

【2138】 $\int \dfrac{(1+x)dx}{x+\sqrt{x+x^2}}.$

解 $\int \dfrac{(1+x)dx}{x+\sqrt{x+x^2}}$

$= \int \dfrac{(1+x)(x-\sqrt{x+x^2})}{(x+\sqrt{x+x^2})(x-\sqrt{x+x^2})}dx$

$= \int \dfrac{x+x^2 - \sqrt{x+x^2} - x\sqrt{x+x^2}}{-x}dx$

$= -x - \dfrac{1}{2}x^2 + \int \dfrac{\sqrt{1+x}}{\sqrt{x}}dx + \int \sqrt{x+x^2}\,dx$

$= -x - \dfrac{1}{2}x^2 + 2\int \sqrt{1+(\sqrt{x})^2}\,d(\sqrt{x})$

$\quad + \int \sqrt{\left(x+\dfrac{1}{2}\right)^2 - \left(\dfrac{1}{2}\right)^2}\,d\left(x+\dfrac{1}{2}\right)$

$= -x - \dfrac{1}{2}x^2 + \sqrt{x}\cdot\sqrt{1+x} + \ln(\sqrt{x}+\sqrt{1+x})$

$\quad + \dfrac{2x+1}{4}\sqrt{x+x^2} - \dfrac{1}{8}\ln\left(x+\dfrac{1}{2}+\sqrt{x+x^2}\right) + C_1$

$= -x - \dfrac{1}{2}x^2 + \dfrac{2x+5}{4}\sqrt{x+x^2}$

$\quad + \dfrac{1}{2}\ln(2x+1+2\sqrt{x+x^2})$

$$-\frac{1}{8}\ln\left(x+\frac{1}{2}+\sqrt{x+x^2}\right)+C_1$$

$$=-\frac{1}{2}(x+1)^2+\frac{2x+5}{4}\sqrt{x+x^2}$$

$$+\frac{3}{8}\ln\left(x+\frac{1}{2}+\sqrt{x+x^2}\right)+C.$$

【2139】 $\int \dfrac{\ln(1+x+x^2)}{(1+x)^2}\mathrm{d}x.$

解 $\int \dfrac{\ln(1+x+x^2)}{(1+x)^2}\mathrm{d}x$

$$=-\int \ln(1+x+x^2)\mathrm{d}\left(\frac{1}{1+x}\right)$$

$$=-\frac{\ln(1+x+x^2)}{1+x}+\int \frac{2x+1}{(1+x)(1+x+x^2)}\mathrm{d}x$$

$$=-\frac{\ln(1+x+x^2)}{1+x}+\int \left(\frac{x+2}{1+x+x^2}-\frac{1}{1+x}\right)\mathrm{d}x$$

$$=-\frac{\ln(1+x+x^2)}{1+x}+\frac{1}{2}\int \frac{2x+1}{1+x+x^2}\mathrm{d}x$$

$$+\frac{3}{2}\int \frac{1}{1+x+x^2}\mathrm{d}x-\int \frac{1}{1+x}\mathrm{d}x$$

$$=-\frac{\ln(1+x+x^2)}{1+x}+\frac{1}{2}\ln(1+x+x^2)$$

$$+\sqrt{3}\arctan\frac{2x+1}{\sqrt{3}}-\ln|1+x|+C$$

$$=-\frac{\ln(1+x+x^2)}{1+x}+\frac{1}{2}\ln\frac{1+x+x^2}{(1+x)^2}$$

$$+\sqrt{3}\arctan\frac{2x+1}{\sqrt{3}}+C.$$

【2140】 $\int (2x+3)\arccos(2x-3)\mathrm{d}x.$

解 $\int (2x+3)\arccos(2x-3)\mathrm{d}x$

$$=\int \arccos(2x-3)\mathrm{d}(x^2+3x)$$

$$=(x^2+3x)\arccos(2x-3)+\int \frac{x^2+3x}{\sqrt{-x^2+3x-2}}\mathrm{d}x$$

$$= (x^2 + 3x)\arccos(2x - 3) - \int \sqrt{-x^2 + 3x - 2}\,\mathrm{d}x$$

$$- 3\int \frac{-2x + 3}{\sqrt{-x^2 + 3x - 2}}\,\mathrm{d}x + 7\int \frac{\mathrm{d}x}{\sqrt{-x^2 + 3x - 2}}$$

$$= (x^2 + 3x)\arccos(2x - 3)$$

$$- \int \sqrt{\left(\frac{1}{2}\right)^2 - \left(x - \frac{3}{2}\right)^2}\,\mathrm{d}\left(x - \frac{3}{2}\right)$$

$$- 3\int \frac{\mathrm{d}(-x^2 + 3x - 2)}{\sqrt{-x^2 + 3x - 2}} + 7\int \frac{\mathrm{d}\left(x - \frac{3}{2}\right)}{\sqrt{\left(\frac{1}{2}\right)^2 - \left(x - \frac{3}{2}\right)^2}}$$

$$= (x^2 + 3x)\arccos(2x - 3) - \frac{x - \frac{3}{2}}{2}\sqrt{-x^2 + 3x - 2}$$

$$- \frac{1}{8}\arcsin(2x - 3) - 6\sqrt{-x^2 + 3x - 2}$$

$$+ 7\arcsin(2x - 3) + C$$

$$= \left(x^2 + 3x - \frac{55}{8}\right)\arccos(2x - 3)$$

$$- \frac{2x + 21}{4}\sqrt{-x^2 + 3x - 2} + C.$$

【2141】 $\int x\ln(4 + x^4)\,\mathrm{d}x.$

解 $\int x\ln(4 + x^4)\,\mathrm{d}x = \frac{1}{2}\int \ln(4 + x^4)\,\mathrm{d}(x^2)$

$$= \frac{1}{2}x^2\ln(4 + x^4) - 2\int \frac{x^5}{4 + x^4}\,\mathrm{d}x$$

$$= \frac{1}{2}x^2\ln(4 + x^4) - 2\int \left(x - \frac{4x}{4 + x^4}\right)\mathrm{d}x$$

$$= \frac{1}{2}x^2\ln(4 + x^4) - x^2 + 2\arctan\left(\frac{x^2}{2}\right) + C.$$

【2142】 $\int \frac{\arcsin x}{x^2} \cdot \frac{1 + x^2}{\sqrt{1 - x^2}}\,\mathrm{d}x.$

解 $\int \frac{\arcsin x}{x^2} \cdot \frac{1 + x^2}{\sqrt{1 - x^2}}\,\mathrm{d}x$

$$= \int \frac{\arcsin x}{x^2 \sqrt{1-x^2}} dx + \int \frac{\arcsin x}{\sqrt{1-x^2}} dx$$

$$= \operatorname{sgn} x \int \frac{\arcsin x}{x^3 \sqrt{x^{-2}-1}} dx + \int \arcsin x \, d(\arcsin x)$$

$$= -\operatorname{sgn} x \int \arcsin x \, d(\sqrt{x^{-2}-1}) + \frac{1}{2}(\arcsin x)^2$$

$$= -\operatorname{sgn} x \left(\frac{\sqrt{1-x^2}}{|x|} \cdot \arcsin x - \int \frac{dx}{|x|} \right) + \frac{1}{2}(\arcsin x)^2$$

$$= -\frac{\sqrt{1-x^2}}{x} \arcsin x + \int \frac{dx}{x} + \frac{1}{2}(\arcsin x)^2$$

$$= -\frac{\sqrt{1-x^2}}{x} \arcsin x + \ln|x| + \frac{1}{2}(\arcsin x)^2 + C.$$

【2143】 $\int \frac{x \ln(1+\sqrt{1+x^2})}{\sqrt{1+x^2}} dx.$

解 $\int \frac{x \ln(1+\sqrt{1+x^2})}{\sqrt{1+x^2}} dx$

$$= \int \ln(1+\sqrt{1+x^2}) \, d(1+\sqrt{1+x^2})$$

$$= (1+\sqrt{1+x^2}) \ln(1+\sqrt{1+x^2}) - \int \frac{x}{\sqrt{1+x^2}} dx$$

$$= (1+\sqrt{1+x^2}) \ln(1+\sqrt{1+x^2}) - \sqrt{1+x^2} + C.$$

【2144】 $\int x \sqrt{x^2+1} \ln \sqrt{x^2-1} \, dx.$

解 $\int x \sqrt{x^2+1} \ln \sqrt{x^2-1} \, dx$

$$= \frac{1}{3} \int \ln \sqrt{x^2-1} \, d\left[(1+x^2)^{\frac{3}{2}} \right]$$

$$= \frac{1}{3}(1+x^2)^{\frac{3}{2}} \ln \sqrt{x^2-1} - \frac{1}{3} \int (1+x^2)^{\frac{3}{2}} \cdot \frac{x}{x^2-1} dx.$$

令 $(1+x^2)^{\frac{1}{2}} = t,$ 则
$x^2+1 = t^2, x \, dx = t \, dt,$ 所以
$$\int (1+x^2)^{\frac{3}{2}} \frac{x}{x^2-1} dx$$

$$= \int \frac{t^4}{t^2-2} dt = \int \left(t^2 + 2 + \frac{4}{t^2-2} \right) dt$$

$$= \frac{1}{3}t^3 + 2t + \sqrt{2}\ln\left|\frac{t-\sqrt{2}}{t+\sqrt{2}}\right| + C$$

$$= \frac{x^2+7}{3}\sqrt{1+x^2} + \sqrt{2}\ln\left|\frac{\sqrt{1+x^2}-\sqrt{2}}{\sqrt{1+x^2}+\sqrt{2}}\right| + C.$$

因此 $\int x\sqrt{x^2+1}\ln\sqrt{x^2-1}\,\mathrm{d}x$

$$= \frac{1}{3}(1+x^2)^{\frac{3}{2}}\ln\sqrt{x^2-1} - \frac{x^2+7}{9}\sqrt{1+x^2}$$

$$- \frac{\sqrt{2}}{3}\ln\left|\frac{\sqrt{1+x^2}-\sqrt{2}}{\sqrt{1+x^2}+\sqrt{2}}\right| + C.$$

【2145】 $\int \dfrac{x}{\sqrt{1-x^2}}\ln\dfrac{x}{\sqrt{1-x}}\,\mathrm{d}x.$

解 $\int \dfrac{x}{\sqrt{1-x^2}}\ln\dfrac{x}{\sqrt{1-x}}\,\mathrm{d}x$

$$= -\int \ln\frac{x}{\sqrt{1-x}}\,\mathrm{d}(\sqrt{1-x^2})$$

$$= -\sqrt{1-x^2}\ln\frac{x}{\sqrt{1-x}} + \frac{1}{2}\int\frac{\sqrt{1-x^2}(2-x)}{x(1-x)}\,\mathrm{d}x$$

而 $\int\dfrac{\sqrt{1-x^2}(2-x)}{x(1-x)}\,\mathrm{d}x = \int\dfrac{(1-x^2)(2-x)}{x(1-x)\sqrt{1-x^2}}\,\mathrm{d}x$

$$= \int\frac{2+x-x^2}{x\sqrt{1-x^2}}\,\mathrm{d}x$$

$$= 2\int\frac{\mathrm{d}x}{x\sqrt{1-x^2}} + \int\frac{\mathrm{d}x}{\sqrt{1-x^2}} - \int\frac{x}{\sqrt{1-x^2}}\,\mathrm{d}x$$

$$= -2\int\frac{\mathrm{d}\left(\frac{1}{x}\right)}{\sqrt{\left(\frac{1}{x}\right)^2-1}} + \arcsin x + \sqrt{1-x^2}$$

$$= -2\ln\left|\frac{1}{x} + \sqrt{\frac{1}{x^2}-1}\right| + \arcsin x + \sqrt{1-x^2} + C$$

$$= -2\ln\frac{1+\sqrt{1-x^2}}{x} + \arcsin x + \sqrt{1-x^2} + C.$$

所以 $\int \dfrac{x}{\sqrt{1-x^2}}\ln\dfrac{x}{\sqrt{1-x}}\,\mathrm{d}x$

第三章 不定积分 §6. 函数的积分法的各种例题

$$= -\sqrt{1-x^2}\ln\frac{x}{\sqrt{1-x}} - \ln\frac{1+\sqrt{1-x^2}}{x}$$

$$+ \frac{1}{2}\arcsin x + \frac{1}{2}\sqrt{1-x^2} + C. \quad (0 < x < 1)$$

【2146】 $\int\frac{\mathrm{d}x}{(2+\sin x)^2}.$

解 设 $\tan\frac{x}{2} = t$，不妨限制 $-\pi < x < \pi$，则

$$\sin x = \frac{2t}{1+t^2}, \mathrm{d}x = \frac{2\mathrm{d}t}{1+t^2},$$

所以

$$\int\frac{\mathrm{d}x}{(2+\sin x)^2} = \frac{1}{2}\int\frac{1+t^2}{(1+t+t^2)^2}\mathrm{d}t$$

$$= \frac{1}{2}\int\frac{(1+t+t^2) - \frac{1}{2}(2t+1) + \frac{1}{2}}{(1+t+t^2)^2}\mathrm{d}t$$

$$= \frac{1}{2}\int\frac{\mathrm{d}t}{1+t+t^2} - \frac{1}{4}\int\frac{\mathrm{d}(1+t+t^2)}{(1+t+t^2)^2} + \frac{1}{4}\int\frac{\mathrm{d}t}{(1+t+t^2)^2}$$

$$= \frac{1}{\sqrt{3}}\arctan\frac{2t+1}{\sqrt{3}} + \frac{1}{4}\cdot\frac{1}{1+t+t^2} + \frac{1}{4}\int\frac{\mathrm{d}t}{(1+t+t^2)^2}.$$

而由 1921 题递推公式有

$$\int\frac{\mathrm{d}t}{(1+t+t^2)^2}$$

$$= \frac{2t+1}{3(1+t+t^2)} + \frac{4}{3\sqrt{3}}\arctan\frac{2t+1}{\sqrt{3}} + C_1.$$

因此

$$\int\frac{\mathrm{d}x}{(2+\sin x)^2}$$

$$= \frac{4}{3\sqrt{3}}\arctan\frac{2t+1}{\sqrt{3}} + \frac{t+2}{6(t^2+t+1)} + C_2$$

$$= \frac{4}{3\sqrt{3}}\arctan\frac{1+2\tan\frac{x}{2}}{\sqrt{3}} + \frac{\frac{\sin\frac{x}{2}+2\cos\frac{x}{2}}{\cos\frac{x}{2}}}{6\frac{1+\sin\frac{x}{2}\cos\frac{x}{2}}{\cos^2\frac{x}{2}}} + C_2$$

$$= \frac{4}{3\sqrt{3}} \arctan \frac{1+2\tan\frac{x}{2}}{\sqrt{3}} + \frac{\cos x}{3(2+\sin x)} + C.$$

【2147】 $\int \dfrac{\sin 4x}{\sin^8 x + \cos^8 x} dx.$

解 由于

$$\sin^8 x + \cos^8 x$$
$$= (\sin^4 x + \cos^4 x)^2 - 2\sin^4 x \cos^4 x$$
$$= [(\sin^2 x + \cos^2 x)^2 - 2\sin^2 x \cos^2 x]^2 - \frac{1}{8}\sin^4 2x$$
$$= \left(1 - \frac{1}{2}\sin^2 2x\right)^2 - \frac{1}{8}\sin^4 2x$$
$$= \frac{1}{8}(\sin^4 2x - 8\sin^2 2x + 8)$$
$$= \frac{1}{8}(\sin^2 2x - 4 - 2\sqrt{2})(\sin^2 2x - 4 + 2\sqrt{2})$$
$$= \frac{1}{32}(\cos 4x + 7 + 4\sqrt{2})(\cos 4x + 7 - 4\sqrt{2}),$$

所以 $\int \dfrac{\sin 4x}{\sin^8 x + \cos^8 x} dx$

$$= 32 \cdot \frac{1}{8\sqrt{2}}\left[\int \frac{\sin 4x \, dx}{\cos 4x + 7 - 4\sqrt{2}} - \int \frac{\sin 4x \, dx}{\cos 4x + 7 + 4\sqrt{2}}\right]$$

$$= \frac{1}{\sqrt{2}} \ln \frac{\cos 4x + 7 + 4\sqrt{2}}{\cos 4x + 7 - 4\sqrt{2}} + C.$$

【2148】 $\int \dfrac{dx}{\sin x \sqrt{1+\cos x}}.$

解 设 $\sqrt{1+\cos x} = t$

则 $\sin x = t\sqrt{2-t^2}, dx = -\dfrac{2}{\sqrt{2-t^2}}dt,$

所以 $\int \dfrac{dx}{\sin x \sqrt{1+\cos x}} = -\int \dfrac{2}{t^2(2-t^2)} dt$

$$= -\int \left(\frac{1}{t^2} + \frac{1}{2-t^2}\right) dt$$

$$= \frac{1}{t} - \frac{1}{2\sqrt{2}} \ln \frac{\sqrt{2}+t}{\sqrt{2}-t} + C$$

$$= \frac{1}{\sqrt{1+\cos x}} - \frac{1}{2\sqrt{2}} \ln \frac{\sqrt{2}+\sqrt{1+\cos x}}{\sqrt{2}-\sqrt{1+\cos x}} + C.$$

【2149】 $\int \frac{ax^2+b}{x^2+1} \arctan x \, dx.$

解 $\int \frac{ax^2+b}{x^2+1} \arctan x \, dx = \int \left(a - \frac{a-b}{x^2+1}\right) \arctan x \, dx$

$$= a \int \arctan x \, dx - (a-b) \int \arctan x \, d(\arctan x)$$

$$= ax \arctan x - a \int \frac{x}{1+x^2} dx - \frac{a-b}{2} (\arctan x)^2$$

$$= ax \arctan x - \frac{a}{2} \ln(1+x^2) - \frac{a-b}{2} (\arctan x)^2 + C.$$

【2150】 $\int \frac{ax^2+b}{x^2-1} \ln \left| \frac{x-1}{x+1} \right| dx.$

解 $\int \frac{ax^2+b}{x^2-1} \ln \left| \frac{x-1}{x+1} \right| dx$

$$= \int \left(a + \frac{a+b}{x^2-1}\right) \ln \left| \frac{x-1}{x+1} \right| dx$$

$$= a \int \ln \left| \frac{x-1}{x+1} \right| dx + \left(\frac{a+b}{2}\right) \int \ln \left| \frac{x-1}{x+1} \right| d\left(\ln \left| \frac{x-1}{x+1} \right|\right)$$

$$= ax \ln \frac{x-1}{x+1} - a \int \frac{2x}{x^2-1} dx + \frac{a+b}{4} \left(\ln \left| \frac{x-1}{x+1} \right|\right)^2$$

$$= ax \ln \left| \frac{x-1}{x+1} \right| - a \ln|x^2-1| + \frac{a+b}{4} \ln^2 \left| \frac{x-1}{x+1} \right| + C.$$

【2151】 $\int \frac{x \ln x}{(1+x^2)^2} dx.$

解 $\int \frac{x \ln x}{(1+x^2)^2} dx = -\frac{1}{2} \int \ln x \, d\left(\frac{1}{1+x^2}\right)$

$$= -\frac{1}{2} \cdot \frac{\ln x}{1+x^2} + \frac{1}{2} \int \frac{dx}{x(1+x^2)}$$

$$= -\frac{1}{2} \cdot \frac{\ln x}{1+x^2} + \frac{1}{2} \int \left(\frac{1}{x} - \frac{x}{1+x^2}\right) dx$$

$$= -\frac{\ln x}{2(1+x^2)} + \frac{1}{2} \ln x - \frac{1}{4} \ln(1+x^2) + C.$$

【2152】 $\int \dfrac{x\arctan x}{\sqrt{1+x^2}}dx.$

解 $\int \dfrac{x\arctan x}{\sqrt{1+x^2}}dx = \int \arctan x \, d(\sqrt{1+x^2})$

$= \sqrt{1+x^2}\arctan x - \int \dfrac{1}{\sqrt{1+x^2}}dx$

$= \sqrt{1+x^2}\arctan x - \ln(x+\sqrt{1+x^2}) + C.$

【2153】 $\int \dfrac{\sin 2x}{\sqrt{1+\cos^4 x}}dx.$

解 $\int \dfrac{\sin 2x \, dx}{\sqrt{1+\cos^4 x}} = -\int \dfrac{d(1+\cos 2x)}{\sqrt{(1+\cos 2x)^2+4}}$

$= -\ln(1+\cos 2x + \sqrt{(1+\cos 2x)^2+4}) + C_1$

$= -\ln(\cos^2 x + \sqrt{1+\cos^4 x}) + C.$

【2154】 $\int \dfrac{x^3 \arccos x}{\sqrt{1-x^2}}dx.$

解 $\int \dfrac{x^3 \arccos x}{\sqrt{1-x^2}}dx = -\int x^2 \arccos x \, d(\sqrt{1-x^2})$

$= -x^2\sqrt{1-x^2}\arccos x$

$\quad + \int \sqrt{1-x^2}\left(2x\arccos x - \dfrac{x^2}{\sqrt{1-x^2}}\right)dx$

$= -x^2\sqrt{1-x^2}\arccos x - \int x^2 dx$

$\quad - \dfrac{2}{3}\int \arccos x \, d[(1-x^2)^{\frac{3}{2}}]$

$= -x^2\sqrt{1-x^2}\arccos x - \dfrac{1}{3}x^3 - \dfrac{2}{3}(1-x^2)^{\frac{3}{2}}\arccos x$

$\quad - \dfrac{2}{3}\int (1-x^2)^{\frac{3}{2}} \dfrac{1}{\sqrt{1-x^2}}dx$

$= -x^2\sqrt{1-x^2}\arccos x - \dfrac{1}{3}x^3$

$\quad - \dfrac{2}{3}(1-x^2)\sqrt{1-x^2}\arccos x - \dfrac{2}{3}x + \dfrac{2}{9}x^3 + C$

$= -\dfrac{2+x^2}{3}\sqrt{1-x^2}\arccos x - \dfrac{6x+x^3}{9} + C.$

【2155】 $\int \dfrac{x^4 \arctan x}{1+x^2} dx$.

解 $\int \dfrac{x^4 \arctan x}{1+x^2} dx = \int \left(x^2 - 1 + \dfrac{1}{1+x^2}\right) \arctan x\, dx$

$= \dfrac{1}{3}\int \arctan x\, d(x^3) - \int \arctan x\, dx + \int \arctan x\, d(\arctan x)$

$= \dfrac{1}{3} x^3 \arctan x - \dfrac{1}{3}\int \dfrac{x^3}{1+x^2} dx - x\arctan x$

$\quad + \int \dfrac{x}{1+x^2} dx + \dfrac{1}{2}(\arctan x)^2$

$= \dfrac{1}{3} x^3 \arctan x - \dfrac{1}{3}\int \left(x - \dfrac{x}{1+x^2}\right) dx - x\arctan x$

$\quad + \int \dfrac{x}{1+x^2} dx + \dfrac{1}{2}(\arctan x)^2$

$= \left(\dfrac{1}{3} x^3 - x\right) \arctan x - \dfrac{1}{6} x^2 + \dfrac{2}{3} \ln(1+x^2)$

$\quad + \dfrac{1}{2}(\arctan x)^2 + C.$

【2156】 $\int \dfrac{x \operatorname{arccot} x}{(1+x^2)^2} dx$.

解 $\int \dfrac{x \operatorname{arccot} x\, dx}{(1+x^2)^2} = -\dfrac{1}{2}\int \operatorname{arccot} x\, d\left(\dfrac{1}{1+x^2}\right)$

$= -\dfrac{\operatorname{arccot} x}{2(1+x^2)} - \dfrac{1}{2}\int \dfrac{dx}{(1+x^2)^2}$

$= -\dfrac{\operatorname{arccot} x}{2(1+x^2)} - \dfrac{1}{2}\left[\dfrac{x}{2(x^2+1)} - \dfrac{1}{2}\operatorname{arccot} x\right] + C$

$= -\dfrac{1-x^2}{4(1+x^2)} \operatorname{arccot} x - \dfrac{x}{4(x^2+1)} + C.$

【2157】 $\int \dfrac{x \ln(x+\sqrt{1+x^2})}{(1-x^2)^2} dx$.

解 $\int \dfrac{x \ln(x+\sqrt{1+x^2})}{(1-x^2)^2} dx$

$= \dfrac{1}{2}\int \ln(x+\sqrt{1+x^2})\, d\left(\dfrac{1}{1-x^2}\right)$

$= \dfrac{1}{2(1-x^2)} \ln(x+\sqrt{1+x^2}) - \dfrac{1}{2}\int \dfrac{1}{(1-x^2)\sqrt{1+x^2}} dx.$

设 $x = \tan t$ $\left(-\dfrac{\pi}{2} < t < \dfrac{\pi}{2}\right)$,

则 $\sqrt{1+x^2} = \sec t, \mathrm{d}x = \sec^2 t\, \mathrm{d}t$,

所以 $\displaystyle\int \dfrac{1}{(1-x^2)\sqrt{1+x^2}} \mathrm{d}x$

$= \displaystyle\int \dfrac{\sec t\, \mathrm{d}t}{1-\tan^2 t} = \int \dfrac{\cos t\, \mathrm{d}t}{\cos^2 t - \sin^2 t}$

$= \displaystyle\int \dfrac{\mathrm{d}(\sin t)}{1-2\sin^2 t} = \dfrac{1}{2\sqrt{2}} \ln\left|\dfrac{1+\sqrt{2}\sin t}{1-\sqrt{2}\sin t}\right| + C$

$= \dfrac{1}{2\sqrt{2}} \ln\left|\dfrac{\sqrt{1+x^2}+\sqrt{2}x}{\sqrt{1+x^2}-\sqrt{2}x}\right| + C.$

因此 $\displaystyle\int \dfrac{x\ln(x+\sqrt{1+x^2})}{(1+x^2)^2} \mathrm{d}x$

$= \dfrac{\ln(x+\sqrt{1+x^2})}{2(1-x^2)} - \dfrac{1}{4\sqrt{2}} \ln\left|\dfrac{\sqrt{1+x^2}+\sqrt{2}x}{\sqrt{1+x^2}-\sqrt{2}x}\right| + C.$

【2158】 $\displaystyle\int \sqrt{1-x^2}\arcsin x\, \mathrm{d}x.$

解 $\displaystyle\int \sqrt{1-x^2}\arcsin x\, \mathrm{d}x$

$= x\sqrt{1-x^2}\arcsin x - \displaystyle\int x\left(1-\dfrac{x}{\sqrt{1-x^2}}\arcsin x\right)\mathrm{d}x$

$= x\sqrt{1-x^2}\arcsin x - \dfrac{x^2}{2} - \displaystyle\int \sqrt{1-x^2}\arcsin x\, \mathrm{d}x$

$\quad + \displaystyle\int \dfrac{\arcsin x}{\sqrt{1-x^2}} \mathrm{d}x.$

因此 $\displaystyle\int \sqrt{1-x^2}\arcsin x\, \mathrm{d}x$

$= \dfrac{1}{2} x\sqrt{1-x^2}\arcsin x - \dfrac{x^2}{4} + \dfrac{1}{2}\displaystyle\int \dfrac{\arcsin x}{\sqrt{1-x^2}} \mathrm{d}x$

$= \dfrac{x}{2}\sqrt{1-x^2}\arcsin x - \dfrac{x^2}{4} + \dfrac{1}{4}(\arcsin x)^2 + C.$

【2159】 $\displaystyle\int x(1+x^2)\operatorname{arccot} x\, \mathrm{d}x.$

解 $\displaystyle\int x(1+x^2)\operatorname{arccot} x\, \mathrm{d}x$

$$= \frac{1}{4}\int \operatorname{arccot} x \, d[(1+x^2)^2]$$

$$= \frac{1}{4}(1+x^2)^2 \operatorname{arccot} x + \frac{1}{4}\int (1+x^2) \, dx$$

$$= \frac{1}{4}(1+x^2)^2 \operatorname{arccot} x + \frac{x}{4} + \frac{x^3}{12} + C.$$

【2160】 $\int x^x (1+\ln x) \, dx.$

解 $\int x^x (1+\ln x) \, dx = \int e^{x\ln x}(1+\ln x) \, dx$

$$= \int e^{x\ln x} \, d(x\ln x) = e^{x\ln x} + C = x^x + C.$$

【2161】 $\int \dfrac{\arcsin e^x}{e^x} \, dx.$

解 $\int \dfrac{\arcsin e^x}{e^x} \, dx = -\int \arcsin e^x \, d(e^{-x})$

$$= -e^{-x} \arcsin e^x + \int \frac{dx}{\sqrt{1-e^{2x}}}$$

$$= -e^{-x} \arcsin e^x - \int \frac{d(e^{-x})}{\sqrt{(e^{-x})^2 - 1}}$$

$$= -e^{-x} \arcsin e^x - \ln(e^{-x} + \sqrt{e^{-2x}-1}) + C$$

$$= x - e^{-x} \arcsin e^x - \ln(1+\sqrt{1-e^{2x}}) + C.$$

【2162】 $\int \dfrac{\arctan e^{\frac{x}{2}}}{e^{\frac{x}{2}}(1+e^x)} \, dx.$

解 $\int \dfrac{\arctan e^{\frac{x}{2}}}{e^{\frac{x}{2}}(1+e^x)} \, dx = \int \dfrac{(e^x+1-e^x)\arctan e^{\frac{x}{2}}}{e^{\frac{x}{2}}(1+e^x)} \, dx$

$$= \int e^{-\frac{x}{2}} \arctan e^{\frac{x}{2}} \, dx - \int \frac{e^{\frac{x}{2}} \arctan e^{\frac{x}{2}}}{1+e^x} \, dx$$

$$= -2\int \arctan e^{\frac{x}{2}} \, d(e^{-\frac{x}{2}}) - 2\int \arctan e^{\frac{x}{2}} \, d(\arctan e^{\frac{x}{2}})$$

$$= -2e^{-\frac{x}{2}} \arctan e^{\frac{x}{2}} + \int \frac{dx}{1+e^x} - (\arctan e^{\frac{x}{2}})^2$$

$$= -2e^{-\frac{x}{2}} \arctan e^{\frac{x}{2}} - (\arctan e^{\frac{x}{2}})^2 + \int \left(1 - \frac{e^x}{1+e^x}\right) dx$$

$$=-2\mathrm{e}^{-\frac{x}{2}}\arctan \mathrm{e}^{\frac{x}{2}}-(\arctan \mathrm{e}^{\frac{x}{2}})^2+x-\ln(1+\mathrm{e}^x)+C.$$

【2163】 $\displaystyle\int \frac{\mathrm{d}x}{(\mathrm{e}^{x+1}+1)^2-(\mathrm{e}^{x-1}+1)^2}.$

解 $\displaystyle\int \frac{\mathrm{d}x}{(\mathrm{e}^{x+1}+1)^2-(\mathrm{e}^{x-1}+1)^2}$

$$=\int \frac{\mathrm{d}x}{(\mathrm{e}^{x+1}-\mathrm{e}^{x-1})(\mathrm{e}^{x+1}+\mathrm{e}^{x-1}+2)}$$

$$=\int \frac{\mathrm{d}x}{\mathrm{e}^x(\mathrm{e}-\mathrm{e}^{-1})[\mathrm{e}^x(\mathrm{e}+\mathrm{e}^{-1})+2]}$$

$$=\frac{1}{2(\mathrm{e}-\mathrm{e}^{-1})}\int \left[\frac{1}{\mathrm{e}^x}-\frac{\mathrm{e}+\mathrm{e}^{-1}}{\mathrm{e}^x(\mathrm{e}+\mathrm{e}^{-1})+2}\right]\mathrm{d}x$$

$$=-\frac{1}{4\mathrm{sh}1}\mathrm{e}^{-x}-\frac{\mathrm{ch}1}{4\mathrm{sh}1}\int \frac{1}{1+\mathrm{e}^x\mathrm{ch}1}\mathrm{d}x$$

$$=-\frac{1}{4\mathrm{sh}1}\mathrm{e}^{-x}-\frac{\mathrm{ch}1}{4\mathrm{sh}1}\int \left(1-\frac{\mathrm{e}^x\mathrm{ch}1}{1+\mathrm{e}^x\mathrm{ch}1}\right)\mathrm{d}x$$

$$=-\frac{\mathrm{e}^{-x}}{4\mathrm{sh}1}-\frac{\mathrm{cth}1}{4}[x-\ln(1+\mathrm{e}^x\mathrm{ch}1)]+C.$$

【2164】 $\displaystyle\int \sqrt{\mathrm{th}^2 x+1}\,\mathrm{d}x.$

解 $\displaystyle\int \sqrt{\mathrm{th}^2 x+1}\,\mathrm{d}x=\int \frac{\mathrm{th}^2 x+1}{\sqrt{\mathrm{th}^2 x+1}}\mathrm{d}x$

$$=\int \frac{\frac{\mathrm{sh}^2 x+\mathrm{ch}^2 x}{\mathrm{ch}^2 x}}{\sqrt{\mathrm{th}^2 x+1}}\mathrm{d}x=\int \frac{\left(2-\frac{1}{\mathrm{ch}^2 x}\right)}{\sqrt{\mathrm{th}^2 x+1}}\mathrm{d}x$$

$$=2\int \frac{\mathrm{d}x}{\sqrt{\mathrm{th}^2 x+1}}-\int \frac{\mathrm{d}(\mathrm{th}x)}{\sqrt{\mathrm{th}^2 x+1}}$$

$$=2\int \frac{\mathrm{ch}x\,\mathrm{d}x}{\sqrt{\mathrm{sh}^2 x+\mathrm{ch}^2 x}}-\ln(\mathrm{th}x+\sqrt{\mathrm{th}^2 x+1})$$

$$=\sqrt{2}\int \frac{\mathrm{d}(\sqrt{2}\mathrm{sh}x)}{\sqrt{1+2\mathrm{sh}^2 x}}-\ln(\mathrm{th}x+\sqrt{\mathrm{th}^2 x+1})$$

$$=\sqrt{2}\ln(\sqrt{2}\mathrm{sh}x+\sqrt{1+2\mathrm{sh}^2 x})-\ln(\mathrm{th}x+\sqrt{1+\mathrm{th}^2 x})+C.$$

【2165】 $\displaystyle\int \frac{1+\sin x}{1+\cos x}\cdot \mathrm{e}^x\,\mathrm{d}x.$

解 $\int \dfrac{1+\sin x}{1+\cos x} e^x \, dx = \int \dfrac{1+2\sin\dfrac{x}{2}\cos\dfrac{x}{2}}{2\cos^2\dfrac{x}{2}} e^x \, dx$

$= \int \dfrac{e^x}{2\cos^2\dfrac{x}{2}} dx + \int \tan\dfrac{x}{2} \cdot e^x \, dx$

$= \int e^x \, d\left(\tan\dfrac{x}{2}\right) + \int \tan\dfrac{x}{2} \cdot e^x \, dx$

$= e^x \cdot \tan\dfrac{x}{2} - \int \tan\dfrac{x}{2} \cdot e^x \, dx + \int \tan\dfrac{x}{2} \cdot e^x \, dx$

$= e^x \tan\dfrac{x}{2} + C.$

【2166】 $\int |x| \, dx.$

解 $\int |x| \, dx = \operatorname{sgn} x \cdot \int x \, dx$

$= (\operatorname{sgn} x) \cdot \dfrac{1}{2} x^2 + C = \dfrac{x|x|}{2} + C.$

【2167】 $\int x |x| \, dx.$

解 $\int x |x| \, dx = (\operatorname{sgn} x) \int x^2 \, dx$

$= (\operatorname{sgn} x) \dfrac{x^3}{3} + C = \dfrac{x^2 |x|}{3} + C.$

【2168】 $\int (x + |x|)^2 \, dx.$

解 $\int (x + |x|)^2 \, dx = \int (x^2 + 2x |x| + |x|^2) \, dx$

$= 2\int x^2 \, dx + 2\operatorname{sgn} x \int x^2 \, dx$

$= \dfrac{2}{3} x^3 + \dfrac{2}{3} (\operatorname{sgn} x) x^3 + C$

$= \dfrac{2}{3} x^2 (x + |x|) + C.$

【2169】 $\int (|1+x| - |1-x|) \, dx.$

解 $\int(|1+x|-|1-x|)dx$

$= \int |1+x| d(1+x) + \int |1-x| d(1-x)$

$= \text{sgn}(1+x)\int(1+x)d(1+x) + \text{sgn}(1-x)\int(1-x)d(1-x)$

$= \dfrac{(1+x)|1+x|}{2} + \dfrac{(1-x)|1-x|}{2} + C.$

【2170】 $\int e^{-|x|}dx.$

解 当 $x \geqslant 0$ 时

$$\int e^{-|x|}dx = \int e^{-x}dx = e^{-x} + C_1,$$

当 $x < 0$ 时

$$\int e^{-|x|}dx = \int e^{x}dx = e^{x} + C_2.$$

由于 $e^{-|x|}$ 在 $(-\infty, +\infty)$ 内连续,故其原函数必在 $(-\infty, +\infty)$ 内连续可微,且任意两个原函数之间差一常数,设 $F(x)$ 为满足 $F(0) = 0$ 的原函数. 由前面的讨论知

$$F(x) = \begin{cases} -e^{-x} + C_1, & x \geqslant 0, \\ e^{x} + C_2, & x < 0. \end{cases}$$

其中 C_1, C_2 是常数,由于

$$0 = F(0) = \lim_{x \to 0} F(x),$$

所以 $\quad 0 = -1 + C_1 = 1 + C_2,$

因此 $\quad C_1 = 1, \quad C_2 = -1,$

即 $\quad F(x) = \begin{cases} 1 - e^{-x}, & x \geqslant 0, \\ e^{x} - 1, & x < 0. \end{cases}$

因此 $\int e^{-|x|}dx = F(x) + C$

$= \begin{cases} 1 - e^{-x} + C, & x \geqslant 0, \\ e^{x} - 1 + C, & x < 0. \end{cases}$

【2171】 $\int \max(1, x^2)dx.$

解 当 $|x| \leqslant 1$ 时

$$\int \max(1, x^2) \mathrm{d}x = \int \mathrm{d}x = x + C_1,$$

当 $x > 1$ 时

$$\int \max(1, x^2) \mathrm{d}x = \int x^2 \mathrm{d}x = \frac{1}{3}x^3 + C_2,$$

当 $x < -1$ 时

$$\int \max(1, x^2) \mathrm{d}x = \int x^2 \mathrm{d}x = \frac{1}{3}x^3 + C_3.$$

设 $F(x)$ 为满足 $F(1) = 1$ 的原函数,则上面的讨论知

$$F(x) = \begin{cases} x + C_1, & -1 \leqslant x \leqslant 1, \\ \dfrac{1}{3}x^3 + C_2, & x > 1, \\ \dfrac{1}{3}x^3 + C_3, & x < -1, \end{cases}$$

其中 C_1, C_2, C_3 是常数,由于

$$1 = F(1) = \lim_{x \to 1+0} F(x),$$

有 $\quad 1 = 1 + C_1 = \dfrac{1}{3} + C_2,$

故 $\quad C_1 = 0, C_2 = \dfrac{2}{3},$

又 $\quad F(-1) = \lim_{x \to -1-0} F(x),$

有 $\quad -1 = -\dfrac{1}{3} + C_3,$

故 $\quad C_3 = -\dfrac{2}{3}.$

从而

$$F(x) = \begin{cases} x, & -1 \leqslant x \leqslant 1, \\ \dfrac{1}{3}x^3 + \dfrac{2}{3}, & x > 1, \\ \dfrac{1}{3}x^3 - \dfrac{2}{3}, & x < -1. \end{cases}$$

因此 $\quad \displaystyle\int \max(1, x^2) \mathrm{d}x = F(x) + C$

$$= \begin{cases} x+C, & \text{当 } |x| \leqslant 1 \text{ 时,} \\ \dfrac{x^3}{3} + \dfrac{2}{3}\operatorname{sgn} x + C, & \text{当 } |x| > 1 \text{ 时.} \end{cases}$$

【2172】 $\int \varphi(x)\mathrm{d}x$,其中 $\varphi(x)$ 为数 x 至其最接近的整数的距离.

解 $\varphi(x) = \begin{cases} x-n, & \text{当 } n \leqslant x < n+\dfrac{1}{2} \text{ 时,} \\ -x+n+1, & \text{当 } n+\dfrac{1}{2} \leqslant x < n+1 \text{ 时.} \end{cases}$

由于 $\varphi(x)$ 在 $(-\infty,+\infty)$ 内连续,故其原函数在 $(-\infty,+\infty)$ 内连续可微,设 $F(x)$ 是满足 $F(0)=0$ 的原函数,则

$$F(x) = \begin{cases} \dfrac{x^2}{2} - nx + C_n, & \text{当 } n \leqslant x < n+\dfrac{1}{2} \text{ 时,} \\ -\dfrac{x^2}{2} + (n-1)x + C'_n, & \text{当 } n+\dfrac{1}{2} \leqslant x < n+1 \text{ 时.} \end{cases}$$

其中 C_n, C'_n 为常数,由

$$\lim_{x \to (n+\frac{1}{2})-0} F(x) = F\left(n+\dfrac{1}{2}\right),$$

有 $C'_n = C_n - \left(n+\dfrac{1}{2}\right)^2$,故

$$F(x) = \begin{cases} \dfrac{x^2}{2} - nx + C_n, & n \leqslant x < n+\dfrac{1}{2}, \\ -\dfrac{x^2}{2} + (n+1)x - \left(n+\dfrac{1}{2}\right)^2 + C_n, & n+\dfrac{1}{2} \leqslant x < n+1. \end{cases}$$

又 $\lim\limits_{x \to (n+1)-0} F(x) = F(n+1)$,可得

$$C_{n+1} = (n+1)^2 - \left(n+\dfrac{1}{2}\right)^2 + C_n$$

$$= C_n + n + \dfrac{3}{4}.$$

显然 $C_0 = F(0) = 0$,

因此 $C_n = \dfrac{1}{4}n(2n+1)$. 故

$$F(x) = \begin{cases} \dfrac{x^2}{2} - nx + \dfrac{1}{4}n(2n+1), \\ -\dfrac{x^2}{2} + (n+1)x - \dfrac{1}{4}(2n+1)(n+1), \end{cases}$$

$$= \begin{cases} \dfrac{x}{4} + \dfrac{1}{4}\left(x-n-\dfrac{1}{2}\right)\left[1-2\left(\dfrac{1}{2}-(x-n)\right)\right] & \text{当 } n \leqslant x < n+\dfrac{1}{2} \text{ 时,} \\ \dfrac{x}{4} + \dfrac{1}{4}\left(x-n-\dfrac{1}{2}\right)\left[1-2\left(x-n-\dfrac{1}{2}\right)\right] & \text{当 } n+\dfrac{1}{2} \leqslant x < n+1 \text{ 时.} \end{cases}$$

记 $(x) = x - [x]$,即表 x 的小数部分,那么

$$F(x) = \frac{x}{4} + \frac{1}{4}\left((x) - \frac{1}{2}\right)\left\{1 - 2\left|(x) - \frac{1}{2}\right|\right\}.$$

故 $\int \varphi(x) dx$

$$= \frac{x}{4} + \frac{1}{4}\left((x) - \frac{1}{2}\right)\left\{1 - 2\left|(x) - \frac{1}{2}\right|\right\} + C.$$

【2173】 $\int [x] |\sin \pi x| dx \quad (x \geqslant 0)$

解 在区间 $[0,1), [1,2), [2,3), \cdots [[x], x)$ 上确定满足条件 $F(0) = 0$ 的原函数.

在 $[0,1)$ 上

$$F(x) = \int 0 \cdot \sin \pi x dx = C_1,$$

而 $C_1 = F(0) = 0$,所以

$$F(x) = 0, F(1) - F(0) = 0.$$

在 $[1,2)$ 上

$$F(x) = -\int \sin \pi x dx = \frac{1}{\pi} \cos \pi x + C_2,$$

$$C_2 = \frac{1}{\pi}, F(2) - F(1) = \frac{2}{\pi},$$

在 $[2,3)$ 上

$$F(x) = \int 2 \sin \pi x dx = -\frac{2}{\pi} \cos \pi x + C_3,$$

$$C_3 = F(2) + \frac{2}{\pi} = \frac{2 \cdot 2}{\pi},$$

$$F(3) - F(2) = \frac{2 \cdot 2}{\pi},$$

……

在 $[[x], x)$ 上

$$F(x) = (-1)^{[x]} [x] \int \sin \pi x dx$$

$$= (-1)^{[x]}[x]\left(-\frac{1}{\pi}\right)\cos\pi x + C_{[x]+1},$$

从而 $F(x) - F([x]) = \dfrac{(-1)^{[x]}[x]}{\pi}(\cos\pi[x] - \cos\pi x),$

即
$$\begin{aligned}F(x) &= (F(1)-F(0)) + (F(2)-F(1)) + \cdots \\ &\quad + (F([x]) - F([x]-1)) \\ &\quad + \frac{(-1)^{[x]}[x]}{\pi}(\cos\pi[x] - \cos\pi x) \\ &= \frac{2}{\pi} + \frac{2\cdot 2}{\pi} + \cdots + \frac{2([x]-1)}{\pi} \\ &\quad + \frac{(-1)^{[x]}[x]}{\pi}(\cos\pi[x] - \cos\pi x) \\ &= \frac{[x]\cdot([x]-1)}{\pi} + \frac{(-1)^{[x]}\cdot[x]\cdot(-1)^{[x]}}{\pi} \\ &\quad - \frac{(-1)^{[x]}\cdot[x]\cos\pi x}{\pi} \\ &= \frac{[x]}{\pi}([x] - (-1)^{[x]}\cos\pi x).\end{aligned}$$

因此 $\displaystyle\int [x]|\sin\pi x|\,\mathrm{d}x$

$$= \frac{[x]}{\pi}([x] - (-1)^{[x]}\cos\pi x) + C.$$

【2174】 $\displaystyle\int f(x)\mathrm{d}x$,其中

$$f(x) = \begin{cases} 1 - x^2 & \text{当 } |x| \leqslant 1 \text{ 时,} \\ 1 - |x| & \text{当 } |x| > 1 \text{ 时.} \end{cases}$$

解 当 $|x| \leqslant 1$ 时

$$\int f(x)\mathrm{d}x = \int (1-x^2)\mathrm{d}x = x - \frac{x^3}{3} + C_1,$$

当 $x > 1$ 时

$$\int f(x)\mathrm{d}x = \int (1-x)\mathrm{d}x = x - \frac{x^2}{2} + C_2,$$

$x < -1$ 时

$$\int f(x)\mathrm{d}x = \int (1+x)\mathrm{d}x = x + \frac{x^2}{2} + C_3,$$

设 $F(x)$ 为 $F(0)=0$ 的原函数. 则
$$C_1=0, F(1+0)=\frac{1}{2}+C_2=F(1)=1-\frac{1}{3},$$
$$F(-1-0)=-\frac{1}{2}+C_3=F(-1)=-1+\frac{1}{3},$$

所以 $\quad C_1=0, C_2=\frac{1}{6}, C_3=-\frac{1}{6}.$

从而
$$F(x)=\begin{cases} x-\dfrac{x^3}{3}, & \text{当}\,|x|\leqslant 1\,\text{时}, \\ x-\dfrac{x^2}{2}+\dfrac{1}{6}, & \text{当}\,x>1\,\text{时}, \\ x+\dfrac{x^2}{2}-\dfrac{1}{6}, & \text{当}\,x<-1\,\text{时}. \end{cases}$$

$$=\begin{cases} x-\dfrac{x^3}{3}, & \text{当}\,|x|\leqslant 1\,\text{时}, \\ x-\dfrac{x|x|}{2}+\dfrac{1}{6}\mathrm{sgn}x, & \text{当}\,|x|>1\,\text{时}. \end{cases}$$

因此 $\int f(x)\mathrm{d}x$
$$=\begin{cases} x-\dfrac{x^3}{3}+C, & |x|\leqslant 1, \\ x-\dfrac{x|x|}{2}+\dfrac{1}{6}\mathrm{sgn}x+C, & |x|>1. \end{cases}$$

【2175】 $\int f(x)\mathrm{d}x;$ 式中
$$f(x)=\begin{cases} 1, & \text{若}-\infty<x<0; \\ x+1, & \text{若}\,0\leqslant x\leqslant 1; \\ 2x, & \text{若}\,1<x<+\infty. \end{cases}$$

解 当 $-\infty<x<0$ 时,
$$\int f(x)\mathrm{d}x=\int \mathrm{d}x=x+C_1,$$

当 $0\leqslant x\leqslant 1$ 时,
$$\int f(x)\mathrm{d}x=\int (x+1)\mathrm{d}x=\frac{x^2}{2}+x+C_2,$$

当 $1<x<+\infty$ 时,

$$\int f(x)\mathrm{d}x = \int 2x\mathrm{d}x = x^2 + C_3,$$

及 设 $F(x)$ 为满足 $F(0) = 0$ 的原函数,则由 $C_2 = F(0) = 0$

$$C_1 = F(0-0) = F(0) = 0,$$

$$F(1+0) = 1 + C_3 = F(1) = \frac{1}{2} + 1,$$

所以 $C_1 = 0, C_2 = 0, C_3 = \frac{1}{2}.$ 即

$$F(x) = \begin{cases} x, & \text{当} -\infty < x < 0 \text{ 时}, \\ \dfrac{x^2}{2} + x, & \text{当} 0 \leqslant x \leqslant 1 \text{ 时}, \\ x^2 + \dfrac{1}{2}, & \text{当} 1 < x < +\infty \text{ 时}. \end{cases}$$

因此

$$\int f(x)\mathrm{d}x = \begin{cases} x + C, & \text{当} -\infty < x < 0 \text{ 时}, \\ \dfrac{x^2}{2} + x + C, & \text{当} 0 \leqslant x \leqslant 1 \text{ 时}, \\ x^2 + \dfrac{1}{2} + C, & \text{当} 1 < x < +\infty \text{ 时}. \end{cases}$$

【2176】 $\int x f''(x)\mathrm{d}x.$

解 $\int x f''(x)\mathrm{d}x = \int x\mathrm{d}(f'(x)) = x f'(x) - \int f'(x)\mathrm{d}x$
$= x f'(x) - f(x) + C.$

【2177】 $\int f'(2x)\mathrm{d}x.$

解 $\int f'(2x)\mathrm{d}x = \dfrac{1}{2}\int f'(2x)\mathrm{d}(2x) = \dfrac{1}{2}f(2x) + C.$

【2178】 若 $f'(x^2) = \dfrac{1}{x}(x > 0),$ 求解 $f(x).$

解 由 $f'(x^2) = \dfrac{1}{x},$

得 $f'(x) = \dfrac{1}{\sqrt{x}}.$

于是 $f(x) = \int f'(x)\mathrm{d}x = \int \dfrac{\mathrm{d}x}{\sqrt{x}} = 2\sqrt{x} + C.$

【2179】 若 $f'(\sin^2 x) = \cos^2 x$，求解 $f(x)$.

解 由 $f'(\sin^2 x) = \cos^2 x = 1 - \sin^2 x$,

得 $f'(x) = 1 - x$.

所以 $f(x) = \int f'(x) dx = \int (1-x) dx$

$$= x - \frac{1}{2}x^2 + C. \quad (|x| \leqslant 1)$$

【2180】 若
$$f'(\ln x) = \begin{cases} 1, & \text{当 } 0 < x \leqslant 1, \\ x, & \text{当 } 1 < x < +\infty. \end{cases}$$

且 $f(0) = 0$，求解 $f(x)$.

解 设 $t = \ln x$,

则 $f'(t) = \begin{cases} 1, & \text{当 } -\infty < t \leqslant 0, \\ e^t, & \text{当 } 0 < t < +\infty. \end{cases}$

于是 $f(x) = \int f'(x) dx = \begin{cases} x + C_1, & -\infty < x \leqslant 0, \\ e^x + C_2, & 0 < x < +\infty. \end{cases}$

其中 C_1, C_2 为常数，由假设有 $f(0) = 0$，从而

$$C_1 = f(0) = 0,$$

及 $C_2 + 1 = f(1+0) = f(0) = 0,$

$$C_2 = -1.$$

因此 $f(x) = \begin{cases} x, & \text{当 } -\infty < x \leqslant 0 \text{ 时,} \\ e^x - 1, & \text{当 } 0 < x < +\infty \text{ 时.} \end{cases}$

【2180.1】 设 $f(x)$ 为连续单调函数且 $f^{-1}(x)$ 为它的反函数. 证明：若 $\int f(x) dx = F(x) + C,$

则 $\int f^{-1}(x) dx = x f^{-1}(x) - F(f^{-1}(x)) + C.$

研究例题：

(1) $f(x) = x^n (n > 0)$; (2) $f(x) = e^x$;

(3) $f(x) = \arcsin x$; (4) $f(x) = \text{arth} x$.

证 $\int f^{-1}(x) dx = x f^{-1}(x) - \int x d(f^{-1}(x)),$

令 $t = f^{-1}(x),$

则 $x = f(t)$.

所以 $\int x \mathrm{d}(f^{-1}(x)) = \int f(t) \mathrm{d}t = F(t) + C$
$= F(f^{-1}(x)) + C,$

因此 $\int f^{-1}(x) \mathrm{d}x = x f^{-1}(x) - F(f^{-1}(x)) + C.$

(1) $f(x) = x^n,$

则 $F(x) = \dfrac{1}{n+1} x^{n+1},$

$f^{-1}(x) = x^{\frac{1}{n}},$

所以 $\int f^{-1}(x) \mathrm{d}x = \int x^{\frac{1}{n}} \mathrm{d}x$

$= x \cdot x^{\frac{1}{n}} - \dfrac{1}{n+1} (x^{\frac{1}{n}})^{n+1} + C$

$= \dfrac{n}{n+1} x^{\frac{n+1}{n}} + C.$

(2) $f(x) = \mathrm{e}^x,$

则 $F(x) = \mathrm{e}^x, f^{-1}(x) = \ln x,$

$\int f^{-1}(x) \mathrm{d}x = \int \ln x \mathrm{d}x$

$= x \cdot \ln x - \mathrm{e}^{\ln x} + C$

$= x \ln x - x + C.$

(3) $f(x) = \arcsin x, g(x) = f^{-1}(x) = \sin x.$

从而 $\int g(x) \mathrm{d}x = \int \sin x \mathrm{d}x = -\cos x + C.$

所以 $\int f(x) \mathrm{d}x = \int g^{-1}(x) \mathrm{d}x$

$= x \arcsin x - \cos(\arcsin x) + C$

$= x \arcsin x - \sqrt{1-x^2} + C.$

(4) $f(x) = \mathrm{arth} x, g(x) = f^{-1}(x) = \mathrm{th} x,$

而 $\int g(x) \mathrm{d}x = \int \mathrm{th} x \mathrm{d}x = \ln(\mathrm{ch} x) + C,$

所以 $\int f(x) \mathrm{d}x = \int g^{-1}(x) \mathrm{d}x = x \mathrm{arth} x - \ln(\mathrm{ch}(\mathrm{arth} x)) + C.$

第四章 定积分

§1. 定积分作为和的极限

1. 黎曼积分 若函数 $f(x)$ 在 $[a,b]$ 区间有定义,而且
$$a = x_0 < x_1 < x_2 < \cdots < x_n = b,$$
则数
$$\int_a^b f(x)\mathrm{d}x = \lim_{\max|\Delta x_i| \to 0} \sum_{i=0}^{n-1} f(\xi_i)\Delta x_i, \qquad ①$$
(其中 $x_i \leqslant \xi_i \leqslant x_{i+1}$ 及 $\Delta x_i = x_{x+1} - x_i$),称为函数 $f(x)$ 在 $[a,b]$ 区间的积分.

极限 ① 存在的必要且充分条件为:积分下和 $\underline{S} = \sum_{i=0}^{n-1} m_i \Delta x_i$ 与积分上和 $\overline{S} = \sum_{i=0}^{n-1} M_i \Delta x_i$,在 $\max|\Delta x_i| \to 0$ 时有共同的极限. 式中
$$m_i = \inf_{x_i \leqslant x \leqslant x_{i+1}} f(x) \quad \text{及} \quad M_i = \sup_{x_i \leqslant x \leqslant x_{i+1}} f(x).$$

若等式 ① 右边的极限存在,则函数 $f(x)$ 称为在相应区间内可积分(常义的). 特别是:(1) 连续函数;(2) 具有有穷个不连续点的有界函数;(3) 单调有界函数等,均在任意有穷区间内可积分. 若函数 $f(x)$ 在 $[a,b]$ 区间无界,则它在 $[a,b]$ 区间常义上不可积分.

2. 可积分条件 函数 $f(x)$ 在闭区间 $[a,b]$ 可积分的充要条件是以下等式成立:
$$\lim_{\max|\Delta x_i| \to 0} \sum_{i=0}^{n-1} \omega_i \Delta x_i = 0,$$
其中 $\omega_i = M_i - m_i$,为函数 $f(x)$ 在 $[x_i, x_{i+1}]$ 的振幅.

【2181】 把区间 $[-1,4]$ 分为 n 个相等子区间,并取这些子区间的中点作自变量值 $\xi_i (i = 0,1,\cdots,n-1)$,求函数 $f(x) = 1+x$ 在该区间的积分和 S_n.

解 每个子区间的长度 $\Delta x = \dfrac{5}{n}$,

第 i 个子区间为 $\left(-1+\dfrac{5i}{n}, -1+\dfrac{5(i+1)}{n}\right)$,其中

$$\xi_i = -1+\dfrac{5}{n}\left(i+\dfrac{1}{2}\right),$$

于是,所求积分和为

$$S_n = \sum_{i=0}^{n-1}\left[1+\left(-1+\dfrac{5}{n}\left(i+\dfrac{1}{2}\right)\right)\right]\dfrac{5}{n}$$

$$= \dfrac{25}{n^2}\sum_{i=0}^{n-1}\left(i+\dfrac{1}{2}\right) = \dfrac{25}{2}.$$

【2182】 若

(1) $f(x) = x^3 \quad [-2 \leqslant x \leqslant 3]$;

(2) $f(x) = \sqrt{x} \quad [0 \leqslant x \leqslant 1]$;

(3) $f(x) = 2^x \quad [0 \leqslant x \leqslant 10]$.

把相应区间分成 n 个等份,求出给定函数 $f(x)$ 在相应区间的积分上和 $\overline{S}_n$ 与积分下和 $\underline{S}_n$.

解 (1) 将区间 $[-2,3]$ n 等分,则每一个子区间的长为 $\Delta x = \dfrac{5}{n}$,且第 i 个子区间为

$$\left[-2+\dfrac{5i}{n}, -2+\dfrac{5(i+1)}{n}\right] \quad (i=0,1,\cdots,n-1)$$

设 m_i, M_i 分别表示函数 $f(x)$ 在第 i 个子区间上的上确界及下确界.而 $f(x) = x^3$ 为增函数,所以

$$m_i = \left(-2+\dfrac{5i}{n}\right)^3, M_i = \left[-2+\dfrac{5(i+1)}{n}\right]^3$$

$$(i=0,1,2,\cdots,n-1),$$

所以 $\underline{S}_n = \sum_{i=0}^{n-1} m_i \Delta x_i = \sum_{i=0}^{n-1}\left(-2+\dfrac{5i}{n}\right)^3 \dfrac{5}{n}$

$$= -8n \cdot \dfrac{5}{n} + 12\left(\dfrac{5}{n}\right)^2 \sum_{i=0}^{n-1} i - 6\left(\dfrac{5}{n}\right)^3 \sum_{i=0}^{n-1} i^2 + \left(\dfrac{5}{n}\right)^4 \sum_{i=0}^{n-1} i^3$$

$$= -40 + \dfrac{12 \cdot 25(n-1)}{2n^2} - \dfrac{125(2n^3 - 3n^2 + n)}{n^3}$$

$$+ \dfrac{625(n^4 - 2n^3 + n^2)}{4n^4}$$

$$= \frac{65}{4} - \frac{175}{2n} + \frac{125}{4n^2},$$

$$\overline{S_n} = \sum_{i=0}^{n-1} M_i \Delta x_i = \sum_{i=0}^{n-1} \left(-2 + \frac{5}{n}(i+1)\right)^3 \frac{5}{n}$$

$$= \underline{S_n} + 3^3 \cdot \frac{5}{n} - (-2)^3 \frac{5}{n} = \frac{65}{4} + \frac{175}{2n} + \frac{125}{4n^2}.$$

(2) $\Delta x = \frac{1}{n}, m_i = \sqrt{\frac{i}{n}}, M_i = \sqrt{\frac{i+1}{n}}$ $(i = 0,1,2,\cdots,n-1)$,

于是 $\underline{S_n} = \sum_{i=0}^{n-1} \frac{1}{n} \cdot \sqrt{\frac{i}{n}} = \frac{1}{n^{\frac{3}{2}}} \sum_{i=0}^{n-1} \sqrt{i},$

$$\overline{S_n} = \sum_{i=0}^{n-1} \frac{1}{n} \sqrt{\frac{i+1}{n}} = \frac{1}{n^{\frac{3}{2}}} \sum_{i=1}^{n} \sqrt{i} = \underline{S_n} + \frac{1}{n^{\frac{3}{2}}},$$

(3) $\Delta x = \frac{10}{n}, m_i = 2^{i\Delta x}, M_i = 2^{(i+1)\Delta x}$ $(i = 0,1,2,\cdots,n-1)$,

于是 $\underline{S_n} = \sum_{i=0}^{n-1} \Delta x m_i = \frac{10}{n} \sum_{i=0}^{n-1} 2^{i\Delta x}$

$$= \frac{10}{n} \cdot \frac{2^{n\Delta x} - 1}{2^{\Delta x} - 1} = \frac{10 \cdot 230}{n(2^{\frac{10}{n}} - 1)},$$

$$\overline{S_n} = \sum_{i=0}^{n-1} \Delta x M_i = \frac{10}{n} \sum_{i=0}^{n-1} 2^{(i+1)\Delta x}$$

$$= \frac{10}{n} \cdot \frac{2^{\Delta x}(2^{n\Delta x} - 1)}{2^{\Delta x} - 1} = \frac{10 \cdot 230 \cdot 2^{\frac{10}{n}}}{n(2^{\frac{10}{n}} - 1)}.$$

【2183】 把区间 $[1,2]$ 分成 n 份,使这些分点的横坐标构成等比级数,求函数 $f(x) = x^4$ 在区间 $[1,2]$ 的下积分和. 当 $n \to \infty$ 时,这个和的极限等于什么?

解 设 $2 = q^n$,即

$q = \sqrt[n]{2}.$ 分点为

$1 = q^0 < q^1 < q^2 < \cdots < q^n = 2.$

由于 $f(x) = x^4$ 在 $[1,2]$ 上为增函数,故积分下和为

$$\underline{S_n} = \sum_{i=0}^{n-1} m_i \Delta x_i = \sum_{i=0}^{n-1} [(q^i)^4 (q^{i+1} - q^i)]$$

$$= (q-1) \sum_{i=0}^{n-1} (q^i)^5 = \frac{(q-1)(q^{5n} - 1)}{q^5 - 1}$$

$$= \frac{31(\sqrt[n]{2}-1)}{\sqrt[n]{32}-1},$$

故 $\lim_{n\to\infty} S_n = 31 \cdot \lim_{n\to\infty} \frac{\sqrt[n]{2}-1}{\sqrt[n]{32}-1}$

$$= 31 \lim_{n\to\infty} \frac{1}{\sqrt[n]{16}+\sqrt[n]{8}+\sqrt[n]{4}+\sqrt[n]{2}+1} = \frac{31}{5}.$$

【2184】 根据积分的定义,求出 $\int_0^T (v_0 + gt) dt$,其中 v_0 与 g 为常数.

解 $f(t) = v_0 + gt$,容易验证 $\int_0^T f(t) dt$ 存在.

将 $[0, T]$ n 等分,则 $\Delta x = \frac{T}{n}$,取

$$\xi_i = i\Delta x \quad (i = 0, 1, 2, \cdots, n-1),$$

于是 $S_n = \sum_{i=0}^{n-1} (v_0 + ig\Delta x)\Delta x$

$$= v_0 T + \frac{gT^2}{n^2} \cdot \frac{n(n-1)}{2},$$

因此 $\int_0^T (v_0 + gt) dt = \lim_{n\to\infty} \left(v_0 T + \frac{gT^2}{n^2} \cdot \frac{n(n-1)}{2} \right)$

$$= v_0 T + \frac{gT^2}{2}.$$

以适当的方式划分积分的区间,把积分看作对应积分和的极限,并计算定积分:

【2185】 $\int_{-1}^2 x^2 dx.$

解 将区间 $[-1, 2]$ n 等分,则

$$\Delta x_i = \Delta x = \frac{3}{n},$$

取 $\xi_i = -1 + i\Delta x \quad (i = 0, 1, 2, \cdots, n-1),$

作和 $S_n = \sum_{i=0}^{n-1} (-1 + i\Delta x)^2 \Delta x$

$$= n\Delta x - 2\Delta x^2 \sum_{i=0}^{n-1} i + \Delta x^3 \sum_{i=0}^{n-1} i^2 = 3 + \frac{9-9n}{2n^2}$$

因为 $f(x)$ 在 $[-1,2]$ 上连续,故 $\int_{-1}^{2} x^2 \mathrm{d}x$ 存在,因此

$$\int_{-1}^{2} x^2 \mathrm{d}x = \lim_{n\to\infty} S_n = \lim_{n\to\infty}\left(3 + \frac{9-9n}{n^2}\right) = 3.$$

【2186】 $\int_{0}^{1} a^x \mathrm{d}x \quad (a > 0).$

解 当 $a \neq 1$ 时,将区间 $[0,1]$ n 等分,$\Delta x = \dfrac{1}{n}$,取

$$\xi_i = \frac{i}{n} \quad (i = 0, 1, 2, \cdots, n-1),$$

作和式 $S_n = \displaystyle\sum_{i=0}^{n-1} \frac{1}{n} a^{\frac{i}{n}} = \dfrac{\dfrac{1}{n}(a^{n\cdot\Delta x} - 1)}{a^{\frac{1}{n}} - 1} = \dfrac{\dfrac{1}{n}(a-1)}{a^{\frac{1}{n}} - 1},$

于是 $\int_{0}^{1} a^x \mathrm{d}x = \lim_{n\to\infty} S_n = \lim_{n\to\infty} \dfrac{\dfrac{1}{n}(a-1)}{a^{\frac{1}{n}} - 1} = \dfrac{a-1}{\ln a}.$

当 $a = 1$ 时,显然积分为 1.

【2187】 $\int_{0}^{\frac{\pi}{2}} \sin x \mathrm{d}x.$

解 将区间 $\left[0, \dfrac{\pi}{2}\right]$ n 等分,得 $\Delta x = \dfrac{\pi}{2n}$,取

$$\xi_i = i\Delta x = \frac{i\pi}{2n} \quad (i = 0, 1, 2, \cdots, n-1),$$

作和式 $S_n = \displaystyle\sum_{i=0}^{n-1} \Delta x \sin i\Delta x,$

由于 $\sin i\Delta x = \dfrac{1}{2\sin\dfrac{\Delta x}{2}}\left[\cos\dfrac{2i-1}{2}\Delta x - \cos\dfrac{2i+1}{2}\Delta x\right],$

所以 $S_n = \dfrac{\Delta x}{2\sin\dfrac{\Delta x}{2}} \displaystyle\sum_{i=0}^{n-1}\left(\cos\dfrac{2i-1}{2}\Delta x - \cos\dfrac{2i+1}{2}\Delta x\right)$

$\qquad = \dfrac{\Delta x}{2\sin\dfrac{\Delta x}{2}}\left(\cos\dfrac{\Delta x}{2} - \cos\dfrac{2n-1}{2}\Delta x\right)$

$\qquad = \dfrac{\dfrac{\pi}{4n}}{\sin\dfrac{\pi}{4n}}\left(\cos\dfrac{\pi}{4n} - \cos\dfrac{2n-1}{4n}\pi\right),$

因此 $\int_0^{\frac{\pi}{2}} \sin x dx = \lim_{n\to\infty} \frac{\frac{\pi}{4n}}{\sin\frac{\pi}{4n}} \left(\cos\frac{\pi}{4n} - \cos\frac{2n-1}{4n}\pi\right)$

$$= 1.$$

【2188】 $\int_0^x \cos t dt.$

解 将区间 $[0,x]$ n 等分，得 $\Delta t = \frac{x}{n}$，取

$$\xi_i = i\Delta t = \frac{ix}{n} \quad (i = 0,1,2,\cdots,n-1),$$

作和式 $S_n = \sum_{i=0}^{n-1} \Delta t \cos i\Delta t$，由于

$$\cos i\Delta t = \frac{1}{2\sin\frac{\Delta t}{2}}\left(\sin\frac{2i+1}{2}\Delta t - \sin\frac{2i-1}{2}\Delta t\right),$$

从而 $S_n = \sum_{i=0}^{n} \Delta t \cos i\Delta t$

$$= \frac{\Delta t}{2\sin\frac{\Delta t}{2}}\left[\sin\frac{2n-1}{2}\Delta t + \sin\frac{\Delta t}{2}\right]$$

$$= \frac{\frac{x}{2n}}{\sin\frac{x}{2n}}\left[\sin\frac{2n-1}{2n}x + \sin\frac{x}{2n}\right],$$

因此 $\int_0^x \cos t dt = \lim_{n\to\infty} \frac{\frac{x}{2n}}{\sin\frac{x}{2n}}\left[\sin\frac{2n-1}{2n}x + \sin\frac{x}{2n}\right]$

$$= \sin x.$$

【2189】 $\int_a^b \frac{dx}{x^2} \quad (0 < a < b).$

提示： 设 $\xi_i = \sqrt{x_i x_{i+1}}$ $(t = 0,1,\cdots,n).$

解 将区间 $[a,b]$ n 等分，设分点为

$$a = x_0 < x_1 < x_1 \cdots < x_n = b,$$

取 $\xi_i = \sqrt{x_i x_{i+1}} \quad (i = 0,1,2,\cdots,n-1),$

显然 $\xi_i \in [x_i, x_{i+1}]$,作和

$$S_n = \sum_{i=0}^{n-1} \xi_i^{-2} \Delta x_i = \sum_{i=0}^{n-1} \frac{1}{x_i x_{i+1}} (x_{i+1} - x_i)$$
$$= \sum_{i=0}^{n-1} \left(\frac{1}{x_i} - \frac{1}{x_{i+1}} \right) = \frac{1}{a} - \frac{1}{b},$$

因此 $\int_a^b \frac{\mathrm{d}x}{x^2} = \lim_{n \to \infty} S_n = \frac{1}{a} - \frac{1}{b}.$

【2190】 $\int_a^b x^m \mathrm{d}x \quad (0 < a < b; m \neq -1).$

提示:选择分点,使得它们的横坐标 x_i 形成几何级数.

解 选取诸分点,使得它们的横坐标 x_i 形成一几何级数,即
$$0 < aq < aq^2 < \cdots < aq^i < \cdots < aq^{n-1} < aq^n = b,$$

其中 $q = \sqrt[n]{\frac{b}{a}}$,取

$\xi_i = aq^i \quad (i = 0,1,2,\cdots,n-1)$,作和式

$$S_n = \sum_{i=0}^{n-1} \xi_i^m \Delta x_i = \sum_{i=0}^{n-1} (aq^i)^m (aq^{i+1} - aq^i)$$
$$= a^{m+1}(q-1) \sum_{i=0}^{n-1} q^{(m+1)i}$$
$$= a^{m+1}(q-1) \frac{q^{n(m+1)} - 1}{q^{m+1} - 1}$$
$$= (b^{m+1} - a^{m+1}) \frac{q-1}{q^{m+1} - 1}.$$

由于 $\lim_{n \to \infty} q = \lim_{n \to \infty} \left(\frac{b}{a} \right)^{\frac{1}{n}} = 1,$ 所以

$$\int_a^b x^m \mathrm{d}x = \lim_{n \to \infty} S_n = \lim_{n \to \infty} (b^{m+1} - a^{m+1}) \frac{q-1}{q^{m+1} - 1}$$
$$= \lim_{n \to \infty} \frac{b^{m+1} - a^{m+1}}{q^m + q^{m-1} + \cdots + q + 1}$$
$$= \frac{b^{m+1} - a^{m+1}}{m+1}.$$

【2191】 $\int_a^b \frac{\mathrm{d}x}{x} \quad (0 < a < b).$

解 取 $n+1$ 个分点 $x_0, x_1, \cdots, x_{n-1}, x_n$,使其成等比级数即分

点为
$$a < aq < aq^2 < \cdots < aq^i < \cdots < aq^{n-1} < aq^n = b$$

其中 $q = \sqrt[n]{\dfrac{b}{a}}$,取

$$\xi_i = aq^i \quad (i=0,1,2,\cdots,n-1),$$

作和
$$S_n = \sum_{i=0}^{n-1}(aq^i)^{-1}(aq^{i+1} - aq^i)$$
$$= n(q-1) = n\left(\sqrt[n]{\dfrac{b}{a}} - 1\right).$$

所以
$$\int_a^b \dfrac{\mathrm{d}x}{x} = \lim_{n\to\infty} S_n = \lim_{n\to\infty} \dfrac{\left(\dfrac{b}{a}\right)^{\frac{1}{n}} - 1}{\dfrac{1}{n}} = \ln\dfrac{b}{a}.$$

【2192】 计算泊松积分,当(1) $|\alpha| < 1$;(2) $|\alpha| > 1$ 时
$$\int_0^\pi \ln(1 - 2\alpha\cos x + \alpha^2)\mathrm{d}x.$$

提示:利用多项式 $\alpha^{2n} - 1$ 二次因子分解.

解 因为
$$(1-|\alpha|)^2 \leqslant 1 - 2\alpha\cos x + \alpha^2,$$
所以当 $|\alpha| \neq 1$ 时, $\ln(1 - 2\alpha\cos x + \alpha^2)$ 是连续的,故积分存在.将区间 $[0,\pi]$ n 等分,作和式
$$S_n = \dfrac{\pi}{n}\sum_{k=1}^n \ln\left(1 - 2\alpha\cos\dfrac{k\pi}{n} + \alpha^2\right)$$
$$= \dfrac{\pi}{n}\ln\left[(1+\alpha)^2\prod_{k=1}^{n-1}\left(1 - 2\alpha\cos\dfrac{k\pi}{n} + \alpha^2\right)\right].$$

另一方面 $t^{2n} - 1 = 0$ 有 $2n$ 根,它们分别为
$$\varepsilon_k = \cos\dfrac{k\pi}{n} + i\sin\dfrac{k\pi}{n} \quad (k=1,2,\cdots n-1),$$
$$\overline{\varepsilon_k} = \cos\dfrac{k\pi}{n} - i\sin\dfrac{k\pi}{n} \quad (k=1,2,\cdots n-1),$$

及 $\varepsilon_0 = 1, \varepsilon_n = -1$,其中 $i = \sqrt{-1}$,所以
$$t^{2n} - 1 = (t+1)(t-1)\prod_{k=1}^{n-1}(t-\varepsilon_k)(t-\overline{\varepsilon_k})$$

$$= (t^2-1)\prod_{k=1}^{n-1}\left(1-2t\cos\frac{k\pi}{n}+t^2\right),$$

故 $$S_n = \frac{\pi}{n}\ln\frac{(1+\alpha)^2(\alpha^{2n}-1)}{\alpha^2-1}$$

$$= \frac{\pi}{n}\ln\left[\frac{\alpha+1}{\alpha-1}(\alpha^{2n}-1)\right].$$

因此(1) 当 $|\alpha|<1$ 时,$\lim\limits_{n\to\infty}S_n=0$. 故

$$\int_0^\pi \ln(1-2\alpha\cos x+\alpha^2)\mathrm{d}x = 0.$$

(2) 当 $|\alpha|>1$ 时

$$S_n = \frac{\pi}{n}\ln\left[\frac{\alpha+1}{\alpha-1}\frac{\alpha^{2n}-1}{\alpha^{2n}}\cdot\alpha^{2n}\right]$$

$$= 2\pi\ln|\alpha|+\frac{\pi}{n}\ln\left[\frac{\alpha+1}{\alpha-1}\left(1-\frac{1}{\alpha^{2n}}\right)\right].$$

于是 $\lim\limits_{n\to\infty}S_n = 2\pi\ln|\alpha|$. 故

$$\int_0^\pi \ln(1-2\alpha\cos x+\alpha^2)\mathrm{d}x = 2\pi\ln|\alpha|.$$

【2193】 设函数 $f(x)$ 与 $\varphi(x)$ 在区间 $[a,b]$ 上连续. 证明:

$$\lim_{\max|\Delta x_i|\to 0}\sum_{i=0}^{n-1}f(\xi_i)\varphi(\theta_i)\Delta x_i = \int_a^b f(x)\varphi(x)\mathrm{d}x,$$

其中 $x_i\leqslant\xi_i\leqslant x_{i+1}, x_i\leqslant\theta_i\leqslant x_{i+1}(i=0,1,\cdots,n-1)$

及 $\Delta x_i = x_{i+1}-x_i(x_0=a, x_n=b).$

证 因为 $f(x)$ 及 $\varphi(x)$ 均在 $[a,b]$ 上连续,故 $f(x)\varphi(x)$ 也在 $[a,b]$ 上连续. 所以,积分 $\int_a^b f(x)\varphi(x)\mathrm{d}x$ 存在,且

$$\int_a^b f(x)\varphi(x)\mathrm{d}x = \lim_{\max|\Delta x_i|\to 0}\sum_{i=0}^{n-1}f(\xi_i)\varphi(\xi_i)\Delta x_i, \qquad ①$$

由于 $f(x)$ 在 $[a,b]$ 上连续,故有界. 所以存在常数 $M>0$,使 $|f(x)|\leqslant M(x\in[a,b])$,又 $\varphi(x)$ 在 $[a,b]$ 上连续,从而一致连续,因此, $\forall \varepsilon>0$, 存在 $\delta>0$. 使得当 $\max|\Delta x_i|<\delta$ 时

$$|\varphi(\theta_i)-\varphi(\xi_i)| < \frac{\varepsilon}{M(b-a)}.$$

从而 $\left|\sum\limits_{i=0}^{n-1}f(\xi_i)\varphi(\theta_i)\Delta x_i - \sum\limits_{i=0}^{n-1}f(\xi_i)\varphi(\xi_i)\Delta x_i\right|$

$$= \Big| \sum_{i=0}^{n-1} f(\xi_i) [\varphi(\theta_i) - \varphi(\xi_i)] \Delta x_i \Big|$$

$$\leqslant \sum_{i=0}^{n-1} |f(\xi_i)| |\varphi(\theta_i) - \varphi(\xi_i)| |\Delta x_i|$$

$$\leqslant \sum_{i=0}^{n-1} M \cdot \frac{\varepsilon}{M(b-a)} |\Delta x_i|$$

$$= \varepsilon.$$

因此 $\lim\limits_{\max|\Delta x_i| \to 0} \Big[\sum_{i=0}^{n-1} f(\xi_i) \varphi(\theta_i) \Delta x_i - \sum_{i=0}^{n-1} f(\xi_i) \varphi(\xi_i) \Delta x_i \Big]$

$$= 0. \qquad ②$$

由 ① 及 ② 式可得

$$\int_a^b f(x) \varphi(x) \mathrm{d}x = \lim_{\max|\Delta x_i| \to 0} \sum_{i=0}^{n-1} f(\xi_i) \varphi(\theta_i) \Delta x_i.$$

【2193.1】 设 $f(x)$ 在区间 $[0,1]$ 上有界且单调，证明：

$$\int_0^1 f(x) \mathrm{d}x - \frac{1}{n} \sum_{k=1}^n f\Big(\frac{k}{n}\Big) = O\Big(\frac{1}{n}\Big).$$

证 因为 $f(x)$ 在 $[0,1]$ 上的单调有界函数，所以 $\int_0^1 f(x) \mathrm{d}x$ 存在，并且

$$\int_0^1 f(x) \mathrm{d}x = \lim_{\max|\Delta x_k| \to 0} \sum_{k=0}^{n-1} f(\xi_k) \Delta x_k.$$

将 $[0,1]$ n 等分，则 $\Delta x_k = \Delta x = \frac{1}{n}$. 取

$$\xi_k = \frac{k+1}{n} \quad (i = 0, 1, 2, \cdots n-1),$$

则有 $\int_0^1 f(x) \mathrm{d}x = \lim\limits_{n \to +\infty} \sum_{k=1}^n f\Big(\frac{k}{n}\Big) \frac{1}{n},$

亦即 $\int_0^1 f(x) \mathrm{d}x - \frac{1}{n} \sum_{k=1}^n f\Big(\frac{k}{n}\Big) = O\Big(\frac{1}{n}\Big).$

【2193.2】 设函数 $f(x)$ 在区间 $[a,b]$ 上有界且为凸函数（见 1312）. 证明：

$$(b-a) \frac{f(a)+f(b)}{2} \leqslant \int_a^b f(x) \mathrm{d}x$$

$$\leqslant (b-a) f\Big(\frac{a+b}{2}\Big).$$

证 因为 $f(x)$ 为有界的凸函数,所以 $f(x)$ 为 $[a,b]$ 上的连续函数,从而 $\int_a^b f(x)\mathrm{d}x$ 存在. 由于 $f(x)$ 为凸函数,所以 $y=f(x)$ 的图形位于连结 $(a,f(a))$,$(b,f(b))$ 两点的弦的上方,且位于点 $\left(\dfrac{a+b}{2},f\left(\dfrac{a+b}{2}\right)\right)$ 切线的下方,亦即

$$\dfrac{f(b)-f(a)}{b-a}(x-a)+f(a)\leqslant f(x)$$
$$\leqslant f'\left(\dfrac{b+a}{2}\right)\left(x-\dfrac{b+a}{2}\right)+f\left(\dfrac{b+a}{2}\right),$$

从而有
$$\int_a^b\left[\dfrac{f(b)-f(a)}{b-a}x+f(a)\right]\mathrm{d}x$$
$$\leqslant \int_a^b f(x)\mathrm{d}x$$
$$\leqslant \int_a^b\left[f'\left(\dfrac{b+a}{2}\right)\left(x-\dfrac{b+a}{2}\right)+f\left(\dfrac{b+a}{2}\right)\right]\mathrm{d}x.$$

容易计算得
$$\int_a^b\left[\dfrac{f(b)-f(a)}{b-a}x+f(a)\right]\mathrm{d}x$$
$$=\dfrac{f(a)+f(b)}{2}(b-a)$$
$$\int_a^b\left[f'\left(\dfrac{b+a}{2}\right)\left(x-\dfrac{b+a}{2}\right)+f\left(\dfrac{b+a}{2}\right)\right]\mathrm{d}x$$
$$=(b-a)f\left(\dfrac{b+a}{2}\right).$$

因此 $(b-a)\dfrac{f(a)+f(b)}{2}\leqslant \int_a^b f(x)\mathrm{d}x$
$$\leqslant (b-a)f\left(\dfrac{b+a}{2}\right).$$

【2193.3】 设当 $x\in[1,+\infty)$ 时 $f(x)\in C^{(2)}[1,+\infty)$ 且 $f(x)\geqslant 0, f'(x)\geqslant 0, f''(x)\leqslant 0.$

证明:当 $n\to\infty$ 时,

$$\sum_{k=1}^n f(k)=\dfrac{1}{2}f(n)+\int_1^n f(x)\mathrm{d}x+O(1),\qquad ①$$

证 由于 $f'(x)\geqslant 0, f''(x)\leqslant 0$,故 $f(x)$ 在 $[1,+\infty)$ 上是单调

增加且凸的函数,利用 2193.2 的结果有

$$\int_1^n f(x)\mathrm{d}x = \sum_{k=1}^{n-1}\int_k^{k+1} f(x)\mathrm{d}x$$
$$\geqslant \sum_{k=1}^{n-1} \frac{f(k+1)+f(k)}{2}$$
$$= \sum_{k=1}^{n} f(k) - \frac{f(n)}{2},$$

即 $\quad \sum_{k=1}^{n} f(k) \leqslant \frac{1}{2}f(n) + \int_1^n f(x)\mathrm{d}x.$ ①

另一方面

$$\frac{1}{2}f(n) + \int_1^n f(x)\mathrm{d}x$$
$$= \frac{1}{2}f(n) + \sum_{k=1}^{n-1}\int_k^{k+1} f(x)\mathrm{d}x$$
$$\leqslant \frac{1}{2}f(n) + \sum_{k=1}^{n-1} f\left(k+\frac{1}{2}\right)$$
$$= \frac{1}{2}\left(f(n)+f\left(n-\frac{1}{2}\right)\right) + \sum_{k=2}^{n-1} \frac{f\left(k+\frac{1}{2}\right)+f\left(k-\frac{1}{2}\right)}{2}$$
$$\quad + f(1) + \frac{1}{2}f\left(\frac{3}{2}\right) - f(1)$$
$$\leqslant f\left(n-\frac{1}{4}\right) + \sum_{k=1}^{n-1} f(k) + \frac{1}{2}f\left(\frac{3}{2}\right) - f(1)$$
$$\leqslant \sum_{k=1}^{n} f(k) + \frac{1}{2}f\left(\frac{3}{2}\right) - f(1),$$

即 $\quad \frac{1}{2}f(n) + \int_1^n f(x)\mathrm{d}x \leqslant \sum_{k=1}^{n} f(k) + O(1).$ ②

结合 ① 及 ② 式,我们有

$$\sum_{k=1}^{n} f(k) = \frac{1}{2}f(n) + \int_1^n f(x)\mathrm{d}x + O(1).$$

【2193.4】 设 $f(x) \in C^{(1)}[a,b]$,且

$$\Delta_n = \int_a^b f(x)\mathrm{d}x - \frac{b-a}{n}\sum_{k=1}^{n} f\left(a+k\frac{b-a}{n}\right),$$

求 $\lim_{n\to\infty} n\Delta_n$.

解 记 $x_k = a + k\dfrac{b-a}{n}$ $(k=1,\cdots,n)$,

$$\Delta_n = \int_a^b f(x)\mathrm{d}x - \frac{b-a}{n}\sum_{k=1}^n f\left(a + k\frac{b-a}{n}\right)$$

$$= \sum_{k=1}^n \int_{x_{k-1}}^{x_k} [f(x) - f(x_k)]\mathrm{d}x.$$

由于 $f(x) \in C^{(1)}[a,b]$,故当 n 充分大时,我们有

$$f(x) - f(x_k) = f'(x_k)(x - x_k) + o(x - x_k) \quad (x_{k-1} \leqslant x \leqslant x_k)$$

所以 $\displaystyle\int_{x_{k-1}}^{x_k} [f(x) - f(x_k)]\mathrm{d}x$

$$= \int_{x_{k-1}}^{x_k} [f'(x_k)(x - x_k) + o(x - x_k)]\mathrm{d}x$$

$$= -\frac{1}{2}f'(x_k)(x_k - x_{k-1})^2 + o((x_k - x_{k-1})^2)$$

$$= -\frac{1}{2}f'(x_k)\frac{(b-a)^2}{n^2} + o\left(\frac{1}{n^2}\right).$$

故 $\displaystyle\lim_{n\to+\infty} n\Delta_n$

$$= \lim_{n\to+\infty} n\sum_{k=1}^n \int_{x_{k-1}}^{x_k} [f(x) - f(x_k)]\mathrm{d}x$$

$$= -\frac{1}{2}(b-a)\lim_{n\to+\infty}\sum_{k=1}^n f'(x_k)\frac{b-a}{n} + \lim_{n\to+\infty} n\sum_{k=1}^n o\left(\frac{1}{n^2}\right)$$

$$= -\frac{1}{2}(b-a)\int_a^b f'(x)\mathrm{d}x + \lim_{n\to+\infty} n^2 \cdot o\left(\frac{1}{n^2}\right)$$

$$= -\frac{1}{2}(b-a)f(x)\Big|_a^b + 0$$

$$= \frac{1}{2}(b-a)[f(a) - f(b)].$$

【2194】 证明不连续函数

$$f(x) = \mathrm{sgn}\left(\sin\frac{\pi}{x}\right)$$

在区间 $[0,1]$ 可积分.

证 显然 $f(x) = \mathrm{sgn}\left(\sin\dfrac{\pi}{x}\right)$ 在 $[0,1]$ 上有界,其不连续点是 0, $1, \dfrac{1}{2}, \dfrac{1}{3}, \cdots, \dfrac{1}{n}, \cdots$ 并且, $f(x)$ 在 $[0,1]$ 的任何部分区间上的振幅 $\omega \leqslant$

2. 任给 $\varepsilon > 0$, $f(x)$ 在 $\left[\dfrac{\varepsilon}{5}, 1\right]$ 上只有有限个第一类间断点,故 $f(x)$ 在 $\left[\dfrac{\varepsilon}{5}, 1\right]$ 上可积.因此,存在 $\eta > 0$,使对 $\left[\dfrac{\varepsilon}{5}, 1\right]$ 的任何分法,只要 $\max |\Delta x_i| < \eta$,就有 $\sum\limits_i \omega_i \Delta x_i < \dfrac{\varepsilon}{5}$.

令 $\delta = \min\left\{\dfrac{\varepsilon}{5}, \eta\right\}$,设 $0 = x_0 < x_1 < \cdots < x_n = 1$ 是 $[0,1]$ 上满足 $\max|\Delta x_i| < \delta$ 的分法.

设 $x_k < \dfrac{\varepsilon}{5} < x_{k+1}$,则有

$$\sum_{i=k+1}^{n-1} \omega_i \Delta x_i < \frac{\varepsilon}{5}, \quad \sum_{i=0}^{k} \omega_i \Delta x_i \leqslant 2\sum_{i=0}^{k} \Delta x_i < \frac{4\varepsilon}{5}$$

故 $\sum\limits_{i=0}^{n-1} \omega_i \Delta x_i < \varepsilon$,即

$$\lim_{\max|\Delta x_i| \to 0} \sum_{i=0}^{n-1} \omega_i \Delta x_i = 0.$$

因此,$f(x)$ 在 $[0,1]$ 上可积.

【2195】 证明黎曼函数

$$\varphi(x) = \begin{cases} 0, & \text{若 } x \text{ 为无理数}, \\ \dfrac{1}{n}, & \text{若 } x = \dfrac{m}{n}, \end{cases}$$

(其中 m 与 n($n \geqslant 1$) 为互质整数) 在任何有穷区间可积分.

证 设有限区间为 $[a,b]$,对于任意给定的 $\varepsilon > 0$,取定一自然数 $N > \dfrac{2}{\varepsilon}$,则在 $[a,b]$ 上分母 $n \leqslant N$ 的有理数 $\dfrac{m}{n}$ 只有限个,设为 k_N 个. 取 $\delta = \dfrac{\varepsilon}{4k_N}$,则对于 $[a,b]$ 的任意满足 $\max \Delta_i < \delta$ 的分法,将所有的子区间分为两类,第一类为包含分母 $n \leqslant N$ 的有理数 $\dfrac{m}{n}$ 的所有子区间. 而把不包含上述数的那些区间列为第二类,对于第一类区间,振幅 $\omega_i \leqslant 1$,区间的个数不超过 $2k_N$,而它们长度的总和不超过 $2k_N \delta$. 对于第二数,由于这些区间除无理数外,仅含分母 $n > N$ 的有理数 $\dfrac{m}{n}$,而在这些有理点 $\dfrac{m}{n}$ 上,

$$\varphi\left(\frac{m}{n}\right) = \frac{1}{n} < \frac{1}{N},$$

所以振幅 $\omega_i < \frac{1}{N}$.

因此 $\sum_{i=0}^{n-1} \omega_i \Delta x_i < 2k_N \delta + \frac{1}{N} < \frac{\varepsilon}{2} + \frac{\varepsilon}{2} = \varepsilon.$

即 $\lim_{\max|\Delta x_i| \to 0} \sum_{i=0}^{n-1} \omega_i \Delta x_i = 0.$

所以,$\varphi(x)$ 在 $[a,b]$ 上可积.

【2196】 证明函数:

若 $x \neq 0, f(x) = \frac{1}{x} - \left[\frac{1}{x}\right]$ 及 $f(0) = 0$

在区间 $[0,1]$ 可积分.

证 函数 $f(x)$ 在 $[0,1]$ 上有界,其不连续点为 $0, \frac{1}{2}, \frac{1}{3}, \frac{1}{4}, \cdots,$ $\frac{1}{n}, \cdots$,并且,$f(x)$ 在 $[0,1]$ 上的任何子区间的振幅 $\omega \leqslant 1$.

任给 $\varepsilon > 0$,由于 $f(x)$ 在 $\left[\frac{\varepsilon}{3}, 1\right]$ 上只有限个第一类间断点,故 $f(x)$ 在 $\left[\frac{\varepsilon}{3}, 1\right]$ 上可积.因此存在 $\eta > 0$,使得对 $\left[\frac{\varepsilon}{3}, 1\right]$ 上的任何分法 当 $\max|\Delta x_i| < \eta$ 时,就有 $\sum \omega_i \Delta x_i < \frac{\varepsilon}{3}$,令 $\delta = \min\left\{\frac{\varepsilon}{3}, \eta\right\}$,设 $0 = x_0 < x_1 < x_2 < \cdots < x_n = 1$ 是 $[0,1]$ 上一个分法且满足 $\max|\Delta x_i| < \delta$.设 $x_k < \frac{\varepsilon}{3} < x_{k+1}$,从而有 $\sum_{i=k+1}^{n-1} \omega_i \Delta x_i < \frac{\varepsilon}{3}$.又

$$\sum_{i=0}^{k} \omega_i \Delta x_i \leqslant \sum_{i=0}^{k} \Delta x_i < \frac{2\varepsilon}{3},$$

故 $\sum_{i=0}^{n-1} \omega_i \Delta x_i < \varepsilon.$

即 $\lim_{\max|\Delta x_i| \to 0} \sum_{i=0}^{n-1} \omega_i \Delta x_i = 0.$

因此,$f(x)$ 在 $[0,1]$ 上可积.

【2197】 证明狄利克雷函数

$$\chi(x) = \begin{cases} 0, & \text{若 } x \text{ 为无理数}, \\ 1, & \text{若 } x \text{ 为有理数}, \end{cases}$$

在任何区间不可积分.

证 在 $[a,b]$ 上的任何子区间上 $\chi(x)$ 的振幅 $\omega_i = 1$,所以,对任何分划有

$$\sum_{i=0}^{n-1} \omega_i \Delta x_i = b - a,$$

它不趋于零.因此函数 $\chi(x)$ 在 $[a,b]$ 上不可积分.

【2198】 设函数 $f(x)$ 在 $[a,b]$ 区间可积分,且当 $x_i \leqslant x < x_{i+1}$ 时,$f_n(x) = \sup f(x)$,

其中 $x_i = a + \dfrac{i}{n}(b-a)(i=0,1,\cdots,n-1;n=1,2,\cdots).$

证明: $\lim\limits_{n\to\infty}\int_a^b f_n(x)\mathrm{d}x = \int_a^b f(x)\mathrm{d}x.$

证 $f_n(x)$ 是阶梯函数,其间断点不超过 $n-1$,且为第一类间断点,因此 $\int_a^b f_n(x)\mathrm{d}x$ 存在.又

$$\left| \int_a^b f_n(x)\mathrm{d}x - \int_a^b f(x)\mathrm{d}x \right|$$

$$\leqslant \int_a^b | f_n(x) - f(x) | \mathrm{d}x$$

$$= \sum_{i=0}^{n-1} \int_{x_i}^{x_{i+1}} | f_n(x) - f(x) | \mathrm{d}x$$

$$\leqslant \sum_{i=0}^{n-1} \int_{x_i}^{x_{i+1}} \omega_i \mathrm{d}x = \sum_{i=0}^{n-1} \omega_i \Delta x_i,$$

而 $f(x)$ 在 $[a,b]$ 上可积,所以

$$\lim_{n\to\infty}\sum_{i=0}^{n-1}\omega_i \Delta x_i = 0, \qquad \left(\Delta x_i = \frac{b-a}{n}\right)$$

故 $\lim\limits_{n\to\infty}\int_a^b f_n(x)\mathrm{d}x = \int_a^b f(x)\mathrm{d}x.$

【2199】 证明:若函数 $f(x)$ 在区间 $[a,b]$ 上可积分,则存在连续函数 $\varphi_n(x)(n=1,2,\cdots)$ 的序列,使得当 $a \leqslant c \leqslant b$ 时,

$$\int_a^c f(x)\mathrm{d}x = \lim_{n\to\infty}\int_a^c \varphi_n(x)\mathrm{d}x.$$

证 将区间 $[a,b]$ n 等分,设分点为

$$a = x_0^{(n)} < x_1^{(n)} < \cdots < x_{n-1}^{(n)} < x_n^{(n)} = b,$$

其中 $x_i^{(n)} = a + \dfrac{i}{n}(b-a)$ $(i=0,1,2,\cdots,n)$.

在作 $\varphi_n(x)$ 使其在 $[x_i^{(n)}, x_{i+1}^{(n)}]$ 上为过点 $(x_i^{(n)}, f(x_i^{(n)}))$ 及 $(x_{i+1}^{(n)}, f(x_{i+1}^{(n)}))$ 的直线段. 即

$$\varphi_n(x) = f(x_i^{(n)}) + \frac{x - x_i^{(n)}}{x_{i+1}^{(n)} - x_i^{(n)}}[f(x_{i+1}^{(n)}) - f(x_i^{(n)})],$$

$x_i^{(n)} \leqslant x \leqslant x_{i+1}^{(n)}$,

则 $\varphi_n(x)$ 在 $[a,b]$ 上的连续函数,因此,$\varphi_n(x)$ 在 $[a,b]$ 上可积.

令 $m_i^{(n)}, M_i^{(n)}$ 及 $\omega_i^{(n)}$ 分别表示 $f(x)$ 在 $[x_i^{(n)}, x_{i+1}^{(n)}]$ 上的下确界,上确界及振幅,则当 $x \in [x_i^{(n)}, x_{i+1}^{(n)}]$ 时,

$$m_i^{(n)} \leqslant \varphi_n(x) \leqslant M_i^{(n)}, m_i^{(n)} \leqslant f(x) \leqslant M_i^{(n)}$$

从而 $|\varphi_n(x) - f(x)| \leqslant \omega_i^{(n)}$,于是,当 $a \leqslant c \leqslant b$ 时,

$$\left| \int_a^c f(x)\mathrm{d}x - \int_a^c \varphi_n(x)\mathrm{d}x \right|$$

$$\leqslant \int_a^c |f(x) - \varphi_n(x)|\mathrm{d}x$$

$$\leqslant \int_a^b |\varphi_n(x) - f(x)|\mathrm{d}x$$

$$= \sum_{i=0}^{n-1} \int_{x_i^{(n)}}^{x_{i+1}^{(n)}} |f(x) - \varphi_n(x)|\mathrm{d}x$$

$$\leqslant \sum_{i=0}^{n-1} \omega_i^{(n)} \Delta x_i^{(n)}.$$

又 $f(x)$ 在 $[a,b]$ 上可积,且 $\Delta x_i^{(n)} = \dfrac{b-a}{n} \to 0$,故

$$\lim_{n\to\infty} \sum_{i=0}^{n-1} \omega_i^{(n)} \Delta x_i^{(n)} = 0.$$

因此 $\lim\limits_{n\to\infty} \int_a^c \varphi_n(x)\mathrm{d}x = \int_a^c f(x)\mathrm{d}x.$

【2200】 证明:若有界函数 $f(x)$ 在区间 $[a,b]$ 上可积分,则它的绝对值 $|f(x)|$ 在 $[a,b]$ 区间也可积分,而且

$$\left| \int_a^b f(x)\mathrm{d}x \right| \leqslant \int_a^b |f(x)|\mathrm{d}x.$$

证 因为 $||f(x')| - |f(x'')|| \leqslant |f(x') - f(x'')|$,

所以函数 $|f(x)|$ 在 $[x_i, x_{i+1}]$ 上的振幅 ω'_i 不超过 $f(x)$ 在 $[x_i, x_{i+1}]$ 上的振幅 ω_i. 因而

$$\sum_{i=0}^{n-1} \omega'_i \Delta x_i \leqslant \sum_{i=0}^{n-1} \omega_i \Delta x_i.$$

而 $f(x)$ 在 $[a,b]$ 上可积,故

$$\lim_{\max|\Delta x_i| \to 0} \sum_{i=0}^{n-1} \omega_i \Delta x_i = 0,$$

从而 $\displaystyle\lim_{\max|\Delta x_i| \to 0} \sum_{i=0}^{n-1} \omega'_i \Delta x_i = 0,$

即 $|f(x)|$ 在 $[a,b]$ 上可积,又

$$-|f(x)| \leqslant f(x) \leqslant |f(x)|,$$

所以 $\displaystyle -\int_a^b |f(x)| \, dx \leqslant \int_a^b f(x) \, dx \leqslant \int_a^b |f(x)| \, dx,$

即 $\displaystyle \left| \int_a^b f(x) \, dx \right| \leqslant \int_a^b |f(x)| \, dx.$

【2201】 令函数 $f(x)$ 在 $[a,b]$ 区间绝对可积分,亦即积分 $\displaystyle\int_a^b |f(x)| \, dx$ 存在,这个函数在 $[a,b]$ 是可积函数吗?

研究例题

$$f(x) = \begin{cases} 1, & \text{若 } x \text{ 为有理数}, \\ -1, & \text{若 } x \text{ 为无理数}, \end{cases}$$

解 $f(x)$ 在 $[a,b]$ 上不一定可积,例如

$$f(x) = \begin{cases} 1, & \text{当 } x \text{ 为有理数时}, \\ -1, & \text{当 } x \text{ 为无理数时}. \end{cases}$$

$f(x)$ 在 $[a,b]$ 上的任何子区间上的振幅 $\omega_i = 2$,所以

$$\sum_{i=0}^{n-1} \omega_i \Delta x_i = 2(b-a),$$

它不趋向于零,于是 $f(x)$ 在 $[a,b]$ 上不可积,显然,$|f(x)| \equiv 1$ 在 $[a,b]$ 上可积.

【2202】 设函数 $f(x)$ 在区间 $[a,b]$ 上可积分,且当 $a \leqslant x \leqslant b$ 时 $A \leqslant f(x) \leqslant B$,而函数 $\varphi(x)$ 在区间 $[A,B]$ 有定义且是连续的,证明函数 $\varphi(f(x))$ 在区间 $[a,b]$ 上可积分.

证 因为 $\varphi(x)$ 在 $[A,B]$ 上连续,从而一致连续,故任给 $\varepsilon > 0$,存在 $\eta > 0$,使得对于 $[A,B]$ 上的任一子区间,只要其长度小于 η,函数 φ

在其上的振幅小于 $\frac{\varepsilon}{2(b-a)}$. 又设 Ω 为 $\varphi(x)$ 在 $[A,B]$ 上的振幅,则 $\Omega>0$,否则 $\varphi(f(x))$ 为常数函数,当然可积. 又 $f(x)$ 在 $[a,b]$ 上可积,故必有 $\delta>0$,使得对 $[a,b]$ 的任一分法,只要

$$\max|\Delta x_i|<\delta, 就有$$

$$\sum_{i=0}^{n-1}\omega_i(f)\Delta x_i<\frac{\eta\varepsilon}{2\Omega},$$

其中 $\omega_i(f)$ 为 $f(x)$ 在 $[x_i,x_{i+1}]$ 上的振幅.

下面证明对 $[a,b]$ 的任何分法,只要

$$\max|\Delta x_i|<\delta,$$

就有 $\sum_{i=0}^{n-1}\omega_i(\varphi(f))\Delta x_i<\varepsilon,$

其中 $\omega_i(\varphi(f))$ 表示 $\varphi((f))$ 在 $[x_i,x_{i+1}]$ 上的振幅. 事实上,将区间 $[x_i,x_{i+1}]$ 分为两组,第一组是满足 $\omega_i(f)<\eta$ 的,其下标集记为 I,其余的为第二组,其下标集记为 II,于是

$$\sum_{i=0}^{n-1}\omega_i(\varphi(f))\Delta x_i$$
$$=\sum_{i\in I}\omega_i(\varphi(f))\Delta x_i+\sum_{i\in II}\omega_i(\varphi(f))\Delta x_i$$
$$<\frac{\varepsilon}{2(b-a)}\sum_{i\in I}\Delta x_i+\Omega\sum_{i\in II}\Delta x_i,$$

但 $\frac{\eta\varepsilon}{2\Omega}>\sum_{i=0}^{n-1}\omega_i(f)\Delta x_i\geqslant\sum_{i\in II}\omega_i(f)\Delta x_i$
$$\geqslant\eta\sum_{i\in II}\Delta x_i,$$

从而 $\sum_{i\in II}\Delta x_i<\frac{\varepsilon}{2\Omega},$

因此 $\sum_{i=0}^{n-1}\omega_i(\varphi(f))\Delta x_i<\frac{\varepsilon}{2(b-a)}(b-a)+\Omega\cdot\frac{\varepsilon}{2\Omega}=\varepsilon.$

故 $\varphi(f(x))$ 在 $[a,b]$ 上可积.

【2203】 若函数 $f(x)$ 与 $\varphi(x)$ 可积分,那么,函数 $f(\varphi(x))$ 也一定可以积分吗?

研究例题

$$f(x)=\begin{cases}0, & 若 x=0,\\ 1, & 若 x\neq 0.\end{cases}$$

和 $\varphi(x)$ 为黎曼函数(见题 2195).

解 $f(\varphi(x))$ 不一定可积,例如
$$f(x) = \begin{cases} 0, & \text{若 } x = 0, \\ 1, & \text{若 } x \neq 0, \end{cases}$$
及黎曼函数(见 2195 题)
$$\varphi(x) = \begin{cases} 0, & \text{若 } x \text{ 为无理数}, \\ \dfrac{1}{n}, & \text{若 } x = \dfrac{m}{n}. \end{cases}$$
在任何有限区间内均可积,但
$$f(\varphi(x)) = \chi(x) = \begin{cases} 0 & \text{当 } x \text{ 为无理数}, \\ 1 & \text{当 } x \text{ 为有理数}. \end{cases}$$
在任何有限的区间上不可积分.

【2204】 设函数 $f(x)$ 在区间 $[A,B]$ 上可积分,证明:$f(x)$ 具有积分连续性质,亦即
$$\lim_{h \to 0} \int_a^b |f(x+h) - f(x)| \, dx = 0,$$
其中 $[a,b] \subset [A,B]$.

证 利用 2199 题的结果可得,对于任意给定的 $\varepsilon > 0$,存在 $[A,B]$ 上的连续函数 $\varphi(x)$,使得
$$\int_A^B |f(x) - \varphi(x)| \, dx < \frac{\varepsilon}{4}.$$
由于 $\varphi(x)$ 在 $[A,B]$ 上一致连续,故存在 $\delta > 0$,使得当 $x', x'' \in [A,B]$ 且 $|x' - x''| < \delta$ 时,有
$$|\varphi(x') - \varphi(x'')| < \frac{\varepsilon}{2(b-a)},$$
于是,当 $|h| < \delta$ 时
$$\int_a^b |f(x+h) - f(x)| \, dx$$
$$\leqslant \int_a^b |f(x+h) - \varphi(x+h)| \, dx + \int_a^b |\varphi(x+h) - \varphi(x)| \, dx + \int_a^b |f(x) - \varphi(x)| \, dx$$
$$\leqslant 2 \int_A^B |f(x) - \varphi(x)| \, dx + \int_a^b |\varphi(x+h) - \varphi(x)| \, dx$$
$$< 2 \cdot \frac{\varepsilon}{4} + \frac{\varepsilon}{2(b-a)}(b-a) = \varepsilon.$$

因此 $\lim_{h \to 0} \int_a^b |f(x+h) - f(x)| \mathrm{d}x = 0$.

【2205】 设函数 $f(x)$ 在区间 $[a,b]$ 上可积分,证明等式
$$\int_a^b f^2(x) \mathrm{d}x = 0$$
只有在区间 $[a,b]$ 上函数 $f(x)$ 的所有连续点处 $f(x) = 0$ 才能成立.

证 采用反证法,设 $f(x)$ 在点 x_0 连续,但 $f(x_0) \neq 0$,则存在 $\delta > 0$,使得当 $|x - x_0| \leqslant \delta$ 时,
$$|f(x) - f(x_0)| < \frac{|f(x_0)|}{2},$$
即
$$|f(x)| > \frac{|f(x_0)|}{2},$$
从而
$$\int_a^b f^2(x)\mathrm{d}x > \int_{x_0-\delta}^{x_0+\delta} f^2(x)\mathrm{d}x > \frac{f^2(x_0)}{4} 2\delta$$
$$= \frac{\delta f^2(x_0)}{2} > 0,$$
这与假设 $\int_a^b f^2(x)\mathrm{d}x = 0$ 相矛盾.

§2. 用不定积分计算定积分的方法

1. 牛顿—莱布尼茨公式 若函数 $f(x)$ 在 $[a,b]$ 区间有定义而且是连续的,$F(x)$ 是它的原函数,即 $F'(x) = f(x)$,则
$$\int_a^b f(x)\mathrm{d}x = F(b) - F(a) = F(x)\Big|_a^b.$$

当 $f(x) \geqslant 0$ 时,定积分 $\int_a^b f(x)\mathrm{d}x$ 的几何意义是表示由曲线 $y = f(x)$,Ox 轴及与轴线 Ox 垂直的直线 $x = a$ 和 $x = b$ 所围的曲边梯形的面积 S. (图 4.1)

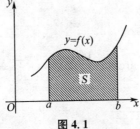

图 4.1

2. 分部积分公式

若 $f(x), g(x) \in C^{(1)}[a,b]$，则

$$\int_a^b f(x)g'(x)dx = f(x)g(x)\Big|_a^b - \int_a^b g(x)f'(x)dx.$$

3. 变量代换   若

(1) 函数 $f(x)$ 在 $[a,b]$ 是连续的；

(2) 函数 $\varphi(t)$ 与其导数 $\varphi'(t)$ 在 $[\alpha,\beta]$ 是连续的，这里 $a = \varphi(\alpha)$，$b = \varphi(\beta)$；

(3) 复合函数 $f(\varphi(t))$ 在 $[\alpha,\beta]$ 有定义且是连续的，则

$$\int_a^b f(x)dx = \int_\alpha^\beta f(\varphi(t))\varphi'(t)dt.$$

运用牛顿 — 莱布尼茨公式，求下列定积分并画出相应的曲边梯形面积（2206 ~ 2215）。

【2206】 $\int_{-1}^{8} \sqrt[3]{x}\,dx.$

解 $\int_{-1}^{8}\sqrt[3]{x}\,dx = \dfrac{3}{4}x^{\frac{4}{3}}\Big|_{-1}^{8} = 11\dfrac{1}{4}.$

【2207】 $\int_0^\pi \sin x\,dx.$

解 $\int_0^\pi \sin x\,dx = -\cos x\Big|_0^\pi = 2.$

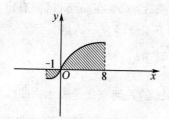

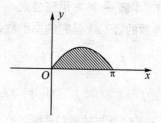

2206 题图　　　　　　　**2207 题图**

【2208】 $\int_{\frac{1}{\sqrt{3}}}^{\sqrt{3}} \dfrac{dx}{1+x^2}.$

解 $\int_{\frac{1}{\sqrt{3}}}^{\sqrt{3}} \dfrac{dx}{1+x^2} = \arctan x\Big|_{\frac{1}{\sqrt{3}}}^{\sqrt{3}} = \dfrac{\pi}{3} - \dfrac{\pi}{6} = \dfrac{\pi}{6}.$

【2209】 $\int_{-\frac{1}{2}}^{\frac{1}{2}} \dfrac{dx}{\sqrt{1-x^2}}.$

解 $\int_{-\frac{1}{2}}^{\frac{1}{2}} \frac{\mathrm{d}x}{\sqrt{1-x^2}} = \arcsin x \Big|_{-\frac{1}{2}}^{\frac{1}{2}} = \frac{\pi}{3}.$

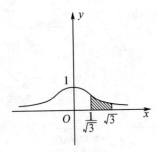

2208 题图

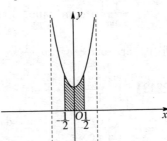

2209 题图

【2210】 $\int_{\mathrm{sh}1}^{\mathrm{sh}2} \frac{\mathrm{d}x}{\sqrt{1+x^2}}.$

解 $\int_{\mathrm{sh}1}^{\mathrm{sh}2} \frac{\mathrm{d}x}{\sqrt{1+x^2}} = \ln(x+\sqrt{1+x^2}) \Big|_{\mathrm{sh}1}^{\mathrm{sh}2}$
$= \operatorname{arcsh} x \Big|_{\mathrm{sh}1}^{\mathrm{sh}2} = 1.$

【2211】 $\int_0^2 |1-x| \, \mathrm{d}x.$

解 $\int_0^2 |1-x| \, \mathrm{d}x = \int_0^1 (1-x)\mathrm{d}x + \int_1^2 (x-1)\mathrm{d}x = 1.$

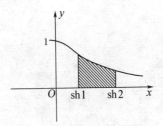

2210 题图

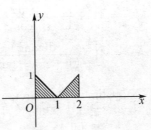

2211 题图

【2212】 $\int_{-1}^{1} \frac{\mathrm{d}x}{x^2 - 2x\cos\alpha + 1} \quad (0 < \alpha < \pi).$

解 $\int_{-1}^{1} \frac{\mathrm{d}x}{x^2 - 2x\cos\alpha + 1}$

$$= \int_{-1}^{1} \frac{dx}{\sin^2\alpha + (x-\cos\alpha)^2} = \frac{1}{\sin\alpha}\arctan\frac{x-\cos\alpha}{\sin\alpha}\Big|_{-1}^{1}$$

$$= \frac{1}{\sin\alpha}\left[\arctan\left(\tan\frac{\alpha}{2}\right) + \arctan\left(\cot\frac{\alpha}{2}\right)\right] = \frac{\pi}{2\sin\alpha}.$$

其中利用了 $\arctan x + \arctan\dfrac{1}{x} = \dfrac{\pi}{2}$. 图形略.

【2213】 $\int_{0}^{2\pi}\dfrac{dx}{1+\varepsilon\cos x}\quad(0\leqslant\varepsilon<1).$

解
$$\int_{0}^{2\pi}\frac{dx}{1+\varepsilon\cos x} = \int_{0}^{\pi}\frac{dx}{1+\varepsilon\cos x} + \int_{\pi}^{2\pi}\frac{dx}{1+\varepsilon\cos x}$$

$$= \int_{0}^{\pi}\frac{dx}{1+\varepsilon\cos x} + \int_{\pi}^{0}\frac{d(2\pi-t)}{1+\varepsilon\cos(2\pi-t)}$$

$$= 2\int_{0}^{\pi}\frac{dx}{1+\varepsilon\cos x}$$

$$= 2\int_{0}^{\frac{\pi}{2}}\frac{dx}{1+\varepsilon\cos x} + 2\int_{\frac{\pi}{2}}^{\pi}\frac{dx}{1+\varepsilon\cos x}$$

$$= 2\int_{0}^{\frac{\pi}{2}}\frac{dx}{1+\varepsilon\cos x} + 2\int_{\frac{\pi}{2}}^{0}\frac{d(\pi-t)}{1+\varepsilon\cos(\pi-t)}$$

$$= 2\int_{0}^{\frac{\pi}{2}}\frac{dx}{1+\varepsilon\cos x} + 2\int_{0}^{\frac{\pi}{2}}\frac{dx}{1-\varepsilon\cos x}$$

$$= 4\int_{0}^{\frac{\pi}{2}}\frac{dx}{1-\varepsilon^2\cos^2 x}$$

$$= 4\int_{0}^{\frac{\pi}{2}}\frac{dx}{(1-\varepsilon^2)\cos^2 x + \sin^2 x}$$

$$= 4\int_{0}^{\frac{\pi}{2}}\frac{d(\tan x)}{(1-\varepsilon^2) + \tan^2 x}$$

$$= \lim_{x\to\frac{\pi}{2}}\frac{4}{\sqrt{1-\varepsilon^2}}\arctan\left(\frac{\tan x}{\sqrt{1-\varepsilon^2}}\right)$$

$$= \frac{4}{\sqrt{1-\varepsilon^2}}\cdot\frac{\pi}{2} = \frac{2\pi}{\sqrt{1-\varepsilon^2}}.$$ 图形略.

【2214】 $\int_{-1}^{1}\dfrac{dx}{\sqrt{(1-2ax+a^2)(1-2bx+b^2)}}$

$(|a|<1, |b|<1, ab>0).$

解 由 1850 题的结果,我们有公式

$$\int \frac{\mathrm{d}x}{\sqrt{Ax^2+Bx+C}}$$
$$= \frac{1}{\sqrt{A}}\ln\left|Ax+\frac{B}{2}+\sqrt{A}\sqrt{Ax^2+Bx+C}\right|+D,$$

这里 $A>0$，设
$$Ax^2+Bx+C = (1-2ax+a^2)(1-2bx+b^2),$$

这里 $A = 4ab > 0,$

两端求导数得
$$Ax+\frac{B}{2} = -a(1-2bx+b^2)-b(1-2ax+a^2).$$

因此
$$\int_{-1}^{1}\frac{\mathrm{d}x}{\sqrt{(1-2ax+a^2)(1-2bx+b^2)}}$$
$$= \frac{1}{\sqrt{4ab}}\ln\Big|-a(1-2bx+b^2)-b(1-2ax+a^2)$$
$$\quad+\sqrt{4ab}\sqrt{(1-2ax+a^2)(1-2bx+b^2)}\,\Big|\,\Big|_{-1}^{1}$$
$$= \frac{1}{\sqrt{ab}}\ln\frac{1+\sqrt{ab}}{1-\sqrt{ab}}.\ \text{图形略}.$$

【2215】 $\int_{0}^{\frac{\pi}{2}}\frac{\mathrm{d}x}{a^2\sin^2 x+b^2\cos^2 x}\quad(ab\neq 0).$

解 $\int_{0}^{\frac{\pi}{2}}\frac{\mathrm{d}x}{a^2\sin^2 x+b^2\cos^2 x} = \int_{0}^{\frac{\pi}{2}}\frac{\mathrm{d}(\tan x)}{a^2\tan^2 x+b^2}$
$$= \frac{1}{|ab|}\arctan\left(\frac{|a|\tan x}{|b|}\right)\bigg|_{0}^{\frac{\pi}{2}} = \frac{\pi}{2|ab|}.\ \text{图形略}.$$

【2216】 若

(1) $\int_{-1}^{1}\frac{\mathrm{d}x}{x^2};$ (2) $\int_{0}^{2\pi}\frac{\sec^2 x\mathrm{d}x}{2+\tan^2 x};$ (3) $\int_{-1}^{1}\frac{\mathrm{d}}{\mathrm{d}x}\left(\arctan\frac{1}{x}\right)\mathrm{d}x.$

说明为什么形式上运用牛顿-莱布尼茨公式会得出不正确的结果.

解 （1）若应用公式得
$$\int_{-1}^{1}\frac{\mathrm{d}x}{x^2} = -\frac{1}{x}\bigg|_{-1}^{1} = -2 < 0,$$

这显然不正确. 事实上 $\frac{1}{x^2} > 0$，若 $\int_{-1}^{1}\frac{1}{x^2}\mathrm{d}x$ 存在，则必有 $\int_{-1}^{1}\frac{1}{x^2}\mathrm{d}x > 0.$

产生错误的原因是被积函数在$[-1,1]$上有第二类间断点$x=0$,故不能应用公式.

(2) 若应用公式得

$$\int_0^{2\pi} \frac{\sec^2 x \, dx}{2+\tan^2 x} = \frac{1}{\sqrt{2}} \arctan\left(\frac{\tan x}{\sqrt{2}}\right)\Big|_0^{2\pi} = 0.$$

但 $\dfrac{\sec^2 x}{2+\tan^2 x} > 0$,若积分存在,必为正. 原因在于原函数在$[0,2\pi]$上有第一类间断点$x=\dfrac{\pi}{2}$及$x=\dfrac{3\pi}{2}$,故不能直接应用公式.

(3) 若应用公式得

$$\int_{-1}^1 \frac{d}{dx}\left(\arctan\frac{1}{x}\right) dx = \arctan\frac{1}{x}\Big|_{-1}^1 = \frac{\pi}{2} > 0.$$

但 $\dfrac{d}{dx}\left(\arctan\dfrac{1}{x}\right) = -\dfrac{1}{1+x^2} < 0,$

所以,积分若存在,必为负. 产生错误的原因是原函数$\arctan\dfrac{1}{x}$在$x=0$为第一类间断点,故不能直接运用公式.

【2217】 求解:$\int_{-1}^1 \dfrac{d}{dx}\left(\dfrac{1}{1+2^{\frac{1}{x}}}\right) dx.$

解 显然被积函数$\dfrac{d}{dx}\left(\dfrac{1}{1+2^{\frac{1}{x}}}\right)$在$x=0$间断,但容易验证

$$\lim_{x\to 0} \frac{d}{dx}\left(\frac{1}{1+2^{\frac{1}{x}}}\right) = 0,$$

故在$x=0$是可去间断点. 若补充定义被积函数在$x=0$的值为0,则被积函数在$[-1,1]$连续,从而$\int_{-1}^1 \dfrac{d}{dx}\left(\dfrac{1}{1+2^{\frac{1}{x}}}\right) dx$存在. 原函数$\dfrac{1}{1+2^{\frac{1}{x}}}$在$x=0$有间断点,故不能直接运用牛顿—莱布尼兹公式.

$$\int_{-1}^1 \frac{d}{dx}\left(\frac{1}{1+2^{\frac{1}{x}}}\right) dx$$

$$= \int_{-1}^0 \frac{d}{dx}\left(\frac{1}{1+2^{\frac{1}{x}}}\right) dx + \int_0^1 \frac{d}{dx}\left(\frac{1}{1+2^{\frac{1}{x}}}\right) dx$$

$$= \lim_{\varepsilon\to -0}\int_{-1}^\varepsilon \frac{d}{dx}\left(\frac{1}{1+2^{\frac{1}{x}}}\right) dx + \lim_{\eta\to +0}\int_\eta^1 \frac{d}{dx}\left(\frac{1}{1+2^{\frac{1}{x}}}\right) dx$$

$$= \lim_{\varepsilon \to 0} \frac{1}{1+2^{\frac{1}{x}}} \bigg|_{-1}^{\varepsilon} + \lim_{\eta \to +0} \frac{1}{1+2^{\frac{1}{x}}} \bigg|_{\eta}^{1} = \frac{2}{3}.$$

【2218】 求 $\int_0^{100\pi} \sqrt{1-\cos 2x}\,\mathrm{d}x$.

解 $\int_0^{100\pi} \sqrt{1-\cos 2x}\,\mathrm{d}x = \sum_{k=1}^{100} \sqrt{2} \int_{(k-1)\pi}^{k\pi} \sqrt{\sin^2 x}\,\mathrm{d}x$

$$= \sum_{k=1}^{100} \sqrt{2} \int_0^{\pi} \sqrt{\sin^2 x}\,\mathrm{d}x = 100\sqrt{2} \int_0^{\pi} \sin x\,\mathrm{d}x$$

$$= 200\sqrt{2}.$$

用定积分求解下列和的极限（2219～2224）.

【2219】 $\lim\limits_{n\to\infty} \left(\dfrac{1}{n^2} + \dfrac{2}{n^2} + \cdots + \dfrac{n-1}{n^2} \right)$.

解 根据积分的定义有

$$\lim_{n\to\infty} \left(\frac{1}{n^2} + \frac{2}{n^2} + \cdots + \frac{n-1}{n^2} \right)$$

$$= \lim_{n\to\infty} \sum_{i=0}^{n-1} \frac{i}{n} \cdot \frac{1}{n} = \int_0^1 x\,\mathrm{d}x = \frac{1}{2}.$$

【2220】 $\lim\limits_{n\to\infty} \left(\dfrac{1}{n+1} + \dfrac{1}{n+2} + \cdots + \dfrac{1}{n+n} \right)$.

解 $\lim\limits_{n\to\infty} \left(\dfrac{1}{n+1} + \dfrac{1}{n+2} + \cdots + \dfrac{1}{n+n} \right)$

$$= \lim_{n\to\infty} \sum_{i=1}^{n} \frac{1}{1+\frac{i}{n}} \cdot \frac{1}{n} = \int_0^1 \frac{1}{1+x}\,\mathrm{d}x = \ln 2.$$

【2221】 $\lim\limits_{n\to\infty} \left(\dfrac{n}{n^2+1^2} + \dfrac{n}{n^2+2^2} + \cdots + \dfrac{n}{n^2+n^2} \right)$.

解 $\lim\limits_{n\to\infty} \left(\dfrac{n}{n^2+1^2} + \dfrac{n}{n^2+2^2} + \cdots + \dfrac{n}{n^2+2^2} \right)$

$$= \lim_{n\to\infty} \sum_{i=1}^{n} \frac{1}{1+\left(\frac{i}{n}\right)^2} \cdot \frac{1}{n}$$

$$= \int_0^1 \frac{1}{1+x^2}\,\mathrm{d}x = \frac{\pi}{4}.$$

【2222】 $\lim\limits_{n\to\infty} \dfrac{1}{n}\left[\sin\dfrac{\pi}{n} + \sin\dfrac{2\pi}{n} + \cdots + \sin\dfrac{(n-1)\pi}{n}\right]$.

解 $\lim\limits_{n\to\infty}\dfrac{1}{n}\left[\sin\dfrac{\pi}{n}+\sin\dfrac{2\pi}{n}+\cdots+\sin\dfrac{(n-1)\pi}{n}\right]$

$=\lim\limits_{n\to\infty}\sum\limits_{i=1}^{n-1}\dfrac{1}{n}\cdot\sin\dfrac{i\pi}{n}$

$=\int_0^1\sin\pi x\,\mathrm{d}x=-\dfrac{1}{\pi}\cos\pi x\Big|_0^1=\dfrac{2}{\pi}.$

【2223】 $\lim\limits_{n\to\infty}\dfrac{1^p+2^p+\cdots+n^p}{n^{p+1}}\quad(p>0).$

解 $\lim\limits_{n\to\infty}\dfrac{1^p+2^p+\cdots+n^p}{n^{p+1}}$

$=\lim\limits_{n\to\infty}\sum\limits_{i=1}^{n}\left(\dfrac{i}{n}\right)^p\cdot\dfrac{1}{n}=\int_0^1 x^p\,\mathrm{d}x=\dfrac{1}{p+1}.$

【2224】 $\lim\limits_{n\to\infty}\dfrac{1}{n}\left(\sqrt{1+\dfrac{1}{n}}+\sqrt{1+\dfrac{2}{n}}+\cdots+\sqrt{1+\dfrac{n}{n}}\right).$

解 $\lim\limits_{n\to\infty}\dfrac{1}{n}\left(\sqrt{1+\dfrac{1}{n}}+\sqrt{1+\dfrac{2}{n}}+\cdots+\sqrt{1+\dfrac{n}{n}}\right)$

$=\lim\limits_{n\to\infty}\sum\limits_{i=1}^{n}\dfrac{1}{n}\sqrt{1+\dfrac{i}{n}}=\int_0^1\sqrt{1+x}\,\mathrm{d}x$

$=\dfrac{2}{3}(1+x)^{\frac{3}{2}}\Big|_0^1=\dfrac{2}{3}(2\sqrt{2}-1).$

求出下列极限(2225~2226).

【2225】 $\lim\limits_{n\to\infty}\dfrac{\sqrt[n]{n!}}{n}.$

解 因为

$\lim\limits_{n\to\infty}\ln\dfrac{\sqrt[n]{n!}}{n}=\lim\dfrac{1}{n}\ln\dfrac{n!}{n^n}$

$=\lim\limits_{n\to\infty}\dfrac{1}{n}\sum\limits_{i=1}^{n}\ln\dfrac{i}{n}=\int_0^1\ln x\,\mathrm{d}x$

$=\lim\limits_{\varepsilon\to+0}\int_\varepsilon^1\ln x\,\mathrm{d}x=\lim\limits_{\varepsilon\to+0}x(\ln x-1)\Big|_\varepsilon^1=-1,$

所以 $\lim\limits_{n\to\infty}\dfrac{\sqrt[n]{n!}}{n}=\mathrm{e}^{-1}.$

【2226】 $\lim\limits_{n\to\infty}\left[\dfrac{1}{n}\sum\limits_{k=1}^{n}f\left(a+k\dfrac{b-a}{n}\right)\right].$

解 $\lim\limits_{n\to\infty}\left[\dfrac{1}{n}\sum\limits_{k=1}^{n}f\left(a+k\dfrac{b-a}{n}\right)\right]$

$=\dfrac{1}{b-a}\lim\limits_{n\to\infty}\left[\dfrac{b-a}{n}\sum\limits_{k=1}^{n}f\left(a+k\dfrac{b-a}{n}\right)\right]$

$=\dfrac{1}{b-a}\int_{a}^{b}f(x)\mathrm{d}x.$

抛开均匀的高阶无穷小,求出下列和的极限(2227~2230).

【2227】 $\lim\limits_{n\to\infty}\left[\left(1+\dfrac{1}{n}\right)\sin\dfrac{\pi}{n^2}+\left(1+\dfrac{2}{n}\right)\sin\dfrac{2\pi}{n^2}+\cdots\right.$

$\left.+\left(1+\dfrac{n-1}{n}\right)\sin\dfrac{(n-1)\pi}{n^2}\right].$

解 由于 $\lim\limits_{x\to 0}\dfrac{x-\sin x}{x^3}=\dfrac{1}{6}$,所以

$$x-\sin x=\dfrac{1}{6}x^3+O(x^4),$$

从而当 n 充分大,且 $k<n$ 时

$$0\leqslant\dfrac{k\pi}{n^2}-\sin\dfrac{k\pi}{n^2}=\dfrac{1}{6}\left(\dfrac{k\pi}{n^2}\right)^3+O\left(\dfrac{1}{n^4}\right),$$

所以 $0\leqslant\sum\limits_{k=1}^{n-1}\left(1+\dfrac{k}{n}\right)\left(\dfrac{k\pi}{n^2}-\sin\dfrac{k\pi}{n^2}\right)$

$=\sum\limits_{k=1}^{n-1}\left(1+\dfrac{k}{n}\right)\left[\dfrac{1}{6}\left(\dfrac{k\pi}{n^2}\right)^3+O\left(\dfrac{1}{n^4}\right)\right]$

$\leqslant\dfrac{\pi^3}{3}\cdot\dfrac{1}{n^2}+O\left(\dfrac{1}{n^3}\right),$

故 $\lim\limits_{n\to\infty}\sum\limits_{k=1}^{n-1}\left(1+\dfrac{k}{n}\right)\left(\dfrac{k\pi}{n^2}-\sin\dfrac{k\pi}{n^2}\right)=0,$

因此 $\lim\limits_{n\to\infty}\sum\limits_{k=1}^{n-1}\left(1+\dfrac{k}{n}\right)\sin\dfrac{k\pi}{n^2}$

$=\lim\limits_{n\to\infty}\sum\limits_{k=1}^{n-1}\left(1+\dfrac{k}{n}\right)\dfrac{k\pi}{n^2}$

$=\pi\lim\limits_{n\to\infty}\dfrac{1}{n}\sum\limits_{k=1}^{n-1}\left[\dfrac{k}{n}+\left(\dfrac{k}{n}\right)^2\right]$

$=\pi\int_{0}^{1}(x+x^2)\mathrm{d}x=\dfrac{5\pi}{6}.$

【2228】 $\lim\limits_{n\to\infty}\sin\dfrac{\pi}{n}\cdot\sum\limits_{k=1}^{n}\dfrac{1}{2+\cos\dfrac{k\pi}{n}}.$

解 由于 $\sin\dfrac{\pi}{n}=\dfrac{\pi}{n}(1+\alpha_n)$,

其中 $\lim\limits_{n\to\infty}\alpha_n=0$,

所以 $\lim\limits_{n\to\infty}\sin\dfrac{\pi}{n}\sum\limits_{k=1}^{n}\dfrac{1}{2+\cos\dfrac{k\pi}{n}}$

$=\lim\limits_{n\to\infty}(1+\alpha_n)\dfrac{\pi}{n}\sum\limits_{n=1}^{\infty}\dfrac{1}{2+\cos\dfrac{k\pi}{n}}$

$=\lim\limits_{n\to\infty}(1+\alpha_n)\lim\limits_{n\to\infty}\dfrac{\pi}{n}\sum\limits_{k=1}^{n}\dfrac{1}{2+\cos\dfrac{k\pi}{n}}$

$=\displaystyle\int_0^\pi\dfrac{1}{2+\cos x}dx=\dfrac{2}{\sqrt{3}}\arctan\dfrac{\tan\dfrac{x}{2}}{\sqrt{3}}\bigg|_0^\pi=\dfrac{\pi}{\sqrt{3}}.$

【2229】 $\lim\limits_{n\to\infty}\dfrac{\sum\limits_{k=1}^{n}\sqrt{(nx+k)(nx+k+1)}}{n^2}$ $(x>0).$

解 因为

$0\leqslant\sqrt{\left(x+\dfrac{k}{n}\right)\left(x+\dfrac{k+1}{n}\right)}-\left(x+\dfrac{k}{n}\right)$

$=\dfrac{\left(x+\dfrac{k}{n}\right)\left(x+\dfrac{k+1}{n}\right)-\left(x+\dfrac{k}{n}\right)^2}{\sqrt{\left(x+\dfrac{k}{n}\right)\left(x+\dfrac{k+1}{n}\right)}+\left(x+\dfrac{k}{n}\right)}$

$\leqslant\dfrac{1}{2x}\left(x+\dfrac{k}{n}\right)\cdot\dfrac{1}{n},$

所以 $0\leqslant\dfrac{\sum\limits_{k=1}^{n}\sqrt{(nx+k)(nx+k+1)}}{n^2}-\sum\limits_{k=1}^{n}\dfrac{1}{n}\left(x+\dfrac{k}{n}\right)$

$\leqslant\dfrac{1}{2xn^2}\sum\limits_{k=1}^{n}\left(x+\dfrac{k}{n}\right)$

第四章 定积分 §2. 用不定积分计算定积分的方法

$$= \frac{1}{2n} + \frac{1}{4x}\left(1 + \frac{1}{n}\right) \cdot \frac{1}{n} \to 0 \quad (n \to \infty).$$

因此 $\lim\limits_{n\to\infty} \dfrac{\sum\limits_{k=1}^{n} \sqrt{(nx+k)(nx+k+1)}}{n^2}$

$$= \lim_{n\to\infty} \sum_{k=1}^{n} \frac{1}{n}\left(x + \frac{k}{n}\right) = \int_0^1 (x+t)\,dt = x + \frac{1}{2}.$$

【2230】 $\lim\limits_{n\to\infty}\left(\dfrac{2^{\frac{1}{n}}}{n+1} + \dfrac{2^{\frac{2}{n}}}{n+\frac{1}{2}} + \cdots + \dfrac{2^{\frac{n}{n}}}{n+\frac{1}{n}}\right).$

解 因为

$$0 < \frac{1}{n} - \frac{1}{n+\frac{1}{k}} = \frac{\frac{1}{k}}{n\left(n+\frac{1}{k}\right)} < \frac{1}{n^2},$$

所以 $0 < \dfrac{1}{n}\sum\limits_{k=1}^{n} 2^{\frac{k}{n}} - \sum\limits_{k=1}^{n} \dfrac{2^{\frac{k}{n}}}{n+\frac{1}{k}}$

$$< \frac{1}{n^2}\sum_{k=1}^{n} 2^{\frac{k}{n}} < \frac{2}{n} \to 0 \quad (n \to \infty),$$

因此 $\lim\limits_{n\to\infty}\sum\limits_{k=1}^{n} \dfrac{1}{n+\frac{1}{k}} \cdot 2^{\frac{k}{n}} = \lim\limits_{n\to\infty} \dfrac{1}{n}\sum\limits_{k=1}^{n} 2^{\frac{k}{n}}$

$$= \int_0^1 2^x\,dx = \frac{1}{\ln 2}.$$

【2231】 求出:

(1) $\dfrac{d}{dx}\int_a^b \sin x^2\,dx;$

(2) $\dfrac{d}{da}\int_a^b \sin x^2\,dx;$

(3) $\dfrac{d}{db}\int_a^b \sin x^2\,dx.$

解 (1) $\dfrac{d}{dx}\int_a^b \sin x^2\,dx = 0;$

(2) $\dfrac{d}{da}\int_a^b \sin x^2\,dx = -\dfrac{d}{da}\int_b^a \sin x^2\,dx = -\sin a^2;$

(3) $\dfrac{d}{db}\displaystyle\int_a^b \sin x^2 \, dx = \sin b^2$.

【2232】 求出:

(1) $\dfrac{d}{dx}\displaystyle\int_0^{x^2} \sqrt{1+t^2}\, dt$;

(2) $\dfrac{d}{dx}\displaystyle\int_{x^2}^{x^3} \dfrac{dt}{\sqrt{1+t^4}}$;

(3) $\dfrac{d}{dx}\displaystyle\int_{\sin x}^{\cos x} \cos(\pi t^2)\, dt$.

解 (1) 设 $u = x^2$,则由复合函数的求导法则有

$$\dfrac{d}{dx}\int_0^{x^2} \sqrt{1+t^2}\, dt = \dfrac{d}{du}\left(\int_0^u \sqrt{1+t^2}\, dt\right) \cdot \dfrac{du}{dx}$$

$$= 2x\sqrt{1+x^4};$$

(2) $\dfrac{d}{dx}\displaystyle\int_{x^2}^{x^3} \dfrac{dt}{\sqrt{1+x^4}}$

$$= \dfrac{d}{dx}\int_{x^2}^{0} \dfrac{dt}{\sqrt{1+t^4}} + \dfrac{d}{dx}\int_{0}^{x^3} \dfrac{dt}{\sqrt{1+t^4}}$$

$$= -\dfrac{d}{d(x^2)}\left(\int_0^{x^2} \dfrac{dt}{\sqrt{1+t^4}}\right)\dfrac{d(x^2)}{dx}$$

$$\quad + \dfrac{d}{d(x^3)}\left(\int_0^{x^3} \dfrac{dt}{\sqrt{1+t^4}}\right)\dfrac{d}{dx}(x^3)$$

$$= \dfrac{3x^2}{\sqrt{1+x^{12}}} - \dfrac{2x}{\sqrt{1+x^8}};$$

(3) $\dfrac{d}{dx}\displaystyle\int_{\sin x}^{\cos x} \cos(\pi t^2)\, dt$

$$= \dfrac{d}{dx}\int_0^{\cos x} \cos(\pi t^2)\, dt + \dfrac{d}{dx}\int_{\sin x}^{0} \cos(\pi t^2)\, dt$$

$$= \dfrac{d}{d(\cos x)}\left(\int_0^{\cos x} \cos(\pi t^2)\, dt\right) \cdot \dfrac{d}{dx}(\cos x)$$

$$\quad - \dfrac{d}{d(\sin x)}\left(\int_0^{\sin x} \cos(\pi t^2)\, dt\right) \cdot \dfrac{d}{dx}(\sin x)$$

$$= -\sin x \cdot \cos(\pi \cos^2 x) - \cos x \cdot \cos(\pi \sin^2 x)$$

$$= (\sin x - \cos x)\cos(\pi \sin^2 x).$$

【2233】 求出:

(1) $\lim\limits_{x \to 0} \dfrac{\int_0^x \cos x^2 \,\mathrm{d}x}{x}$;

(2) $\lim\limits_{x \to +\infty} \dfrac{\int_0^x (\arctan x)^2 \,\mathrm{d}x}{\sqrt{x^2+1}}$;

(3) $\lim\limits_{x \to +\infty} \dfrac{\left(\int_0^x \mathrm{e}^{x^2} \,\mathrm{d}x\right)^2}{\int_0^x \mathrm{e}^{2x^2} \,\mathrm{d}x}$.

解 应用洛必达法则有

(1) $\lim\limits_{x \to 0} \dfrac{\int_0^x \cos x^2 \,\mathrm{d}x}{x} = \lim\limits_{x \to 0} \cos x^2 = 1$;

(2) $\lim\limits_{x \to +\infty} \dfrac{\int_0^x (\arctan x)^2 \,\mathrm{d}x}{\sqrt{x^2+1}} = \lim\limits_{x \to +\infty} \dfrac{(\arctan x)^2}{\dfrac{x}{\sqrt{x^2+1}}} = \dfrac{\pi^2}{4}$;

(3) $\lim\limits_{x \to +\infty} \dfrac{\left(\int_0^x \mathrm{e}^{x^2} \,\mathrm{d}x\right)^2}{\int_0^x \mathrm{e}^{2x^2} \,\mathrm{d}x} = \lim\limits_{x \to +\infty} \dfrac{2\mathrm{e}^{x^2} \cdot \int_0^x \mathrm{e}^{x^2} \,\mathrm{d}x}{\mathrm{e}^{2x^2}}$

$= \lim\limits_{x \to +\infty} \dfrac{2\int_0^x \mathrm{e}^{x^2} \,\mathrm{d}x}{\mathrm{e}^{x^2}} = \lim\limits_{x \to +\infty} \dfrac{2\mathrm{e}^{x^2}}{2x\mathrm{e}^{x^2}} = \lim\limits_{x \to +\infty} \dfrac{1}{x} = 0.$

【2233.1】 设 $f(x) \in C[0, +\infty]$ 且当 $x \to +\infty$ 时 $f(x) \to A$，求出: $\lim\limits_{n \to +\infty} \int_0^1 f(nx) \,\mathrm{d}x$.

解 令 $t = nx$，

则有 $x = \dfrac{t}{n}, \mathrm{d}x = \dfrac{1}{n}\mathrm{d}t$，

从而 $\lim\limits_{n \to +\infty} \int_0^1 f(nx) \,\mathrm{d}x = \lim\limits_{n \to \infty} \dfrac{\int_0^n f(t) \,\mathrm{d}t}{n} = \lim\limits_{x \to +\infty} f(x) = A.$

【2234】 证明: 当 $x \to \infty$ 时，
$$\int_0^x \mathrm{e}^{x^2} \,\mathrm{d}x \sim \dfrac{1}{2x}\mathrm{e}^{x^2}.$$

证 因为 $\lim\limits_{x\to\infty}\dfrac{\int_0^x e^{x^2}dx}{\dfrac{1}{2x}e^{x^2}}=\lim\limits_{x\to\infty}\dfrac{e^{x^2}}{\left(1-\dfrac{1}{2x^2}\right)e^{x^2}}=1,$

所以当 $x\to\infty$ 时 $\int_0^x e^{x^2}dx\sim\dfrac{1}{2x}e^{x^2}.$

【2235】 求 $\lim\limits_{x\to+0}\dfrac{\int_0^{\sin x}\sqrt{\tan x}dx}{\int_0^{\tan x}\sqrt{\sin x}dx}.$

解 $\lim\limits_{x\to+0}\dfrac{\int_0^{\sin x}\sqrt{\tan x}dx}{\int_0^{\tan x}\sqrt{\sin x}dx}=\lim\limits_{x\to+0}\dfrac{\sqrt{\tan(\sin x)}\cdot\cos x}{\sqrt{\sin(\tan x)}\cdot\sec^2 x}$

$=\lim\limits_{x\to+0}\left(\sqrt{\dfrac{\tan(\sin x)}{\sin x}\cdot\dfrac{\sin x}{\tan x}\cdot\dfrac{\tan x}{\sin(\tan x)}}\cos^3 x\right)=1.$

【2236】 令 $f(x)$ 为正值连续函数,证明:当 $x\geqslant 0$ 时函数

$\varphi(x)=\dfrac{\int_0^x tf(t)dt}{\int_0^x f(t)dt}$ 逐渐递增.

证 $\lim\limits_{x\to+0}\varphi(x)=\lim\limits_{x\to+0}\dfrac{xf(x)}{f(x)}=0,$

故规定 $\varphi(0)=0$,则 $\varphi(x)$ 是 $x\geqslant 0$ 上的连续函数. 又当 $x>0$ 时,

$\varphi'(x)=\dfrac{1}{\left(\int_0^x f(t)dt\right)^2}\left\{xf(x)\int_0^x f(t)dt-f(x)\int_0^x tf(t)dt\right\}$

$=\dfrac{f(x)}{\left(\int_0^x f(t)dt\right)^2}\int_0^x(x-t)f(t)dt>0,$

所以当 $x\geqslant 0$ 时,$\varphi(x)$ 是增加的.

【2237】 求解:(1) $\int_0^2 f(x)dx,$ 设

$f(x)=\begin{cases}x^2, & \text{当 }0\leqslant x\leqslant 1\text{ 时,}\\ 2-x, & \text{当 }1<x\leqslant 2\text{ 时.}\end{cases}$

(2) $\int_0^1 f(x)dx,$ 设

$f(x)=\begin{cases}x, & \text{当 }0\leqslant x\leqslant t\text{ 时,}\\ t\cdot\dfrac{1-x}{1-t}, & \text{当 }t\leqslant x\leqslant 1\text{ 时.}\end{cases}$

解 (1) $\int_0^2 f(x)\mathrm{d}x = \int_0^1 x^2 \mathrm{d}x + \int_1^2 (2-x)\mathrm{d}x$

$$= \frac{1}{3} + \frac{1}{2} = \frac{5}{6}.$$

(2) $\int_0^1 f(x)\mathrm{d}x = \int_0^t x\mathrm{d}x + \int_t^1 t \cdot \frac{1-x}{1-t}\mathrm{d}x = \frac{t}{2}.$

【2238】 计算下列积分并把它们看作参数 α 的函数,绘制积分 $I = I(\alpha)$ 的图形. 若

(1) $I = \int_0^1 x\,|\,x-\alpha\,|\,\mathrm{d}x;$

(2) $I = \int_0^\pi \frac{\sin^2 x}{1+2\alpha\cos x+\alpha^2}\mathrm{d}x;$

(3) $I = \int_0^\pi \frac{\sin x\,\mathrm{d}x}{\sqrt{1-2\alpha\cos x+\alpha^2}}.$

解 (1) 分三种情况讨论

① 当 $\alpha < 0$ 时 $I = \int_0^1 x(x-\alpha)\mathrm{d}x = \frac{1}{3} - \frac{\alpha}{2};$

② 当 $\alpha > 1$ 时 $I = \int_0^1 x(\alpha-x)\mathrm{d}x = \frac{\alpha}{2} - \frac{1}{3};$

③ 当 $0 \leqslant \alpha \leqslant 1$ 时

$$I = \int_0^\alpha x(\alpha-x)\mathrm{d}x + \int_\alpha^1 x(x-\alpha)\mathrm{d}x$$

$$= \frac{\alpha^3}{3} - \frac{\alpha}{2} + \frac{1}{3}.$$

因此 $\int_0^1 x\,|\,x-\alpha\,|\,\mathrm{d}x = \begin{cases} \dfrac{1}{3} - \dfrac{\alpha}{2}, & \text{当 } \alpha < 0 \text{ 时,} \\ \dfrac{\alpha^3}{3} - \dfrac{\alpha}{2} + \dfrac{1}{3}, & \text{当 } 0 \leqslant \alpha \leqslant 1 \text{ 时,} \\ \dfrac{\alpha}{2} - \dfrac{1}{3}, & \text{当 } \alpha > 1 \text{ 时.} \end{cases}$

$I(\alpha)$ 的图形如 2238 题图 1

(2) 分两种情况讨论

① 若 $|\alpha| \leqslant 1$,则

$$I = \int_0^\pi \frac{\sin^2 x}{1+2\alpha\cos x+\alpha^2}\mathrm{d}x$$

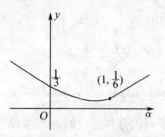

2238 题图 1

$$= \frac{1}{4\alpha^2} \int_0^\pi \frac{4\alpha^2(1-\cos^2 x)\,\mathrm{d}x}{(1+\alpha^2)+2\alpha\cos x}$$

$$= \frac{1}{4\alpha^2} \int_0^\pi \frac{[(1+\alpha)^2 - 4\alpha^2\cos^2 x] + [4\alpha^2 - (1+\alpha^2)^2]}{(1+\alpha^2)+2\alpha\cos x}\,\mathrm{d}x$$

$$= \frac{1}{4\alpha^2} \int_0^\pi [(1+\alpha^2) - 2\alpha\cos x]\,\mathrm{d}x$$

$$\quad - \frac{(1-\alpha^2)^2}{4\alpha^2} \int_0^\pi \frac{\mathrm{d}x}{(1+\alpha^2)+2\alpha\cos x}.$$

由 2028 题的结果有

$$\frac{(1-\alpha^2)^2}{4\alpha^2} \int_0^\pi \frac{\mathrm{d}x}{(1+\alpha^2)+2\alpha\cos x}$$

$$= \frac{(1-\alpha^2)^2}{4\alpha^2(1+\alpha^2)} \int_0^\pi \frac{\mathrm{d}x}{1+\frac{2\alpha}{1+\alpha^2}\cos x}$$

$$= \frac{(1-\alpha^2)^2}{4\alpha^2(1+\alpha^2)} \cdot \frac{2}{\sqrt{1-\left(\frac{2\alpha}{1+\alpha^2}\right)^2}} \arctan\left(\sqrt{\frac{1+\alpha^2-2\alpha}{1+\alpha^2+2\alpha}}\tan\frac{x}{2}\right)\Bigg|_0^\pi$$

$$= \frac{(1-\alpha^2)\pi}{4\alpha^2}.$$

而 $\dfrac{1}{4\alpha^2} \displaystyle\int_0^\pi [(1+\alpha^2) - 2\alpha\cos x]\,\mathrm{d}x$

$$= \frac{1}{4\alpha^2}[(1+\alpha^2)x - 2\alpha\sin x]\Big|_0^\pi$$

$$= \frac{(1+\alpha^2)\pi}{4\alpha^2},$$

因此 $I = \dfrac{(1+\alpha^2)\pi}{4\alpha^2} - \dfrac{(1-\alpha^2)\pi}{4\alpha^2} = \dfrac{\pi}{2}.$

② 若 $|\alpha|>1$ 和前面同样的讨论并利用 2028 题的结果有

$$I = \frac{(1+\alpha^2)\pi}{4\alpha^2} - \frac{(\alpha^2-1)^2}{4\alpha^2} \cdot \frac{2}{\alpha^2-1}\arctan\left(\sqrt{\frac{1+\alpha^2-2\alpha}{1+\alpha^2+2\alpha}}\tan\frac{x}{2}\right)\bigg|_0^\pi$$

$$= \frac{(1+\alpha^2)\pi}{4\alpha^2} - \frac{(\alpha^2-1)\pi}{4\alpha^2} = \frac{\pi}{2\alpha^2},$$

因此 $\displaystyle\int_0^\pi \frac{\sin^2 x}{1+2\alpha\cos x+\alpha^2}dx = \begin{cases} \dfrac{\pi}{2}, & \text{当 } |\alpha|\leqslant 1 \text{ 时,} \\ \dfrac{\pi}{2\alpha^2}, & \text{当 } |\alpha|>1 \text{ 时.} \end{cases}$

$I(\alpha)$ 的图形如 2238 题图 2 所示.

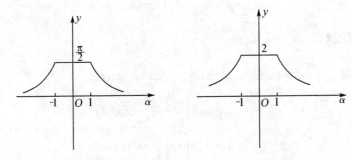

2238 题图 2　　　　　　2238 题图 3

(3) $I = \displaystyle\int_0^\pi \frac{\sin x\, dx}{\sqrt{1-2\alpha\cos x+\alpha^2}}$

$= \dfrac{1}{2\alpha}\displaystyle\int_0^\pi \frac{d(1-2\alpha\cos x+\alpha^2)}{\sqrt{1-2\alpha\cos x+\alpha^2}}$

$= \dfrac{1}{\alpha}\sqrt{1+\alpha^2-2\alpha\cos x}\bigg|_0^\pi$

$= \begin{cases} 2, & \text{当 } |\alpha|\leqslant 1 \text{ 时,} \\ \dfrac{2}{|\alpha|}, & \text{当 } |\alpha|>1 \text{ 时.} \end{cases}$

$I(\alpha)$ 的图形如 2238 题图 3 所示.

运用分部积分公式,求出下列定积分 (2239～2244).

【2239】 $\displaystyle\int_0^{\ln 2} x e^{-x} dx.$

解 $\displaystyle\int_0^{\ln 2} x e^{-x} dx = -\int_0^{\ln 2} x\, d(e^{-x})$

$$= -x\mathrm{e}^{-x}\Big|_0^{\ln 2} + \int_0^{\ln 2} \mathrm{e}^{-x}\mathrm{d}x = -\frac{1}{2}\ln 2 - \mathrm{e}^{-x}\Big|_0^{\ln 2}$$

$$= -\frac{1}{2}\ln 2 - \left(\frac{1}{2} - 1\right)$$

$$= \frac{1}{2}(1 - \ln 2) = \frac{1}{2}\ln\frac{\mathrm{e}}{2}.$$

【2240】 $\int_0^\pi x\sin x\,\mathrm{d}x.$

解 $\int_0^\pi x\sin x\,\mathrm{d}x = -\int_0^\pi x\,\mathrm{d}(\cos x)$

$$= -x\cos x\Big|_0^\pi + \int_0^\pi \cos x\,\mathrm{d}x = \pi.$$

【2241】 $\int_0^{2\pi} x^2\cos x\,\mathrm{d}x.$

解 $\int_0^{2\pi} x^2\cos x\,\mathrm{d}x = x^2\sin x\Big|_0^{2\pi} - 2\int_0^{2\pi} x\sin x\,\mathrm{d}x$

$$= 2x\cos x\Big|_0^{2\pi} - 2\int_0^{2\pi}\cos x\,\mathrm{d}x$$

$$= 4\pi - 2\sin x\Big|_0^{2\pi} = 4\pi.$$

【2242】 $\int_{\frac{1}{\mathrm{e}}}^{\mathrm{e}} |\ln x|\,\mathrm{d}x.$

解 $\int_{\frac{1}{\mathrm{e}}}^{\mathrm{e}} |\ln x|\,\mathrm{d}x = -\int_{\frac{1}{\mathrm{e}}}^1 \ln x\,\mathrm{d}x + \int_1^{\mathrm{e}} \ln x\,\mathrm{d}x$

$$= -x\ln x\Big|_{\frac{1}{\mathrm{e}}}^1 + \int_{\frac{1}{\mathrm{e}}}^1 \mathrm{d}x + x\ln x\Big|_1^{\mathrm{e}} - \int_1^{\mathrm{e}} \mathrm{d}x$$

$$= -\frac{1}{\mathrm{e}} + 1 - \frac{1}{\mathrm{e}} + \mathrm{e} - (\mathrm{e} - 1) = 2\left(1 - \frac{1}{\mathrm{e}}\right).$$

【2243】 $\int_0^1 \arccos x\,\mathrm{d}x.$

解 $\int_0^1 \arccos x\,\mathrm{d}x$

$$= x\arccos x\Big|_0^1 + \lim_{\varepsilon \to +0}\int_0^{1-\varepsilon} \frac{x}{\sqrt{1-x^2}}\,\mathrm{d}x$$

$$= -\lim_{\varepsilon \to +0} \sqrt{1-x^2}\,\Big|_0^{1-\varepsilon} = 1.$$

【2244】 $\int_0^{\sqrt{3}} x\arctan x\,dx$.

解 $\int_0^{\sqrt{3}} x\arctan x\,dx$

$= \dfrac{1}{2}x^2\arctan x\Big|_0^{\sqrt{3}} - \dfrac{1}{2}\int_0^{\sqrt{3}} \dfrac{x^2}{1+x^2}dx$

$= \dfrac{3}{2}\arctan\sqrt{3} - \dfrac{1}{2}(x-\arctan x)\Big|_0^{\sqrt{3}}$

$= \dfrac{3}{2}\arctan\sqrt{3} - \dfrac{\sqrt{3}}{2} + \dfrac{1}{2}\arctan\sqrt{3}$

$= 2\arctan\sqrt{3} - \dfrac{\sqrt{3}}{2}$

$= \dfrac{2\pi}{3} - \dfrac{\sqrt{3}}{2}$.

运用适当的变量代换，求出下列定积分（2245～2249）.

【2245】 $\int_{-1}^{1} \dfrac{x\,dx}{\sqrt{5-4x}}$.

解 设 $\sqrt{5-4x}=t$,

则 $x=\dfrac{5-t^2}{4}$,

$dx=-\dfrac{t}{2}dt$,

当 $x=-1$ 时，$t=3$

当 $x=1$ 时，$t=1$

所以 $\int_{-1}^{1}\dfrac{x\,dx}{\sqrt{5-4x}} = -\int_3^1 \dfrac{5-t^2}{8}dt = \dfrac{1}{6}$

【2246】 $\int_0^a x^2\sqrt{a^2-x^2}\,dx$ $(a>0)$.

解 设 $x=a\sin t$, 则

$\int_0^a x^2\sqrt{a^2-x^2}\,dx = a^4\int_0^{\frac{\pi}{2}}\sin^2 t\cos^2 t\,dt$

$= \dfrac{a^4}{4}\int_0^{\frac{\pi}{2}}\sin^2 2t\,dt = \dfrac{a^4}{4}\int_0^{\frac{\pi}{2}}\dfrac{1-\cos 4t}{2}dt$

$= \dfrac{a^4}{8}\left(t-\dfrac{1}{4}\sin 4t\right)\Big|_0^{\frac{\pi}{2}} = \dfrac{a^4\pi}{16}$.

【2247】 $\int_0^{0.75} \dfrac{\mathrm{d}x}{(x+1)\sqrt{x^2+1}}$.

解 设 $t = \dfrac{1}{x+1}$,则

$$x = \dfrac{1}{t} - 1, \mathrm{d}x = -\dfrac{1}{t^2}\mathrm{d}t, 且$$

当 $x = 0$ 时,$t = 1$;当 $x = 0.75$ 时,$t = \dfrac{4}{7}$.

$$\int_0^{0.75} \dfrac{\mathrm{d}x}{(x+1)\sqrt{x^2+1}} = \int_{\frac{4}{7}}^1 \dfrac{\mathrm{d}t}{\sqrt{2t^2-2t+1}}$$

$$= \dfrac{1}{\sqrt{2}}\ln(2t-1+\sqrt{4t^2-4t+2}) \Big|_{\frac{4}{7}}^1$$

$$= \dfrac{1}{\sqrt{2}}\ln\dfrac{1+\sqrt{2}}{\dfrac{1}{7}+\sqrt{\dfrac{50}{49}}}.$$

【2248】 $\int_0^{\ln 2} \sqrt{\mathrm{e}^x - 1}\,\mathrm{d}x$.

解 设 $\sqrt{\mathrm{e}^x - 1} = t$,

则 $x = \ln(t^2+1)$,

$\mathrm{d}x = \dfrac{2t}{t^2+1}\mathrm{d}x$,

所以 $\int_0^{\ln 2} \sqrt{\mathrm{e}^x - 1}\,\mathrm{d}x = 2\int_0^1 \dfrac{t^2\,\mathrm{d}t}{1+t^2} = 2(t - \arctan t)\Big|_0^1$

$$= 2\left(1 - \dfrac{\pi}{4}\right) = 2 - \dfrac{\pi}{2}.$$

【2249】 $\int_0^1 \dfrac{\arcsin\sqrt{x}}{\sqrt{x(1-x)}}\mathrm{d}x$.

解 令 $t = \arcsin\sqrt{x}$,

则 $x = \sin^2 t$,

所以 $\int_0^1 \dfrac{\arcsin\sqrt{x}}{\sqrt{x(1-x)}}\mathrm{d}x = \int_0^{\frac{\pi}{2}} \dfrac{t \cdot 2\sin t \cos t}{\sin t \cos t}\mathrm{d}t$

$$= t^2 \Big|_0^{\frac{\pi}{2}} = \dfrac{\pi^2}{4}.$$

【2250】 假定 $x - \dfrac{1}{x} = t$,计算积分 $\int_{-1}^1 \dfrac{1+x^2}{1+x^4}\mathrm{d}x$.

解 $\int_{-1}^{1}\dfrac{1+x^2}{1+x^4}\mathrm{d}x = 2\int_{0}^{1}\dfrac{1+x^2}{1+x^4}\mathrm{d}x$

$= 2\lim_{\varepsilon\to+0}\int_{\varepsilon}^{1}\dfrac{1+x^2}{1+x^4}\mathrm{d}x$

$\xlongequal{\diamondsuit\ x-\frac{1}{x}=t} 2\lim_{\varepsilon\to+0}\int_{\varepsilon-\frac{1}{\varepsilon}}^{0}\dfrac{\mathrm{d}t}{t^2+2}$

$= 2\lim_{R\to-\infty}\int_{R}^{0}\dfrac{\mathrm{d}t}{t^2+2}$

$= \lim_{R\to-\infty}\sqrt{2}\arctan\dfrac{t}{\sqrt{2}}\bigg|_{R}^{0} = \dfrac{\sqrt{2}\pi}{2}.$

【2251】 设

(1) $\int_{-1}^{1}\mathrm{d}x,\qquad t=x^{\frac{2}{3}}$;

(2) $\int_{-1}^{1}\dfrac{\mathrm{d}x}{1+x^2},\qquad x=\dfrac{1}{t}$;

(3) $\int_{0}^{\pi}\dfrac{\mathrm{d}x}{1+\sin^2 x},\qquad \tan x=t.$

说明为什么形式上的代换 $x=\varphi(t)$ 会导致不正确的结果.

解 (1) $\int_{-1}^{1}\mathrm{d}x=2$,但如果作代换 $t=x^{\frac{2}{3}}$,则有

$$\int_{-1}^{1}\mathrm{d}x=\pm\dfrac{3}{2}\int_{1}^{1}t^{\frac{1}{2}}\mathrm{d}t=0,$$

其错误在于代换 $t=x^{\frac{2}{3}}$ 的反函数 $x=\pm t^{\frac{3}{2}}$ 不是单值的.

(2) $\int_{-1}^{1}\dfrac{\mathrm{d}x}{1+x^2}=\arctan x\bigg|_{-1}^{1}=\dfrac{\pi}{2},$

但若作代换 $x=\dfrac{1}{t}$,则有

$$\int_{-1}^{1}\dfrac{\mathrm{d}x}{1+x^2}=-\int_{-1}^{1}\dfrac{\mathrm{d}t}{1+t^2},$$

于是得出错误的结果

$$\int_{-1}^{1}\dfrac{\mathrm{d}x}{1+x^2}=0,$$

其错误在于代换 $x=\dfrac{1}{t}$ 在 $t=0(\in[-1,1])$ 处不连续.

(3) 显然 $\int_0^\pi \dfrac{\mathrm{d}x}{1+\sin^2 x} > 0$,但若作代换 $t = \tan x$,则得

$$\int_0^\pi \frac{\mathrm{d}x}{1+\sin^2 x} = \frac{1}{\sqrt{2}}\arctan(\sqrt{2}\tan x)\Big|_0^\pi = 0,$$

其错误在于代换 $t = \tan x$ 在 $x = \dfrac{\pi}{2}$ 处不连续.

【2252】 在积分 $\int_0^3 x \sqrt[3]{1-x^2}\,\mathrm{d}x$ 中能否假定 $x = \sin t$?

解 不可以,因为 $\sin t$ 不可能大于 1.

【2253】 在积分 $\int_0^1 \sqrt{1-x^2}\,\mathrm{d}x$ 中,当变量代换 $x = \sin t$ 时,能否取数 π 和 $\dfrac{\pi}{2}$ 作为新的极限?

解 可以,因为代换满足换元的条件. 事实上

$$\int_0^1 \sqrt{1-x^2}\,\mathrm{d}x = \int_\pi^{\frac{\pi}{2}} \sqrt{1-\sin^2 t}\cos t\,\mathrm{d}t$$

$$= \int_\pi^{\frac{\pi}{2}} |\cos t|\cos t\,\mathrm{d}t = -\int_\pi^{\frac{\pi}{2}} \cos^2 t\,\mathrm{d}t$$

$$= -\left(\frac{\sin 2t}{4} + \frac{t}{2}\right)\Big|_\pi^{\frac{\pi}{2}} = \frac{\pi}{4}.$$

【2254】 证明:若 $f(x)$ 在区间 $[a,b]$ 是连续的,则

$$\int_a^b f(x)\,\mathrm{d}x = (b-a)\int_0^1 f(a+(b-a)x)\,\mathrm{d}x.$$

证 设 $x = a + (b-a)t$,

则 $\mathrm{d}x = (b-a)\mathrm{d}t.$

代入得 $\int_a^b f(x)\,\mathrm{d}x = \int_0^1 f(a+(b-a)t)(b-a)\,\mathrm{d}t$

$$= (b-a)\int_0^1 f(a+(b-a)t)\,\mathrm{d}t,$$

即 $\int_a^b f(x)\,\mathrm{d}x = (b-a)\int_0^1 f(a+(b-a)x)\,\mathrm{d}x.$

【2255】 证明等式:

$$\int_0^a x^3 f(x^2)\,\mathrm{d}x = \frac{1}{2}\int_0^{a^2} x f(x)\,\mathrm{d}x \quad (a > 0).$$

证 设 $x=\sqrt{t}$,

则 $\int_0^a x^3 f(x^2)\mathrm{d}x = \frac{1}{2}\int_0^{a^2} t^{\frac{3}{2}} f(t) \cdot \frac{1}{\sqrt{t}}\mathrm{d}t$

$= \frac{1}{2}\int_0^{a^2} tf(t)\mathrm{d}t,$

即 $\int_0^a x^3 f(x^2)\mathrm{d}x = \frac{1}{2}\int_0^{a^2} xf(x)\mathrm{d}x.$

【2256】 设 $f(x)$ 在区间 $[A,B] \supset [a,b]$ 上连续,当 $[a+x, b+x] \subset [A,B]$ 时,求 $\dfrac{\mathrm{d}}{\mathrm{d}x}\int_a^b f(x+y)\mathrm{d}y.$

解 令 $t=x+y$,

则 $\int_a^b f(x+y)\mathrm{d}y = \int_{a+x}^{b+x} f(t)\mathrm{d}t,$

所以 $\dfrac{\mathrm{d}}{\mathrm{d}x}\int_a^b f(x+y)\mathrm{d}y = \dfrac{\mathrm{d}}{\mathrm{d}x}\int_{a+x}^{b+x} f(t)\mathrm{d}t$

$= f(b+x) - f(a+x).$

【2257】 证明:若 $f(x)$ 在区间 $[0,1]$ 上是连续的,则

(1) $\int_0^{\frac{\pi}{2}} f(\sin x)\mathrm{d}x = \int_0^{\frac{\pi}{2}} f(\cos x)\mathrm{d}x$;

(2) $\int_0^{\pi} xf(\sin x)\mathrm{d}x = \dfrac{\pi}{2}\int_0^{\pi} f(\sin x)\mathrm{d}x.$

证 (1) 设 $x = \dfrac{\pi}{2} - t,$

则 $\mathrm{d}x = -\mathrm{d}t.$

所以 $\int_0^{\frac{\pi}{2}} f(\sin x)\mathrm{d}x = -\int_{\frac{\pi}{2}}^0 f\left(\sin\left(\dfrac{\pi}{2}-t\right)\right)\mathrm{d}t$

$= \int_0^{\frac{\pi}{2}} f(\cos t)\mathrm{d}t,$

即 $\int_0^{\frac{\pi}{2}} f(\sin x)\mathrm{d}x = \int_0^{\frac{\pi}{2}} f(\cos x)\mathrm{d}x.$

(2) 设 $x = \pi - t,$

则 $\mathrm{d}x = -\mathrm{d}t.$

所以 $\int_0^\pi xf(\sin x)\mathrm{d}x = -\int_\pi^0 (\pi-t)f(\sin t)\mathrm{d}t$

$= \pi\int_0^\pi f(\sin t)\mathrm{d}t - \int_0^\pi tf(\sin t)\mathrm{d}t.$

因此 $\int_0^\pi xf(\sin x)\mathrm{d}x = \dfrac{\pi}{2}\int_0^\pi f(\sin x)\mathrm{d}x.$

【2258】 证明:若函数 $f(x)$ 在区间 $[-l,l]$ 连续,则:

(1) 若函数 $f(x)$ 为偶函数时,

$$\int_{-l}^l f(x)\mathrm{d}x = 2\int_0^l f(x)\mathrm{d}x,$$

(2) 若函数 $f(x)$ 为奇函数时,

$$\int_{-l}^l f(x)\mathrm{d}x = 0.$$

给出这些事实的几何解释.

证 (1) 因为 $f(x)$ 为偶函数,即 $f(-x) = f(x)$.

令 $x = -t$,则

$$\int_{-l}^0 f(x)\mathrm{d}x = -\int_l^0 f(-t)\mathrm{d}t = \int_0^l f(t)\mathrm{d}t$$

所以 $\int_{-l}^l f(x)\mathrm{d}x = \int_0^l f(x)\mathrm{d}x + \int_{-l}^0 f(x)\mathrm{d}x = 2\int_0^l f(x)\mathrm{d}x.$

其几何解释为:由于 $f(x)$ 为偶函数,故图形关于 Oy 轴对称.于是由曲线 $y = f(x)$,直线 $x = -l$ 及 $x = l$ 所围图形的面积为曲线 $y = f(x)$,直线 $x = 0$ 及 $x = l$ 所围图形的面积的两倍.如 2258 题图 1 所示.

(2) 由于 $f(-x) = -f(x)$,设

$x = -t.$ 则

$$\int_{-l}^0 f(x)\mathrm{d}x = -\int_l^0 f(-t)\mathrm{d}t = -\int_0^l f(t)\mathrm{d}t,$$

所以

$$\int_{-l}^l f(x)\mathrm{d}x = \int_0^l f(x)\mathrm{d}x + \int_{-l}^0 f(x)\mathrm{d}x$$
$$= \int_0^l f(x)\mathrm{d}x - \int_0^l f(x)\mathrm{d}x = 0.$$

其几何解释为:由于 $f(x)$ 为奇函数,故图形关于原点对称.于是由 y

$=f(x), y=0$ 及 $x=-l$ 所围成之面积,与由 $y=f(x), y=0$ 及 $x=l$ 所围成之面积绝对值相等,符号相反,故其面积的代数和为零.

如 2258 题图 2 所示.

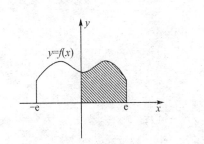

2258 题图 1　　　　　　　　2258 题图 2

【2259】 证明:偶函数的原函数中有一个是奇函数,而奇函数的一切原函数都是偶函数.

证 因为 $f(x)$ 的全体原函数为

$$F_C(x) = \int_0^x f(t)\mathrm{d}t + C,$$

其中 C 为任意常数. 若 $f(x)$ 为偶函数,则 $f(-x)=f(x)$,所以

$$F_0(-x) = \int_0^{-x} f(t)\mathrm{d}t$$

$$\xrightarrow{\diamondsuit u=-t} -\int_0^x f(-u)\mathrm{d}u$$

$$= -\int_0^x f(u)\mathrm{d}u = -F_0(x),$$

即 $F_0(x)$ 是奇数. 但当 $C \neq 0$ 时 $F_C(x) = F_0(x) + C$ 不是奇函数.

事实上

$$F_C(-x) = F_0(-x) + C = -F_0(x) + C$$
$$= -(F_0(x)+C) + 2C = -F_C(x) + 2C$$
$$\neq -F_C(x),$$

若 $f(x)$ 为奇函数,则 $f(-x) = -f(x)$,所以

$$F_C(-x) = \int_0^{-x} f(t)\mathrm{d}t + C$$

$$= -\int_0^x f(-t)\mathrm{d}t + C = \int_0^x f(t)\mathrm{d}t + C = F_C(x),$$

即一切原函数都是偶函数.

【2260】 引入新变量 $t = x + \dfrac{1}{x}$ 来计算积分:

$$\int_{\frac{1}{2}}^{2}\left(1+x-\frac{1}{x}\right)e^{x+\frac{1}{x}}dx.$$

解 设 $t = x + \dfrac{1}{x}$,则

$$t^2 - 4 = \left(x - \frac{1}{x}\right)^2.$$

于是,当 $x > 1$ 时,$x = \dfrac{1}{2}(t + \sqrt{t^2-4})$;

当 $0 < x < 1$ 时,$x = \dfrac{1}{2}(t - \sqrt{t^2-4})$.

所以 $\displaystyle\int_{\frac{1}{2}}^{2}\left(1+x-\frac{1}{x}\right)e^{x+\frac{1}{x}}dx$

$$= \int_{1}^{2}\left(1+x-\frac{1}{x}\right)e^{x+\frac{1}{x}}dx + \int_{\frac{1}{2}}^{1}\left(1+x-\frac{1}{x}\right)e^{x+\frac{1}{x}}dx$$

$$= \int_{2}^{\frac{5}{2}}(1+\sqrt{t^2-4})e^t d\left[\frac{1}{2}(t+\sqrt{t^2-4})\right]$$

$$+ \int_{\frac{5}{2}}^{2}(1-\sqrt{t^2-4})e^t d\left[\frac{1}{2}(t-\sqrt{t^2-4})\right]$$

$$= \frac{1}{2}\int_{2}^{\frac{5}{2}}(1+\sqrt{t^2-4})e^t\left(1+\frac{t}{\sqrt{t^2-4}}\right)dt$$

$$- \frac{1}{2}\int_{2}^{\frac{5}{2}}(1-\sqrt{t^2-4})e^t\left(1-\frac{t}{\sqrt{t^2-4}}\right)dt$$

$$= \int_{2}^{\frac{5}{2}}e^t\left[\sqrt{t^2-4}+\frac{t}{\sqrt{t^2-4}}\right]dt$$

$$= \int_{2}^{\frac{5}{2}}e^t\sqrt{t^2-4}\,dt + \int_{2}^{\frac{5}{2}}e^t d(\sqrt{t^2-4})$$

$$= \sqrt{t^2-4}\,e^t\bigg|_{2}^{\frac{5}{2}} = \frac{3}{2}e^{\frac{5}{2}}.$$

【2261】 在积分 $\displaystyle\int_{0}^{2\pi}f(x)\cos x\,dx$ 中进行变量代换 $\sin x = t$.

解 $\displaystyle\int_{0}^{2\pi}f(x)\cos x\,dx$

$$= \int_0^{\frac{\pi}{2}} f(x)\cos x \mathrm{d}x + \int_{\frac{\pi}{2}}^{\pi} f(x)\cos x \mathrm{d}x$$
$$+ \int_{\pi}^{\frac{3\pi}{2}} f(x)\cos x \mathrm{d}x + \int_{\frac{3\pi}{2}}^{2\pi} f(x)\cos x \mathrm{d}x,$$

在 $\int_{\frac{\pi}{2}}^{\pi} f(x)\cos x \mathrm{d}x$ 中设 $x = \pi - u$,

则 $$\int_{\frac{\pi}{2}}^{\pi} f(x)\cos x \mathrm{d}x = \int_{\frac{\pi}{2}}^{0} f(\pi - u)\cos u \mathrm{d}u$$
$$= -\int_0^{\frac{\pi}{2}} f(\pi - x)\cos x \mathrm{d}x.$$

在 $\int_{\pi}^{\frac{3\pi}{2}} f(x)\cos x \mathrm{d}x$ 中令 $x = \pi - u$,

则 $$\int_{\pi}^{\frac{3\pi}{2}} f(x)\cos x \mathrm{d}x = \int_{0}^{-\frac{\pi}{2}} f(\pi - u)\cos u \mathrm{d}u$$
$$= -\int_{-\frac{\pi}{2}}^{0} f(\pi - x)\cos x \mathrm{d}x.$$

同样 $$\int_{\frac{3\pi}{2}}^{2\pi} f(x)\cos x \mathrm{d}x = \int_{-\frac{\pi}{2}}^{0} f(2\pi + x)\cos x \mathrm{d}x,$$

所以 $$\int_0^{2\pi} f(x)\cos x \mathrm{d}x$$
$$= \int_0^{\frac{\pi}{2}} [f(x) - f(\pi - x)]\cos x \mathrm{d}x$$
$$+ \int_{-\frac{\pi}{2}}^{0} [f(2\pi + x) - f(\pi - x)]\cos x \mathrm{d}x.$$

令 $t = \sin x$,

则 $x = \arcsin t,$
$\cos x \mathrm{d}x = \mathrm{d}t,$

因此 $$\int_0^{2\pi} f(x)\cos x \mathrm{d}x$$
$$= \int_0^1 [f(\arcsin t) - f(\pi - \arcsin t)] \mathrm{d}t$$
$$+ \int_{-1}^{0} [f(2\pi + \arcsin t) - f(\pi - \arcsin t)] \mathrm{d}t.$$

【2262】 计算积分:$\int_{e^{-2n\pi}}^{1} \left| \left[\cos\left(\ln\frac{1}{x} \right) \right]' \right| \mathrm{d}x$,其中 n 为自然数.

证 $\left[\cos\left(\ln\frac{1}{x}\right)\right]' = \frac{\sin(-\ln x)}{x}$.

设 $x = e^{-t}$, 则

$$dx = -e^{-t}dt, \frac{\sin(-\ln x)}{x} = \frac{\sin t}{e^{-t}},$$

所以 $\int_{e^{-2n\pi}}^{1}\left|\left[\cos\left(\ln\frac{1}{x}\right)\right]'\right|dx = \int_0^{2n\pi}|\sin t|dt$

$$= \sum_{k=1}^{2n}\int_{(k-1)\pi}^{k\pi}|\sin t|dt = \sum_{k=1}^{2n}\int_0^{\pi}\sin t\,dt = 4n.$$

【2263】 求出 $\int_0^{\pi}\frac{x\sin x}{1+\cos^2 x}dx$.

解 设 $x = \pi - t$,

则 $\int_0^{\pi}\frac{x\sin x}{1+\cos^2 x}dx = -\int_{\pi}^0\frac{(\pi-t)\sin t}{1+\cos^2 t}dt$

$$= \pi\int_0^{\pi}\frac{\sin t}{1+\cos^2 t}dt - \int_0^{\pi}\frac{t\sin t}{1+\cos^2 t}dt,$$

所以 $\int_0^{\pi}\frac{x\sin x}{1+\cos^2 x}dx = \frac{\pi}{2}\int_0^{\pi}\frac{\sin x}{1+\cos^2 x}dx$

$$= \frac{\pi}{2}\left[-\arctan(\cos x)\right]\Big|_0^{\pi} = \frac{\pi^2}{4}.$$

【2264】 若 $f(x) = \frac{(x+1)^2(x-1)}{x^3(x-2)}$,

求积分 $\int_{-1}^3\frac{f'(x)}{1+f^2(x)}dx$.

解 $\int_{-1}^3\frac{f'(x)}{1+f^2(x)}dx$

$$= \int_{-1}^0\frac{f'(x)}{1+f^2(x)}dx + \int_0^2\frac{f'(x)}{1+f^2(x)}dx + \int_2^3\frac{f'(x)}{1+f^2(x)}dx$$

$$= \arctan(f(x))\Big|_{-1}^0 + \arctan(f(x))\Big|_0^2 + \arctan(f(x))\Big|_2^3$$

$$= \left(-\frac{\pi}{2} - 0\right) + \left(-\frac{\pi}{2} - \frac{\pi}{2}\right) + \arctan\frac{4^2\cdot 2}{3^3\cdot 1} - \frac{\pi}{2}$$

$$= \arctan\frac{32}{27} - 2\pi.$$

【2265】 证明:若 $f(x)$ 为定义在 $-\infty < x < +\infty$ 的连续周期函

数，且具有周期 T，则

$$\int_a^{a+T} f(x)\mathrm{d}x = \int_0^T f(x)\mathrm{d}x, \text{其中 } a \text{ 为任意数}.$$

证 $\int_a^{a+T} f(x)\mathrm{d}x$
$$= \int_a^0 f(x)\mathrm{d}x + \int_0^T f(x)\mathrm{d}x + \int_T^{a+T} f(x)\mathrm{d}x.$$

设 $x - T = u$,

则 $\int_T^{a+T} f(x)\mathrm{d}x = \int_0^a f(u+T)\mathrm{d}u = \int_0^a f(u)\mathrm{d}u,$

从而 $\int_a^0 f(x)\mathrm{d}x + \int_T^{a+T} f(x)\mathrm{d}x = 0.$

因此 $\int_a^{a+T} f(x)\mathrm{d}x = \int_0^T f(x)\mathrm{d}x.$

【2266】 证明：当 n 为奇函数时，

$$F(x) = \int_0^x \sin^n x\,\mathrm{d}x \text{ 及 } G(x) = \int_0^x \cos^n x\,\mathrm{d}x.$$

是以 2π 为周期的周期函数，而当 n 为偶数时，这些函数中的每一个函数都是线性函数与周期函数的和.

证 当 n 为奇数时，$\sin^n x$ 是奇函数，而且是以 2π 为周期的函数，所以

$$F(x+2\pi) = \int_0^{x+2\pi} \sin^n x\,\mathrm{d}x$$
$$= \int_0^{2\pi} \sin^n x\,\mathrm{d}x + \int_{2\pi}^{x+2\pi} \sin^n x\,\mathrm{d}x$$
$$= \int_{-\pi}^{\pi} \sin^n x\,\mathrm{d}x + \int_0^x \sin^n x\,\mathrm{d}x$$
$$= 0 + \int_0^x \sin^n x\,\mathrm{d}x = F(x),$$

$$G(x+2\pi) = \int_0^{x+2\pi} \cos^n x\,\mathrm{d}x$$
$$= \int_0^x \cos^n x\,\mathrm{d}x + \int_x^{x+2\pi} \cos^n x\,\mathrm{d}x$$
$$= G(x) + \int_0^{2\pi} \cos^n x\,\mathrm{d}x$$
$$= G(x) + \int_0^{\pi} \cos^n x\,\mathrm{d}x + \int_{\pi}^{2\pi} \cos^n x\,\mathrm{d}x$$

$$= G(x) + \int_0^\pi \cos^n x \, dx + \int_0^\pi \cos^n(x+\pi) \, dx$$
$$= G(x).$$

即 $F(x), G(x)$ 都是以 2π 为周期的周期函数.

当 n 为偶数时,有
$$F(x+2\pi) = F(x) + \int_0^{2\pi} \sin^n x \, dx,$$
$$G(x+2\pi) = G(x) + \int_0^{2\pi} \cos^n x \, dx,$$

而 $\int_0^{2\pi} \sin^n x \, dx = \int_0^{2\pi} \cos^n x \, dx = a > 0,$

所以 $F(x), G(x)$ 都不是以 2π 为周期的周期函数,设
$$F_1(x) = F(x) - \frac{a}{2\pi} x,$$

则
$$F_1(x+2\pi) = F(x+2\pi) - \frac{a}{2\pi}(x+2\pi)$$
$$= F(x) + a - \frac{a}{2\pi} x - a$$
$$= F(x) - \frac{a}{2\pi} x = F_1(x),$$

即 $F_1(x)$ 是以 2π 为周期的周期函数.

同样 $G_1(x) = G(x) - \frac{a}{2\pi} x$ 是以 2π 为周期的周期函数,因此
$$F(x) = F_1(x) + \frac{a}{2\pi} x,$$
$$G(x) = G_1(x) + \frac{a}{2\pi} x.$$

【2267】 证明:函数
$$F(x) = \int_{x_0}^x f(x) \, dx,$$

(其中 $f(x)$ 为以 T 为周期的连续周期函数)在一般情况下,是线性函数与 T 周期的周期函数之和.

证 $F(x) = \int_{x_0}^x f(x) \, dx,$

则 $F(x+T) - F(x) = \int_x^{x+T} f(x) \, dx,$

而 $f(x)$ 是一周期为 T 的连续周期函数. 故

$$\int_x^{x+T} f(x)\mathrm{d}x = \int_{x_0}^{x_0+T} f(x)\mathrm{d}x = a(\text{常数}).$$

若 $a=0$, 则 $F(x)$ 为一周期函数.

若 $a \neq 0$, 设 $F_1(x) = F(x) - \dfrac{a}{T}x$, 则

$$F_1(x+T) = F(x+T) - \frac{a}{T}(x+T)$$

$$= F(x) + a - \frac{a}{T}x - a$$

$$= F(x) - \frac{a}{T}x = F_1(x),$$

即 $F_1(x)$ 为周期函数, 所以 $F(x) = F_1(x) + \dfrac{a}{T}x$.

计算下列积分 (2268 ~ 2280).

【2268】 $\int_0^1 x(2-x^2)^{12}\mathrm{d}x.$

解 $\int_0^1 x(2-x^2)^{12}\mathrm{d}x = -\dfrac{1}{26}(2-x^2)^{13}\Big|_0^1 = 315\dfrac{1}{26}$

【2269】 $\int_{-1}^1 \dfrac{x\mathrm{d}x}{x^2+x+1}.$

解 $\int_{-1}^1 \dfrac{x\mathrm{d}x}{x^2+x+1} = \dfrac{1}{2}\int_{-1}^1 \dfrac{2x+1}{x^2+x+1}\mathrm{d}x$

$$-\frac{1}{2}\int_{-1}^1 \frac{\mathrm{d}x}{\dfrac{3}{4}+\left(x+\dfrac{1}{2}\right)^2}$$

$$= \frac{1}{2}\ln(x^2+x+1)\Big|_{-1}^1 - \frac{1}{\sqrt{3}}\arctan\frac{2x+1}{\sqrt{3}}\Big|_{-1}^1$$

$$= \frac{1}{2}\ln 3 - \frac{\pi}{2\sqrt{3}}.$$

【2270】 $\int_1^e (x\ln x)^2 \mathrm{d}x.$

解 $\int_1^e (x\ln x)^2 \mathrm{d}x$

$$= x^3\ln^2 x\Big|_1^e - 2\int_1^e x^2 \ln x \cdot (\ln x + 1)\mathrm{d}x$$

$$= e^3 - 2\int_1^e x^2 \ln^2 x \, dx - 2\int_1^e x^2 \ln x \, dx,$$

所以 $\int_1^e (x\ln x)^2 \, dx = \dfrac{e^3}{3} - \dfrac{2}{3}\int_1^e x^2 \ln x \, dx$

$$= \dfrac{e^3}{3} - \dfrac{2}{3} \cdot \dfrac{1}{3} x^3 \ln x \Big|_1^e + \dfrac{2}{9}\int_1^e x^2 \, dx$$

$$= \dfrac{e^3}{3} - \dfrac{2}{9} e^3 + \dfrac{2}{27} x^3 \Big|_1^e$$

$$= \dfrac{5}{27} e^3 - \dfrac{2}{27}.$$

【2271】 $\int_1^9 x \sqrt[3]{1-x} \, dx.$

解 设 $\sqrt[3]{1-x} = t$,

则 $x = 1 - t^3, dx = -3t^2 \, dt,$

所以 $\int_1^9 x \sqrt[3]{1-x} \, dx = -3\int_0^{-2} (t^3 - t^6) \, dt$

$$= \left(-\dfrac{3}{4} t^4 + \dfrac{3}{7} t^7\right) \Big|_0^{-2} = -66\dfrac{6}{7}.$$

【2272】 $\int_{-2}^{-1} \dfrac{dx}{x\sqrt{x^2-1}}.$

解 设 $\sqrt{x^2-1} = t$,

则 $x^2 = t^2 + 1,$

$x \, dx = t \, dt,$

所以 $\int_{-2}^{-1} \dfrac{dx}{x\sqrt{x^2-1}} = \int_{\sqrt{3}}^0 \dfrac{dt}{t^2+1} = \arctan t \Big|_{\sqrt{3}}^0 = -\dfrac{\pi}{3}.$

【2273】 $\int_0^1 x^{15} \sqrt{1+3x^8} \, dx.$

解 设 $1 + 3x^8 = t$,

则 $24 x^7 \, dx = dt,$

$x^8 = \dfrac{1}{3}(t-1),$

所以 $\int_0^1 x^{15} \sqrt{1+3x^8} \, dx = \dfrac{1}{72}\int_1^4 (t-1) t^{\frac{1}{2}} \, dt$

$$= \dfrac{1}{72}\left(\dfrac{2}{5} t^{\frac{5}{2}} - \dfrac{2}{3} t^{\frac{3}{2}}\right) \Big|_1^4 = \dfrac{29}{270}.$$

【2274】 $\int_0^3 \arcsin\sqrt{\dfrac{x}{1+x}}\,\mathrm{d}x.$

解 $\int_0^3 \arcsin\sqrt{\dfrac{x}{1+x}}\,\mathrm{d}x$

$= x\arcsin\sqrt{\dfrac{x}{1+x}}\bigg|_0^3 - \int_0^3 \dfrac{\sqrt{x}\,\mathrm{d}x}{2(1+x)}.$

令 $\sqrt{x}=t,$

则 $x=t^2,\mathrm{d}x=2t\mathrm{d}t,$

所以 $\int_0^3 \dfrac{\sqrt{x}\,\mathrm{d}x}{2(1+x)} = \int_0^{\sqrt{3}} \dfrac{t^2}{1+t^2}\,\mathrm{d}t$

$= (t-\arctan t)\bigg|_0^{\sqrt{3}} = \sqrt{3}-\dfrac{\pi}{3},$

故 $\int_0^3 \arcsin\sqrt{\dfrac{x}{1+x}}\,\mathrm{d}x = \pi - \left(\sqrt{3}-\dfrac{\pi}{3}\right) = \dfrac{4\pi}{3}-\sqrt{3}.$

【2275】 $\int_0^{2\pi} \dfrac{\mathrm{d}x}{(2+\cos x)(3+\cos x)}.$

解 $\int_0^{2\pi} \dfrac{\mathrm{d}x}{(2+\cos x)(3+\cos x)}$

$= \int_0^{2\pi} \dfrac{\mathrm{d}x}{2+\cos x} - \int_0^{2\pi} \dfrac{\mathrm{d}x}{3+\cos x}$

$= \int_0^{\pi} \dfrac{\mathrm{d}x}{2+\cos x} + \int_0^{\pi} \dfrac{\mathrm{d}x}{2-\cos x} - \int_0^{\pi} \dfrac{\mathrm{d}x}{3+\cos x} - \int_0^{\pi} \dfrac{\mathrm{d}x}{3-\cos x}$

$= 4\int_0^{\pi} \dfrac{\mathrm{d}x}{4-\cos^2 x} - 6\int_0^{\pi} \dfrac{\mathrm{d}x}{9-\cos^2 x}$

$= 8\int_0^{\frac{\pi}{2}} \dfrac{\mathrm{d}x}{4\sin^2 x + 3\cos^2 x} - 12\int_0^{\frac{\pi}{2}} \dfrac{\mathrm{d}x}{9\sin^2 x + 8\cos^2 x}$

$= 8\cdot\dfrac{1}{2\sqrt{3}}\arctan\dfrac{2\tan x}{\sqrt{3}}\bigg|_0^{\frac{\pi}{2}} - 12\cdot\dfrac{1}{3\sqrt{8}}\arctan\dfrac{3\tan x}{\sqrt{8}}\bigg|_0^{\frac{\pi}{2}}$

$= \dfrac{4}{\sqrt{3}}\cdot\dfrac{\pi}{2} - \dfrac{2}{\sqrt{2}}\cdot\dfrac{\pi}{2} = \pi\left(\dfrac{2}{\sqrt{3}}-\dfrac{1}{\sqrt{2}}\right).$

【2276】 $\int_0^{2\pi} \dfrac{\mathrm{d}x}{\sin^4 x + \cos^4 x}.$

解 由 2035 题的结果有

$$\int_0^{2\pi} \frac{\mathrm{d}x}{\sin^4 x + \cos^4 x} = 4\int_0^{\frac{\pi}{2}} \frac{\mathrm{d}x}{\sin^4 x + \cos^4 x}$$

$$= 8\int_0^{\frac{\pi}{4}} \frac{\mathrm{d}x}{\sin^4 x + \cos^4 x} = 8 \cdot \frac{1}{\sqrt{2}} \arctan\left(\frac{\tan 2x}{\sqrt{2}}\right)\bigg|_0^{\frac{\pi}{4}}$$

$$= 2\sqrt{2}\pi.$$

【2277】 $\int_0^{\frac{\pi}{2}} \sin x \sin 2x \sin 3x \, \mathrm{d}x.$

解 $\sin x \sin 2x \sin 3x = \frac{1}{2}(\cos 2x - \cos 4x)\sin 2x$

$$= \frac{1}{4}\sin 4x - \frac{1}{4}(\sin 6x - \sin 2x),$$

所以 $\int_0^{\frac{\pi}{2}} \sin x \sin 2x \sin 3x \, \mathrm{d}x$

$$= \left(-\frac{1}{8}\cos 2x - \frac{1}{16}\cos 4x + \frac{1}{24}\cos 6x\right)\bigg|_0^{\frac{\pi}{2}} = \frac{1}{6}.$$

【2278】 $\int_0^{\pi} (x\sin x)^2 \, \mathrm{d}x.$

解 $\int_0^{\pi} (x\sin x)^2 \, \mathrm{d}x = \frac{1}{2}\int_0^{\pi} x^2(1 - \cos 2x) \, \mathrm{d}x$

$$= \frac{1}{6}x^3\bigg|_0^{\pi} - \frac{1}{2}\int_0^{\pi} x^2 \cos 2x \, \mathrm{d}x$$

$$= \frac{\pi^3}{6} - \frac{1}{4}x^2\sin 2x\bigg|_0^{\pi} + \frac{1}{2}\int_0^{\pi} x\sin 2x \, \mathrm{d}x$$

$$= \frac{\pi^3}{6} - \frac{1}{4}x\cos 2x\bigg|_0^{\pi} + \frac{1}{4}\int_0^{\pi} \cos 2x \, \mathrm{d}x$$

$$= \frac{\pi^3}{6} - \frac{\pi}{4} + \frac{1}{8}\sin 2x\bigg|_0^{\pi} = \frac{\pi^3}{6} - \frac{\pi}{4}.$$

【2279】 $\int_0^{\pi} \mathrm{e}^x \cos^2 x \, \mathrm{d}x.$

解 利用1828题的结果可得

$$\int_0^{\pi} \mathrm{e}^x \cos^2 x \, \mathrm{d}x = \frac{1}{2}\int \mathrm{e}^x \, \mathrm{d}x + \frac{1}{2}\int \mathrm{e}^x \cos 2x \, \mathrm{d}x$$

$$= \left[\frac{1}{2}\mathrm{e}^x + \frac{\mathrm{e}^x}{10}(\cos 2x + 2\sin 2x)\right]\bigg|_0^{\pi} = \frac{3}{5}(\mathrm{e}^{\pi} - 1).$$

第四章 定积分 §2. 用不定积分计算定积分的方法

【2280】 $\int_0^{\ln 2} \text{sh}^4 x \, dx$.

解 $\int_0^{\ln 2} \text{sh}^4 x \, dx = \int_0^{\ln 2} \text{sh}^2 x (\text{ch}^2 x - 1) \, dx$

$= \dfrac{1}{4} \int_0^{\ln 2} \text{sh}^2 2x \, dx - \int_0^{\ln 2} \text{sh}^2 x \, dx$

$= \dfrac{1}{8} \int_0^{\ln 2} (\text{ch} 4x - 1) \, dx - \dfrac{1}{2} \int_0^{\ln 2} (\text{ch} 2x - 1) \, dx$

$= \left(\dfrac{1}{32} \text{sh} 4x - \dfrac{x}{8} \right) \Big|_0^{\ln 2} - \left(\dfrac{1}{4} \text{sh} 2x - \dfrac{x}{2} \right) \Big|_0^{\ln 2}$

$= \dfrac{3}{8} \ln 2 - \dfrac{225}{1024}$.

用递推公式计算依赖于参数 n（用正整数值）的积分（2281～2287）.

【2281】 $I_n = \int_0^{\frac{\pi}{2}} \sin^n x \, dx$.

解 $I_n = -\int_0^{\frac{\pi}{2}} \sin^{n-1} x \, d(\cos x)$

$= -\sin^{n-1} x \cos x \Big|_0^{\frac{\pi}{2}} + (n-1) \int_0^{\frac{\pi}{2}} \sin^{n-2} x \cos^2 x \, dx$

$= (n-1) \int_0^{\frac{\pi}{2}} \sin^{n-2} x \, dx - (n-1) \int_0^{\frac{\pi}{2}} \sin^n x \, dx$,

所以 $I_n = \dfrac{n-1}{n} I_{n-2}$.

利用上面的递推公式可得

$$I_n = \begin{cases} \dfrac{(2k-1)!!}{(2k)!!} \cdot \dfrac{\pi}{2}, & \text{若 } n = 2k, \\ \dfrac{(2k)!!}{(2k+1)!!}, & \text{若 } n = 2k+1. \end{cases}$$

【2282】 $I_n = \int_0^{\frac{\pi}{2}} \cos^n x \, dx$.

解 设 $x = \dfrac{\pi}{2} - t$,

则 $dx = -dt$,

$\cos x = \cos \left(\dfrac{\pi}{2} - t \right) = \sin t$,

所以 $I_n = \int_0^{\frac{\pi}{2}} \cos^n t \, dt = \int_0^{\frac{\pi}{2}} \sin^n t \, dt.$

因此,结果与 2281 题的结果相同.

【2283】 $I_n = \int_0^{\frac{\pi}{4}} \tan^{2n} x \, dx.$

解 $I_n = \int_0^{\frac{\pi}{4}} \tan^{2n-2} x (\sec^2 x - 1) \, dx$

$= \int_0^{\frac{\pi}{4}} \tan^{2n-2} x \, d(\tan x) - \int_0^{\frac{\pi}{4}} \tan^{2n-2} x \, dx$

$= \dfrac{1}{2n-1} - I_{n-1}.$

由于 $I_0 = \int_0^{\frac{\pi}{4}} dx = \dfrac{\pi}{4},$

因此,可得

$I_n = \dfrac{1}{2n-1} - \left(\dfrac{1}{2n-3} - I_{n-2} \right)$

$= \cdots$

$= \dfrac{1}{2n-1} - \dfrac{1}{2n-3} + \dfrac{1}{2n-5} - \cdots + (-1)^n I_0$

$= (-1)^n \left[\dfrac{\pi}{4} - \left(1 - \dfrac{1}{3} + \dfrac{1}{5} - \cdots + \dfrac{(-1)^{n-1}}{2n-1} \right) \right].$

【2284】 $I_n = \int_0^1 (1-x^2)^n \, dx.$

解 设 $x = \sin t$,并利用 2282 题的结论有

$I_n = \int_0^{\frac{\pi}{2}} \cos^{2n+1} x \, dx = \dfrac{(2n)!!}{(2n+1)!!}$

$= 2^{2n} \cdot \dfrac{(n!)^2}{(2n+1)!}.$

【2285】 $I_n = \int_0^1 \dfrac{x^n \, dx}{\sqrt{1-x^2}}.$

解 设 $x = \sin t$,并利用 2281 题的结论有

$I_n = \int_0^{\frac{\pi}{2}} \sin^n t \, dt = \begin{cases} \dfrac{(2k-1)!!}{(2k)!!} \dfrac{\pi}{2}, & \text{若 } n = 2k, \\ \dfrac{(2k)!!}{(2k+1)!!}, & \text{若 } n = 2k+1. \end{cases}$

【2286】 $I_n = \int_0^1 x^m (\ln x)^n \mathrm{d}x$.

解 $I_n = \int_0^1 x^m (\ln x)^n \mathrm{d}x$

$= \dfrac{1}{m+1} x^{m+1} \ln^n x \Big|_0^1 - \dfrac{n}{m+1} \int_0^1 x^m (\ln x)^{n-1} \mathrm{d}x$

$= -\dfrac{n}{m+1} I_{n-1}$.

而 $I_0 = \int_0^1 x^m \mathrm{d}x = \dfrac{1}{m+1}$,

所以 $I_n = -\dfrac{n}{m+1} I_{n-1}$

$= \left(-\dfrac{n}{m+1}\right)\left(-\dfrac{n-1}{m+1}\right) I_{n-2}$

$= \cdots$

$= \left(-\dfrac{n}{m+1}\right)\left(-\dfrac{n-1}{m+1}\right)\cdots\left(-\dfrac{1}{m+1}\right) I_0$

$= (-1)^n \dfrac{n!}{(m+1)^{n+1}}$.

【2287】 $I_n = \int_0^{\frac{\pi}{4}} \left(\dfrac{\sin x - \cos x}{\sin x + \cos x}\right)^{2n+1} \mathrm{d}x$.

解 $I_n = \int_0^{\frac{\pi}{4}} \tan^{2n+1}\left(x - \dfrac{\pi}{4}\right) \mathrm{d}x$

$= \int_0^{\frac{\pi}{4}} \tan^{2n-1}\left(x - \dfrac{\pi}{4}\right)\left[\sec^2\left(x - \dfrac{\pi}{4}\right) - 1\right] \mathrm{d}x$

$= \int_0^{\frac{\pi}{4}} \tan^{2n-1}\left(x - \dfrac{\pi}{4}\right) \mathrm{d}\left[\tan\left(x - \dfrac{\pi}{4}\right)\right] - I_{n-1}$

$= -\dfrac{1}{2n} - I_{n-1}$.

所以 $I_n = -\dfrac{1}{2n} + \dfrac{1}{2(n-1)} - \dfrac{1}{2(n-2)} + \cdots$

$+ (-1)^n \cdot \dfrac{1}{2} + (-1)^n I_0$.

而 $I_0 = \int_0^{\frac{\pi}{4}} \tan\left(x - \dfrac{\pi}{4}\right) \mathrm{d}x$

$= -\ln\left|\cos\left(x - \dfrac{\pi}{4}\right)\right| \Big|_0^{\frac{\pi}{4}}$

$$= \ln\frac{\sqrt{2}}{2},$$

因此 $I_n = (-1)^n \left[\ln\frac{\sqrt{2}}{2} + \frac{1}{2}\left(1 - \frac{1}{2} + \frac{1}{3} - \cdots \right.\right.$
$$\left.\left. + (-1)^{n-1}\frac{1}{n}\right)\right].$$

若 $f(x) = f_1(x) + if_2(x)$ 是实变量 x 的复函数，这里
$$f_1(x) = \text{Re}f(x), \quad f_2(x) = \text{Im}f(x)$$

及 $i^2 = -1$. 则根据定义假定：
$$\int f(x)\mathrm{d}x = \int f_1(x)\mathrm{d}x + i\int f_2(x)\mathrm{d}x$$

显然 $\text{Re}\int f(x)\mathrm{d}x = \int \text{Re}f(x)\mathrm{d}x,$

$\text{Im}\int f(x)\mathrm{d}x = \int \text{Im}f(x)\mathrm{d}x.$

【2288】 利用欧拉公式 $e^{ix} = \cos x + i\sin x$,证明
$$\int_0^{2\pi} e^{inx} e^{-imx}\mathrm{d}x = \begin{cases} 0, & \text{若 } m \neq n, \\ 2\pi, & \text{若 } m = n. \end{cases}$$
(n 及 m 为整数).

证 当 $m = n$ 时，
$$\int_0^{2\pi} e^{inx} e^{-imx}\mathrm{d}x = \int_0^{2\pi} (\cos^2 nx + \sin^2 nx)\mathrm{d}x = \int_0^{2\pi}\mathrm{d}x = 2\pi,$$

当 $m \neq n$ 时，
$$\int_0^{2\pi} e^{inx} e^{-imx}\mathrm{d}x$$
$$= \int_0^{2\pi} (\cos nx + i\sin nx)(\cos mx - i\sin mx)\mathrm{d}x$$
$$= \int_0^{2\pi} \cos(n-m)x\mathrm{d}x + i\int_0^{2\pi} \sin(n-m)x\mathrm{d}x = 0.$$

【2289】 证明：
$$\int_a^b e^{(\alpha+i\beta)x}\mathrm{d}x = \frac{e^{b(\alpha+i\beta)} - e^{a(\alpha+i\beta)}}{\alpha + i\beta} \quad (\alpha \text{ 及 } \beta \text{ 为常数}).$$

证 $\int_a^b e^{(\alpha+i\beta)x}\mathrm{d}x = \int_a^b e^{\alpha x}\cos\beta x\mathrm{d}x + i\int_a^b e^{\alpha x}\sin\beta x\mathrm{d}x$
$$= \frac{e^{\alpha x}[\alpha\cos\beta x + \beta\sin\beta x + i(\alpha\sin\beta x - \beta\cos\beta x)]}{\alpha^2 + \beta^2}\bigg|_a^b$$

$$= \frac{e^{\alpha x}(\alpha - i\beta)(\cos\beta x + i\sin\beta x)}{(\alpha + i\beta)(\alpha - i\beta)}\bigg|_a^b$$

$$= \frac{e^{(\alpha+i\beta)x}}{\alpha + i\beta}\bigg|_a^b = \frac{e^{b(\alpha+i\beta)} - e^{a(\alpha+i\beta)}}{\alpha + i\beta}$$

利用欧拉公式：

$$\cos x = \frac{1}{2}(e^{ix} + e^{-ix}), \qquad \sin x = \frac{1}{2i}(e^{ix} - e^{-ix})$$

计算下列积分（n 及 m 为正整数）（2290 ~ 2294）.

【2290】 $\int_0^{\frac{\pi}{2}} \sin^{2m} x \cos^{2n} x \, dx$.

解 设 $I = \int_0^{\frac{\pi}{2}} \sin^{2m} x \cdot \cos^{2n} x \, dx$,

$$I_0 = \int_0^{2\pi} \sin^{2m} x \cos^{2n} x \, dx,$$

则 $I = \frac{1}{4} I_0$. 不妨设 $m \leqslant n$，利用欧拉公式有

$$I_0 = \int_0^{2\pi} \left(\frac{e^{ix} - e^{-ix}}{2i}\right)^{2m} \left(\frac{e^{ix} + e^{-ix}}{2}\right)^{2n} dx$$

$$= \frac{(-1)^n}{2^{2m+2n}} \int_0^{2\pi} \left(\sum_{k=0}^{2m} (-1)^k C_{2m}^k e^{2(m-k)ix}\right) \left(\sum_{l=0}^{2n} C_{2n}^l e^{2(n-l)ix}\right) dx$$

$$= \frac{(-1)^m}{2^{2m+2n}} \sum_{k=0}^{2m} \sum_{l=0}^{2n} (-1)^k C_{2m}^k C_{2n}^l \int_0^{2\pi} e^{2(m+n-k-l)ix} dx.$$

而 $\int_0^{2\pi} e^{2(m+n-k-l)ix} dx = \begin{cases} 2\pi & m+n-k-l = 0, \\ 0 & m+n-k-l \neq 0, \end{cases}$

所以 $I_0 = \frac{(-1)^m \pi}{2^{2m+2n-1}} \sum_{k=0}^{2m} (-1)^k C_{2m}^k C_{2n}^{m+n-k}$, 而

$$(-1)^m \sum_{k=0}^{2m} (-1)^k C_{2m}^k C_{2n}^{m+n-k} = \frac{(2m)!(2n)!}{m!n!(m+n)!},$$

所以 $I = \frac{1}{4} I_0 = \frac{\pi (2m)!(2n)!}{2^{2m+2n+1} m! n! (m+n)!}$.

【2291】 $\int_0^{\pi} \frac{\sin nx}{\sin x} dx$.

解 $I = \int_0^{\pi} \frac{\sin nx}{\sin x} dx = \frac{1}{2} \int_0^{2\pi} \frac{\sin nx}{\sin x} dx$

$$= \frac{1}{2}\int_0^{2\pi} \frac{e^{inx}-e^{-inx}}{e^{ix}-e^{-ix}}dx$$

$$= \frac{1}{2}\int_0^{2\pi} \frac{(e^{2ix})^n-1}{e^{2ix}-1}\cdot e^{-(n-1)ix}dx$$

$$= \frac{1}{2}\int_0^{2\pi} e^{-(n-1)ix}\sum_{k=0}^{n-1} e^{2kix}dx.$$

若 n 为偶数,则对称于任何 $k(0\leqslant k\leqslant n-1)$ 有

$$\int_0^{2\pi} e^{-(n-1)ix}\cdot e^{2kix}dx = 0;$$

若 n 为奇数,设 $n=2l+1$,

则当 $k=l$ 时,有

$$\int_0^{2\pi} e^{-(n-1)ix}\cdot e^{2kix}dx = \int_0^{2\pi} e^{-2lix}e^{2lix}dx = 2\pi;$$

而当 $k\neq l(0\leqslant k\leqslant n-1)$ 时,有

$$\int_0^{2\pi} e^{-(n-1)ix}\cdot e^{2kix}dx = 0.$$

因此,当 n 为偶数时

$$I = \int_0^\pi \frac{\sin nx}{\sin x}dx = 0,$$

当 n 为奇数时

$$I = \int_0^\pi \frac{\sin nx}{\sin x}dx = \pi.$$

【2292】 $\int_0^\pi \frac{\cos(2n+1)x}{\cos x}dx.$

解 $I = \int_0^\pi \frac{\cos(2n+1)x}{\cos x}dx$

$$= \frac{1}{2}\int_0^{2\pi} \frac{\cos(2n+1)x}{\cos x}dx$$

$$= \frac{1}{2}\int_0^{2\pi} \frac{e^{(2n+1)ix}+e^{-(2n+1)ix}}{e^{ix}+e^{-ix}}dx$$

$$= \frac{1}{2}\int_0^{2\pi} e^{-2nix}\frac{(e^{2ix})^{2n+1}+1}{e^{2ix}+1}dx$$

$$= \frac{1}{2}\int_0^{2\pi}\Big[e^{-2nix}\sum_{k=0}^{2n}(-1)^k(e^{2ix})^{2n-k}\Big]dx.$$

当 $k=n$ 时

$$\int_0^{2\pi} e^{-2nix} \cdot (e^{2ix})^{2n-k} dx = 2\pi;$$

当 $k \neq n$ 时

$$\int_0^{2\pi} e^{-2nix} \cdot (e^{2ix})^{2n-k} dx = 0,$$

故 $I = \dfrac{1}{2}(-1)^n 2\pi = (-1)^n \pi.$

【2293】 $\int_0^\pi \cos^n x \cos nx\, dx.$

解 $\cos^n x \cos nx = \dfrac{1}{2^{n+1}}(e^{ix}+e^{-ix})^n(e^{inx}+e^{-inx})$

$$= \frac{1}{2^{n+1}} \sum_{k=-2n}^{2n} A_k e^{ikx}.$$

其实 A_k 为常数,$A_0 = 2$,

而 $\int_0^{2\pi} e^{ikx} dx = \begin{cases} 2\pi & k=0, \\ 0 & k \neq 0. \end{cases}$

所以 $I = \int_0^\pi \cos^n x \cos nx\, dx$

$$= \frac{1}{2} \int_0^{2\pi} \cos^n x \cos nx\, dx$$

$$= \frac{1}{2^{n+2}} \sum_{k=-2n}^{2n} \int_0^{2\pi} A_k e^{ikx} dx$$

$$= \frac{1}{2^{n+2}} \cdot 2 \cdot 2\pi = \frac{\pi}{2^n}.$$

【2294】 $\int_0^\pi \sin^n x \sin nx\, dx.$

解 $\sin^n x \sin nx = \dfrac{1}{(2i)^{n+1}}(e^{ix}-e^{-ix})^n \cdot (e^{inx}-e^{-inx})$

$$= \frac{1}{(2i)^{n+1}} \sum_{k=-2n}^{2n} B_k e^{ikx}$$

其中 B_k 为常数,$B_0 = -1+(-1)^n$,而

$$\int_0^{2\pi} e^{ikx} dx = \begin{cases} 2\pi & k=0, \\ 0 & k \neq 0, \end{cases}$$

所以 $\int_0^\pi \sin^n x \sin nx\, dx = \dfrac{1}{2}\int_0^{2\pi} \sin^n x \sin nx\, dx$

$$= \frac{1}{2} \cdot \frac{1}{(2i)^{n+1}}[-1+(-1)^n]2\pi$$

$$= \begin{cases} 0 & \text{当 } n \text{ 为偶数时,} \\ \frac{\pi}{2^n}(-1)^{\frac{n+1}{2}+1} & \text{当 } n \text{ 为奇数时,} \end{cases}$$

而 $\sin\dfrac{n\pi}{2} = \begin{cases} 0 & \text{当 } n \text{ 为偶数时,} \\ (-1)^{\frac{n+1}{2}+1} & \text{当 } n \text{ 为奇数时.} \end{cases}$

因此 $\displaystyle\int_0^\pi \sin^n x \sin nx \, dx = \frac{\pi}{2^n}\sin\frac{n\pi}{2}.$

求出下列积分(n 为自然数)(2295 ~ 2298).

【2295】 $\displaystyle\int_0^\pi \sin^{n-1}x \cos(n+1)x \, dx.$

解 $\sin^{n-1}x\cos(n+1)x$

$$= \frac{1}{2^n(i)^{n-1}}(e^{ix}-e^{-ix})^{n-1}(e^{i(n+1)x}+e^{-i(n+1)x})$$

$$= \frac{1}{2^n(i)^{n-1}}\sum_{k=-2n}^{2n} A_k e^{ikx}.$$

其中 $A_k(k=0,\pm 1,\cdots,\pm 2n)$ 为常数

$$A_0 = 0,$$

而 $\displaystyle\int_0^{2\pi} e^{ikx} dx = \begin{cases} 2\pi & k=0, \\ 0 & k\neq 0, \end{cases}$

所以 $\displaystyle\int_0^\pi \sin^{n-1}x\cos(n+1)x\,dx$

$$= \frac{1}{2}\int_0^{2\pi}\sin^{n-1}x\cos(n+1)x\,dx = 0.$$

【2296】 $\displaystyle\int_0^\pi \cos^{n-1}x\sin(n+1)x\,dx.$

解 $\cos^{n-1}x\sin(n+1)x$

$$= \frac{1}{2^n i}(e^{ix}+e^{-ix})^{n-1}(e^{i(n+1)x}-e^{-i(n+1)x})$$

$$= \frac{1}{2^n i}\sum_{k=-2n}^{2n}B_k e^{ikx},$$

其中 $B_k(k=0,\pm 1,\pm 2,\cdots,\pm 2n)$ 为常数,

$$B_0 = 0,$$

第四章 定积分 §2. 用不定积分计算定积分的方法

而 $\int_0^{2\pi} e^{ikx} dx = \begin{cases} 2\pi & k = 0, \\ 0 & k \neq 0, \end{cases}$

所以 $\int_0^{\pi} \cos^{n-1} x \sin(n+1)x \, dx$

$= \frac{1}{2} \int_0^{2\pi} \cos^{n-1} x \sin(n+1)x \, dx = 0.$

【2297】 $\int_0^{2\pi} e^{-ax} \cos^{2n} x \, dx.$

解 因为

$$\cos^{2n} x = \left(\frac{e^{ix} + e^{-ix}}{2}\right)^{2n}$$

$$= \frac{1}{2^{2n}} \Big[C_{2n}^n + 2 \sum_{k=0}^{n-1} C_{2n}^k \cos 2(n-k)x \Big],$$

所以 $I = \int_0^{2\pi} e^{-ax} \cos^{2n} x \, dx$

$= \frac{1}{2^{2n}} \Big\{ C_{2n}^n \cdot \int_0^{2\pi} e^{-ax} dx + 2 \sum_{k=0}^{n-1} C_{2n}^k \cdot \int_0^{2\pi} e^{-ax} \cos 2(n-k)x \, dx \Big\}$

$= \frac{1}{2^{2n}} \Big\{ -\frac{1}{a} C_{2n}^n e^{-ax} \Big|_0^{2\pi}$

$\quad + 2 \sum_{k=0}^{n-1} C_{2n}^k \frac{(2n-2k)\sin 2(n-k)x - a\cos 2(n-k)x}{a^2 + (2n-2k)^2} e^{-ax} \Big|_0^{2\pi} \Big\}$

$= \frac{1}{2^{2n}} \Big\{ -\frac{1}{a} C_{2n}^n (e^{-2\pi a} - 1) - a(e^{-2\pi a} - 1) \cdot \sum_{k=0}^{n-1} \frac{2 C_{2n}^k}{a^2 + (2n-2k)^2} \Big\}$

$= \frac{1 - e^{-2\pi a}}{2^{2n} \cdot a} \Big\{ C_{2n}^n + 2 \sum_{k=0}^{n-1} \frac{a^2 C_{2n}^k}{a^2 + (2n-2k)^2} \Big\}.$

【2298】 $\int_0^{\frac{\pi}{2}} \ln\cos x \cdot \cos 2nx \, dx.$

解 利用分部积分得

$\int_0^{\frac{\pi}{2}} \ln\cos x \cdot \cos 2nx \, dx$

$= \frac{1}{2n} \sin 2nx \cdot \ln\cos x \Big|_0^{\frac{\pi}{2}} + \frac{1}{2n} \int_0^{\frac{\pi}{2}} \frac{\sin 2nx \cdot \sin x}{\cos x} dx$

$= \frac{1}{2n} \sin 2nx \cdot \ln\cos x \Big|_0^{\frac{\pi}{2}} + \frac{1}{4n} \int_0^{\frac{\pi}{2}} \frac{\cos(2n-1)x}{\cos x} dx$

$$-\frac{1}{4n}\int_0^{\frac{\pi}{2}} \frac{\cos(2n+1)x}{\cos x}\mathrm{d}x.$$

而 $\dfrac{1}{2n}\sin 2n\ln\cos x \Big|_0^{\frac{\pi}{2}}$

$$= \lim_{x\to\frac{\pi}{2}-0}\frac{1}{2n}\sin 2nx\ln\cos x - \lim_{x\to+0}\frac{1}{2n}\sin 2nx\ln\cos x$$

$$= \lim_{x\to\frac{\pi}{2}-0}\frac{1}{2n}\cdot\frac{\ln\cos x}{\frac{1}{\sin 2nx}} - 0 = \frac{1}{4n^2}\lim_{x\to\frac{\pi}{2}-0}\frac{\sin x\cdot\sin^2 2nx}{\cos x\cdot\cos 2nx}$$

$$= \frac{1}{4n^2}\lim_{x\to\frac{\pi}{2}-0}\frac{\sin x}{\cos 2nx}\lim_{x\to\frac{\pi}{2}-0}\frac{\sin^2 2nx}{\cos x}$$

$$= \frac{(-1)^n}{4n^2}\lim_{x\to\frac{\pi}{2}-0}\frac{4\sin 2nx\cdot\cos 2nx}{-\sin x} = 0,$$

再利用 2292 题的结果有

$$\int_0^{\frac{\pi}{2}}\frac{\cos(2n+1)x}{\cos x}\mathrm{d}x = \frac{1}{2}\int_0^{\pi}\frac{\cos(2n+1)x}{\cos x}\mathrm{d}x$$

$$= (-1)^n\frac{\pi}{2}$$

$$\int_0^{\frac{\pi}{2}}\frac{\cos(2n-1)x}{\cos x}\mathrm{d}x = \frac{1}{2}\int_0^{\pi}\frac{\cos(2n-1)x}{\cos x}\mathrm{d}x$$

$$= (-1)^{n-1}\frac{\pi}{2}.$$

因此 $\int_0^{\frac{\pi}{2}}\ln\cos x\cdot\cos 2nx\,\mathrm{d}x$

$$= 0 + \frac{1}{4n}\Big[(-1)^{n-1}\frac{\pi}{2} - (-1)^n\frac{\pi}{2}\Big]$$

$$= (-1)^{n-1}\frac{\pi}{4n}.$$

【2299】 运用多次分部积分法，计算欧拉积分：

$$B(m,n) = \int_0^1 x^{m-1}(1-x)^{n-1}\mathrm{d}x,$$

其中 m 及 n 为正整数。

解 $B(m,n)$

$$= \frac{1}{m}x^m(1-x)^{n-1}\Big|_0^1 + \frac{n-1}{m}\int_0^1 x^m(1-x)^{n-2}\mathrm{d}x$$

$$= \frac{n-1}{m} B(m+1, n-1),$$

继续利用分部积分法,可得

$$B(m,n) = \frac{(n-1)(n-2)\cdots 2 \cdot 1}{m(m+1)\cdots(m+n-2)} \int_0^1 x^{m+n-2} \mathrm{d}x$$

$$= \frac{(n-1)!(m-1)!}{(m+n-2)!} \cdot \frac{1}{m+n-1} x^{m+n-1} \Big|_0^1$$

$$= \frac{(n-1)!(m-1)!}{(m+n-1)!}.$$

【2300】 勒让德多项式 $P_n(x)$ 用下式定义

$$P_n(x) = \frac{1}{2^n n!} \frac{\mathrm{d}^n}{\mathrm{d}x^n} [(x^2-1)^n] \quad (n = 0, 1, 2, \cdots).$$

证明: $\int_{-1}^{1} P_m(x) P_n(x) \mathrm{d}x = \begin{cases} 0, & 若 m \neq n, \\ \dfrac{2}{2n+1}, & 若 m = n. \end{cases}$

证 当 $m \neq n$ 时,不妨设 $n < m$,由于 $P_n(x), P_m(x)$ 分别为 n, m 次多项式,则 $P_n^{(m)}(x) \equiv 0$. 记

$$R(x) = \frac{1}{2^m m!} (x^2-1)^m.$$

由于 $x = \pm 1$ 分别为 $R(x)$ 的 m 重零点. 所以

$$R^{(k)}(x) \Big|_{x=\pm 1} = 0 \quad (k = 0, 1, \cdots, m-1),$$

多次利用分部积分法可得

$$\int_{-1}^{1} P_m(x) P_n(x) \mathrm{d}x$$

$$= [P_n(x) R^{(m-1)}(x) - P'_n(x) R^{(m-2)}(x) + \cdots$$

$$+ (-1)^{m-1} P_n^{(m-1)}(x) R(x)] \Big|_{-1}^{1}$$

$$+ (-1)^m \int_{-1}^{1} R(x) P_n^{(m)}(x) \mathrm{d}x$$

$$= 0.$$

当 $m = n$ 时

$$P_n^{(n)}(x) = \frac{1}{2^n n!} \frac{\mathrm{d}^{2n}}{\mathrm{d}x^{2n}} (x^2-1)^n = \frac{(2n)!}{2^n n!}.$$

同上面一样可得

$$\int_{-1}^{1}(P_n(x))^2\mathrm{d}x$$
$$= \left[P_n(x)R^{(n-1)}(x) - P'_n(x)R^{(n-2)}(x) + \cdots \right.$$
$$\left. + (-1)^{n-1}P_n^{(n-1)}(x)R(x)\right]\bigg|_{-1}^{1}$$
$$+ (-1)^n\int_{-1}^{1}R(x)P_n^{(n)}(x)\mathrm{d}x$$
$$= (-1)^n \cdot \frac{(2n)!}{2^{2n}(n!)^2}\int_{-1}^{1}(x^2-1)^n\mathrm{d}x$$
$$= \frac{(2n)!}{2^{2n-1}(n!)^2}\int_{0}^{1}(1-x^2)^n\mathrm{d}x.$$

设 $x = \sin t$,并利用 2282 题的结果有

$$\int_{0}^{1}(1-x^2)^n\mathrm{d}x = \int_{0}^{\frac{\pi}{2}}\cos^{2n+1}t\mathrm{d}t = \frac{(2n)!!}{(2n+1)!!}$$

因此 $\displaystyle\int_{-1}^{1}(P_n(x))^2\mathrm{d}x = \frac{(2n)!}{2^{2n-1}(n!)^2} \cdot \frac{(2n)!!}{(2n+1)!!} = \frac{2}{2n+1}.$

【2301】 设函数 $f(x)$ 在 $[a,b]$ 区间可积分,而 $F(x)$ 在 $[a,b]$ 区间内除了有限个点 $c_i(i=1,2,\cdots,p)$ 及 a、b 点外有 $F'(x) = f(x)$,$F(x)$ 在这有限个点处有第一类间断点(广义原函数).证明:

$$\int_{a}^{b}f(x)\mathrm{d}x = F(b-0) - F(a+0)$$
$$- \sum_{i=1}^{p}[F(c_i+0) - F(c_i-0)].$$

证 不妨设 $a < c_1 < c_2 < \cdots < c_p < b$,并记 $c_0 = a, c_{p+1} = b$,由于 $f(x)$ 在 $[a,b]$ 上可积,故

$$\int_{a}^{b}f(x)\mathrm{d}x = \lim_{\eta \to +0}\sum_{i=0}^{p}\int_{c_i+\eta}^{c_{i+1}-\eta}f(x)\mathrm{d}x,$$

根据假设,在 $[c_i+\eta, c_{i+1}-\eta]$ 上 $F'(x) = f(x)$,从而可应用牛顿—莱布尼兹公式,可得

$$\int_{c_i+\eta}^{c_{i+1}-\eta}f(x)\mathrm{d}x = F(c_{i+1}-\eta) - F(c_i+\eta),$$

因此 $\displaystyle\int_{a}^{b}f(x)\mathrm{d}x = \lim_{\eta\to+0}\sum_{i=0}^{p}[F(c_{i+1}-\eta) - F(c_i+\eta)]$
$$= \sum_{i=0}^{p}[F(c_{i+1}-0) - F(c_i+0)]$$

$$= F(b-0) - F(a+0) - \sum_{i=1}^{p}(F(c_i+0)$$
$$- F(c_i-0)).$$

【2302】 设函数 $f(x)$ 在 $[a,b]$ 区间可积,且
$$F(x) = C + \int_a^x f(\xi)\mathrm{d}\xi,$$
为 $f(x)$ 的不定积分. 证明:函数 $F(x)$ 是连续的,且在函数 $f(x)$ 的所有连续点处都有等式:
$$F'(x) = f(x),$$
那么,在函数 $f(x)$ 的不连续点处,函数 $F(x)$ 的导数如何?

研究例题:

(1) $f\left(\dfrac{1}{n}\right) = 1 (n = \pm 1, \pm 2, \cdots)$,当 $x \neq \dfrac{1}{n}$ 时及 $f(x) = 0$;

(2) $f(x) = \mathrm{sgn}\,x$.

证 由于 $f(x)$ 在 $[a,b]$ 上可积,故必有界. 所以存在 $M>0$,使得
$$|f(x)| \leqslant M \quad (a \leqslant x \leqslant b),$$
因此,对任何 $x \in [a,b]$ 得
$$|F(x+\Delta x) - F(x)|$$
$$= \left|\int_x^{x+\Delta x} f(t)\mathrm{d}t\right| \leqslant M|\Delta x| \to 0 \quad (\text{当}\ \Delta x \to 0\ \text{时}),$$
即 $F(x)$ 点 x 处连续,由 x 的任意性知 $F(x)$ 在 $[a,b]$ 上连续,现设 $f(t)$ 在 $t=x$ 处连续,于是,任给 $\varepsilon > 0$,存在 $\delta > 0$,使得当 $|t-x| < \delta$ 时,恒有
$$|f(t) - f(x)| < \varepsilon,$$
于是当 $0 < |\Delta x| < \delta$ 时,有
$$\left|\frac{F(x+\Delta x) - F(x)}{\Delta x} - f(x)\right|$$
$$= \left|\frac{1}{\Delta x}\int_x^{x+\Delta x}[f(t) - f(x)]\mathrm{d}t\right|$$
$$< \frac{1}{|\Delta x|}\varepsilon|\Delta x| = \varepsilon.$$

故 $F'(x)$ 存在,且
$$F'(x) = \lim_{\Delta x \to 0}\frac{F(x+\Delta x) - F(x)}{\Delta x} = f(x),$$

而在 $f(x)$ 的不连续点，$F'(x)$ 可能存在也可能不存在.

例如,设
$$f(x) = \begin{cases} 1 & \text{当 } x = \dfrac{1}{n} \text{ 时} \\ 0 & \text{当 } x \neq \dfrac{1}{n} \text{ 时} \end{cases} \quad (n = 1, 2, \cdots),$$

仿照 2194 题可证 $f(x)$ 在 $[0,1]$ 上是可积,且显然
$$\int_0^x f(t)\,dt = \lim_{\varepsilon \to 0} \int_\varepsilon^x f(t)\,dt = 0 \quad (0 \leqslant x \leqslant 1),$$

然而在点 $x = \dfrac{1}{n}$ 处，$F(x) = C$ 的导函数
$$F'(x) = 0.$$

但对于函数 $f(x) = \operatorname{sgn} x$，它在 $[-1, 1]$ 上是可积的,且
$$\int_0^x f(x)\,dx = |x|,$$

然而在 $f(x)$ 的不连续点 $x = 0$ 处,$F(x) = |x| + C$ 的导数 $F'(x)$ 不存在.

求出下列有界非连续函数的不定积分（2303～2308）.

【2303】 $\int \operatorname{sgn} x\,dx.$

解 $\int \operatorname{sgn} x\,dx = \int_0^x \operatorname{sgn} x\,dx + C = |x| + C.$

【2304】 $\int \operatorname{sgn}(\sin x)\,dx.$

解 由于 $\operatorname{sgn}(\sin x)$ 在任何有限区间上可积,故其原函数 $F(x) = \int_0^x \operatorname{sgn}(\sin t)\,dt$ 是 $(-\infty, +\infty)$ 上的连续函数. 对任何 x,必存在唯一的整数 k. 使 $k\pi \leqslant x < (k+1)\pi$,于是

$$F(x) = \int_0^x \operatorname{sgn}(\sin t)\,dt$$
$$= \int_0^{k\pi + \frac{\pi}{2}} \operatorname{sgn}(\sin t)\,dt + \int_{k\pi + \frac{\pi}{2}}^x \operatorname{sgn}(\sin t)\,dt$$
$$= \frac{\pi}{2} + \int_{k\pi + \frac{\pi}{2}}^x \frac{\sin t}{\sqrt{1 - \cos^2 t}}\,dt$$
$$= \frac{\pi}{2} + \arccos(\cos t)\Big|_{k\pi + \frac{\pi}{2}}^x$$

$$= \frac{\pi}{2} + \arccos(\cos x) - \frac{\pi}{2}$$
$$= \arccos(\cos x),$$

故 $\quad \int \mathrm{sgn}(\sin x)\,\mathrm{d}x = \arccos(\cos x) + C$
$$(-\infty < x < +\infty).$$

【2305】 $\int [x]\,\mathrm{d}x \quad (x \geqslant 0).$

解 $\displaystyle\int_0^x [t]\,\mathrm{d}t = \sum_{k=0}^{[x]-1} \int_k^{k+1} t\,\mathrm{d}t + \int_{[x]}^x [x]\,\mathrm{d}x$

$$= \sum_{k=0}^{[x]-1} k + [x](x - [x])$$

$$= \frac{[x]([x]-1)}{2} + [x](x - [x])$$

$$= x \cdot [x] - \frac{[x]^2 + [x]}{2},$$

因此 $\quad \int [x]\,\mathrm{d}x = x[x] - \dfrac{[x]^2 + [x]}{2} + C.$

【2306】 $\int x[x]\,\mathrm{d}x \quad (x \geqslant 0).$

解 $\displaystyle\int_0^x t[t]\,\mathrm{d}t = \sum_{k=0}^{[x]-1} \int_k^{k+1} kt\,\mathrm{d}t + \int_{[x]}^x [x]t\,\mathrm{d}t$

$$= \sum_{k=0}^{[x]-1} \left(\frac{kt^2}{2} \bigg|_k^{k+1} \right) + \frac{[x]}{2} t^2 \bigg|_{[x]}^x$$

$$= \sum_{k=0}^{[x]-1} \left(k^2 + \frac{k}{2} \right) + \frac{[x](x^2 - [x]^2)}{2}$$

$$= \frac{([x]-1)[x](2[x]-1)}{6} + \frac{[x]([x]-1)}{4}$$

$$+ \frac{x^2[x] - [x]^3}{2}$$

$$= \frac{x^2[x]}{2} - \frac{[x]([x]+1)(2[x]+1)}{12},$$

所以 $\quad \int x[x]\,\mathrm{d}x = \dfrac{x^2[x]}{2} - \dfrac{[x]([x]+1)(2[x]+1)}{12} + C.$

【2307】 $\int (-1)^{[x]}\,\mathrm{d}x.$

解 利用 2304 题的结果可得

$$\int (-1)^{[x]} dx = \int_0^x \mathrm{sgn}(\sin \pi x) dx + C$$

$$= \frac{1}{\pi} \arccos(\cos \pi x) \Big|_0^x + C$$

$$= \frac{1}{\pi} \arccos(\cos \pi x) + C.$$

【2308】 $\int_0^x f(x) dx$,其中

$$f(x) = \begin{cases} 1, & \text{若 } |x| < t, \\ 0, & \text{若 } |x| > t. \end{cases}$$

解 当 $x \geqslant t$ 时

$$\int_0^x f(x) dx = \int_0^t f(x) dx + \int_t^x f(x) dx$$

$$= \int_0^t dx + \int_t^x 0 \cdot dx = t,$$

当 $x \leqslant -t$ 时

$$\int_0^x f(x) dx = -\int_0^{-t} f(x) dx - \int_{-t}^0 f(x) dx = -t,$$

当 $|x| < t$ 时

$$\int_0^x f(x) dx = \int_0^x 1 dx = x,$$

因此 $\int_0^x f(x) dx = \frac{1}{2}(|t+x| - |t-x|).$

计算下列有界非连续函数的定积分(2309～2314).

【2309】 $\int_0^3 \mathrm{sgn}(x - x^3) dx.$

解 $\mathrm{sgn}(x - x^3) = \begin{cases} 1 & \text{当 } 0 < x < 1 \text{ 时}, \\ -1 & \text{当 } 1 < x < 3 \text{ 时}. \end{cases}$

所以 $\int_0^3 \mathrm{sgn}(x - x^3) dx = \int_0^1 dx - \int_1^3 dx = -1.$

【2310】 $\int_0^2 [e^x] dx.$

解 因为 $7 < e^2 < 8$,所以

$$\int_0^2 [e^x] dx$$

$$= \int_0^{\ln 2} 1 dx + \int_{\ln 2}^{\ln 3} 2 dx + \int_{\ln 3}^{\ln 4} 3 dx + \cdots + \int_{\ln 7}^{2} 7 dx$$
$$= \ln 2 + 2(\ln 3 - \ln 2) + 3(\ln 4 - \ln 3) + \cdots + 7(2 - \ln 7)$$
$$= 14 - (\ln 2 + \ln 3 + \cdots + \ln 7) = 14 - \ln(7!).$$

【2311】 $\int_0^6 [x] \sin \frac{\pi x}{6} dx.$

解 $\int_0^6 [x] \sin \frac{\pi x}{6} dx$

$$= \int_1^2 \sin \frac{\pi x}{6} dx + \int_2^3 2\sin \frac{\pi x}{6} dx + \int_3^4 3\sin \frac{\pi x}{6} dx$$
$$+ \int_4^5 4\sin \frac{\pi x}{6} dx + \int_5^6 5\sin \frac{\pi x}{6} dx$$
$$= \frac{6}{\pi} \left(\cos \frac{\pi}{6} + \cos \frac{2\pi}{6} + \cos \frac{3\pi}{6} + \cos \frac{4\pi}{6} \right.$$
$$\left. + \cos \frac{5\pi}{6} - 5\cos\pi \right) = \frac{30}{\pi}.$$

【2312】 $\int_0^\pi x \, \mathrm{sgn}(\cos x) dx.$

解 $\int_0^\pi x\,\mathrm{sgn}(\cos x) dx = \int_0^{\frac{\pi}{2}} x dx + \int_{\frac{\pi}{2}}^\pi (-x) dx = -\frac{\pi^2}{4}.$

【2313】 $\int_1^{n+1} \ln[x] dx,$ 其中 n 为自然数.

解 $\int_1^{n+1} \ln[x] dx$

$$= \int_2^3 \ln 2 dx + \int_3^4 \ln 3 dx + \cdots + \int_n^{n+1} \ln n dx$$
$$= \sum_{k=2}^n \ln k = \ln(n!).$$

【2314】 $\int_0^1 \mathrm{sgn}[\sin(\ln x)] dx.$

解 $\int_0^1 \mathrm{sgn}[\sin(\ln x)] dx$

$$= \int_{e^{-\pi}}^1 (-1) dx + \lim_{n \to +\infty} \sum_{k=1}^n \int_{e^{-(k+1)\pi}}^{e^{-k\pi}} (-1)^{k+1} dx$$
$$= -1 + 2e^{-\pi} \lim_{n \to +\infty} \sum_{k=1}^n (-1)^{k-1} e^{-(k-1)\pi}$$

$$= -1 + \frac{2\mathrm{e}^{-\pi}}{1+\mathrm{e}^{-\pi}} = \frac{\mathrm{e}^{-\pi}-1}{\mathrm{e}^{-\pi}+1} = -\operatorname{th}\frac{\pi}{2}.$$

【2315】 求 $\int_E |\cos x| \sqrt{\sin x}\,\mathrm{d}x,$

其中 E 为在区间 $[0, 4\pi]$ 中使被积分式有意义的数值的集合.

解 $\int_E |\cos x| \sqrt{\sin x}\,\mathrm{d}x$

$$= \int_0^{\pi} |\cos x| \sqrt{\sin x}\,\mathrm{d}x + \int_{2\pi}^{3\pi} |\cos x| \sqrt{\sin x}\,\mathrm{d}x$$

$$= \int_0^{\frac{\pi}{2}} \cos x \sqrt{\sin x}\,\mathrm{d}x + \int_{\frac{\pi}{2}}^{\pi} (-\cos x) \sqrt{\sin x}\,\mathrm{d}x$$

$$+ \int_{2\pi}^{\frac{5\pi}{2}} \cos x \sqrt{\sin x}\,\mathrm{d}x + \int_{\frac{5\pi}{2}}^{3\pi} (-\cos x) \sqrt{\sin x}\,\mathrm{d}x$$

$$= 4\int_0^{\frac{\pi}{2}} \cos x \sqrt{\sin x}\,\mathrm{d}x = \frac{8}{3}(\sin x)^{\frac{3}{2}}\Big|_0^{\frac{\pi}{2}} = \frac{8}{3}.$$

§3. 中值定理

1. 函数的平均值 数

$$M[f] = \frac{1}{b-a}\int_a^b f(x)\,\mathrm{d}x$$

称为函数 $f(x)$ 在区间 $[a,b]$ 上的平均值.

若函数 $f(x)$ 在区间 $[a,b]$ 是连续的,则存在一点 $c \in (a,b)$ 点满足:$M[f] = f(c).$

2. 第一中值定理 若(1) 函数 $f(x)$ 与 $\varphi(x)$ 在区间 $[a,b]$ 上有界并可积分;

(2) 当 $a < x < b$ 时,函数 $\varphi(x)$ 符号不变,则

$$\int_a^b f(x)\varphi(x)\,\mathrm{d}x = \mu\int_a^b \varphi(x)\,\mathrm{d}x,$$

其中 $m \leqslant \mu \leqslant M$ 及 $m = \inf_{a \leqslant x \leqslant b} f(x), M = \sup_{a \leqslant x \leqslant b} f(x);$

(3) 此外,函数 $f(x)$ 在区间 $[a,b]$ 是连续的,则 $\mu = f(c)$,其中 $a \leqslant c \leqslant b.$

3. 第二中值定理 若(1) 函数 $f(x)$ 与 $\varphi(x)$ 在区间 $[a,b]$ 上有界并可积分;

(2) 当 $a < x < b$ 时函数 $\varphi(x)$ 单调,则

$$\int_a^b f(x)\varphi(x)\mathrm{d}x = \varphi(a+0)\int_a^\xi f(x)\mathrm{d}x + \varphi(b-0)\int_\xi^b f(x)\mathrm{d}x,$$

其中 $a \leqslant \xi \leqslant b$；

(3) 若函数 $\varphi(x)$ 单调递减(广义上) 且非负,则

$$\int_a^b f(x)\varphi(x)\mathrm{d}x = \varphi(a+0)\int_a^\xi f(x)\mathrm{d}x \quad (a \leqslant \xi \leqslant b);$$

(4) 若函数 $\varphi(x)$ 单调递增(广义上) 且非负,则

$$\int_a^b f(x)\varphi(x)\mathrm{d}x = \varphi(b-0)\int_\xi^b f(x)\mathrm{d}x \quad (a \leqslant \xi \leqslant b).$$

【2316】 确定下列定积分的符号：

(1) $\int_0^{2\pi} x\sin x\,\mathrm{d}x$；　　(2) $\int_0^{2\pi} \dfrac{\sin x}{x}\,\mathrm{d}x$；

(3) $\int_{-2}^2 x^3 \mathrm{e}^x\,\mathrm{d}x$；　　(4) $\int_{\frac{1}{2}}^1 x^2 \ln x\,\mathrm{d}x$.

解 (1) $\int_0^{2\pi} x\sin x\,\mathrm{d}x$

$$= \int_0^\pi x\sin x\,\mathrm{d}x + \int_\pi^{2\pi} x\sin x\,\mathrm{d}x$$

$$= \int_0^\pi x\sin x\,\mathrm{d}x - \int_0^\pi (t+\pi)\sin t\,\mathrm{d}t$$

$$= -\pi\int_0^\pi \sin x\,\mathrm{d}x < 0;$$

(2) 由第一中值定理知

$$\int_0^{2\pi} \frac{\sin x}{x}\mathrm{d}x = \int_0^\pi \frac{\sin x}{x}\mathrm{d}x + \int_\pi^{2\pi} \frac{\sin 2x}{x}\mathrm{d}x$$

$$= \int_0^\pi \frac{\sin x}{x}\mathrm{d}x - \int_0^\pi \frac{\sin t}{t+\pi}\mathrm{d}t$$

$$= \pi\int_0^\pi \frac{\sin x}{x(t+\pi)}\mathrm{d}x = \frac{\pi^2 \sin C}{C(C+\pi)} > 0$$

其中 $0 < C < \pi$；

(3) $\int_{-2}^2 x^3 \mathrm{e}^x\,\mathrm{d}x = \int_0^2 x^3 \mathrm{e}^x\,\mathrm{d}x + \int_{-2}^0 x^3 \mathrm{e}^x\,\mathrm{d}x$

$$= \int_0^2 x^3 \mathrm{e}^x\,\mathrm{d}x - \int_0^2 t^3 \mathrm{e}^{-t}\,\mathrm{d}t$$

$$= \int_0^2 x^3 (\mathrm{e}^x - \mathrm{e}^{-x})\,\mathrm{d}x > 0$$

(因为在$(0,2)$上,$x^3(e^x-e^{-x})>0$);

(4) 由第一中值定理有
$$\int_{\frac{1}{2}}^{1} x^2 \ln x \, dx = \frac{1}{2} C^2 \ln C < 0$$

其中 $\frac{1}{2} < C < 1$.

【2317】 下列各题哪个积分较大:

(1) $\int_0^{\frac{\pi}{2}} \sin^{10} x \, dx$ 或 $\int_0^{\frac{\pi}{2}} \sin^2 x \, dx$?

(2) $\int_0^1 e^{-x} \, dx$ 或 $\int_0^1 e^{-x^2} \, dx$?

(3) $\int_0^{\pi} e^{-x^2} \cos^2 x \, dx$ 或 $\int_{\pi}^{2\pi} e^{-x^2} \cos^2 x \, dx$?

解 (1) 当 $x \in \left(0, \frac{\pi}{2}\right)$ 时,$0 < \sin x < 1$,从而 $0 < \sin^{10} x < \sin^2 x$,于是
$$\int_0^{\frac{\pi}{2}} \sin^{10} x \, dx < \int_0^{\frac{\pi}{2}} \sin^2 x \, dx$$

(2) 当 $0 < x < 1$ 时,$x > x^2$,从而 $e^{-x} < e^{-x^2}$,

于是 $\int_0^1 e^{-x} \, dx < \int_0^1 e^{-x^2} \, dx$.

(3) $\int_{\pi}^{2\pi} e^{-x^2} \cos^2 x \, dx = \int_0^{\pi} e^{-(x+\pi)^2} \cos^2 x \, dx$
$$< \int_0^{\pi} e^{-x^2} \cos^2 x \, dx.$$

【2318】 求下列已知函数在指定区间的平均值:

(1) $f(x) = x^2$ 在 $[0,1]$ 区间;

(2) $f(x) = \sqrt{x}$ 在 $[0,100]$ 区间;

(3) $f(x) = 10 + 2\sin x + 3\cos x$ 在 $[0, 2\pi]$ 区间;

(4) $f(x) = \sin x \sin(x + \varphi)$ 在 $[0, 2\pi]$ 区间.

解 (1) $M(f) = \int_0^1 x^2 \, dx = \frac{1}{3}$;

(2) $M(f) = \frac{1}{100} \int_0^{100} \sqrt{x} \, dx = \frac{1}{100} \times \frac{2}{3} x^{\frac{3}{2}} \Big|_0^{100} = 6\frac{2}{3}$;

(3) $M(f) = \frac{1}{2\pi} \int_0^{2\pi} (10 + 2\sin x + 3\cos x) \, dx = 10$;

(4) $M(f) = \dfrac{1}{2\pi}\displaystyle\int_0^{2\pi}\sin x \sin(x+\varphi)\mathrm{d}x$

$\qquad = \dfrac{1}{2\pi}\displaystyle\int_0^{2\pi}\left[\dfrac{1}{2}\cos\varphi - \cos(2x+\varphi)\right]\mathrm{d}x$

$\qquad = \dfrac{1}{2}\cos\varphi.$

【2319】 求下列椭圆焦径长度的平均值:

$$r = \dfrac{p}{1-\varepsilon\cos\varphi} \qquad (0 < \varepsilon < 1).$$

解 设 $\varphi = \pi + t$,并利用 $\cos\varphi$ 为以 2π 为周期的周期函数及 2213 题的结果有

$M(r) = \dfrac{1}{2\pi}\displaystyle\int_0^{2\pi}\dfrac{p}{1-\varepsilon\cos\varphi}\mathrm{d}\varphi = \dfrac{1}{2\pi}\displaystyle\int_{-\pi}^{\pi}\dfrac{p}{1+\varepsilon\cos\varphi}\mathrm{d}\varphi$

$\qquad = \dfrac{1}{2\pi}\displaystyle\int_0^{2\pi}\dfrac{p}{1+\varepsilon\cos\varphi}\mathrm{d}\varphi = \dfrac{p}{2\pi}\cdot\dfrac{2\pi}{\sqrt{1-\varepsilon^2}}$

$\qquad = \dfrac{p}{\sqrt{1-\varepsilon^2}}.$

【2320】 求出自由落体的速度平均值,设初速度等于 v_0.

解 自由落体的速度为 $v = v_0 + gt$,
在时间段 $0 \leqslant t \leqslant T$ 内速度的平均值

$M(v) = \dfrac{1}{T}\displaystyle\int_0^T (v_0 + gt)\mathrm{d}t = \dfrac{1}{2}gT + v_0$

$\qquad = \dfrac{1}{2}(v_0 + v_T),$

即平均速度等于初速度与末速度之和的一半.

【2321】 交流电强度按照以下规律变化:

$$i = i_0\sin\left(\dfrac{2\pi t}{T} + \varphi\right),$$

其中 i_0 为振幅,t 为时间,T 为周期及 φ 为初相.求电流强度平方的平均值.

解 $M(i^2) = \dfrac{1}{T}\displaystyle\int_0^T i_0^2\sin^2\left(\dfrac{2\pi t}{T} + \varphi\right)\mathrm{d}t$

$\qquad = \dfrac{i_0^2}{2\pi}\left[\dfrac{1}{2}\left(\dfrac{2\pi t}{T}+\varphi\right) - \dfrac{1}{4}\sin 2\left(\dfrac{2\pi t}{T}+\varphi\right)\right]\Big|_0^T = \dfrac{i_0^2}{2}.$

【2321.1】 令 $f(x) \in C[0, +\infty)$ 和 $\lim\limits_{x \to +\infty} f(x) = A$,求:

$$\lim_{x \to +\infty} \frac{1}{x} \int_0^x f(x) dx.$$

研究例题 $f(x) = \arctan x$.

解 分三种情况讨论

(1) $A > 0$,因为 $\lim\limits_{x \to +\infty} f(x) = A$,所以存在 $R > 0$,使得当 $x > R$ 时 $f(x) > \dfrac{A}{2}$,

故

$$\int_0^x f(x) dx = \int_0^R f(x) dx + \int_R^x f(x) dx$$

$$> \int_0^R f(x) dx + \int_R^x \frac{A}{2} dx$$

$$= \int_0^R f(x) dx + \frac{A}{2}(x - R),$$

故

$$\lim_{x \to +\infty} \int_0^x f(x) dx = +\infty.$$

应用洛必达法则可得

$$\lim_{x \to +\infty} \frac{1}{x} \int_0^x f(x) dx = \lim_{x \to +\infty} f(x) = A.$$

(2) 若 $A < 0$,则同样的讨论可得

$$\lim_{x \to +\infty} \int_0^x f(x) dx = -\infty,$$

所以

$$\lim_{x \to +\infty} \frac{1}{x} \int_0^x f(x) dx = \lim_{x \to +\infty} f(x) = A.$$

(3) 若 $A = 0$,则选取 $B > 0$,设

$$g(x) = f(x) + B,$$

则

$$\lim_{x \to +\infty} g(x) = B > 0.$$

由情形(1)的讨论可知

$$\lim_{x \to +\infty} \frac{1}{x} \int_0^x g(x) dx = \lim_{x \to +\infty} g(x) = B,$$

所以

$$\lim_{x \to +\infty} \frac{1}{x} \int_0^x f(x) dx = \lim_{x \to +\infty} \frac{\int_0^x g(x) dx - \int_0^x B dx}{x}$$

$$= \lim_{x \to +\infty} \frac{\int_0^x g(x) dx}{x} - \lim_{x \to +\infty} \frac{\int_0^x B dx}{x}$$

$$= B - B = 0.$$

综上所述，有 $\lim\limits_{x \to +\infty} \dfrac{\int_0^x f(x)\mathrm{d}x}{x} = A.$

设 $f(x) = \arctan x,$

则 $\lim\limits_{x \to +\infty} f(x) = \dfrac{\pi}{2}.$

所以 $\lim\limits_{x \to +\infty} \dfrac{\int_0^x \arctan x \mathrm{d}x}{x} = \dfrac{\pi}{2}.$

[2322] 设 $\int_0^x f(t)\mathrm{d}t = xf(\theta x)$，求出 θ. 若：

(1) $f(t) = t^n (n > -1);$

(2) $f(t) = \ln t;$

(3) $f(t) = \mathrm{e}^t.$

$\lim\limits_{x \to 0} \theta$ 和 $\lim\limits_{x \to +\infty} \theta$ 等于多少？

解 (1) $\int_0^x f(t)\mathrm{d}t = \int_0^x t^n \mathrm{d}t = \dfrac{x^{n+1}}{n+1},$

从而 $\dfrac{x^{n+1}}{n+1} = \theta^n x^{n+1},$

所以 $\theta = \sqrt[n]{\dfrac{1}{n+1}}.$

(2) $\int_0^x f(t)\mathrm{d}t = \int_0^x \ln t \mathrm{d}t = t(\ln t - 1)\Big|_0^x = x(\ln - 1),$

从而 $x(\ln x - 1) = x\ln(\theta x),$

于是 $\theta = \dfrac{1}{\mathrm{e}}.$

(3) $\int_0^x f(t)\mathrm{d}t = \int_0^x \mathrm{e}^t \mathrm{d}t = \mathrm{e}^x - 1,$

从而 $\mathrm{e}^x - 1 = x\mathrm{e}^{\theta x},$

于是 $\theta = \dfrac{1}{x}\ln\dfrac{\mathrm{e}^x - 1}{x},$

$$\lim_{x \to 0} \theta = \lim_{x \to 0} \dfrac{1}{x} \ln \dfrac{\mathrm{e}^x - 1}{x} = \lim_{x \to 0}\left(\dfrac{\mathrm{e}^x}{\mathrm{e}^x - 1} - \dfrac{1}{x}\right)$$

$$= \lim_{x \to 0}\left(\dfrac{x}{\mathrm{e}^x - 1} \cdot \dfrac{x\mathrm{e}^x - \mathrm{e}^x + 1}{x^2}\right)$$

$$= \lim_{x \to 0} \frac{x}{e^x - 1} \cdot \lim_{x \to 0} \frac{xe^x}{2x} = \frac{1}{2},$$

$$\lim_{x \to +\infty} \theta = \lim_{x \to +\infty} \frac{1}{x} \ln \frac{e^x - 1}{x}$$

$$= \lim_{x \to +\infty} \left(\frac{e^x}{e^x - 1} - \frac{1}{x} \right) = 1.$$

利用第一中值定理，估算积分 $(2323 \sim 2325)$.

【2323】 $\int_0^{2\pi} \frac{dx}{1 + 0.5 \cos x}$.

解 因为

$$\frac{1}{1 + 0.5} \leqslant \frac{1}{1 + 0.5 \cos x} \leqslant \frac{1}{1 - 0.5},$$

即

$$\frac{2}{3} \leqslant \frac{1}{1 + 0.5 \cos x} \leqslant 2,$$

所以

$$\frac{4\pi}{3} \leqslant \int_0^{2\pi} \frac{1}{1 + 0.5 \cos x} dx \leqslant 4\pi.$$

【2324】 $\int_0^1 \frac{x^9}{\sqrt{1+x}} dx$.

解 由第一中值定理知存在 $C \in (0, 1)$，使得

$$\int_0^1 \frac{x^9}{\sqrt{1+x}} dx = \frac{1}{\sqrt{1+C}} \int_0^1 x^9 dx$$

$$= \frac{1}{10\sqrt{1+C}} x^{10} \Big|_0^1 = \frac{1}{10\sqrt{1+C}},$$

而

$$\frac{1}{\sqrt{2}} \leqslant \frac{1}{\sqrt{1+C}} \leqslant 1,$$

所以

$$\frac{1}{10\sqrt{2}} \leqslant \int_0^1 \frac{x^9}{\sqrt{1+x}} dx \leqslant \frac{1}{10}.$$

【2325】 $\int_0^{100} \frac{e^{-x}}{x + 100} dx$.

解 $\dfrac{e^{-x}}{200} \leqslant \dfrac{e^{-x}}{x + 100} \leqslant \dfrac{e^{-x}}{100} \quad (0 \leqslant x \leqslant 100),$

从而

$$\int_0^{100} \frac{e^{-x}}{200} dx \leqslant \int_0^{100} \frac{e^{-x}}{x+100} dx \leqslant \int_0^{100} \frac{e^{-x}}{100} dx,$$

即

$$\frac{1 - e^{-100}}{200} \leqslant \int_0^{100} \frac{e^{-x}}{x+100} dx \leqslant \frac{1 - e^{-100}}{100}.$$

【2326】 证明等式：

(1) $\lim\limits_{n\to\infty}\int_0^1 \dfrac{x^n}{1+x}\mathrm{d}x = 0$;

(2) $\lim\limits_{n\to\infty}\int_0^{\frac{\pi}{2}} \sin^n x\,\mathrm{d}x = 0$.

证 (1) 因为当 $0 \leqslant x \leqslant 1$ 时，

$$0 \leqslant \frac{x^n}{1+x} \leqslant x^n,$$

所以
$$0 \leqslant \int_0^1 \frac{x^n}{1+x}\mathrm{d}x \leqslant \int_0^1 x^n \mathrm{d}x = \frac{1}{n+1}.$$

而
$$\lim_{n\to+\infty}\frac{1}{n+1} = 0,$$

因此
$$\lim_{n\to\infty}\int_0^1 \frac{x^n}{1+x}\mathrm{d}x = 0.$$

(2) 对任意给定的 $\varepsilon > 0$ 且设 $\varepsilon < \dfrac{\pi}{2}$，则

$$0 \leqslant \int_0^{\frac{\pi}{2}} \sin^n x\,\mathrm{d}x \leqslant \int_0^{\frac{\pi}{2}-\varepsilon} \sin^n x\,\mathrm{d}x + \varepsilon$$

$$\leqslant \varepsilon + \left(\frac{\pi}{2} - \varepsilon\right)\sin^n\left(\frac{\pi}{2} - \varepsilon\right),$$

而
$$\lim_{n\to\infty}\left(\frac{\pi}{2} - \varepsilon\right)\sin^n\left(\frac{\pi}{2} - \varepsilon\right) = 0,$$

故存在 $N > 0$，使得当 $n > N$ 时

$$\left|\left(\frac{\pi}{2} - \varepsilon\right)\sin^n\left(\frac{\pi}{2} - \varepsilon\right)\right| < \varepsilon,$$

故当 $n > N$ 时

$$0 \leqslant \int_0^{\frac{\pi}{2}} \sin^n x\,\mathrm{d}x < 2\varepsilon,$$

因此
$$\lim_{n\to\infty}\int_0^{\frac{\pi}{2}} \sin^n x\,\mathrm{d}x = 0.$$

【2326.1】 求出：

(1) $\lim\limits_{\varepsilon\to +0}\int_0^1 \dfrac{\mathrm{d}x}{\varepsilon x^2 + 1}$;

(2) $\lim\limits_{\varepsilon\to +0}\int_{\varepsilon a}^{\varepsilon b} f(x)\dfrac{\mathrm{d}x}{x}$.

其中 $a > 0, b > 0$ 及 $f(x) \in C[0,1]$.

解 (1) $\lim\limits_{\varepsilon \to +0} \int_0^1 \dfrac{\mathrm{d}x}{\varepsilon x^2 + 1} = \lim\limits_{\varepsilon \to +0} \dfrac{1}{\sqrt{\varepsilon}} \int_0^1 \dfrac{\mathrm{d}(\sqrt{\varepsilon}x)}{1+(\sqrt{\varepsilon}x)^2}$

$= \lim\limits_{\varepsilon \to +0} \dfrac{1}{\sqrt{\varepsilon}} \arctan(\sqrt{\varepsilon}x) \Big|_0^1 = \lim\limits_{\varepsilon \to +0} \dfrac{\arctan\sqrt{\varepsilon}}{\sqrt{\varepsilon}} = 1.$

(2) 由于 $f(x)$ 在 $[0,1]$ 上连续,故由积分中值定理,存在 $c (\varepsilon a < c < \varepsilon b)$ 使得

$$\int_{\varepsilon a}^{\varepsilon b} f(x) \dfrac{\mathrm{d}x}{x} = f(c) \int_{\varepsilon a}^{\varepsilon b} \dfrac{\mathrm{d}x}{x},$$

所以 $\lim\limits_{\varepsilon \to +0} \int_{\varepsilon a}^{\varepsilon b} f(x) \dfrac{\mathrm{d}x}{x} = \lim\limits_{\varepsilon \to +0} f(c) \int_{\varepsilon a}^{\varepsilon b} \dfrac{\mathrm{d}x}{x} = \lim\limits_{\varepsilon \to +0} f(c) \ln \dfrac{b}{a}$

$= f(0) \ln \dfrac{b}{a}.$

【2327】 设函数 $f(x)$ 在区间 $[a,b]$ 上连续,而函数 $\varphi(x)$ 在区间 $[a,b]$ 上连续且在区间 (a,b) 可微分,而且当 $a < x < b$ 时,$\varphi'(x) \geqslant 0$. 运用分部积分法和利用第一中值定理,证明第二中值定理.

证 设 $F(x) = \int_a^x f(t) \mathrm{d}t$,则

$$\int_a^b f(x) \varphi(x) \mathrm{d}x = \int_a^b \varphi(x) \mathrm{d}F(x)$$

$$= F(x) \varphi(x) \Big|_a^b - \int_a^b F(x) \varphi'(x) \mathrm{d}x$$

$$= F(b) \varphi(b) - F(a) \varphi(a) - F(\eta) \int_a^b \varphi'(x) \mathrm{d}x$$

$$= F(b) \varphi(b) - F(a) \varphi(a) - F(\eta)[\varphi(b) - \varphi(a)]$$

$$= \varphi(b)[F(b) - F(\eta)] + \varphi(a)[F(\eta) - F(a)]$$

$$= \varphi(b) \int_\eta^b f(x) \mathrm{d}x + \varphi(a) \int_a^\eta f(x) \mathrm{d}x,$$

其中 $a \leqslant \eta \leqslant b$.

利用第二中值定理估算积分(2328~2330).

【2328】 $\int_{100\pi}^{200\pi} \dfrac{\sin x}{x} \mathrm{d}x.$

解 设 $f(x) = \sin x, \varphi(x) = \dfrac{1}{x},$

则 $f(x)$ 及 $\varphi(x)$ 在 $[100\pi, 200\pi]$ 上满足第二中值定理的条件,特别 $\varphi(x) = \dfrac{1}{x}$ 单调下降且不为负,于是

$$\int_{100\pi}^{200\pi} \frac{\sin x}{x} dx = \frac{1}{100\pi} \int_{100\pi}^{\xi} \sin x \, dx$$

$$= \frac{1-\cos\xi}{100\pi} = \frac{\sin^2 \dfrac{\xi}{2}}{50\pi} = \frac{\theta}{50\pi},$$

其中 $100\pi < \xi < 200\pi, 0 \leqslant \theta \leqslant 1$.

【2329】 $\displaystyle\int_a^b \dfrac{e^{-ax}}{x} \sin x \, dx \quad (a \geqslant 0; 0 < a < b)$.

解 设 $f(x) = \sin x, \varphi(x) = \dfrac{e^{-ax}}{x}$,

则 $f(x)$ 及 $\varphi(x)$ 在 $[a,b]$ 上满足第二中值定理的条件,$\varphi(x)$ 单调下降且非负. 所以

$$\int_a^b \frac{e^{-ax}}{x} \sin x \, dx = \frac{e^{-aa}}{a} \int_a^{\xi} \sin x \, dx = \frac{1}{a e^{aa}} (\cos a - \cos \xi)$$

$$= -\frac{2}{a e^{aa}} \sin \frac{a+\xi}{2} \sin \frac{a-\xi}{2} = \frac{2}{a} \theta,$$

其中 $a \leqslant \xi \leqslant b, |\theta| \leqslant 1$.

【2330】 $\displaystyle\int_a^b \sin x^2 \, dx \quad (0 < a < b)$.

解 设 $x = \sqrt{t}$,

则 $dx = \dfrac{dt}{2\sqrt{t}}$,

$$\int_a^b \sin x^2 \, dx = \frac{1}{2} \int_{a^2}^{b^2} \frac{\sin t}{\sqrt{t}} dt,$$

设 $f(t) = \sin t, \varphi(t) = \dfrac{1}{\sqrt{t}}$,

应用第二中值定理有

$$\frac{1}{2} \int_{a^2}^{b^2} \frac{\sin t}{\sqrt{t}} dt = \frac{1}{2a} \int_{a^2}^{\xi} \sin t \, dt = \frac{1}{2a} (\cos a^2 - \cos \xi)$$

$$= \frac{1}{a} \sin \frac{\xi + a^2}{2} \sin \frac{\xi - a^2}{2} = \frac{1}{a} \theta.$$

其中 $a^2 \leqslant \xi \leqslant b^2, |\theta| \leqslant 1$

因此 $\int_a^b \sin x^2 \mathrm{d}x = \dfrac{\theta}{a}$ $\quad(|\theta| \leqslant 1)$.

【2331】 设函数 $f(x)$ 与 $\varphi(x)$ 在区间 $[a,b]$ 上可积且平方可积，证明柯西 - 布尼亚科夫斯基不等式：
$$\left\{\int_a^b \varphi(x)\psi(x)\mathrm{d}x\right\}^2 \leqslant \int_a^b \varphi^2(x)\mathrm{d}x \int_a^b \psi^2(x)\mathrm{d}x.$$

证 法一：因为对任何实数 λ 都有
$$\int_a^b [\varphi(x) - \lambda\psi(x)]^2 \mathrm{d}x \geqslant 0,$$
即
$$\int_a^b \varphi^2(x)\mathrm{d}x - 2\lambda\int_a^b \varphi(x)\psi(x)\mathrm{d}x + \lambda^2\int_a^b \psi^2(x)\mathrm{d}x \geqslant 0,$$
所以左边的二次三项式的判别式必不大于零，即
$$\left\{\int_a^b \varphi(x)\psi(x)\mathrm{d}x\right\}^2 - \int_a^b \varphi^2(x)\mathrm{d}x \cdot \int_a^b \psi^2(x)\mathrm{d}x \leqslant 0,$$
因此
$$\left\{\int_a^b \varphi(x)\psi(x)\mathrm{d}x\right\}^2 \leqslant \int_a^b \varphi^2(x)\mathrm{d}x \cdot \int_a^b \psi^2(x)\mathrm{d}x.$$

法二：$\left(\int_a^b \varphi^2(x)\mathrm{d}x\right)\left(\int_a^b \psi^2(x)\mathrm{d}x\right) - \left(\int_a^b \varphi(x)\psi(x)\mathrm{d}x\right)^2$
$$= \dfrac{1}{2}\left(\int_a^b \varphi^2(x)\mathrm{d}x\right)\left(\int_a^b \psi^2(y)\mathrm{d}y\right)$$
$$+ \dfrac{1}{2}\left(\int_a^b \psi^2(x)\mathrm{d}x\right)\left(\int_a^b \varphi^2(y)\mathrm{d}y\right)$$
$$- \left(\int_a^b \varphi(x)\psi(x)\mathrm{d}x\right) \cdot \left(\int_a^b \varphi(y)\psi(y)\mathrm{d}y\right)$$
$$= \dfrac{1}{2}\int_a^b \left\{\int_a^b [\varphi(x)\psi(y) - \psi(x)\varphi(y)]^2 \mathrm{d}x\right\}\mathrm{d}y \geqslant 0,$$
故
$$\left\{\int_a^b \varphi(x)\psi(x)\mathrm{d}x\right\}^2 \leqslant \int_a^b \varphi^2(x)\mathrm{d}x \cdot \int_a^b \psi^2(x)\mathrm{d}x.$$

【2332】 设函数 $f(x)$ 在区间 $[a,b]$ 上连续可微分且 $f(a) = 0$. 证明不等式：$M^2 \leqslant (b-a)\int_a^b f'^2(x)\mathrm{d}x$

其中 $M = \sup\limits_{a < x < b} |f(x)|$.

证 设 $x \in [a,b]$，利用柯西 — 布尼亚科夫斯基不等式有
$$\left\{\int_a^x f'(x)\mathrm{d}x\right\}^2 \leqslant \int_a^x 1 \cdot \mathrm{d}x \cdot \int_a^x f'^2(x)\mathrm{d}x,$$

即
$$f^2(x) = [f(x)-f(a)]^2 \leqslant (x-a)\int_a^x f'^2(x)\mathrm{d}x$$
$$\leqslant (b-a)\int_a^b f'^2(x)\mathrm{d}x,$$

由 x 的任意性有
$$M^2 \leqslant (b-a)\int_a^b f'^2(x)\mathrm{d}x.$$

【2333】 证明不等式：
$$\lim_{n\to\infty}\int_n^{n+p}\frac{\sin x}{x}\mathrm{d}x = 0 \quad (p>0).$$

证 当 $n \leqslant x \leqslant n+p$, 有
$$\left|\frac{\sin x}{x}\right| \leqslant \frac{1}{n},$$

所以
$$\left|\int_n^{n+p}\frac{\sin x}{x}\mathrm{d}x\right| \leqslant \frac{p}{n} \longrightarrow 0 \ (n\to\infty),$$

因此
$$\lim_{n\to\infty}\int_n^{n+p}\frac{\sin x}{x}\mathrm{d}x = 0.$$

§4. 广义积分

1. 函数的广义可积性 若函数 $f(x)$ 在每一个有穷区间 $[a,b]$ 上依平常意义是可积分的,则定义：
$$\int_a^{+\infty}f(x)\mathrm{d}x = \lim_{b\to+\infty}\int_a^b f(x)\mathrm{d}x. \qquad ①$$

若函数 $f(x)$ 在 b 点的邻域内无界且在每一个区间 $[a,b-\varepsilon]$ ($\varepsilon>0$) 内依平常意义是可积分的,则定义
$$\int_a^b f(x)\mathrm{d}x = \lim_{\varepsilon\to+0}\int_a^{b-\varepsilon}f(x)\mathrm{d}x \qquad ②$$

若①或②极限存在,则相应的积分称为收敛的,否则称为发散积分(基本定义！).

2. 柯西准则 积分①收敛的充要条件是对于任意 $\varepsilon>0$ 都存在数 $b=b(\varepsilon)$, 当 $b'>b$ 和 $b''>b$ 时,下列不等式成立：
$$\left|\int_{b'}^{b''}f(x)\mathrm{d}x\right|<\varepsilon.$$

对于型同②式的积分有类以的柯西准则.

3. 绝对收敛的判别法 若 $|f(x)|$ 是广义可积分的,则函数

$f(x)$ 的相应积分 ① 或 ② 称为绝对收敛,而且显然是收敛积分.

比较判别法 1 当 $x \geqslant a$ 时,$|f(x)| \leqslant F(x)$.

若 $\int_a^{+\infty} F(x)\mathrm{d}x$ 收敛,则积分 $\int_a^{+\infty} f(x)\mathrm{d}x$ 绝对收敛.

比较判别法 2 当 $x \to +\infty$ 时,若 $\psi(x) > 0$ 和 $\varphi(x) = O^*(\psi(x))$,则积分 $\int_a^{+\infty} \varphi(x)\mathrm{d}x$ 及 $\int_a^{+\infty} \psi(x)\mathrm{d}x$ 同时收敛或发散,特别是当 $x \to +\infty$ 时,若 $\varphi(x) \sim \psi(x)$,该结论也成立.

比较判别法 3 (1) 当 $x \to +\infty$ 时,
$$f(x) = O^*\left(\frac{1}{x^p}\right).$$

此时,若 $p > 1$,积分 ① 则收敛;而若 $p \leqslant 1$,积分 ① 则发散.

(2) 当 $x \to b - 0$ 时,
$$f(x) = O^*\left(\frac{1}{(b-x)^p}\right).$$

此时,若 $p < 1$,积分 ② 则收敛;而若 $p \geqslant 1$,积分 ② 则发散.

4. 收敛性的特别判别法 若:

(1) 当 $x \to +\infty$ 时,函数 $\varphi(x)$ 单调地趋近于零;

(2) 函数 $f(x)$ 有有界原函数:$F(x) = \int_a^x f(\xi)\mathrm{d}\xi$,

则积分 $\int_a^{+\infty} f(x)\varphi(x)\mathrm{d}x$ 收敛,但一般来说,并非绝对收敛.

特别是若 $p > 0$,则积分:$\int_a^{+\infty} \frac{\cos x}{x^p}\mathrm{d}x$ 及 $\int_a^{+\infty} \frac{\sin x}{x^p}\mathrm{d}x (a > 0)$ 收敛.

5. 柯西主值 若函数 $f(x)$ 对任意 $\varepsilon > 0$ 时存在正常积分:
$$\int_a^{c-\varepsilon} f(x)\mathrm{d}x \ \text{及} \ \int_{c+\varepsilon}^b f(x)\mathrm{d}x \quad (a < c < b),$$

则下数 $V.P.\int_a^b f(x)\mathrm{d}x$

$$= \lim_{\varepsilon \to +0}\left[\int_a^{c-\varepsilon} f(x)\mathrm{d}x + \int_{c+\varepsilon}^b f(x)\mathrm{d}x\right],$$

称为柯西主值 $(V.P.)$.

类似的,$V.P.\int_{-\infty}^{+\infty} f(x)\mathrm{d}x = \lim_{a \to +\infty}\int_{-a}^a f(x)\mathrm{d}x$.

计算下列积分:

第四章 定积分 §4. 广义积分

【2334】 $\int_a^{+\infty} \dfrac{\mathrm{d}x}{x^2}$ $(a>0)$.

解 $\int_a^{+\infty} \dfrac{\mathrm{d}x}{x^2} = \lim\limits_{R\to+\infty}\int_a^R \dfrac{1}{x^2}\mathrm{d}x = \lim\limits_{R\to+\infty}\left(\dfrac{1}{a}-\dfrac{1}{R}\right) = \dfrac{1}{a}.$

【2335】 $\int_0^1 \ln x\,\mathrm{d}x.$

解 $\int_0^1 \ln x\,\mathrm{d}x = \lim\limits_{\varepsilon\to+0}\int_\varepsilon^1 \ln x\,\mathrm{d}x = \lim\limits_{\varepsilon\to+0}(x\ln x - x)\Big|_\varepsilon^1$
$= \lim\limits_{\varepsilon\to+0}(\varepsilon - \varepsilon\ln\varepsilon - 1) = -1.$

【2336】 $\int_{-\infty}^{+\infty} \dfrac{\mathrm{d}x}{1+x^2}.$

解 因为

$$\int_0^{+\infty} \dfrac{\mathrm{d}x}{1+x^2} = \lim\limits_{R\to+\infty}\int_0^R \dfrac{\mathrm{d}x}{1+x^2}$$

$$= \lim\limits_{R\to+\infty} \arctan R = \dfrac{\pi}{2},$$

$$\int_{-\infty}^0 \dfrac{\mathrm{d}x}{1+x^2} = \lim\limits_{R\to+\infty}\int_{-R}^0 \dfrac{\mathrm{d}x}{1+x^2}$$

$$= \lim\limits_{R\to+\infty}(-\arctan(-R)) = \dfrac{\pi}{2},$$

所以 $\int_{-\infty}^{+\infty} \dfrac{\mathrm{d}x}{1+x^2} = \dfrac{\pi}{2} + \dfrac{\pi}{2} = \pi.$

【2337】 $\int_{-1}^1 \dfrac{\mathrm{d}x}{\sqrt{1-x^2}}.$

解 $\int_{-1}^1 \dfrac{\mathrm{d}x}{\sqrt{1-x^2}} = \int_{-1}^0 \dfrac{\mathrm{d}x}{\sqrt{1-x^2}} + \int_0^1 \dfrac{\mathrm{d}x}{\sqrt{1-x^2}}$
$= \lim\limits_{\varepsilon\to+0}\int_{-1+\varepsilon}^0 \dfrac{\mathrm{d}x}{\sqrt{1-x^2}} + \lim\limits_{\eta\to+0}\int_0^{1-\eta} \dfrac{\mathrm{d}x}{\sqrt{1-x^2}}$
$= \lim\limits_{\varepsilon\to+0}[-\arcsin(-1+\varepsilon)] + \lim\limits_{\eta\to+0}\arcsin(1-\eta)$
$= \pi.$

【2338】 $\int_2^{+\infty} \dfrac{\mathrm{d}x}{x^2+x-2}.$

解 $\int_2^{+\infty} \dfrac{\mathrm{d}x}{x^2+x-2} = \lim\limits_{b\to+\infty}\int_2^b \dfrac{\mathrm{d}x}{(x-1)(x+2)}$

$$= \lim_{b \to +\infty} \left(\frac{1}{3} \ln \frac{x-1}{x+2} \right) \Big|_2^b$$
$$= \lim_{b \to +\infty} \left(\frac{1}{3} \ln \frac{b-1}{b+2} - \frac{1}{3} \ln \frac{1}{4} \right) = \frac{2}{3} \ln 2.$$

【2339】 $\int_{-\infty}^{+\infty} \frac{\mathrm{d}x}{(x^2+x+1)^2}.$

解 由 1921 题的结果有

$$\int \frac{\mathrm{d}x}{(x^2+x+1)^2} = \frac{2x+1}{3(x^2+x+1)} + \frac{4}{3\sqrt{3}} \arctan \frac{2x+1}{\sqrt{3}} + C,$$

所以
$$\int_{-\infty}^{+\infty} \frac{\mathrm{d}x}{(x^2+x+1)^2}$$
$$= \lim_{a \to -\infty} \int_a^0 \frac{\mathrm{d}x}{(x^2+x+1)^2} + \lim_{b \to +\infty} \int_a^b \frac{\mathrm{d}x}{(x^2+x+1)^2}$$
$$= \lim_{a \to -\infty} \left\{ \frac{1}{3} + \frac{4}{3\sqrt{3}} \arctan \frac{1}{\sqrt{3}} - \left[\frac{2a+1}{3(a^2+a+1)} \right. \right.$$
$$\left. \left. + \frac{4}{3\sqrt{3}} \arctan \frac{2a+1}{\sqrt{3}} \right] \right\}$$
$$+ \lim_{b \to +\infty} \left\{ \left[\frac{2b+1}{3(b^2+b+1)} + \frac{4}{3\sqrt{3}} \arctan \frac{2b+1}{\sqrt{3}} \right] \right.$$
$$\left. - \left[\frac{1}{3} + \frac{4}{3\sqrt{3}} \arctan \frac{1}{\sqrt{3}} \right] \right\}$$
$$= -\left(-\frac{4}{3\sqrt{3}} \cdot \frac{\pi}{2} \right) + \frac{4}{3\sqrt{3}} \cdot \frac{\pi}{2} = \frac{4\pi}{3\sqrt{3}}.$$

【2340】 $\int_0^{+\infty} \frac{\mathrm{d}x}{1+x^3}.$

解 由 1881 题的结果有
$$\int \frac{\mathrm{d}x}{1+x^3} = \frac{1}{6} \ln \frac{(x+1)^2}{x^2-x+1} + \frac{1}{\sqrt{3}} \arctan \frac{2x-1}{\sqrt{3}} + C,$$

所以 $\int_0^{+\infty} \frac{\mathrm{d}x}{1+x^3} = \lim_{b \to +\infty} \int_0^b \frac{\mathrm{d}x}{1+x^3}$
$$= \lim_{b \to +\infty} \left[\frac{1}{6} \ln \frac{(x+1)^2}{x^2-x+1} + \frac{1}{\sqrt{3}} \arctan \frac{2x-1}{\sqrt{3}} \right] \Big|_0^b$$

$$= \lim_{b \to +\infty} \left(\frac{1}{6} \ln \frac{(b+1)^2}{b^2-b+1} + \frac{1}{\sqrt{3}} \arctan \frac{2b-1}{\sqrt{3}} + \frac{1}{\sqrt{3}} \arctan \frac{1}{\sqrt{3}} \right)$$

$$= \frac{2\pi}{3\sqrt{3}}.$$

【2341】 $\int_0^{+\infty} \frac{x^2+1}{x^4+1} dx.$

解 由 1712 题的结果有

$$\int \frac{x^2+1}{x^4+1} dx = \frac{1}{\sqrt{2}} \arctan \frac{x^2-1}{\sqrt{2}x} + C,$$

所以
$$\int_0^{+\infty} \frac{x^2+1}{x^4+1} dx = \lim_{\substack{b \to +\infty \\ \varepsilon \to +0}} \int_\varepsilon^b \frac{x^2+1}{x^4+1} dx$$

$$= \lim_{\substack{b \to +\infty \\ \varepsilon \to +0}} \left(\frac{1}{\sqrt{2}} \arctan \frac{x^2-1}{\sqrt{2}x} \right) \Big|_\varepsilon^b$$

$$= \frac{1}{\sqrt{2}} \cdot \frac{\pi}{2} + \frac{1}{\sqrt{2}} \cdot \frac{\pi}{2} = \frac{\pi}{\sqrt{2}}.$$

【2342】 $\int_0^1 \frac{dx}{(2-x)\sqrt{1-x}}.$

解 先求出 $\int \frac{dx}{(2-x)\sqrt{1-x}}$

设 $\sqrt{1-x} = t,$

则 $x = 1-t^2, dx = -2t dt$

所以 $\int \frac{dx}{(2-x)\sqrt{1-x}} = -2 \int \frac{dt}{1+t^2}$

$$= -2 \arctan t + C = -2 \arctan \sqrt{1-x} + C,$$

故 $\int_0^1 \frac{dx}{(2-x)\sqrt{1-x}}$

$$= \lim_{\varepsilon \to +0} \int_0^{1-\varepsilon} \frac{dx}{(2-x)\sqrt{1-x}}$$

$$= \lim_{\varepsilon \to +0} \left(-2 \arctan \sqrt{1-x} \Big|_0^{1-\varepsilon} \right)$$

$$= \lim_{\varepsilon \to +0} \left(-2 \arctan \sqrt{1-(1-\varepsilon)} + 2 \cdot \frac{\pi}{4} \right) = \frac{\pi}{2}.$$

【2343】 $\int_1^{+\infty} \frac{dx}{x\sqrt{1+x^5+x^{10}}}.$

解 设 $\sqrt{1+x^5+x^{10}}+x^5=t$,

则当 $1 \leqslant x \leqslant \infty$ 时, $1+\sqrt{3} \leqslant t < +\infty$,

所以
$$\int_1^{+\infty} \frac{dx}{x\sqrt{1+x^5+x^{10}}} = \frac{2}{5}\int_{1+\sqrt{3}}^{+\infty} \frac{dt}{t^2-1}$$

$$= \frac{1}{5}\ln\frac{t-1}{t+1}\Big|_{1+\sqrt{3}}^{+\infty} = 0 - \frac{1}{5}\ln\frac{\sqrt{3}}{2+\sqrt{3}}$$

$$= \frac{1}{5}\ln\left(1+\frac{2}{\sqrt{3}}\right).$$

【2344】 $\int_0^{+\infty} \frac{x\ln x}{(1+x^2)^2}dx.$

解 因为 $\lim\limits_{x\to+0}\frac{x\ln x}{(1+x^2)^2} = 0$,

即被积函数在 $x=0$ 处连续, 又当 $x>1$ 时

$$\frac{x\ln x}{(1+x^2)^2} \leqslant \frac{x^2}{(1+x^2)^2} < \frac{1}{x^2},$$

所以积分 $\int_0^{+\infty}\frac{x\ln x}{(1+x^2)^2}dx$ 收敛, 又

$$\int_0^{+\infty}\frac{x\ln x}{(1+x^2)^2}dx$$

$$= \int_0^1 \frac{x\ln x}{(1+x^2)^2}dx + \int_1^{+\infty}\frac{x\ln x}{(1+x^2)^2}dx.$$

对右边的第一个积分作变量代换, 令 $x=\frac{1}{t}$, 则 $dx=-\frac{1}{t^2}dt$, 因而

$$\int_0^1\frac{x\ln x dx}{(1+x^2)^2} = \int_{+\infty}^1 \frac{\frac{1}{t}\ln\left(\frac{1}{t}\right)}{\left(1+\frac{1}{t^2}\right)^2}\left(-\frac{1}{t^2}\right)dt$$

$$= -\int_1^{+\infty}\frac{t\ln t}{(1+t^2)^2}dt,$$

因此 $\int_0^{+\infty}\frac{x\ln x}{(1+x^2)^2}dx$

$$= -\int_1^{+\infty}\frac{x\ln x dx}{(1+x^2)^2} + \int_1^{+\infty}\frac{x\ln dx}{(1+x^2)^2} = 0.$$

【2345】 $\int_0^{+\infty}\frac{\text{acrtan}x}{(1+x^2)^{\frac{3}{2}}}dx.$

解 设 $x = \tan t$,

则
$$\int_0^{+\infty} \frac{\arctan x}{(1+x^2)^{\frac{3}{2}}} dx = \int_0^{\frac{\pi}{2}} \frac{t\sec^2 t}{\sec^3 t} dt = \int_0^{\frac{\pi}{2}} t\cos t\, dt$$
$$= (t\sin t + \cos t)\Big|_0^{\frac{\pi}{2}} = \frac{\pi}{2} - 1.$$

【2346】 $\int_0^{+\infty} e^{-ax}\cos bx\, dx \quad (a > 0).$

解 根据 1828 题的结果有
$$\int e^{-ax}\cos bx\, dx = \frac{-a\cos bx + b\sin bx}{a^2+b^2} e^{-ax} + C,$$

所以
$$\int_0^{+\infty} e^{-ax}\cos bx\, dx = \left(\frac{-a\cos bx + b\sin bx}{a^2+b^2} e^{-ax}\right)\Big|_0^{+\infty}$$
$$= \frac{a}{a^2+b^2}.$$

【2347】 $\int_0^{+\infty} e^{-ax}\sin bx\, dx \quad (a > 0).$

解 根据 1829 题的结果有
$$\int_0^{+\infty} e^{-ax}\sin bx\, dx = \left(\frac{-a\sin bx - b\cos bx}{a^2+b^2} e^{-ax}\right)\Big|_0^{+\infty}$$
$$= \frac{b}{a^2+b^2}.$$

利用递推公式计算下列广义积分(n 为自然数)(2348～2352).

【2348】 $I_n = \int_0^{+\infty} x^n e^{-x} dx.$

解 $I_n = \int_0^{+\infty} x^n e^{-x} dx = \int_0^{+\infty} x^n d(-e^{-x})$
$$= -x^n e^{-x}\Big|_0^{+\infty} + n\int_0^{+\infty} x^{n-1} e^{-x} dx$$
$$= n\int_0^{+\infty} x^{n-1} e^{-x} dx = nI_{n-1},$$

又
$$I_0 = \int_0^{+\infty} e^{-x} dx = -e^{-x}\Big|_0^{+\infty} = 1,$$

所以
$$I_n = nI_{n-1} = n(n-1)I_{n-2} = \cdots$$
$$= n(n-1)\cdots 2 \cdot 1 I_0 = n!.$$

【2349】 $I_n = \int_{-\infty}^{+\infty} \frac{dx}{(ax^2+2bx+c)^n} \quad (ac-b^2 > 0).$

解 根据 1921 的结果有

$$I_n = \frac{ax+b}{2(n-1)(ac-b^2)(ax^2+2bx+c)^{n-1}}\Big|_{-\infty}^{+\infty}$$
$$+ \frac{2n-3}{n-1}\cdot\frac{a}{2(ac-b^2)}I_{n-1}$$
$$= \frac{2n-3}{2(n-1)}\cdot\frac{a}{ac-b^2}I_{n-1} \quad (n>1),$$

即 $I_n = \frac{2n-3}{2(n-1)}\frac{a}{ac-b^2}I_{n-1} \quad (n>1),$

又 $I_1 = \int_{-\infty}^{+\infty}\frac{\mathrm{d}x}{ax^2+bx+c}$

$$= \frac{\mathrm{sgn}a}{\sqrt{ac-b^2}}\arctan\frac{|a|\left(x+\frac{b}{a}\right)}{\sqrt{ac-b^2}}\Big|_{-\infty}^{+\infty}$$
$$= \frac{\pi\mathrm{sgn}a}{\sqrt{ac-b^2}},$$

因此 $I_n = \frac{(2n-3)(2n-5)\cdots 3\cdot 1}{(2n-2)(2n-4)\cdots 4\cdot 2}\cdot\frac{\pi a^{n-1}\mathrm{sgn}a}{(ac-b^2)^{n-\frac{1}{2}}}$

$$= \frac{(2n-3)!!}{(2n-2)!!}\cdot\frac{\pi a^{n-1}\mathrm{sgn}a}{(ac-b^2)^{n-\frac{1}{2}}}.$$

【2350】 $I_n = \int_1^{+\infty}\frac{\mathrm{d}x}{x(x+1)\cdots(x+n)}.$

解 因 $\lim\limits_{x\to+\infty}x^{n+1}\cdot\frac{1}{x(x+1)\cdots(x+n)}=1$,且 $n+1>1$,所以 I_n 收敛.先考虑 $n>1$

$$I_n = \frac{1}{n}\int_1^{+\infty}\frac{x+n-x}{x(x+1)\cdots(x+n)}\mathrm{d}x$$
$$= \frac{1}{n}I_{n-1} - \frac{1}{n}\int_1^{+\infty}\frac{1}{(x+1)\cdots(x+n)}\mathrm{d}x,$$

对于右边第二个积分,令 $t=x+1$,则

$$\int_1^{+\infty}\frac{1}{(x+1)\cdots(x+n)}\mathrm{d}x$$
$$= \int_2^{+\infty}\frac{\mathrm{d}t}{t(t+1)\cdots(t+n-1)}$$
$$= I_{n-1} - \int_1^2\frac{\mathrm{d}x}{x(x+1)\cdots(x+n-1)},$$

所以 $I_n = \dfrac{1}{n}\displaystyle\int_1^2 \dfrac{\mathrm{d}x}{x(x+1)\cdots(x+n-1)}$，而

$$\dfrac{1}{x(x+1)\cdots(x+n-1)}$$
$$= \dfrac{1}{(n-1)!\,x} - \dfrac{1}{(n-2)!\,(x+1)} + \dfrac{1}{2!(n-3)!\,(x+2)}$$
$$+ \cdots + (-1)^{n-1}\dfrac{1}{n!(x+n-1)}$$
$$= \dfrac{1}{(n-1)!}\sum_{k=0}^{n-1} C_{n-1}^k (-1)^k \cdot \dfrac{1}{x+k},$$

因此 $I_n = \dfrac{1}{n!}\displaystyle\sum_{k=0}^{n-1} C_{n-1}^k (-1)^k \int_1^2 \dfrac{\mathrm{d}x}{x+k}$

$$= \dfrac{1}{n!}\sum_{k=0}^{n-1} C_{n-1}^k (-1)^k [\ln(k+2) - \ln(k+1)]$$
$$= \dfrac{1}{n!}\sum_{k=0}^{n} C_n^k (-1)^{k+1} \ln(k+1).$$

显然 $I_1 = \ln 2$.

【2351】 $I_n = \displaystyle\int_0^1 \dfrac{x^n \mathrm{d}x}{\sqrt{(1-x)(1+x)}}.$

解 $\displaystyle\lim_{x\to 1-0} \sqrt{1-x} \cdot \dfrac{x^n}{\sqrt{(1-x)(1+x)}} = \dfrac{1}{2},$

所以积分 I_n 收敛，设 $x = \sin t$，并利用 2281 题结果有

$$I_n = \int_0^{\frac{\pi}{2}} \sin^n t\,\mathrm{d}t$$
$$= \begin{cases} \dfrac{(2k-1)!!}{(2k)!!} \cdot \dfrac{\pi}{2} & \text{当 } n = 2k \text{ 时,} \\ \dfrac{(2k-2)!!}{(2k-1)!!} & \text{当 } n = 2k-1 \text{ 时.} \end{cases}$$

【2352】 $I_n = \displaystyle\int_0^{+\infty} \dfrac{\mathrm{d}x}{\operatorname{ch}^{n+1} x}.$

解 显然积分收敛，设 $x = \ln\left(\tan\dfrac{t}{2}\right)$，则当 $0 \leqslant x < +\infty$ 时，$\dfrac{\pi}{2} \leqslant t < \pi$. $\operatorname{ch} x = \dfrac{1}{\sin t},\mathrm{d}x = \dfrac{1}{\sin t}\mathrm{d}t$. 所以

$$I_n = \int_0^{+\infty} \frac{\mathrm{d}x}{\mathrm{ch}^{n+1} x}$$

$$= \int_{\frac{\pi}{2}}^{\pi} \sin^n t\, \mathrm{d}t = \int_0^{\frac{\pi}{2}} \sin^n u\, \mathrm{d}u$$

$$= \begin{cases} \dfrac{(2k-1)!!}{(2k)!!} \cdot \dfrac{\pi}{2}, & \text{当 } n = 2k \text{ 时,} \\ \dfrac{(2k-2)!!}{(2k-1)!!}, & \text{当 } n = 2k-1 \text{ 时.} \end{cases}$$

【2353】 (1) $\int_0^{\frac{\pi}{2}} \ln\sin x\, \mathrm{d}x$;   (2) $\int_0^{\frac{\pi}{2}} \ln\cos x\, \mathrm{d}x$.

解 因为

$$\lim_{x \to +0} \sqrt{x} \cdot \ln\sin x = 0,$$

所以积分 $\int_0^{\frac{\pi}{2}} \ln\sin x\, \mathrm{d}x$ 收敛,而令

$$x = \frac{\pi}{2} - t,$$

则

$$\int_0^{\frac{\pi}{2}} \ln\cos x\, \mathrm{d}x = \int_0^{\frac{\pi}{2}} \ln\sin t\, \mathrm{d}t.$$

所以积分 $\int_0^{\frac{\pi}{2}} \ln\cos x\, \mathrm{d}x$ 也收敛,设

$$A = \int_0^{\frac{\pi}{2}} \ln\sin x\, \mathrm{d}x,$$

则

$$2A = \int_0^{\frac{\pi}{2}} (\ln\sin x + \ln\cos x)\, \mathrm{d}x$$

$$= \int_0^{\frac{\pi}{2}} \ln\left(\frac{1}{2}\sin 2x\right) \mathrm{d}x$$

$$= \int_0^{\frac{\pi}{2}} \ln\sin 2x\, \mathrm{d}x - \frac{\pi}{2}\ln 2$$

$$= \frac{1}{2}\int_0^{\pi} \ln\sin t\, \mathrm{d}t - \frac{\pi}{2}\ln 2$$

$$= \frac{1}{2}\left(\int_0^{\frac{\pi}{2}} \ln\sin t\, \mathrm{d}t + \int_{\frac{\pi}{2}}^{\pi} \ln\sin t\, \mathrm{d}t\right) - \frac{\pi}{2}\ln 2$$

$$= \int_0^{\frac{\pi}{2}} \ln\sin t\, \mathrm{d}t - \frac{\pi}{2}\ln 2 = A - \frac{\pi}{2}\ln 2,$$

所以 $\quad A = -\dfrac{\pi}{2}\ln 2.$

即 $\quad \displaystyle\int_0^{\frac{\pi}{2}} \ln\sin x \, dx = \int_0^{\frac{\pi}{2}} \ln\cos x \, dx = -\dfrac{\pi}{2}\ln 2.$

【2354】 求 $\displaystyle\int_E e^{-\frac{x}{2}} \dfrac{|\sin x - \cos x|}{\sqrt{\sin x}} dx,$

其中 E 为在区间 $(0, +\infty)$ 上使被积分式有意义的 x 的集.

解 $\displaystyle\int_E e^{-\frac{x}{2}} \dfrac{|\sin x - \cos x|}{\sqrt{\sin x}} dx$

$= \displaystyle\sum_{k=0}^{+\infty} \int_{2k\pi}^{(2k+1)\pi} e^{-\frac{x}{2}} \dfrac{|\sin x - \cos x|}{\sqrt{\sin x}} dx$

这里 $\displaystyle\sum_{k=0}^{+\infty} S_k = \lim_{n \to +\infty} \sum_{k=0}^{n} S_k.$ 而

$\displaystyle\int e^{-\frac{x}{2}} \dfrac{\cos x - \sin x}{\sqrt{\sin x}} dx$

$= 2\displaystyle\int e^{-\frac{x}{2}} d(\sqrt{\sin x}) - \int e^{-\frac{x}{2}} \sqrt{\sin x}\, dx$

$= 2e^{-\frac{x}{2}} \sqrt{\sin x} + \displaystyle\int e^{-\frac{x}{2}} \sqrt{\sin x}\, dx - \int e^{-\frac{x}{2}} \sqrt{\sin x}\, dx$

$= 2e^{-\frac{x}{2}} \sqrt{\sin x} + C,$

所以 $\displaystyle\int_{2k\pi}^{(2k+1)\pi} e^{-\frac{x}{2}} \dfrac{|\sin x - \cos x|}{\sqrt{\sin x}} dx$

$= \displaystyle\int_{2k\pi}^{(2k+\frac{1}{4})\pi} e^{-\frac{x}{2}} \dfrac{\cos x - \sin x}{\sqrt{\sin x}} dx$

$\quad + \displaystyle\int_{(2k+\frac{1}{4})\pi}^{(2k+1)\pi} e^{-\frac{x}{2}} \dfrac{\sin x - \cos x}{\sqrt{\sin x}} dx$

$= 2e^{-\frac{x}{2}} \sqrt{\sin x} \Big|_{2k\pi}^{(2k+\frac{1}{4})\pi} - 2e^{-\frac{x}{2}} \sqrt{\sin x} \Big|_{(2k+\frac{1}{4})\pi}^{(2k+1)\pi}$

$= 2\sqrt[4]{8} \cdot e^{-k\pi} \cdot e^{-\frac{\pi}{8}}.$

因此 $\displaystyle\int_E e^{-\frac{x}{2}} \dfrac{|\sin x - \cos x|}{\sqrt{\sin x}} dx$

$= \displaystyle\lim_{n\to\infty} \sum_{k=0}^{n} 2\sqrt[4]{8}\, e^{-k\pi} e^{-\frac{\pi}{8}}$

$$= \lim_{n \to +\infty} 2\sqrt[4]{8} e^{-\frac{\pi}{8}} \frac{1-e^{-(n+1)\pi}}{1-e^{-\pi}} = \frac{2\sqrt[4]{8} e^{-\frac{\pi}{8}}}{1-e^{-\pi}}.$$

【2355】 证明等式:
$$\int_0^{+\infty} f\left(ax + \frac{b}{x}\right) dx = \frac{1}{a}\int_0^{+\infty} f(\sqrt{x^2+4ab}) dx,$$
其中 $a > 0, b > 0$ (假定等式左边的积分有意义).

证 设 $ax - \dfrac{b}{x} = t$,

则当 $0 < x < +\infty$ 时 $-\infty < t < +\infty$,
$$ax + \frac{b}{x} = \sqrt{t^2+4ab},$$
将此二式相加得
$$x = \frac{1}{2a}(t + \sqrt{t^2+4ab}),$$
从而
$$dx = \frac{1}{2a} \frac{t+\sqrt{t^2+4ab}}{\sqrt{t^2+4ab}} dt.$$
因此
$$\int_0^{+\infty} f\left(ax+\frac{b}{x}\right) dx$$
$$= \frac{1}{2a} \int_{-\infty}^{+\infty} f(\sqrt{t^2+4ab}) \frac{t+\sqrt{t^2+4ab}}{\sqrt{t^2+4ab}} dt$$
$$= \frac{1}{2a} \int_0^{+\infty} f(\sqrt{t^2+4ab}) \frac{t+\sqrt{t^2+4ab}}{\sqrt{t^2+4ab}} dt$$
$$+ \frac{1}{2a} \int_{-\infty}^{0} f(\sqrt{t^2+4ab}) \frac{t+\sqrt{t^2+4ab}}{\sqrt{t^2+4ab}} dt$$
$$= \frac{1}{2a} \int_0^{+\infty} f(\sqrt{t^2+4ab}) \frac{t+\sqrt{t^2+4ab}}{\sqrt{t^2+4ab}} dt$$
$$+ \frac{1}{2a} \int_0^{+\infty} f(\sqrt{t^2+4ab}) \frac{\sqrt{t^2+4ab}-t}{\sqrt{t^2+4ab}} dt$$
$$= \frac{1}{a} \int_0^{+\infty} f(\sqrt{t^2+4ab}) dt,$$
即
$$\int_0^{+\infty} f\left(ax+\frac{b}{x}\right) dx = \frac{1}{a} \int_0^{+\infty} f(\sqrt{x^2+4ab}) dx.$$

【2356】 $M[f] = \lim\limits_{x \to +\infty} \dfrac{1}{x} \int_0^x f(\xi) d\xi$

称为函数 $f(x)$ 在区间 $(0,+\infty)$ 上的平均值.

求出下列函数的平均值：

(1) $f(x) = \sin^2 x + \cos^2(x\sqrt{2})$；

(2) $f(x) = \arctan x$；

(3) $f(x) = \sqrt{x}\sin x$.

解 (1) 因为

$$\int_0^x \left[\sin^2 t + \cos^2(t\sqrt{2})\right] dt$$

$$= \int_0^x \left[\frac{1-\cos 2t}{2} + \frac{1+\cos(2\sqrt{2}t)}{2}\right] dt$$

$$= x - \frac{1}{4}\sin 2x + \frac{1}{4\sqrt{2}}\sin(2\sqrt{2}x),$$

所以

$$M[f] = \lim_{x\to+\infty} \frac{1}{x}\int_0^x \left[\sin^2 t + \cos^2(t\sqrt{2})\right] dt$$

$$= \lim_{x\to+\infty} \left(1 - \frac{\sin 2x}{4x} + \frac{\sin(2\sqrt{2}x)}{4\sqrt{2}x}\right) = 1.$$

(2) 因为

$$\int_0^x \arctan t\, dt = t\arctan t\bigg|_0^x - \int_0^x \frac{t}{1+t^2} dt$$

$$= x\arctan x - \frac{1}{2}\ln(1+x^2),$$

所以

$$M[f] = \lim_{x\to+\infty} \frac{1}{x}\int_0^x \arctan t\, dt$$

$$= \lim_{x\to+\infty} \left[\arctan x - \frac{\frac{1}{2}\ln(1+x^2)}{x}\right]$$

$$= \frac{\pi}{2} - \lim_{x\to+\infty} \frac{x}{1+x^2} = \frac{\pi}{2}.$$

(3) 利用第二中值定理，有

$$\int_0^x \sqrt{t}\sin t\, dt = \sqrt{x}\int_c^x \sin t\, dt$$

$$= \sqrt{x}(\cos c - \cos x) \quad (0 \leqslant c \leqslant x),$$

于是 $$M[f] = \lim_{x \to +\infty} \frac{1}{x} \int_0^x \sqrt{t} \sin t \, dt$$
$$= \lim_{x \to +\infty} \frac{\cos c - \cos x}{\sqrt{x}} = 0.$$

【2357】 求：

(1) $\lim\limits_{x \to 0} x \int_x^1 \dfrac{\cos t}{t^2} dt$;

(2) $\lim\limits_{x \to \infty} \dfrac{\int_0^x \sqrt{1+t^4} dt}{x^3}$;

(3) $\lim\limits_{x \to +0} \dfrac{\int_x^{+\infty} t^{-1} e^{-t} dt}{\ln \dfrac{1}{x}}$;

(4) $\lim\limits_{x \to 0} x^a \int_x^1 \dfrac{f(t)}{t^{a+1}} dt$.

其中 $a > 0, f(t)$ 为在区间 $[0,1]$ 的连续函数.

解 (1) 易证
$$1 - \frac{t^2}{2} \leqslant \cos t \leqslant 1,$$

所以 $$\int_x^1 \frac{1 - \dfrac{t^2}{2}}{t^2} dt \leqslant \int_x^1 \frac{\cos t}{t^2} dt \leqslant \int_x^1 \frac{dt}{t^2},$$

而 $$\int_x^1 \frac{1 - \dfrac{t^2}{2}}{t^2} dt = -\frac{3}{2} + \frac{x}{2} + \frac{1}{x},$$

$$\int_x^1 \frac{dt}{t^2} = -1 + \frac{1}{x},$$

因而 $$-\frac{3}{2} + \frac{x}{2} + \frac{1}{x} \leqslant \int_x^1 \frac{\cos t}{t^2} dt \leqslant -1 + \frac{1}{x},$$

而 $$\lim_{x \to 0} x \left(-\frac{3}{2} + \frac{x}{2} + \frac{1}{x} \right) = 1,$$

$$\lim_{x \to 0} x \left(-1 + \frac{1}{x} \right) = 1,$$

由两边夹定理，得到
$$\lim_{x \to 0} x \int_x^1 \frac{\cos t}{t^2} dt = 1.$$

(2) 由于
$$\int_0^x \sqrt{1+t^4} dt > \int_0^x t^2 dt = \frac{x^3}{3},$$

所以当 $x \to +\infty$ 时

$$\int_0^x \sqrt{1+t^4}\,\mathrm{d}t \to +\infty,$$

利用洛必达法则可得

$$\lim_{x \to +\infty} \frac{\int_0^x \sqrt{1+t^4}\,\mathrm{d}t}{x^3} = \lim_{x \to +\infty} \frac{\sqrt{1+x^4}}{3x^2} = \frac{1}{3}.$$

(3) 因

$$\lim_{t \to +0} t(t^{-1}\mathrm{e}^{-t}) = \lim_{t \to +0} \mathrm{e}^{-t} = 1,$$

故 $\int_0^1 t^{-1}\mathrm{e}^{-t}\,\mathrm{d}t$ 发散,而显然 $\int_1^{+\infty} t^{-1}\mathrm{e}^{-t}\,\mathrm{d}t$ 收敛,所以所求极限为 $\frac{\infty}{\infty}$ 型未定型. 利用洛必达法则,有

$$\lim_{x \to +0} \frac{\int_x^{+\infty} t^{-1}\mathrm{e}^{-t}\,\mathrm{d}t}{\ln\frac{1}{x}} = \lim_{x \to +0} \frac{-x^{-1}\mathrm{e}^{-x}}{-\frac{1}{x}} = \lim_{x \to +0}(\mathrm{e}^{-x}) = 1.$$

(4) 若 $f(0) \neq 0$,则积分 $\int_0^1 \frac{f(t)}{t^{\alpha+1}}\,\mathrm{d}t$ 发散,所求极限为 $\frac{\infty}{\infty}$ 未定式. 应用洛必达法则,有

$$\lim_{x \to +0} x^\alpha \int_x^1 \frac{f(t)}{t^{\alpha+1}}\,\mathrm{d}t = \lim_{x \to +0} \frac{\int_x^1 \frac{f(t)}{t^{\alpha+1}}\,\mathrm{d}t}{\frac{1}{x^\alpha}} = \lim_{x \to +0} \frac{-\frac{f(x)}{x^{\alpha+1}}}{-\alpha \frac{1}{x^{\alpha+1}}}$$

$$= \lim_{x \to +0} \frac{f(x)}{\alpha} = \frac{f(0)}{\alpha}.$$

若 $f(0) = 0$,
则设 $g(x) = f(x) + 1$,
从而 $g(0) = 1 \neq 0$,
所以 $\lim_{x \to +0} x^\alpha \int_x^1 \frac{g(t)}{t^{\alpha+1}}\,\mathrm{d}t = \frac{1}{\alpha},$
因此 $\lim_{x \to +0} x^\alpha \int_x^1 \frac{f(t)}{t^{\alpha+1}}\,\mathrm{d}t = \lim_{x \to +0} x^\alpha \left(\int_x^1 \frac{g(t)-1}{t^{\alpha+1}}\,\mathrm{d}t \right)$

$$= \lim_{x \to +0} x^\alpha \int_x^1 \frac{g(t)}{t^{\alpha+1}}\,\mathrm{d}t - \lim_{x \to +0} x^\alpha \int_x^1 \frac{1}{t^{\alpha+1}}\,\mathrm{d}t$$

$$= \frac{1}{\alpha} - \frac{1}{\alpha} = 0.$$

综上所述,我们有 $\lim\limits_{x\to+0} x^{\alpha} \int_x^1 \dfrac{f(t)}{t^{\alpha+1}} \mathrm{d}t = \dfrac{f(0)}{\alpha}$.

研究下列积分的收敛性(2358 ~ 2377).

【2358】 $\int_0^{+\infty} \dfrac{x^2 \mathrm{d}x}{x^4 - x^2 + 1}$.

解 $\lim\limits_{x\to+\infty} x^2 \cdot \dfrac{x^2}{x^4 - x^2 + 1} = 1$,

所以积分 $\int_0^{+\infty} \dfrac{x^2 \mathrm{d}x}{x^4 - x^2 + 1}$ 收敛.

【2359】 $\int_1^{+\infty} \dfrac{\mathrm{d}x}{x \sqrt[3]{x^2 + 1}}$.

解 因为 $\lim\limits_{x\to+\infty} x^{\frac{5}{3}} \dfrac{1}{x \cdot \sqrt[3]{x^2 + 1}} = 1$,

所以 $\int_1^{+\infty} \dfrac{\mathrm{d}x}{x \sqrt[3]{x^2 + 1}}$ 收敛.

【2360】 $\int_0^2 \dfrac{\mathrm{d}x}{\ln x}$.

解 因为 $\lim\limits_{x\to 1+0}(x-1) \cdot \dfrac{1}{\ln x} = \lim\limits_{x\to 1+0} \dfrac{1}{\frac{1}{x}} = 1$,

所以积分 $\int_1^2 \dfrac{\mathrm{d}x}{\ln x}$ 发散,从而积分 $\int_0^2 \dfrac{\mathrm{d}x}{\ln x}$ 也发散.

【2361】 $\int_0^{+\infty} x^{p-1} \mathrm{e}^{-x} \mathrm{d}x$.

解 $\int_0^{+\infty} x^{p-1} \mathrm{e}^{-x} \mathrm{d}x = \int_0^1 x^{p-1} \mathrm{e}^{-x} \mathrm{d}x + \int_1^{+\infty} x^{p-1} \mathrm{e}^{-x} \mathrm{d}x$,

对于积分 $\int_0^1 x^{p-1} \mathrm{e}^x \mathrm{d}x$,由于

$$\lim_{x\to+0} \dfrac{x^{p-1} \mathrm{e}^{-x}}{\dfrac{1}{x^{1-p}}} = \lim_{x\to+0}(x^{1-p} \cdot x^{p-1} \mathrm{e}^{-x}) = 1,$$

故当 $1-p < 1$,即 $p > 0$ 时,积分 $\int_0^1 x^{p-1} \mathrm{e}^{-x} \mathrm{d}x$ 收敛,又

$$\lim_{x\to+\infty} \dfrac{x^{p-1} \mathrm{e}^{-x}}{\dfrac{1}{x^2}} = \lim_{x\to+\infty} \dfrac{x^{p+1}}{\mathrm{e}^x} = 0.$$

所以对一切 p，$\int_1^{+\infty} x^{p-1} e^{-x} dx$ 收敛，因此，当 $p>0$ 时积分 $\int_0^{+\infty} x^{p-1} e^{-x} dx$ 收敛.

【2362】 $\int_0^1 x^p \ln^q \dfrac{1}{x} dx$.

解 $\int_0^1 x^p \ln^q \dfrac{1}{x} dx = \int_0^{\frac{1}{2}} x^p \ln^q \dfrac{1}{x} dx + \int_{\frac{1}{2}}^1 x^p \ln^q \dfrac{1}{x} dx$,

先讨论积分 $\int_{\frac{1}{2}}^1 x^p \ln^q \dfrac{1}{x} dx$. 因为

$$\lim_{x \to 1-0} (1-x)^{-q} \cdot x^p \ln^q \dfrac{1}{x} = \lim_{x \to 1-0} x^p \left(\dfrac{\ln \dfrac{1}{x}}{1-x} \right)^q$$

$$= \lim_{x \to 1-0} \left[\dfrac{\ln \dfrac{1}{x}}{1-x} \right]^q = \left(\lim_{x \to 1-0} \dfrac{1}{x} \right)^q = 1,$$

故当 $-q<1$，即 $q>-1$ 时积分 $\int_{\frac{1}{2}}^1 x^p \ln^q \dfrac{1}{x} dx$ 收敛.

当 $-q \geq 1$，即 $q \leq -1$ 时发散，于是当 $q \leq -1$ 时，积分 $\int_0^1 x^p \ln^q \dfrac{1}{x} dx$ 必发散.

下面讨论 $\int_0^{\frac{1}{2}} x^p \ln^q \left(\dfrac{1}{x} \right) dx$ $(q>-1)$.

若 $p>-1$，可取 $\tau>0$ 充分小，使 $p-\tau>-1$，而

$$\lim_{x \to +0} x^{-p+\tau} \cdot x^p \ln^q \dfrac{1}{x} = \lim_{x \to +0} \dfrac{\left(\ln \dfrac{1}{x} \right)^q}{\left(\dfrac{1}{x} \right)^\tau} = 0,$$

由于 $-p+\tau<1$，故此时积分 $\int_0^{\frac{1}{2}} x^p \ln^q \dfrac{1}{x} dx$ 收敛.

若 $p \leq -1$ 则

$$\int_0^{\frac{1}{2}} x^p \ln^q \dfrac{1}{x} dx \geq \int_0^{\frac{1}{2}} x^{-1} \ln^q \dfrac{1}{x} dx$$

$$= -\int_0^{\frac{1}{2}} \ln^q \dfrac{1}{x} d\left(\ln \dfrac{1}{x} \right) = -\dfrac{\ln \left(\dfrac{1}{x} \right)^{q+1}}{q+1} \bigg|_0^{\frac{1}{2}} = +\infty \, (q>-1),$$

故此时 $\int_0^{\frac{1}{2}} x^p \ln^q \dfrac{1}{x} dx$ 发散.

综上所述,当 $p > -1$,且 $q > -1$ 时,积分 $\int_0^1 x^p \ln^q \frac{1}{x} dx$ 收敛.

【2363】 $\int_0^{+\infty} \frac{x^m}{1+x^n} dx \quad (n \geq 0)$.

解 $\int_0^{+\infty} \frac{x^m}{1+x^n} dx = \int_0^1 \frac{x^m}{1+x^n} dx + \int_1^{+\infty} \frac{x^m}{1+x^n} dx$,

而 $\lim\limits_{x \to +0} x^{-m} \frac{x^m}{1+x^n} = 1$,

故当且仅当 $-m < 1$,即 $m > -1$ 时 $\int_0^1 \frac{x^m}{1+x^n} dx$ 收敛,又

$$\lim_{x \to +\infty} x^{n-m} \frac{x^m}{1+x^n} = 1,$$

故当且仅当 $n - m > 1$ 时,积分 $\int_1^{+\infty} \frac{x^m}{1+x^n} dx$ 收敛.因此,当 $m > -1$ 且 $n - m > 1$ 时积分 $\int_0^{+\infty} \frac{x^m}{1+x^n} dx$ 收敛.

【2364】 $\int_0^{+\infty} \frac{\arctan ax}{x^n} dx \quad (a \neq 0)$.

解 不妨设 $a > 0$

$$\int_0^{+\infty} \frac{\arctan ax}{x^n} dx = \int_0^1 \frac{\arctan ax}{x^n} dx + \int_1^{+\infty} \frac{\arctan ax}{x^n} dx$$

由于 $\lim\limits_{x \to +0} x^{n-1} \frac{\arctan ax}{x^n} = \lim\limits_{x \to +0} \frac{\arctan ax}{x}$

$$= \lim_{x \to +0} \frac{a}{1+a^2 x^2} = a,$$

故当且仅当 $n - 1 < 1$,即 $n < 2$ 时,积分 $\int_0^1 \frac{\arctan ax}{x^n} dx$ 收敛,又

$$\lim_{n \to \infty} x^n \cdot \frac{\arctan ax}{x^n} = \frac{\pi}{2},$$

故当且仅当 $n > 1$ 时积分 $\int_1^{+\infty} \frac{\arctan ax}{x^n} dx$ 收敛,总之当且仅当 $1 < n < 2$ 时 $\int_0^{+\infty} \frac{\arctan ax}{x^n} dx$ 收敛.

【2365】 $\int_0^{+\infty} \frac{\ln(1+x)}{x^n} dx$.

解 $\int_0^{+\infty} \dfrac{\ln(1+x)}{x^n} dx$

$= \int_0^1 \dfrac{\ln(1+x)}{x^n} dx + \int_1^{+\infty} \dfrac{\ln(1+x)}{x^n} dx,$

而 $\lim\limits_{x \to +0} x^{n-1} \dfrac{\ln(1+x)}{x^n} = \lim\limits_{x \to +0} \dfrac{\ln(1+x)}{x} = 1.$

所以当且仅当 $n-1<1$，即 $n<2$ 时积分 $\int_0^1 \dfrac{\ln(1+x)}{x^n} dx$ 收敛.

当 $n>1$ 时，取 $\tau > 0$ 充分小使得 $n - \tau > 1$，由于

$$\lim_{x \to +\infty} x^{n-\tau} \dfrac{\ln(1+x)}{x^n} = \lim_{x \to +\infty} \dfrac{\ln(1+x)}{x^\tau} = 0,$$

故此时积分 $\int_1^{+\infty} \dfrac{\ln(1+x)}{x^n} dx$ 收敛. 而当 $n \leqslant 1$ 时，由于

$$\lim_{x \to +\infty} x^n \cdot \dfrac{\ln(1+x)}{x^n} = \lim_{x \to +\infty} \ln(1+x) = +\infty.$$

故此时 $\int_1^{+\infty} \dfrac{\ln(1+x)}{x^n} dx$ 发散.

总之，当且仅当 $1 < n < 2$ 时 $\int_0^{+\infty} \dfrac{\ln(1+x)}{x^n} dx$ 收敛.

[2366] $\int_0^{+\infty} \dfrac{x^m \arctan x}{2 + x^n} dx \quad (n \geqslant 0).$

解 $\int_0^{+\infty} \dfrac{x^m \arctan x}{2 + x^n} dx$

$= \int_0^1 \dfrac{x^m \arctan x}{2 + x^n} dx + \int_1^{+\infty} \dfrac{x^m \arctan x}{2 + x^n} dx,$

由于 $\lim\limits_{x \to +0} x^{-m-1} \cdot \dfrac{x^m \cdot \arctan x}{2 + x^n} = \lim\limits_{x \to +0} \dfrac{1}{2 + x^n} \lim\limits_{x \to +0} \dfrac{\arctan x}{x} = \dfrac{1}{2},$

故当且仅当 $-m-1 < 1$，即 $m > -2$ 时积分 $\int_0^1 \dfrac{x^m \arctan x}{2 + x^n} dx$ 收敛，又

$$\lim_{x \to +\infty} x^{n-m} \cdot \dfrac{x^m \arctan x}{2 + x^n} = \dfrac{\pi}{2},$$

故当且仅当 $n - m > 1$ 时，积分 $\int_1^{+\infty} \dfrac{x^m \arctan x}{2 + x^n} dx$ 收敛.

总之，当且仅当 $m > -2, n - m > 1$ 时，积分 $\int_0^{+\infty} \dfrac{x^m \arctan x}{2 + x^n} dx$ 收敛.

[2367] $\int_0^{+\infty} \dfrac{\cos ax}{1 + x^n} dx \quad (n \geqslant 0).$

解 当 $a \neq 0$ 时，设

$$f(x) = \cos ax, g(x) = \frac{1}{1+x^n},$$

则对任何 $x > 0$
$$\left|\int_0^x f(t)dt\right| \leq \frac{2}{a},$$

且当 $n > 0$ 时,$g(x) = \dfrac{1}{1+x^n}$ 单调减少且趋于零(当 $x \to +\infty$ 时),从而知积分 $\int_0^{+\infty} \dfrac{\cos ax}{1+x^n} dx$ 收敛. 当 $n = 0$ 时积分显然发散.

当 $a = 0$ 时,由于
$$\lim_{x \to +\infty} x^n \cdot \frac{1}{1+x^n} = 1,$$

故此时,积分仅当 $n > 1$ 时收敛.

总之,当 $a \neq 0, n > 0$ 及 $a = 0, n > 1$ 时积分 $\int_0^{+\infty} \dfrac{\cos ax}{1+x^n} dx$ 收敛.

【2368】 $\int_0^{+\infty} \dfrac{\sin^2 x}{x} dx.$

解 $\dfrac{\sin^2 x}{x} = \dfrac{1 - \cos 2x}{2x} = \dfrac{1}{2x} - \dfrac{\cos 2x}{2x},$

显然积分 $\int_1^{+\infty} \dfrac{1}{2x} dx$ 发散,而对任何 $x > 1$
$$\left|\int_1^x \cos 2t\, dt\right| \leq 2,$$

且当 $x \to +\infty$ 时,$\dfrac{1}{2x}$ 单调减少也趋于零,故积分 $\int_1^{+\infty} \dfrac{\cos 2x}{2x} dx$ 收敛,从而积分 $\int_1^{+\infty} \dfrac{\sin^2 x}{x} dx$ 发散. 因此积分 $\int_0^{+\infty} \dfrac{\sin^2 x}{x} dx$ 发散.

【2369】 $\int_0^{\frac{\pi}{2}} \dfrac{dx}{\sin^p x \cos^q x}.$

解 $\int_0^{\frac{\pi}{2}} \dfrac{dx}{\sin^p x \cos^q x}$
$$= \int_0^{\frac{\pi}{4}} \dfrac{dx}{\sin^p x \cos^q x} + \int_{\frac{\pi}{4}}^{\frac{\pi}{2}} \dfrac{dx}{\sin^p x \cos^q x},$$

因为 $\lim_{x \to +0} x^p \cdot \dfrac{1}{\sin^p x \cos^q x} = \lim_{x \to +0} \left(\dfrac{x}{\sin x}\right)^p \dfrac{1}{\cos^q x} = 1,$

所以当且仅当 $p<1$ 时积分 $\int_0^{\frac{\pi}{4}} \dfrac{\mathrm{d}x}{\sin^p x \cos^q x}$ 收敛，又

$$\lim_{x\to\frac{\pi}{2}-0}\left(\frac{\pi}{2}-x\right)^q \cdot \frac{1}{\sin^p x \cos^q x}$$

$$=\lim_{x\to\frac{\pi}{2}-0}\left[\frac{\frac{\pi}{2}-x}{\cos x}\right]^q \cdot \lim_{x\to\frac{\pi}{2}-0}\frac{1}{\sin^p x}$$

$$=\lim_{t\to +0}\left(\frac{t}{\sin t}\right)^q=1,$$

所以当且仅当 $q<1$ 时积分 $\int_{\frac{\pi}{4}}^{\frac{\pi}{2}}\dfrac{1}{\sin^p x \cos^q x}\mathrm{d}x$ 收敛.

综上所述，当且仅当 $p<1,q<1$ 时，积分 $\int_0^{\frac{\pi}{2}}\dfrac{\mathrm{d}x}{\sin^p x \cos^q x}$ 收敛.

【2370】 $\int_0^1 \dfrac{x^n \mathrm{d}x}{\sqrt{1-x^2}}.$

解 $\int_0^1 \dfrac{x^n \mathrm{d}x}{\sqrt{1-x^2}}=\int_0^{\frac{1}{2}}\dfrac{x^n \mathrm{d}x}{\sqrt{1-x^2}}+\int_{\frac{1}{2}}^1 \dfrac{x^n \mathrm{d}x}{\sqrt{1-x^2}},$

由于 $\lim\limits_{x\to +0} x^{-n} \cdot \dfrac{x^n}{\sqrt{1-x^2}}=1,$

故当且仅当 $-n<1$ 即 $n>-1$ 时积分 $\int_0^{\frac{1}{2}}\dfrac{x^n}{\sqrt{1-x^2}}\mathrm{d}x$ 收敛，而

$$\lim_{x\to 1-0}\sqrt{1-x}\cdot \frac{x^n}{\sqrt{1-x^2}}=\frac{1}{\sqrt{2}},$$

故积分 $\int_{\frac{1}{2}}^1 \dfrac{x^n}{\sqrt{1-x^2}}\mathrm{d}x$ 收敛，因此当 $n>-1$ 时积分 $\int_0^1 \dfrac{x^n}{\sqrt{1-x^2}}\mathrm{d}x$ 收敛.

【2370.1】 $\int_0^{+\infty}\dfrac{\mathrm{d}x}{\sqrt{x^2+x}}.$

解 因为 $\lim\limits_{x\to +\infty} x \cdot \dfrac{1}{\sqrt{x^2+x}}=1,$

所以积分 $\int_0^{+\infty}\dfrac{\mathrm{d}x}{\sqrt{x^2+x}}$ 发散.

【2371】 $\int_0^{+\infty}\dfrac{\mathrm{d}x}{x^p+x^q}.$

解 $\int_0^{+\infty}\dfrac{\mathrm{d}x}{x^p+x^q}=\int_0^1 \dfrac{\mathrm{d}x}{x^p+x^q}+\int_1^{+\infty}\dfrac{\mathrm{d}x}{x^p+x^q}.$

为了讨论方便,不妨设
$$\min(p,q) = p, \max(p,q) = q,$$
由于
$$\lim_{x \to +0} x^p \frac{1}{x^p + x^q} = \lim_{x \to +0} \frac{1}{1 + x^{q-p}} = 1,$$
故当且仅当 $p = \min(p,q) < 1$ 时积分 $\int_0^1 \frac{\mathrm{d}x}{x^p + x^q}$ 收敛,又
$$\lim_{x \to +\infty} x^q \frac{1}{x^p + x^q} = \lim_{x \to +\infty} \frac{1}{x^{p-q} + 1} = 1,$$
故当且仅当 $q = \max(p,q) > 1$ 时积分 $\int_1^{+\infty} \frac{\mathrm{d}x}{x^p + x^q}$ 收敛.

总之,当且仅当 $\min(p,q) < 1$,且 $\max(p,q) > 1$ 时,积分 $\int_0^{+\infty} \frac{\mathrm{d}x}{x^p + x^q}$ 收敛.

【2372】 $\int_0^1 \frac{\ln x}{1 - x^2} \mathrm{d}x$.

解 $\int_0^1 \frac{\ln x}{1-x^2} \mathrm{d}x = \int_0^{\frac{1}{2}} \frac{\ln x}{1-x^2} \mathrm{d}x + \int_{\frac{1}{2}}^1 \frac{\ln x}{1-x^2} \mathrm{d}x,$

由于 $\lim_{x \to +0} \left(\sqrt{x} \cdot \frac{\ln x}{1-x^2} \right) = 0,$

故积分 $\int_0^{\frac{1}{2}} \frac{\ln x}{1-x^2} \mathrm{d}x$ 收敛. 又

$$\lim_{x \to 1-0} \left(\sqrt{1-x} \cdot \frac{\ln x}{1-x^2} \right) = \lim_{x \to 1-0} \left(\frac{\ln x}{\sqrt{1-x}} \cdot \frac{1}{1+x} \right) = 0,$$

故积分 $\int_{\frac{1}{2}}^1 \frac{\ln x}{1-x^2} \mathrm{d}x$ 收敛. 因此 $\int_0^1 \frac{\ln x}{1-x^2} \mathrm{d}x$ 收敛.

【2373】 $\int_0^{\frac{\pi}{2}} \frac{\ln(\sin x)}{\sqrt{x}} \mathrm{d}x$.

解 因为

$$\lim_{x \to +0} \left(x^{\frac{5}{6}} \cdot \frac{\ln(\sin x)}{\sqrt{x}} \right) = \lim_{x \to +0} \left(\frac{\ln(\sin x)}{\frac{1}{\sqrt[3]{x}}} \right)$$

$$= \lim_{x \to +0} \left(-3\cos x \cdot \frac{x^{\frac{4}{3}}}{\sin x} \right) = 0,$$

故积分 $\int_0^{\frac{\pi}{2}} \dfrac{\ln(\sin x)}{\sqrt{x}} \mathrm{d}x$ 收敛.

【2374】 $\int_1^{+\infty} \dfrac{\mathrm{d}x}{x^p \ln^q x}$

解 $\int_1^{+\infty} \dfrac{\mathrm{d}x}{x^p \ln^q x} = \int_1^2 \dfrac{\mathrm{d}x}{x^p \ln^q x} + \int_2^{+\infty} \dfrac{\mathrm{d}x}{x^p \ln^q x}.$

因为 $\lim_{x \to 1+0} \left[(x-1)^q \cdot \dfrac{1}{x^p \ln^q x} \right]$

$$= \lim_{x \to 1+0} \dfrac{1}{x^p} \cdot \left(\lim_{x \to 1+0} \dfrac{x-1}{\ln x} \right)^q = 1,$$

故当且仅当 $q < 1$ 时积分 $\int_1^2 \dfrac{\mathrm{d}x}{x^p \ln^q x}$ 收敛.

如果 $p > 1$,取 $\tau > 0$ 充分小,使 $p - \tau > 1$. 由于

$$\lim_{x \to +\infty} \left(x^{p-\tau} \cdot \dfrac{1}{x^p \ln^q x} \right) = \lim_{x \to +\infty} \dfrac{1}{x^\tau \ln^q x} = 0,$$

故积分 $\int_2^{+\infty} \dfrac{1}{x^p \ln^q x} \mathrm{d}x$ 收敛.

如果 $p \leqslant 1, q < 1$. 由于

$$\int_2^{+\infty} \dfrac{\mathrm{d}x}{x^p \ln^q x} \geqslant \int_2^{+\infty} \dfrac{\mathrm{d}x}{x \ln^q x} = \dfrac{(\ln x)^{1-q}}{1-q} \bigg|_2^{+\infty} = +\infty,$$

故此时积分 $\int_2^{+\infty} \dfrac{\mathrm{d}x}{x^p \ln^q x}$ 发散.

综上所述,当且仅当 $p > 1$ 且 $q < 1$ 时积分 $\int_1^{+\infty} \dfrac{\mathrm{d}x}{x^p \ln^q x}$ 收敛.

【2375】 $\int_e^{+\infty} \dfrac{\mathrm{d}x}{x^p (\ln x)^q (\ln\ln x)^r}.$

解 $\int_e^{+\infty} \dfrac{\mathrm{d}x}{x^p (\ln x)^q (\ln\ln x)^r}$

$$= \int_e^3 \dfrac{\mathrm{d}x}{x^p (\ln x)^q (\ln\ln x)^r} + \int_3^{+\infty} \dfrac{\mathrm{d}x}{x^p (\ln x)^q (\ln\ln x)^r}.$$

因为 $\lim_{x \to e+0} \dfrac{(x-e)^r}{x^p (\ln x)^q (\ln\ln x)^r} = \dfrac{1}{e^p} \cdot \lim_{x \to e+0} \left(\dfrac{x-e}{\ln\ln x} \right)^r$

$$= \dfrac{1}{e^p} \left[\lim_{x \to e+0} \dfrac{1}{\dfrac{1}{x \ln x}} \right]^r = e^{r-p}.$$

故当且仅当 $r<1$ 时积分 $\int_e^3 \dfrac{\mathrm{d}x}{x^p(\ln x)^q(\ln\ln x)^r}$ 收敛.

下面讨论积分 $\int_3^{+\infty}\dfrac{\mathrm{d}x}{x^p(\ln x)^q(\ln\ln x)^r}$

(1) 如果 $p>1$,则取 $\tau>0$ 充分小,使 $p-\tau>1$. 由于
$$\lim_{x\to+\infty}\dfrac{x^{p-\tau}}{x^p(\ln x)^q(\ln\ln x)^r}$$
$$=\lim_{x\to+\infty}\dfrac{1}{x^\tau(\ln x)^q(\ln\ln x)^r}=0,$$
故此时积分 $\int_3^{+\infty}\dfrac{\mathrm{d}x}{x^p(\ln x)^q(\ln\ln x)^r}$ 收敛.

(2) 如果 $p=1$,则有
$$\int_3^{+\infty}\dfrac{\mathrm{d}x}{x(\ln x)^q(\ln\ln x)^r}=\int_{\ln 3}^{+\infty}\dfrac{\mathrm{d}x}{x^q(\ln x)^r},$$
则由 2374 题的讨论知.

当 $p=1,q>1,r<1$ 时,积分 $\int_3^{+\infty}\dfrac{\mathrm{d}x}{x^p(\ln x)^q(\ln\ln x)^r}$ 收敛.

(3) 如果 $p<1$,则取 $\delta>0$ 充分小,使 $p+\delta<1$. 由于
$$\lim_{x\to+\infty}\dfrac{x^{p+\delta}}{x^p(\ln x)^q(\ln\ln x)^r}=\lim_{x\to+\infty}\dfrac{x^\delta}{(\ln x)^q(\ln\ln x)^r}$$
$$=+\infty,$$
故此时积分 $\int_3^{+\infty}\dfrac{\mathrm{d}x}{x^p(\ln x)^q(\ln\ln x)^r}$ 发散.

综上所述,当 $p>1$ 且 $r<1$ 或当 $p=1,q>1,r<1$ 时积分 $\int_e^{+\infty}\dfrac{\mathrm{d}x}{x^p(\ln x)^q(\ln\ln x)^r}$ 收敛.

【2376】 $\int_{-\infty}^{+\infty}\dfrac{\mathrm{d}x}{|x-a_1|^{p_1}|x-a_2|^{p_2}\cdots|x-a_n|^{p_n}}$
$$(a_1<a_2<\cdots<a_n).$$

解 因为
$$\lim_{x\to\infty}|x|^{(\sum_{i=1}^{n}p_i)}\cdot\dfrac{1}{|x-a_1|^{p_1}|x-a_2|^{p_2}\cdots|x-a_n|^{p_n}}=1,$$

且 $\lim_{x\to a_i}\Big[|x-a_i|^{p_i}\dfrac{1}{|x-a_1|^{p_1}|x-a_2|^{p_2}\cdots|x-a_n|^{p_n}}\Big]$
$$=c_i$$

$$0 < c_i < +\infty \qquad i = 1, 2, \cdots, n,$$

因此,当且仅当

$$p_i < 1 \qquad (i = 1, 2, \cdots, n),$$

且 $\sum_{i=1}^{n} p_i > 1$ 时,积分 $\int_{-\infty}^{+\infty} \dfrac{\mathrm{d}x}{|x-a_1|^{p_1}|x-a_2|^{p_2}\cdots|x-a_n|^{p_n}}$ 收敛.

【2376.1】 $\int_{0}^{+\infty} x^{\alpha}|x-1|^{\beta}\mathrm{d}x.$

解 因为

$$\lim_{x \to 0+}(x^{-\alpha} \cdot x^{\alpha}|x-1|^{\beta}) = 1,$$
$$\lim_{x \to 1}(|x-1|^{-\beta} \cdot x^{\alpha}|x-1|^{\beta}) = 1,$$
$$\lim_{x \to \infty}(x^{-(\alpha+\beta)} \cdot x^{\alpha}|x-1|^{\beta}) = 1,$$

所以当且仅当 $-\alpha < 1, -\beta < 1$ 且 $-(\alpha+\beta) > 1$ 时积分 $\int_{0}^{+\infty} x^{\alpha}|x-1|^{\beta}\mathrm{d}x$ 收敛.

【2377】 $\int_{0}^{+\infty} \dfrac{P_m(x)}{P_n(x)}\mathrm{d}x$

其中 $P_m(x)$ 与 $P_n(x)$ 相应地为 m 和 n 次的互质的多项式.

解 若 $P_n(x)=0$ 在 $[0,+\infty)$ 内有根 x_0. 并设其重数为 $p(\geqslant 1)$,由于 $P_m(x)$ 与 $P_n(x)$ 互质,故 x_0 不是 $P_m(x)$ 的根,从而有

$$\lim_{x \to x_0}\left[(x-x_0)^p \dfrac{P_m(x)}{P_n(x)}\right] = a \neq 0,$$

由于 $p \geqslant 1$,故积分发散,又

$$\lim_{x \to +\infty}\left(x^{n-m} \cdot \dfrac{P_m(x)}{P_n(x)}\right) = b \neq 0$$

故当仅 $n-m > 1$ 时,积分 $\int_{0}^{+\infty} \dfrac{P_m(x)}{P_n(x)}\mathrm{d}x$ 收敛.

因此,当 $P_n(x)$ 在 $[0,+\infty)$ 内无根且 $n > m+1$ 时积分 $\int_{0}^{+\infty} \dfrac{P_m(x)}{P_n(x)}\mathrm{d}x$ 收敛.

研究下列积分的绝对收敛性和条件收敛性(2378 ~ 2383).

【2378】 $\int_{0}^{+\infty} \dfrac{\sin x}{x}\mathrm{d}x,$

提示：$|\sin x| \geqslant \sin^2 x$.

解 由于对于任意 $x > 1$
$$\left|\int_1^x \sin t \mathrm{d}t\right| \leqslant 2,$$

且当 $x \to +\infty$ 时，$\frac{1}{x}$ 单调地趋于零，故积分 $\int_1^{+\infty} \frac{\sin x}{x} \mathrm{d}x$ 收敛，而 $\lim\limits_{x \to +0} \frac{\sin x}{x} = 1$，即积分 $\int_0^1 \frac{\sin x}{x} \mathrm{d}x$ 是普通的定积分，故积分 $\int_0^{+\infty} \frac{\sin x}{x} \mathrm{d}x$ 收敛.

但当 $x > 0$ 时，$\left|\frac{\sin x}{x}\right| \geqslant \frac{\sin^2 x}{x}$，

由 2368 题知 $\int_0^{+\infty} \frac{\sin^2 x}{x} \mathrm{d}x$ 发散.

故积分 $\int_0^{+\infty} \left|\frac{\sin x}{x}\right| \mathrm{d}x$ 发散. 即原积分不是绝对收敛的.

【2379】 $\int_0^{+\infty} \frac{\sqrt{x} \cos x}{x + 100} \mathrm{d}x.$

解 设 $f(x) = \cos x, g(x) = \frac{\sqrt{x}}{x + 100}$.

对于任意的 x
$$\left|\int_0^x f(t) \mathrm{d}t\right| = \left|\int_0^x \cos t \mathrm{d}t\right| \leqslant 2,$$

而 $$g'(x) = \frac{100 - x}{2\sqrt{x}(x + 100)^2},$$

所以，当 $x > 100$ 时，$g(x)$ 单调减少，且
$$\lim_{x \to +\infty} g(x) = \lim_{x \to +\infty} \frac{\sqrt{x}}{x + 100} = 0,$$

故积分 $\int_0^{+\infty} \frac{\sqrt{x} \cos x}{x + 100} \mathrm{d}x$ 收敛，但它不绝对收敛. 事实上由于
$$\left|\frac{\sqrt{x} \cos x}{x + 100}\right| \geqslant \frac{\sqrt{x} \cos^2 x}{x + 100} = \frac{1}{2}\left(\frac{\sqrt{x}}{x + 100} - \frac{\sqrt{x} \cos 2x}{x + 100}\right),$$

而 $$\lim_{x \to +\infty} \sqrt{x} \cdot \frac{\sqrt{x}}{x + 100} = 1,$$

故 $\int_0^{+\infty} \frac{\sqrt{x}}{x + 100} \mathrm{d}x$ 发散.

和前面一样也可证明 $\int_{0}^{+\infty} \frac{\sqrt{x}\cos 2x}{x+100}dx$ 收敛,从而积分 $\int_{0}^{+\infty} \frac{\sqrt{x}\cos^2 x}{x+100}dx$ 发散. 因此 $\int_{0}^{+\infty} \frac{\sqrt{x}|\cos x|}{x+100}dx$ 发散.

【2380】 $\int_{0}^{+\infty} x^p \sin(x^q)dx \quad (q \neq 0)$.

解 设 $t = x^q$,则 $dx = \frac{1}{q}t^{\frac{1}{q}-1}dt$,于是

$$\int_{0}^{+\infty} x^p \sin(x^q)dx = \frac{1}{|q|}\int_{0}^{+\infty} t^{\frac{p+1}{q}-1}\sin t\, dt.$$

因为 $\lim\limits_{t \to +0}(t^{-\frac{p+1}{q}} \cdot t^{\frac{p+1}{q}-1} \cdot \sin t) = \lim\limits_{t \to +0} \frac{\sin t}{t} = 1$,

故当且仅当 $-\frac{p+1}{q} < 1$ 即 $\frac{p+1}{q} > -1$ 时,积分 $\int_{0}^{1} t^{\frac{p+1}{q}-1}\sin t\, dt$ 收敛.

又被积函数在 $[0,1]$ 上非负,故积分也绝对收敛.

下面考虑积分 $\int_{1}^{+\infty} t^{\frac{p+1}{q}-1}\sin t\, dt$.

如果 $\frac{p+1}{q} < 1$,则对任意的 $x > 1$, $\left|\int_{1}^{x}\sin t\, dt\right| \leqslant 2$, $t^{\frac{p+1}{q}-1}$ 单调减少 且 $\lim\limits_{t \to +\infty} t^{\frac{p+1}{q}-1} = 0$,故此时积分 $\int_{1}^{+\infty} t^{\frac{p+1}{q}-1}\sin t\, dt$ 收敛.

如果 $\frac{p+1}{q} = 1$,则积分

$$\int_{1}^{+\infty} t^{\frac{p+1}{q}-1}\sin t\, dt = \int_{1}^{+\infty} \sin t\, dt$$

显然发散.

如果 $\frac{p+1}{q} > 1$,则由于 $\lim\limits_{t \to +\infty} t^{\frac{p+1}{q}-1} = +\infty$,故存在 $A > 0$,使得当 $t > A$ 时, $t^{\frac{p+1}{q}-1} > \sqrt{2}$. 又对于 $A > 0$,存在自然数 N. 使得当 $n > N$ 时, $2n\pi + \frac{\pi}{4} > A$. 则

$$\left|\int_{2n\pi+\frac{\pi}{4}}^{2n\pi+\frac{\pi}{2}} t^{\frac{p+1}{q}-1}\sin t\, dt\right| > \sqrt{2}\int_{2n\pi+\frac{\pi}{4}}^{2n\pi+\frac{\pi}{2}} \sin t\, dt = 1,$$

由柯西准则知积分 $\int_{1}^{+\infty} t^{\frac{p+1}{q}-1}\sin t\, dt$ 发散.

因此当且仅当 $-1 < \dfrac{p+1}{q} < 1$ 时积分 $\int_0^{+\infty} t^{\frac{p+1}{q}-1} \sin t \, dt$ 收敛.

下面我们讨论积分 $\int_1^{+\infty} t^{\frac{p+1}{q}-1} \sin t \, dt$ 的绝对收敛性. 分三种情况讨论

(1) 当 $\dfrac{p+1}{q} < 0$ 时, 因为
$$| t^{\frac{p+1}{q}-1} \sin t | \leqslant t^{\frac{p+1}{q}-1},$$
且 $\int_1^{+\infty} t^{\frac{p+1}{q}-1} dt$ 收敛, 所以此时积分 $\int_1^{+\infty} t^{\frac{p+1}{q}-1} \sin t \, dt$ 绝对收敛.

(2) 当 $\dfrac{p+1}{q} = 0$ 时, 由于
$$\int_1^{+\infty} | t^{\frac{p+1}{q}-1} \sin t | \, dt = \int_1^{+\infty} \frac{|\sin t|}{t} dt = +\infty,$$
此时积分不绝对收敛.

(3) 当 $\dfrac{p+1}{q} > 0$ 时, 由于
$$\int_1^{+\infty} | t^{\frac{p+1}{q}-1} \sin t | \, dt \geqslant \int_1^{+\infty} \frac{|\sin t|}{t} dt = +\infty,$$
故此时积分也不绝对收敛.

综上所述, 可得当且仅当 $-1 < \dfrac{p+1}{q} < 1$ 时积分 $\int_0^{+\infty} x^p \sin(x^q) dx$ 收敛. 而当 $-1 < \dfrac{p+1}{q} < 0$ 时, 积分绝对收敛.

【2380.1】 $\int_0^{\frac{\pi}{2}} \sin(\sec x) dx$.

解 $x = \dfrac{\pi}{2}$ 为积分的奇点, 而
$$\lim_{x \to \frac{\pi}{2}} \left(\frac{\pi}{2} - x \right)^{\frac{1}{2}} | \sin(\sec x) | = 0,$$
故存在 $M > 0$, 使得
$$| \sin(\sec x) | < M \cdot \frac{1}{\left(\dfrac{\pi}{2} - x \right)^{\frac{1}{2}}},$$
所以积分绝对收敛.

【2380.2】 $\int_0^{+\infty} x^2 \cos(e^x) dx$.

解 设 $e^x = t$, 则 $x = \ln t, dx = \dfrac{dt}{t}$, 所以

$$\int_0^{+\infty} x^2 \cos(e^x) dx = \int_1^{+\infty} \frac{\ln^2 t}{t} \cos t \, dt,$$

对任意的 $A > 1$, 由于 $\left|\int_1^A \cos t \, dt\right| \leqslant 2$ 且当 $t \to +\infty$ 时, $\dfrac{\ln^2 t}{t}$ 单调地趋于零, 故积分 $\int_1^{+\infty} \dfrac{\ln^2 t}{t} \cos t \, dt$ 收敛. 但

$$\left|\frac{\ln^2 t}{t} \cos t\right| \geqslant \frac{\cos^2 t}{t},$$

利用 2368 题类似地方法可知 $\int_1^{+\infty} \dfrac{\cos^2 t}{t} dt$ 发散. 所以积分 $\int_1^{+\infty} \left|\dfrac{\ln^2 t}{t} \cos t\right| dt$ 发散.

因此积分 $\int_0^{+\infty} x^2 \cos(e^x) dx$ 收敛, 但不绝对收敛.

【2381】 $\int_0^{+\infty} \dfrac{x^p \sin x}{1 + x^q} dx \quad (q \geqslant 0)$.

解 $\int_0^{+\infty} \dfrac{x^p \sin x}{1 + x^q} dx = \int_0^1 \dfrac{x^p \sin x}{1 + x^q} dx + \int_1^{+\infty} \dfrac{x^p \sin x}{1 + x^q} dx$,

而 $\lim\limits_{x \to +0} \left(x^{-p-1} \cdot \dfrac{x^p \sin x}{1 + x^q}\right) = \lim\limits_{x \to +0} \left(\dfrac{\sin x}{x} \cdot \dfrac{1}{1 + x^q}\right) = 1$,

故当且仅当 $-p - 1 < 1$ 即 $p > -2$ 时积分 $\int_0^1 \dfrac{x^p \sin x}{1 + x^q} dx$ 收敛, 且是绝对收敛的.

下面讨论积分 $\int_1^{+\infty} \dfrac{x^p \sin x}{1 + x^q} dx$ 的敛散性.

(1) 若 $p \geqslant q$, 则

$$\frac{x^p}{1 + x^q} \geqslant \frac{x^q}{1 + x^q} \longrightarrow 1 \quad (当 x \to +\infty 时),$$

因此存在 $A > 0$, 使得, 当 $x > A$ 时, 恒有

$$\frac{x^p}{1 + x^q} > \frac{1}{2},$$

对于 $A > 0$, 存在自然数 N, 使得当 $n > N$ 时

$$2n\pi + \frac{\pi}{4} > A,$$

因而有 $\left| \int_{2n\pi+\frac{\pi}{4}}^{2n\pi+\frac{\pi}{2}} \frac{x^p}{1+x^q} \sin x \, dx \right| > \frac{1}{2} \int_{2n\pi+\frac{\pi}{4}}^{2n\pi+\frac{\pi}{2}} \sin x \, dx = \frac{\sqrt{2}}{4},$

由柯西准则,知积分 $\int_1^{+\infty} \frac{x^p \sin x}{1+x^q} dx$ 发散.

(2) 若 $p < q-1$,取 $\tau > 0$,充分小使 $p+\tau < q-1$,即 $q-p-\tau > 1$. 而

$$\lim_{x \to +\infty} \left(x^{q-p-\tau} \cdot \frac{x^p}{1+x^q} \mid \sin x \mid \right)$$

$$= \lim_{x \to +\infty} \frac{x^q}{1+x^q} \cdot \frac{\mid \sin x \mid}{x^\tau} = 0$$

故积分 $\int_1^{+\infty} \frac{x^p \sin x}{1+x^q} dx$ 绝对收敛.

(3) 设 $q-1 \leqslant p < q$,

此时 $\int_1^{+\infty} \frac{x^p \mid \sin x \mid}{1+x^q} dx$ 发散,事实上,可取 $A > 1$,使得当 $x > A$ 时 $\frac{x^{p+1}}{1+x^q} > \frac{1}{2}$. 故

$$\int_A^{+\infty} \frac{x^p \cdot \mid \sin x \mid}{1+x^q} dx = \int_A^{+\infty} \frac{x^{p+1}}{1+x^q} \left| \frac{\sin x}{x} \right| dx$$

$$\geqslant \frac{1}{2} \int_A^{+\infty} \left| \frac{\sin x}{x} \right| dx = +\infty,$$

从而 $\int_1^{+\infty} \frac{x^p \mid \sin x \mid}{1+x^q} dx$ 发散. 再证 $\int_1^{+\infty} \frac{x^p \sin x}{1+x^q} dx$ 收敛. 事实上若 $q=0$,则 $-1 \leqslant p < 0$,此时积分

$$\int_1^{+\infty} \frac{x^p \sin x}{1+x^q} dx = \frac{1}{2} \int_1^{+\infty} x^p \sin x \, dx,$$

显然收敛. 若 $q > 0$,由于

$$\left(\frac{x^p}{1+x^q} \right)' = \frac{x^{p-1} [p - (q-p)x^q]}{(1+x^q)^2} < 0.$$

(当 x 充分大时) 即 $\frac{x^p}{1+x^q}$ 单调减少. 又

$$\lim_{x \to +\infty} \frac{x^p}{1+x^q} = 0,$$

而 $\left|\int_1^x \sin t \, dt\right| \leqslant 2$，故积分 $\int_1^{+\infty} \dfrac{x^p}{1+x^q} \sin x \, dx$ 收敛.

综上所述：有当 $p > -2, q > p+1$ 时，积分 $\int_0^{+\infty} \dfrac{x^p \sin x}{1+x^q} dx$ 绝对收敛，当 $p > -2, p < q \leqslant p+1$ 时，积分条件收敛.

【2382】 $\int_0^{+\infty} \dfrac{\sin\left(x+\dfrac{1}{x}\right)}{x^n} dx.$

解 当 $n \leqslant 0$ 时，积分显然是发散的.

当 $n > 0$ 时，首先考虑 $\int_a^{+\infty} \dfrac{\sin\left(x+\dfrac{1}{x}\right)}{x^n} dx \quad (a > 1).$ 由于

$$\int_a^{+\infty} \dfrac{\sin\left(x+\dfrac{1}{x}\right)}{x^n} dx = \int_a^{+\infty} \dfrac{\left(1-\dfrac{1}{x^2}\right)\sin\left(x+\dfrac{1}{x}\right)}{x^n\left(1-\dfrac{1}{x^2}\right)} dx,$$

而 $\left|\int_a^x \left(1-\dfrac{1}{t^2}\right)\sin\left(t+\dfrac{1}{t}\right)dt\right|$

$= \left|\cos\left(a+\dfrac{1}{a}\right) - \cos\left(x+\dfrac{1}{x}\right)\right| \leqslant 2,$

又当 x 充分大时

$$\left[x^n\left(1-\dfrac{1}{x^2}\right)\right]' = nx^{n-3}\left(x^2 - \dfrac{n-2}{n}\right) > 0,$$

即当 x 充分大时，函数 $x^n\left(1-\dfrac{1}{x^2}\right)$ 是增加的. 从而 $\dfrac{1}{x^n\left(1-\dfrac{1}{x^2}\right)}$ 是单调减少的，又

$$\lim_{x \to +\infty} \dfrac{1}{x^n\left(1-\dfrac{1}{x^2}\right)} = 0,$$

由此可知，当 $n > 0$ 时积分 $\int_a^{+\infty} \dfrac{\sin\left(x+\dfrac{1}{x}\right)}{x^n} dx$ 收敛.

再讨论积分

$$\int_0^{a'} \frac{\sin\left(x+\frac{1}{x}\right)}{x^n}\mathrm{d}x \quad (0<a'<1),$$

设 $x=\frac{1}{t}$，则

$$\int_0^{a'} \frac{\sin\left(x+\frac{1}{x}\right)}{x^n}\mathrm{d}x = \int_{\frac{1}{a'}}^{+\infty} \frac{\sin\left(t+\frac{1}{t}\right)}{t^{2-n}}\mathrm{d}t.$$

由前面的讨论知，当且仅当 $2-n>0$ 即 $n<2$ 时，此积分收敛，而 $\int_{a'}^{a} \frac{\sin\left(x+\frac{1}{x}\right)}{x^n}\mathrm{d}x$ 是通常的定积分. 因此，当 $0<n<2$ 时，积分 $\int_0^{+\infty} \frac{\sin\left(x+\frac{1}{x}\right)}{x^n}\mathrm{d}x$ 收敛.

但积分不绝对收敛. 事实上

$$\frac{\left|\sin\left(x+\frac{1}{x}\right)\right|}{x^n} \geqslant \frac{\sin^2\left(x+\frac{1}{x}\right)}{x^n}$$

$$= \frac{1-\cos\left(2x+\frac{2}{x}\right)}{2x^n},$$

而当 $0<n\leqslant 1$ 时，积分 $\int_a^{+\infty} \frac{\mathrm{d}x}{x^n}$ 发散和前面同样的证明知 $\int_a^{+\infty} \frac{\cos\left(2x+\frac{2}{x}\right)}{x^n}\mathrm{d}x$ 收敛. 故此时 $\int_a^{+\infty} \frac{\left|\sin\left(x+\frac{1}{x}\right)\right|}{x^n}\mathrm{d}x$ 发散. 从而当 $0<n\leqslant 1$ 时，积分 $\int_0^{+\infty} \frac{\left|\sin\left(x+\frac{1}{x}\right)\right|}{x^n}\mathrm{d}x$ 发散.

当 $1<n<2$ 时，作变换 $x=\frac{1}{t}$，则

$$\int_0^{a'} \frac{\left|\sin\left(x+\frac{1}{x}\right)\right|}{x^n}\mathrm{d}x = \int_{\frac{1}{a'}}^{+\infty} \frac{\left|\sin\left(t+\frac{1}{t}\right)\right|}{t^{2-n}}\mathrm{d}t.$$

由前面的讨论知，当 $0<2-n\leqslant 1$ 即 $1\leqslant n<2$ 时积分

$$\int_0^{a'} \frac{\left|\sin\left(x+\frac{1}{x}\right)\right|}{x^n} \mathrm{d}x \text{ 发散,从而} \int_0^{+\infty} \frac{\left|\sin\left(x+\frac{1}{x}\right)\right|}{x^n} \mathrm{d}x \text{ 发散.}$$

综上所述:当 $0 < n < 2$ 时,积分 $\int_0^{+\infty} \frac{\sin\left(x+\frac{1}{x}\right)}{x^n} \mathrm{d}x$ 条件收敛.

【2383】 $\int_a^{+\infty} \frac{P_m(x)}{P_n(x)} \sin x \mathrm{d}x,$

其中 $P_m(x)$ 与 $P_n(x)$ 为整数多项式;且若 $x \geqslant a \geqslant 0, P_n(x) > 0$.

解 设
$$P_m(x) = a_0 x^m + a_1 x^{m-1} + \cdots + a_m,$$
$$P_n(x) = b_0 x^n + b_1 x^{n-1} + \cdots + b_n,$$

其中 m, n 为非负整数,$a_0 \neq 0, b_0 \neq 0$

(1) 若 $n > m+1$,即 $n = m+k$,其中 $k \geqslant 2$ 为正整数,而

$$\lim_{x \to +\infty} x^k \cdot \left|\frac{P_m(x)}{P_n(x)}\right| = \frac{a_0}{b_0} \neq 0,$$

所以 $\int_0^{+\infty} \left|\frac{P_m(x)}{P_n(x)}\right| \mathrm{d}x$ 收敛,又

$\left|\frac{P_m(x)}{P_n(x)} \sin x\right| \leqslant \left|\frac{P_m(x)}{P_n(x)}\right|$,所以此时积分

$\int_a^{+\infty} \frac{P_m(x)}{P_n(x)} \sin x \mathrm{d}x$

绝对收敛.

(2) $n = m+1$ 时 $\int_a^{+\infty} \frac{P_m(x)}{P_n(x)} \mathrm{d}x$ 条件收敛,事实上,因为

$$\lim_{x \to +\infty} \frac{x P_m(x)}{P_n(x)} = \frac{a_0}{b_0},$$

故存在 $A > a$,使得当 $x \geqslant A$ 时

$$\left|\frac{x P_m(x)}{P_n(x)}\right| > \frac{|a_0|}{2|b_0|},$$

于是 $\int_A^{+\infty} \left|\frac{P_m(x)}{P_n(x)} \sin x\right| \mathrm{d}x = \int_A^{+\infty} \left|\frac{x P_m(x)}{P_n(x)}\right| \left|\frac{\sin x}{x}\right| \mathrm{d}x$

$\geqslant \frac{|a_0|}{2|b_0|} \int_A^{+\infty} \left|\frac{\sin x}{x}\right| \mathrm{d}x$

$= +\infty,$

故 $\int_a^{+\infty} \left| \dfrac{P_m(x)}{P_n(x)} \sin x \right| dx$ 发散. 此外

$$\left(\dfrac{P_m(x)}{P_n(x)} \right)'$$

$$= \dfrac{1}{P_n(x)^2} \{ -a_0 b_0 x^{2m} - 2a_1 b_0 x^{2m-1} + \cdots + (a_{m-1} b_{m+1} - a_m b_m) \}.$$

故若 $a_0 b_0 > 0$,则当 x 充分大时

$$\left(\dfrac{P_m(x)}{P_n(x)} \right)' < 0,$$

函数 $\dfrac{P_m(x)}{P_n(x)}$ 减少,若 $a_0 b_0 < 0$,则当 x 充分大时

$$\left(\dfrac{P_m(x)}{P_n(x)} \right)' > 0,$$

函数 $\dfrac{P_m(x)}{P_n(x)}$ 增加. 总之,当 $x \to +\infty$ 时, $\dfrac{P_m(x)}{P_n(x)}$ 单调趋于零. 又

$$\left| \int_a^x \sin t dt \right| \leqslant 2,$$

故积分 $\int_a^{+\infty} \dfrac{P_m(x)}{P_n(x)} \sin x dx$ 收敛.

(3) 若 $n < m+1$. 由于 n, m 均为非负整数,故 $n \leqslant m$,因此

$$\lim_{x \to +\infty} \dfrac{P_m(x)}{P_n(x)} = \begin{cases} \dfrac{a_0}{b_0} & \text{若 } m = n, \\ +\infty & \text{若 } n < m, a_0 b_0 > 0, \\ -\infty & \text{若 } n < m, a_0 b_0 < 0, \end{cases}$$

总之,存在 $A > a$ 及 $\tau > 0$,使得当 $x > A$ 时, $\dfrac{P_m(x)}{P_n(x)} > \tau$ 或 $\dfrac{P_m(x)}{P_n(x)} < -\tau$.

对于 $A > a$,存在自然数 N,使得当 $n > N$ 时, $2n\pi + \dfrac{\pi}{4} > A$,则

$$\left| \int_{2n\pi + \frac{\pi}{4}}^{2n\pi + \frac{\pi}{2}} \dfrac{P_m(x)}{P_n(x)} \sin x dx \right| > \tau \int_{2n\pi + \frac{\pi}{4}}^{2n\pi + \frac{\pi}{2}} \sin x dx = \dfrac{\sqrt{2}}{2} \tau,$$

由柯西准则知,积分 $\int_a^{+\infty} \dfrac{P_m(x)}{P_n(x)} \sin x dx$ 发散.

综上所述,我们有 $\int_a^{+\infty} \dfrac{P_m(x)}{P_n(x)} \sin x dx$,当 $n > m+1$ 时,绝对收敛.

当 $n = m+1$ 时,条件收敛,当 $n < m+1$ 时发散.

【2384】 若 $\int_a^{+\infty} f(x)\,dx$ 收敛,则当 $x \to +\infty$ 时是否一定有 $f(x) \to 0$?

研究例题:

(1) $\int_0^{+\infty} \sin(x^2)\,dx$; (2) $\int_0^{+\infty} (-1)^{[x^2]}\,dx$.

解 不一定,例如

(1) 积分 $\int_0^{+\infty} \sin(x^2)\,dx$ 收敛. 事实上,它是 2380 题的特例: $p=0$, $q=2$.

但显然 $\lim\limits_{x \to \infty} \sin(x^2)$ 不存在.

(2) $\int_0^{+\infty} (-1)^{[x^2]}\,dx$ 收敛,事实上,对任何 $A>0$,存在唯一的非负整数 n,使 $\sqrt{n} \leqslant A < \sqrt{n+1}$,当 $\sqrt{k} \leqslant x < \sqrt{k+1}$ 时,$[x^2]=k$,于是

$$\int_0^A (-1)^{[x^2]}\,dx$$

$$= \sum_{k=0}^{n-1} \int_{\sqrt{k}}^{\sqrt{k+1}} (-1)^k\,dx + (-1)^n(A-\sqrt{n})$$

$$= 1 + \sum_{k=1}^{n-1} (-1)^k \frac{1}{\sqrt{k+1}+\sqrt{k}} + (-1)^n(A-\sqrt{n}).$$

根据变号级数的莱布尼兹判别法(参见级数部分)知

$$\lim_{n \to +\infty} \sum_{k=1}^{n-1} (-1)^k \frac{1}{\sqrt{k+1}+\sqrt{k}}$$ 存在且为有限,设为 S.

又显然 $|(-1)^n(A-\sqrt{n})| < \sqrt{n+1}-\sqrt{n}$

$$= \frac{1}{\sqrt{n+1}+\sqrt{n}} \longrightarrow 0$$

$(n \to +\infty)$,

因此 $\lim\limits_{A \to +\infty} \int_0^A (-1)^{[x^2]}\,dx = 1+S$,

即积分 $\int_0^{+\infty} (-1)^{[x^2]}\,dx$ 收敛,但显然 $\lim\limits_{x \to +\infty} (-1)^{[x^2]}$ 不存在.

【2384.1】 设当 $x_0 \leqslant x < +\infty$ 时,

$f(x) \in C^{(1)}[x_0, +\infty)$, $|f'(x)| < C$,

而 $\int_{x_0}^{+\infty} |f(x)| \, dx$ 收敛. 证明：当 $x \to +\infty$ 时, $f(x) \to 0$.

提示：研究积分：$\int_{x_0}^{+\infty} f(x) f'(x) \, dx$.

证 因为 $\int_{x_0}^{+\infty} |f(x)| \, dx$ 收敛, 而
$$|f(x) f'(x)| \leqslant C|f(x)|,$$
所以 $\int_{x_0}^{+\infty} f(x) f'(x) \, dx$ 绝对收敛, 从而收敛. 而对任何 $x > x_0$ 有
$$\int_{x_0}^{x} f(t) f'(t) \, dt = \frac{1}{2} f^2(t) \Big|_{x_0}^{x}$$
$$= \frac{1}{2} f^2(x) - \frac{1}{2} f^2(x_0),$$
从而 $\lim_{x \to +\infty} f^2(x) = \lim_{x \to +\infty} 2 \int_{x_0}^{x} f(t) f'(t) \, dt + f^2(x_0)$
$$= 2 \int_{x_0}^{+\infty} f(x) f'(x) \, dx + f^2(x_0),$$
记 $\lim_{x \to +\infty} f^2(x) = A,$
显然 $A \geqslant 0.$

下面证明 $A = 0$. 若 $A > 0$, 则存在 $R > x_0$, 使得当 $x > R$ 时
$$f^2(x) > \frac{A}{2} > 0,$$
从而 $|f(x)| > \frac{\sqrt{A}}{\sqrt{2}},$

则 $\int_{R}^{+\infty} |f(x)| \, dx > \int_{R}^{+\infty} \frac{\sqrt{A}}{\sqrt{2}} \, dx = +\infty,$

这与 $\int_{x_0}^{+\infty} |f(x)| \, dx$ 收敛相矛盾, 因此
$$\lim_{x \to +\infty} f^2(x) = 0,$$
故 $\lim_{x \to +\infty} f(x) = 0.$

【2385】 在 $[a, b]$ 内有定义的无界函数 $f(x)$ 的收敛广义积分：$\int_{a}^{b} f(x) \, dx$ 能否看作是相应积分和 $\sum_{i=0}^{n-1} f(\xi) \Delta x_i$ 的极限？其中 $x_i \leqslant \xi \leqslant x_{i+1}$ 和 $\Delta x_i = x_{i+1} - x_i$.

解 不能, 因为若 $c (a \leqslant c \leqslant b)$ 是瑕点, 则对于 $[a, b]$ 的任何分

法,不论其 $\max|\Delta x_i|$ 多么小,当分法确定后,设 $c\in[x_j,x_{j+1}]$,则总可以取 $\xi_j\in[x_j,x_{j+1}]$,使 $\sum_{i=0}^{n-1}f(\xi_i)\Delta x_i$ 大于任何预先给定的值.因此 $\lim_{\max|\Delta x_i|}\sum_{i=0}^{n-1}f(\xi_i)\Delta x_i$ 不可能为有限的值.

【2386】 设

$$\int_a^{+\infty}f(x)\mathrm{d}x \qquad\qquad ①$$

收敛且函数 $\varphi(x)$ 有界,则积分

$$\int_a^{+\infty}f(x)\varphi(x)\mathrm{d}x \qquad\qquad ②$$

一定收敛吗? 列举相应的例题.

如果积分 ① 绝对收敛,那么能说说积分 ② 的收敛性吗?

解 不. 例如,由 2378 题知:积分 $\int_0^{+\infty}\dfrac{\sin x}{x}\mathrm{d}x$ 收敛,且 $\varphi(x)=\sin x$ 有界,但由 2368 题知 $\int_0^{+\infty}\dfrac{\sin^2 x}{x}\mathrm{d}x$ 是发散.

若积分 (1) 绝对收敛,$\varphi(x)$ 有界,则积分 (2) 一定绝对收敛. 事实上,设 $|\varphi(x)|\leqslant L$,则由

$$|f(x)\varphi(x)|\leqslant L|f(x)|,$$

及 $\int_a^{+\infty}|f(x)|\mathrm{d}x$ 的收敛性立得.

【2387】 证明,若 $\int_a^{+\infty}f(x)\mathrm{d}x$ 收敛,且 $f(x)$ 为单调函数,则

$$f(x)=o\left(\frac{1}{x}\right).$$

证 不妨设 $f(x)$ 单调减小,则当 $x\geqslant a$ 时 $f(x)\geqslant 0$,倘若不然,则存在点 $c\geqslant a$,使 $f(c)<0$,由于 $f(x)$ 单调减少,故当 $x\geqslant c$ 时,$f(x)\leqslant f(c)$,从而

$$\int_c^{+\infty}f(x)\mathrm{d}x\leqslant\int_c^{+\infty}f(c)\mathrm{d}x=-\infty,$$

因此,积分 $\int_c^{+\infty}f(x)\mathrm{d}x$ 发散,这与积分 $\int_a^{+\infty}f(x)\mathrm{d}x$ 收敛相矛盾. 即 $f(x)$ 是单调减少的非负函数,由于 $\int_a^{+\infty}f(x)\mathrm{d}x$ 收敛,

根据柯西准则,对任给的 $\varepsilon>0$,总存在 $A>a$,使得当 $\dfrac{x}{2}>A$ 时,

恒有
$$\left|\int_{\frac{x}{2}}^{x} f(t)\mathrm{d}t\right| < \frac{\varepsilon}{2},$$

但
$$\left|\int_{\frac{x}{2}}^{x} f(t)\mathrm{d}t\right| = \int_{\frac{x}{2}}^{x} f(t)\mathrm{d}t \geqslant f(x)\frac{x}{2},$$

故当 $x > 2A$ 时 $0 \leqslant xf(x) < \varepsilon$,即
$$\lim_{x \to +\infty} xf(x) = 0 \text{ 或 } f(x) = o\left(\frac{1}{x}\right).$$

【2388】 令函数 $f(x)$ 在 $0 < x \leqslant 1$ 区间为单调函数,且在 $x = 0$ 点的邻域内无界.

证明:若 $\int_0^1 f(x)\mathrm{d}x$ 存在,则 $\lim_{n \to \infty} \frac{1}{n}\sum_{k=1}^{n} f\left(\frac{k}{n}\right) = \int_0^1 f(x)\mathrm{d}x$.

证 设函数 $f(x)$ 在 $(0,1]$ 上是单调下降,这时
$$\lim_{x \to +0} f(x) = +\infty,$$

由于积分 $\int_0^1 f(x)\mathrm{d}x$ 存在,故将区间 $[0,1]$ n 等分,即得
$$\int_0^1 f(x)\mathrm{d}x = \sum_{k=0}^{n-1} \int_{\frac{k}{n}}^{\frac{k+1}{n}} f(x)\mathrm{d}x,$$

由于 $f(x)$ 是单调下降的所以当 $\frac{k}{n} \leqslant x \leqslant \frac{k+1}{n}$ 时
$$f\left(\frac{k+1}{n}\right) \leqslant f(x) \leqslant f\left(\frac{k}{n}\right),$$

从而 $\quad \frac{1}{n} \cdot f\left(\frac{k+1}{n}\right) \leqslant \int_{\frac{k}{n}}^{\frac{k+1}{n}} f(x)\mathrm{d}x \leqslant \frac{1}{n} \cdot f\left(\frac{k}{n}\right),$

故 $\quad \int_0^1 f(x)\mathrm{d}x \leqslant \int_0^{\frac{1}{n}} f(x)\mathrm{d}x + \sum_{k=1}^{n-1} f\left(\frac{k}{n}\right)\frac{1}{n}.$

另一方面有
$$\int_0^1 f(x)\mathrm{d}x \geqslant \sum_{k=1}^{n} f\left(\frac{k}{n}\right) \cdot \frac{1}{n},$$

因此有 $\quad 0 \leqslant \int_0^1 f(x)\mathrm{d}x - \frac{1}{n}\sum_{k=1}^{n} f\left(\frac{k}{n}\right)$
$$\leqslant \int_0^{\frac{1}{n}} f(x)\mathrm{d}x - \frac{1}{n}f(1).$$

由于 $\lim_{n \to \infty}\left[\int_0^{\frac{1}{n}} f(x)\mathrm{d}x - \frac{1}{n}f(1)\right] = 0,$

故 $$\lim_{n\to\infty}\frac{1}{n}\sum_{k=1}^{n}f\left(\frac{k}{n}\right)=\int_{0}^{1}f(x)\mathrm{d}x.$$

当 $f(x)$ 在 $[0,1]$ 上单调增加时,只需对函数 $-f(x)$ 应用上述结果即可得证.

【2389】 证明:若函数 $f(x)$ 在 $0<x<a$ 区间单调,并且积分 $\int_{0}^{a}x^{p}f(x)\mathrm{d}x$ 存在,则

$$\lim_{x\to+0}x^{p+1}f(x)=0.$$

证 不妨设 $f(x)$ 在 $0<x<a$ 内是单调减少的. 若存在 $0<\delta<a$,使得当 $0<x<\delta$ 时 $f(x)\geqslant 0$,这时,当 $0<x<\delta$ 时,有

$$\int_{\frac{x}{2}}^{x}t^{p}f(t)\mathrm{d}t\geqslant f(x)\int_{\frac{x}{2}}^{x}t^{p}\mathrm{d}t$$
$$=c_{p}x^{p+1}f(x)\geqslant 0,$$

其中

$$c_{p}=\begin{cases}\dfrac{1-\left(\dfrac{1}{2}\right)^{p+1}}{p+1} & \text{当 } p\neq -1 \text{ 时,}\\ \ln 2 & \text{当 } p=-1 \text{ 时,}\end{cases}$$

由于 $\int_{0}^{a}x^{p}f(x)\mathrm{d}x$ 存在,知

$$\lim_{x\to+0}\int_{\frac{x}{2}}^{x}t^{p}f(t)\mathrm{d}t=0,$$

从而 $\lim_{x\to+0}x^{p+1}f(x)=0,$

若不存在上述 $\delta>0$,于是由 $f(x)$ 的递减性,有当 $0<x<a$ 时,恒有 $f(x)<0$,于是,当 $0<x<\dfrac{a}{2}$ 时,有

$$\int_{x}^{2x}t^{p}f(t)\mathrm{d}t<f(x)\int_{x}^{2x}t^{p}\mathrm{d}t=B_{p}x^{p+1}f(x)<0$$

其中

$$B_{p}=\begin{cases}\dfrac{2^{p+1}-1}{p+1} & \text{当 } p\neq -1 \text{ 时,}\\ \ln 2 & \text{当 } p=-1 \text{ 时,}\end{cases}$$

于是 $\left|x^{p+1}f(x)\right|<\dfrac{1}{B_{p}}\left|\int_{x}^{2x}t^{p}f(t)\mathrm{d}t\right|.$

根据 $\int_0^a x^p f(x) \mathrm{d}x$ 的存在性，知

$$\lim_{x \to +0} \int_x^{2x} t^p f(t) \mathrm{d}t = 0,$$

因此 $\lim\limits_{x \to +0} x^{p+1} f(x) = 0$.

【2390】 证明：

(1) $V.P. \int_{-1}^{1} \dfrac{\mathrm{d}x}{x} = 0$；

(2) $V.P. \int_{0}^{+\infty} \dfrac{\mathrm{d}x}{1-x^2} = 0$；

(3) $V.P. \int_{-\infty}^{+\infty} \sin x \mathrm{d}x = 0$.

证 (1) 由于

$$\lim_{\varepsilon \to +0}\left[\int_{-1}^{0-\varepsilon} \frac{\mathrm{d}x}{x} + \int_{0+\varepsilon}^{1} \frac{\mathrm{d}x}{x}\right]$$
$$= \lim_{\varepsilon \to +0}(\ln\varepsilon - \ln 1 + \ln 1 - \ln\varepsilon) = 0,$$

所以 $V.P. \int_{-1}^{1} \dfrac{\mathrm{d}x}{x} = 0$.

(2) 由于

$$\lim_{\substack{\varepsilon \to +0 \\ b \to +\infty}} \left(\int_0^{1-\varepsilon} \frac{\mathrm{d}x}{1-x^2} + \int_{1+\varepsilon}^{b} \frac{\mathrm{d}x}{1-x^2}\right)$$
$$= \lim_{\substack{\varepsilon \to +0 \\ b \to +\infty}} \left(\frac{1}{2}\ln\left|\frac{2-\varepsilon}{\varepsilon}\right| + \frac{1}{2}\ln\left|\frac{1+b}{1-b}\right|\right.$$
$$\left. - \frac{1}{2}\ln\left|\frac{2+\varepsilon}{\varepsilon}\right|\right) = \frac{1}{2}\lim_{\varepsilon \to +0}\ln\left|\frac{2-\varepsilon}{2+\varepsilon}\right| = 0,$$

所以 $V.P. \int_0^{+\infty} \dfrac{\mathrm{d}x}{1-x^2} = 0$.

(3) 由于

$$\lim_{R \to +\infty} \int_{-R}^{R} \sin x \mathrm{d}x = \lim_{R \to +\infty}(-\cos R + \cos R) = 0,$$

所以 $V.P. \int_{-\infty}^{+\infty} \sin x \mathrm{d}x = 0$.

【2391】 证明：当 $x \geqslant 0$ 且 $x \neq 1$ 时存在 $\mathrm{li}x = V.P. \int_0^x \dfrac{\mathrm{d}\xi}{\ln\xi},$

证 当 $0 \leqslant x < 1$ 时,由于

$$\lim_{\xi \to +0} \frac{1}{\ln \xi} = 0.$$

故补充定义被积函数在 $x=0$ 处的函数值为 0 后,被积函数成为 $[0,x]$ 上的连续函数,于是积分 $\int_0^x \frac{\mathrm{d}\xi}{\ln \xi}$ 存在. 当 $x > 1$ 时,利用具有皮亚诺型余项的泰勒公式,有

$$\ln x = (x-1) + [\alpha(x) - 1] \frac{(x-1)^2}{2},$$

其中 $\lim_{x \to 1} \alpha(x) = 0$. 由此即得

$$\frac{1}{\ln x} = \frac{1}{x-1} - \frac{\frac{1}{2}[\alpha(x)-1]}{1 + \frac{[\alpha(x)-1]}{2}(x-1)}.$$

而上述等式右边第二项在 $x=1$ 附近有界,且连续,故可积. 而

$$V.P. \int_0^x \frac{\mathrm{d}\xi}{\xi - 1} = \lim_{\varepsilon \to +0} \left(\int_0^{1-\varepsilon} \frac{\mathrm{d}\xi}{\xi - 1} + \int_{1+\varepsilon}^x \frac{\mathrm{d}\xi}{\xi - 1} \right)$$
$$= \ln(x-1),$$

因此,当 $x \geqslant 0$ 且 $x \neq 1$ 时,$\mathrm{li}\, x$ 存在.

求出下列积分($2392 \sim 2395$).

[2392] $V.P. \displaystyle\int_0^{+\infty} \frac{\mathrm{d}x}{x^2 - 3x + 2}.$

解 由于

$$\lim_{\substack{\varepsilon \to +0 \\ \eta \to +0 \\ b \to +\infty}} \left(\int_0^{1-\varepsilon} \frac{\mathrm{d}x}{x^2-3x+2} + \int_{1+\varepsilon}^{2-\eta} \frac{\mathrm{d}x}{x^2-3x+2} + \int_{2+\eta}^{b} \frac{\mathrm{d}x}{x^2-3x+2} \right)$$

$$= \lim_{\substack{\varepsilon \to +0 \\ \eta \to +0 \\ b \to +\infty}} \left(\ln \frac{\varepsilon + 1}{\varepsilon} - \ln 2 + \ln \frac{\eta}{1-\eta} - \ln \frac{1-\varepsilon}{\varepsilon} \right.$$
$$\left. + \ln \left| \frac{b-2}{b-1} \right| - \ln \frac{\eta}{1+\eta} \right)$$

$$= \lim_{\substack{\varepsilon \to +0 \\ \eta \to +0}} \left(\ln \frac{\varepsilon+1}{1-\varepsilon} - \ln 2 + \ln \frac{1+\eta}{1-\eta} \right)$$

$$= -\ln 2,$$

所以 $V.P. \displaystyle\int_0^{+\infty} \frac{\mathrm{d}x}{x^2 - 3x + 2} = -\ln 2.$

【2393】 $V.P. \int_{\frac{1}{2}}^{2} \dfrac{\mathrm{d}x}{x\ln x}$.

解 因为

$$\lim_{\varepsilon \to +0}\left[\int_{\frac{1}{2}}^{1-\varepsilon} \dfrac{\mathrm{d}x}{x\ln x} + \int_{1+\varepsilon}^{2} \dfrac{\mathrm{d}x}{x\ln x}\right]$$

$$= \lim_{\varepsilon \to +0}[\ln|\ln(1-\varepsilon)| - \ln(\ln 2) + \ln(\ln 2)$$

$$\quad - \ln|\ln(1+\varepsilon)|]$$

$$= \lim_{\varepsilon \to +0}\ln\left|\dfrac{\ln(1-\varepsilon)}{\ln(1+\varepsilon)}\right| = \ln\left|\lim_{\varepsilon \to +0}\dfrac{\ln(1-\varepsilon)}{\ln(1+\varepsilon)}\right|$$

$$= \ln\left|\lim_{\varepsilon \to +0}\dfrac{\dfrac{-1}{1-\varepsilon}}{\dfrac{1}{1+\varepsilon}}\right| = \ln 1 = 0,$$

所以 $V.P. \int_{\frac{1}{2}}^{2} \dfrac{\mathrm{d}x}{x\ln x} = 0$.

【2394】 $V.P. \int_{-\infty}^{+\infty} \dfrac{1+x}{1+x^2}\mathrm{d}x$.

解 因为

$$\lim_{b \to +\infty}\int_{-b}^{b} \dfrac{1+x}{1+x^2}\mathrm{d}x$$

$$= \lim_{b \to +\infty}\left[\arctan b - \arctan(-b) + \dfrac{1}{2}\ln(1+b^2)\right.$$

$$\left.- \dfrac{1}{2}\ln(1+b^2)\right] = 2\lim_{b \to +\infty}\arctan b = \pi,$$

所以 $V.P. \int_{-\infty}^{+\infty} \dfrac{1+x}{1+x^2}\mathrm{d}x = \pi$.

【2395】 $V.P. \int_{-\infty}^{+\infty} \arctan x \mathrm{d}x$.

解 因为

$$\lim_{b \to +\infty}\int_{-b}^{b} \arctan x \mathrm{d}x$$

$$= \lim_{b \to +\infty}\left[x\arctan x - \dfrac{1}{2}\ln(1+x^2)\right]\bigg|_{-b}^{b}$$

$$= \lim_{b \to +\infty}\left[b\arctan b - \dfrac{1}{2}\ln(1+b^2) - (-b)\arctan(-b)\right.$$

$$\left.+ \dfrac{1}{2}\ln(1+b^2)\right] = 0,$$

所以 $V.P.\int_{-\infty}^{+\infty}\arctan x\,dx=0$.

§5. 面积的计算方法

1. 直角坐标系中的面积 由两条连续曲线 $y=y_1(x)$ 与 $y=y_2(x)[y_2(x)\geqslant y_1(x)]$ 及两条直线 $x=a$ 与 $x=b(a<b)$ 所围的平面图形 $A_1A_2B_2B_1$ 的面积 S(图 4.2)：

$$S=\int_a^b[y_2(x)-y_1(x)]dx.$$

2. 参数方程表示的曲线所围成图形的面积 若 $x=x(t), y=y(t), [0\leqslant t\leqslant T]$ 是逐段平滑的简单封闭曲线 C 的参数方程式，该曲线逆时针方向运行并在它左侧所围面积为 S 的图形(图 4.3)，那么

$$S=-\int_0^T y(t)x'(t)dt=\int_0^T x(t)y'(t)dt,$$

或

$$S=\frac{1}{2}\int_0^T[x(t)y'(t)-x'(t)y(t)]dt.$$

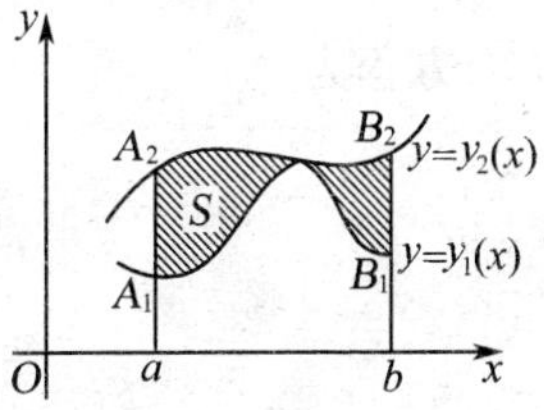

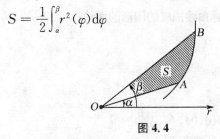

图 4.2 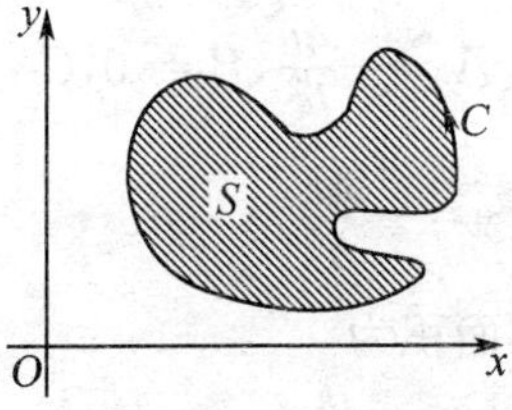 图 4.3

3. 极坐标系中的面积 由连续曲线 $r=r(\varphi)$ 和两条射线 $\varphi=\alpha$ 和 $\varphi=\beta(\alpha<\beta)$ 所围的扇形 OAB 面积 S 等于(图 4.4)

$$S=\frac{1}{2}\int_\alpha^\beta r^2(\varphi)d\varphi$$

图 4.4

【2396】 证明：正抛物线拱的面积等于 $S=\dfrac{2}{3}bh$，其中，b 表示底，h 表示段高。

解 建立 2396 题图所示的坐标系. 设抛物线的方程为 $y = Ax^2 + Bx + C$,

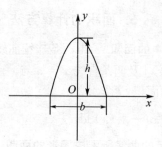

2396 题图

则当 $x = \pm \dfrac{b}{2}$ 时,得

$$y = \frac{Ab^2}{4} \pm \frac{Bb}{2} + C = 0,$$

当 $x = 0$ 时,得 $y = C = h$.

解之得 $A = -\dfrac{4h}{b^2}, B = 0, C = h.$ 从而方程为

$$y = -\frac{4h}{b^2}x^2 + h.$$

于是所求面积为

$$S = 2\int_0^{\frac{b}{2}} \left(h - \frac{4h}{b^2}x^2\right) \mathrm{d}x$$

$$= 2\left(hx - \frac{4h}{3b^2}x^3\right)\bigg|_0^{\frac{b}{2}} = \frac{2}{3}bh.$$

求出由给定直角坐标曲线围成的图形的面积[①](2397～2410).

【2397】 $ax = y^2, ay = x^2$.

解 解方程组

$$\begin{cases} ax = y^2, \\ ay = x^2, \end{cases}$$

可得两曲线的交点为 $O(0,0), A(a,a)$.

如 2397 题图所示. 所求面积为

---

① 所有参数在这里和第 4 章各节中均为正数

$$S = \int_0^a \left(\sqrt{ax} - \frac{x^2}{a}\right) dx$$
$$= \left[\frac{2\sqrt{a}}{3}x^{\frac{3}{2}} - \frac{1}{3a}x^3\right]\Big|_0^a = \frac{a^2}{3}.$$

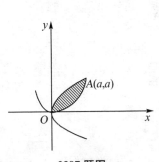

2397 题图

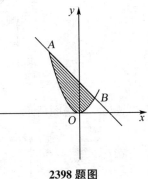

2398 题图

【2398】 $y = x^2, x+y = 2.$

解 解方程组
$$\begin{cases} y = x^2, \\ x+y = 2, \end{cases}$$
得两曲线的交点为 $A(-2,4)$ 及 $B(1,1)$ 如 2398 题图所示. 所求面积为
$$S = \int_{-2}^1 [(2-x) - x^2] dx$$
$$= \left(2x - \frac{x^2}{2} - \frac{x^3}{3}\right)\Big|_{-2}^1 = 4\frac{1}{2}.$$

【2399】 $y = 2x - x^2, x+y = 0.$

解 解方程组
$$\begin{cases} y = 2x - x^2, \\ x+y = 0, \end{cases}$$
得两曲线的交点为 $A(3,-3)$ 及 $O(0,0)$, 如 2399 题图所示. 所求面积为
$$S = \int_0^3 [(2x - x^2) - (-x)] dx$$
$$= \left(\frac{3x^2}{2} - \frac{1}{3}x^3\right)\Big|_0^3 = 4\frac{1}{2}.$$

【2400】 $y = |\lg x|, y = 0, x = 0.1, x = 10.$

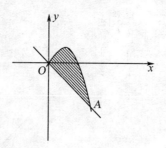

2399 题图

解 如 2400 题图所示

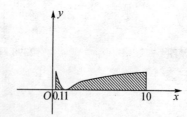

2400 题图

$$S = -\int_{0.1}^{1} \lg x \, dx + \int_{1}^{10} \lg x \, dx$$
$$= (-x\lg x + x\lg e)\Big|_{0.1}^{1} + (x\lg x - x\lg e)\Big|_{1}^{10}$$
$$= 9.9 - 8.1\lg e.$$

【2400.1】 $y = 2^x, y = 2, x = 0.$

解 $S = \int_{1}^{2} \log_2 y \, dy = \dfrac{1}{\ln 2}\int_{1}^{2} \ln y \, dy$
$= \dfrac{1}{\ln 2}(y\ln y - y)\Big|_{1}^{2} = 2 - \dfrac{1}{\ln 2},$

【2400.2】 $y = (x+1)^2, x = \sin\pi y, y = 0 \ (0 \leqslant y \leqslant 1).$

解 如 2400.2 题图所示

所求面积为

$$S = \int_{0}^{1}[\sin\pi y - (-1 + \sqrt{y})]dy$$
$$= \left(-\dfrac{1}{\pi}\cos\pi y + y - \dfrac{2}{3}y^{\frac{3}{2}}\right)\Big|_{0}^{1} = \dfrac{2}{\pi} + \dfrac{1}{3}.$$

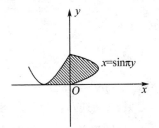

2400.2 题图

【2401】 $y = x; y = x + \sin^2 x \quad (0 \leqslant x \leqslant \pi)$.

解 所求面积为

$$S = \int_0^\pi (x + \sin^2 x - x)\mathrm{d}x = \left(\frac{x}{2} - \frac{1}{4}\sin 2x\right)\bigg|_0^\pi = \frac{\pi}{2}.$$

【2402】 $y = \dfrac{a^3}{a^2 + x^2}, y = 0$.

解 所求面积为

$$S = \int_{-\infty}^{+\infty} \frac{a^3}{a^2 + x^2}\mathrm{d}x = a^3 \cdot \frac{1}{a}\arctan\frac{x}{a}\bigg|_{-\infty}^{+\infty} = \pi a^2.$$

【2403】 $\dfrac{x^2}{a^2} + \dfrac{y^2}{b^2} = 1$.

解 所求面积为

$$S = 4\int_0^a \frac{b}{a}\sqrt{a^2 - x^2}\,\mathrm{d}x$$

$$= 4\,\frac{b}{a}\left(\frac{x}{2}\sqrt{a^2 - x^2} + \frac{a^2}{2}\arcsin\frac{x}{a}\right)\bigg|_0^a = \pi ab.$$

【2404】 $y^2 = x^2(a^2 - x^2)$.

解 如 2404 题图所求图形关于原点对称. 所求面积为

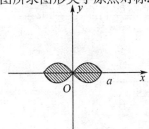

2404 题图

$$S = 4\int_0^a x\sqrt{a^2-x^2}\,\mathrm{d}x$$
$$= -\frac{4}{3}(a^2-x^2)^{\frac{3}{2}}\Big|_0^a = \frac{4}{3}a^3.$$

【2405】 $y^2 = 2px,\quad 27py^2 = 8(x-p)^3.$

解 曲线 $l_1: y^2 = 2px$ 与曲线 $l_2: 27py^2 = 8(x-p)^3$ 在第一象限内的交点为 $A(4p, 2\sqrt{2}p)$ 且图形关于 Ox 轴对称.

如 2405 题图所示.

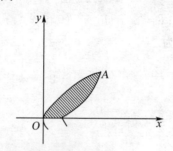

2405 题图

所求面积为
$$S = 2\int_0^{2\sqrt{2}p}\left[\left(p + \frac{3}{2}p^{\frac{1}{3}}y^{\frac{2}{3}}\right) - \frac{1}{2p}y^2\right]\mathrm{d}y$$
$$= 2\left(py + \frac{9}{10}p^{\frac{1}{3}}y^{\frac{5}{3}} - \frac{1}{6p}y^3\right)\Big|_0^{2\sqrt{2}p} = \frac{88}{15}\sqrt{2}p^2.$$

【2406】 $Ax^2 + 2Bxy + Cy^2 = 1\quad (A>1, AC-B^2>0).$

解 解此方程得
$$y_1 = \frac{-Bx - \sqrt{B^2x^2 - C(Ax^2-1)}}{C},$$
$$y_2 = \frac{-Bx + \sqrt{B^2x^2 - C(Ax^2-1)}}{C},$$

函数的定义域为
$$B^2x^2 - C(Ax^2-1) \geqslant 0,$$

即
$$|x| \leqslant \sqrt{\frac{C}{AC-B^2}}.$$

设 $a = \sqrt{\dfrac{C}{AC-B^2}}$,

则所求面积为

$$S = \int_{-a}^{a} (y_2 - y_1) \mathrm{d}x$$

$$= \frac{2}{C} \int_{-a}^{a} \sqrt{C - (AC - B^2)x^2} \mathrm{d}x$$

$$= \frac{2}{C} \sqrt{AC - B^2} \int_{-a}^{a} \sqrt{a^2 - x^2} \mathrm{d}x$$

$$= \frac{2}{C} \sqrt{AC - B^2} \cdot \frac{\pi}{2} a^2 = \frac{\pi}{\sqrt{AC - B^2}}.$$

【2407】 $y^2 = \dfrac{x^3}{2a - x}$（蔓叶线）, $x = 2a$.

解 所求面积为

$$S = 2 \int_0^{2a} x \sqrt{\frac{x}{2a-x}} \mathrm{d}x.$$

设 $t = \sqrt{\dfrac{x}{2a-x}}$,

则当 $0 \leqslant x < 2a$ 时 $0 \leqslant t < +\infty$,

$$x = \frac{2at^2}{t^2 + 1}, \qquad \mathrm{d}x = \frac{4at}{(t^2+1)^2} \mathrm{d}t,$$

代入并利用 1921 题的结果，可得

$$S = 2 \int_0^{2a} x \sqrt{\frac{x}{2a-x}} \mathrm{d}x = 16a^2 \int_0^{+\infty} \frac{t^4}{(t^2+1)^3} \mathrm{d}t$$

$$= 16a^2 \lim_{b \to +\infty} \int_0^b \left[\frac{1}{t^2+1} - \frac{2}{(t^2+1)^2} + \frac{1}{(t^2+1)^3} \right] \mathrm{d}t$$

$$= 16a^2 \lim_{b \to +\infty} \left\{ \left(\frac{3}{8} \arctan t - \frac{5t}{8(t^2+1)} + \frac{t}{4(t^2+1)^2} \right) \bigg|_0^b \right\}$$

$$= 3\pi a^2.$$

【2408】 $x = a \ln \dfrac{a + \sqrt{a^2 - y^2}}{y} - \sqrt{a^2 - y^2}$,

$y = 0$ （等切面曲线）.

解 如 2408 题图所示
所求面积为

$$S = 2 \int_0^a \left(a \ln \frac{a + \sqrt{a^2 - y^2}}{y} - \sqrt{a^2 - y^2} \right) \mathrm{d}y$$

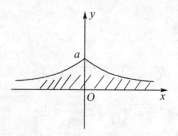

2408 题图

$$= 2a\lim_{\varepsilon \to +0}\int_\varepsilon^a \ln\frac{a+\sqrt{a^2-y^2}}{y}\mathrm{d}y$$
$$-2\left(\frac{y}{2}\sqrt{a^2-y^2}+\frac{a^2}{2}\arcsin\frac{y}{a}\right)\Big|_0^a$$
$$= 2a\lim_{\varepsilon \to +0}\left(y\ln\frac{a+\sqrt{a^2-y^2}}{y}+a\arcsin\frac{y}{a}\right)\Big|_\varepsilon^a - \frac{\pi a^2}{2}$$
$$= \pi a^2 - \frac{\pi a^2}{2} = \frac{\pi a^2}{2}.$$

【2409】 $y^2 = \dfrac{x^n}{(1+x^{n+2})^2}$ $(x>0; n>-2)$.

解 所求面积为

$$S = 2\int_0^{+\infty}\frac{x^{\frac{n}{2}}}{1+x^{n+2}}\mathrm{d}x.$$

设 $t = x^{\frac{n+2}{2}}$,则

$$S = 2\int_0^{+\infty}\frac{2}{n+2}\cdot\frac{\mathrm{d}t}{1+t^2}$$
$$= \frac{4}{n+2}\arctan t\Big|_0^{+\infty} = \frac{2\pi}{n+2}.$$

【2410】 $y = \mathrm{e}^{-x}|\sin x|$, $y = 0$ $(x \geqslant 0)$.

解 令 $\sin x = 0$ 得

$x = k\pi$ $(k = 0, 1, 2, \cdots)$.

当 $x \in (2k\pi, (2k+1)\pi)$ 时,$\sin x > 0$,

当 $x \in ((2k+1)\pi, (2k+2)\pi)$ 时,$\sin x < 0$.

所以 $S = \lim_{n\to\infty}\sum_{k=0}^n\int_{k\pi}^{(k+1)\pi}(-1)^k\mathrm{e}^{-x}\sin x\mathrm{d}x$

$$= \lim_{n\to\infty}\sum_{k=0}^{n}(-1)^k \frac{-e^{-x}(\sin x+\cos x)}{2}\Big|_{k\pi}^{(k+1)\pi}$$

$$= \lim_{n\to\infty}\sum_{k=0}^{n}(-1)^{k+1}\frac{1}{2}\big[e^{-(k+1)\pi}\cos(k+1)\pi - e^{-k\pi}\cos k\pi\big]$$

$$= \frac{1}{2}\lim_{n\to\infty}\sum_{k=0}^{n}\big[e^{-(k+1)\pi}+e^{-k\pi}\big]$$

$$= \frac{1}{2}\lim_{n\to\infty}\Big[1+2\Big(\sum_{k=1}^{n}e^{-k\pi}\Big)+e^{-(n+1)\pi}\Big]$$

$$= \frac{1}{2}\lim_{n\to\infty}\Big[1+2e^{-\pi}\frac{1-e^{-n\pi}}{1-e^{-\pi}}+e^{-(n+1)\pi}\Big]$$

$$= \frac{1}{2}\Big(1+\frac{2e^{-\pi}}{1-e^{-\pi}}\Big)=\frac{1}{2}\frac{e^{\pi}+1}{e^{\pi}-1}=\frac{1}{2}\operatorname{cth}\frac{\pi}{2}.$$

【2411】 抛物线 $y^2=2x$ 分圆 $x^2+y^2=8$ 的面积为两部分,这两部分的比是多少?

解 如 2411 题图所示. 两曲线在第一象限内的交点为 $A(2,2)$ 设这两部分的面积分别为 S_1 及 S_2,则有

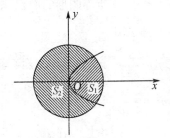

2411 题图

$$S_1 = 2\int_0^2\Big(\sqrt{8-y^2}-\frac{y^2}{2}\Big)\mathrm{d}y$$

$$=2\Big(\frac{y}{2}\sqrt{8-y^2}+\frac{8}{2}\arcsin\frac{y}{2\sqrt{2}}-\frac{y^3}{6}\Big)\Big|_0^2=2\pi+\frac{4}{3},$$

$$S_2 = 8\pi-\Big(2\pi+\frac{4}{3}\Big)=6\pi-\frac{4}{3}.$$

所以,它们的比为

$$\frac{S_1}{S_2} = \frac{2\pi + \frac{4}{3}}{6\pi - \frac{4}{3}} = \frac{3\pi + 2}{9\pi - 2}.$$

【2412】 把双曲线 $x^2 - y^2 = 1$ 上点 $M(x,y)$ 的坐标表示成为双曲线弧 $M'M$ 和两根射线 OM 和 OM' 限制的双曲线扇形面积的函数 $S = OM'M$,这里 $M'(x,-y)$ 为 M 关于轴 Ox 对称的点.

解 如 2412 题图所示

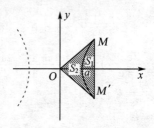

2412 题图

记 S_1 为双曲线与直线 $x = x_m$ 所围图形的面积,则有

$$S_1 = 2\int_a^x \sqrt{x^2 - a^2}\, dx$$
$$= 2\left[\frac{x}{2}\sqrt{x^2 - a^2} - \frac{a^2}{2}\ln(x + \sqrt{x^2 - a^2})\right]\Big|_a^x$$
$$= xy - a^2 \ln\frac{x+y}{a},$$

所以 $S = xy - S_1 = a^2 \ln\dfrac{x+y}{a}$. 从而

$$x + y = a e^{\frac{S}{a^2}}, \qquad ①$$

将 ① 代入 $x^2 - y^2 = a^2$ 中得

$$x - y = a e^{-\frac{S}{a^2}}, \qquad ②$$

因此

$$x = a\frac{e^{\frac{S}{a^2}} + e^{-\frac{S}{a^2}}}{2} = a\operatorname{ch}\frac{S}{a^2},$$

$$y = a\frac{e^{\frac{S}{a^2}} - e^{-\frac{S}{a^2}}}{2} = a\operatorname{sh}\frac{S}{a^2}.$$

求出由给定参数曲线围成的图形的面积(2413 ~ 2417).

【2413】 $x = a(t-\sin t), y = a(1-\cos t)(0 \leqslant t \leqslant 2\pi)$(摆线)和 $y = 0$.

解 所求面积为

$$S = \int_0^{2\pi} a(1-\cos t) a(1-\cos t) dt$$

$$= a^2 \int_0^{2\pi} \left(1 - 2\cos t + \frac{1+\cos 2t}{2}\right) dt$$

$$= a^2 \left(\frac{3}{2}t - 2\sin t + \frac{1}{4}\sin 2t\right) \Big|_0^{2\pi} = 3\pi a^2.$$

【2414】 $x = 2t - t^2, y = 2t^2 - t^3$.

解 当 $t = 0$ 及 2 时,$x = 0, y = 0$,
当 $0 < t < 2$ 时 $x > 0, y > 0$,
当 $t > 2$ 时,$x < 0, y < 0$,
如 2414 题图所示

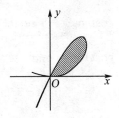

2414 题图

所求面积为

$$S = -\int_0^2 (2t^2 - t^3) 2(1-t) dt$$

$$= -2\int_0^2 (t^4 - 3t^3 + 2t^2) dt = \frac{8}{15}.$$

【2415】 $x = a(\cos t + t\sin t), y = a(\sin t - t\cos t)(0 \leqslant t \leqslant 2\pi)$(圆的渐伸线)和 $x = a, y \leqslant 0$.

解 所求面积为

$$S = -\int_0^{2\pi} a(\sin t - t\cos t) \cdot at\cos t \, dt - \int_{\overline{AB}} y \, dx$$

$$= a^2 \left(\frac{1}{6}t^3 + \frac{1}{4}t^2 \sin 2t + \frac{1}{2}t\cos 2t - \frac{1}{4}\sin 2t\right) \Big|_0^{2\pi} - \int_{\overline{AB}} y \, dx$$

$$= \frac{a^2}{3}(4\pi^2 + 3\pi) - \int_{\overline{AB}} y\,dx,$$

其中 $\int_{\overline{AB}} y\,dx$ 表示沿着从 $A(a, -2\pi a)$ 到点 $B(a, 0)$ 的直线段 $\overline{AB}$ 上的积分. 由于在 $\overline{AB}$ 上 $x \equiv a$, 故 $dx = 0$, 从而

$$\int_{\overline{AB}} y\,dx = 0,$$

因此 $S = \frac{a^2}{3}(4\pi^2 + 3\pi).$

【2416】 $x = a(2\cos t - \cos 2t), y = a(2\sin t - \sin 2t).$

解 所求面积为
$$\begin{aligned}
S &= \frac{1}{2}\int_0^{2\pi}(xy'_t - yx'_t)dt \\
&= \frac{1}{2}\int_0^{2\pi}[a(2\cos t - \cos 2t) \cdot a(2\cos t - 2\cos 2t) \\
&\quad - a(2\sin t - \sin 2t) \cdot a(-2\sin t + 2\sin 2t)]dt \\
&= 3a^2\int_0^{2\pi}(1 - \cos t\cos 2t - \sin t\sin 2t)dt \\
&= 3a^2\int_0^{2\pi}(1 - \cos t)dt = 6\pi a^2.
\end{aligned}$$

【2417】 $x = \frac{c^2}{a}\cos^3 t, y = \frac{c^2}{b}\sin^3 t \,(c^2 = a^2 - b^2)$ (椭圆的渐屈线).

解 如 2417 题图所示

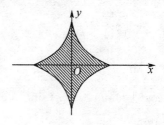

2417 题图

$$\begin{aligned}
S &= 4\int_0^{\frac{\pi}{2}} \frac{c^2}{b}\sin^3 t \cdot \frac{3c^2}{a}\cos^2 t \sin t\,dt \\
&= \frac{12c^4}{ab}\int_0^{\frac{\pi}{2}} \sin^4 t(1 - \sin^2 t)dt = \frac{3\pi c^4}{8ab}.
\end{aligned}$$

【2417.1】 $x = a\cos t, y = \dfrac{a\sin^2 t}{2+\sin t}$.

解 所求面积为
$$S = \int_0^{2\pi} \frac{a\sin^2 t}{2+\sin t}(-a\sin t)\mathrm{d}t = -\int_0^{2\pi} \frac{a^2\sin^3 t}{2+\sin t}\mathrm{d}t$$
$$= a^2\int_0^{2\pi}(\sin^2 t - 2\sin t + 4)\mathrm{d}t + a^2\int_0^{2\pi}\frac{8\mathrm{d}t}{2+\sin t}$$
$$= \pi a^2\left(\frac{16}{\sqrt{3}} - 9\right).$$

求出由给定极坐标曲线围成的图形的面积(2418 ～ 2423).

【2418】 $r^2 = a^2\cos 2\varphi$ （双纽线）

解 如 2418 题图所示

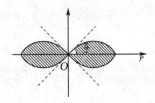

2418 题图

所求面积为
$$S = 4\cdot\frac{1}{2}\int_0^{\frac{\pi}{4}} a^2\cos 2\varphi \mathrm{d}\varphi = 2a^2\cdot\frac{1}{2}\sin 2\varphi\Big|_0^{\frac{\pi}{4}} = a^2.$$

【2419】 $r = a(1+\cos\varphi)$. （心形线）

解 如 2419 题图所示

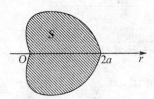

2419 题图

所求面积为
$$S = 2\cdot\frac{1}{2}\int_0^{\pi} a^2(1+\cos\varphi)^2\mathrm{d}\varphi = \frac{3}{2}\pi a^2.$$

【2420】 $r = a\sin 3\varphi$. （三叶线）

解 如 2420 题图所示

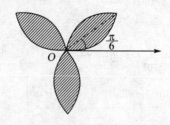

2420 题图

所求面积为
$$S = 6 \cdot \frac{1}{2} \int_0^{\frac{\pi}{6}} a^2 \sin^2 3\varphi \, \mathrm{d}\varphi = \frac{\pi a^2}{4}.$$

[2421] $r = \dfrac{p}{1-\cos\varphi}$（抛物线）$\varphi = \dfrac{\pi}{4}, \varphi = \dfrac{\pi}{2}.$

解 所求面积为
$$S = \frac{1}{2}\int_{\frac{\pi}{4}}^{\frac{\pi}{2}} \frac{p^2}{(1-\cos\varphi)^2} \mathrm{d}\varphi = \frac{p^2}{4}\int_{\frac{\pi}{4}}^{\frac{\pi}{2}} \csc^4 \frac{\varphi}{2} \mathrm{d}\left(\frac{\varphi}{2}\right)$$
$$= -\frac{p^2}{4}\left(\cot\frac{\varphi}{2} + \frac{1}{3}\cot^3\frac{\varphi}{2}\right)\bigg|_{\frac{\pi}{4}}^{\frac{\pi}{2}}$$
$$= \frac{p^2}{6}(4\sqrt{2}+3).$$

[2422] $r = \dfrac{p}{1+\varepsilon\cos\varphi} \quad (0 < \varepsilon < 1)$（椭圆）.

解 所求面积为
$$S = 2 \cdot \frac{1}{2}\int_0^\pi \frac{p^2 \mathrm{d}\varphi}{(1+\varepsilon\cos\varphi)^2}$$
$$= p^2 \int_0^\pi \frac{\mathrm{d}\varphi}{(1+\varepsilon\cos\varphi)^2}.$$

设 $\tan\dfrac{\varphi}{2} = t$，并记 $a = \sqrt{\dfrac{1+\varepsilon}{1-\varepsilon}}$，则有
$$\int \frac{\mathrm{d}\varphi}{(1+\varepsilon\cos\varphi)^2}$$
$$= \int \frac{2(t^2+1)}{(1-\varepsilon)^2(t^2+a^2)^2} \mathrm{d}t$$
$$= \frac{2}{(1-\varepsilon)^2}\int \frac{\mathrm{d}t}{t^2+a^2} + \frac{2(1-a^2)}{(1-\varepsilon)^2}\int \frac{\mathrm{d}t}{(t^2+a^2)^2}$$

$$= \frac{2}{a(1-\varepsilon)^2}\arctan\frac{t}{a}$$
$$+ \frac{2(1-a^2)}{(1-\varepsilon)^2}\left\{\frac{t}{2a^2(t^2+a^2)} + \frac{1}{2a^3}\arctan\frac{t}{a}\right\} + C.$$

当 $0 \leqslant \varphi < \pi$ 时 $0 \leqslant t < +\infty$,所以

$$S = p^2\left[\frac{2}{a(1-\varepsilon)^2}\arctan\frac{t}{a} + \frac{2(1-a^2)}{(1-\varepsilon)^2}\left\{\frac{t}{2a^2(t^2+a^2)}\right.\right.$$
$$\left.\left.+ \frac{1}{2a^3}\arctan\frac{t}{a}\right\}\right]\bigg|_0^{+\infty}$$
$$= \left\{\frac{\pi}{a(1-\varepsilon)^2} + \frac{(1-a^2)\pi}{2a^3(1-\varepsilon)^2}\right\} \cdot p^2$$
$$= \frac{\pi p^2}{(1-\varepsilon^2)^{\frac{3}{2}}}.$$

【2422.1】 $r = 3 + 2\cos\varphi$.

解 所求面积为

$$S = 2 \cdot \frac{1}{2}\int_0^{\pi}(3+2\cos\varphi)^2\mathrm{d}\varphi$$
$$= \int_0^{\pi}[9 + 12\cos\varphi + 2(1+\cos 2\varphi)]\mathrm{d}\varphi = 11\pi.$$

【2422.2】 $r = \dfrac{1}{\varphi}, r = \dfrac{1}{\sin\varphi}$ $\left(0 < \varphi \leqslant \dfrac{\pi}{2}\right)$.

解 所求面积为

$$S = \frac{1}{2}\int_0^{\frac{\pi}{2}}\left(\frac{1}{\sin^2\varphi} - \frac{1}{\varphi^2}\right)\mathrm{d}\varphi$$
$$= \frac{1}{2}\lim_{\varepsilon\to +0}\int_\varepsilon^{\frac{\pi}{2}}\left(\frac{1}{\sin^2\varphi} - \frac{1}{\varphi^2}\right)\mathrm{d}\varphi$$
$$= \frac{1}{2}\lim_{\varepsilon\to +0}\left(\frac{1}{\varphi} - \cot\varphi\right)\bigg|_\varepsilon^{\frac{\pi}{2}}$$
$$= \frac{1}{2}\lim_{\varepsilon\to +0}\left(\frac{2}{\pi} - \frac{1}{\varepsilon} + \frac{\cos\varepsilon}{\sin\varepsilon}\right) = \frac{1}{\pi}.$$

【2423】 $r = a\cos\varphi, r = a(\cos\varphi + \sin\varphi)$ $\left(M\left(\dfrac{a}{2}, 0\right) \in S\right)$.

解 所求面积为

$$S = \frac{1}{2}\int_{-\frac{\pi}{4}}^{0}a^2(\cos\varphi + \sin\varphi)^2\mathrm{d}\varphi + \frac{1}{2}\int_0^{\frac{\pi}{2}}a^2\cos^2\varphi\mathrm{d}\varphi$$

$$= \frac{a^2(\pi-1)}{4}.$$

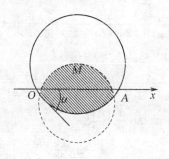

2423 题图

【2424】 求出由曲线 $\varphi = r\arctan r$ 及两根射线 $\varphi = 0$ 与 $\varphi = \frac{\pi}{\sqrt{3}}$ 所围的图形的面积.

解 当 φ 由 0 变到 $\frac{\pi}{\sqrt{3}}$ 时，r 从 0 变到 $\sqrt{3}$，而

$$d\varphi = \left(\frac{r}{1+r^2} + \arctan r\right)dr,$$

故所求面积为

$$\begin{aligned} S &= \frac{1}{2}\int_0^{\frac{\pi}{\sqrt{3}}} r^2 d\varphi \\ &= \frac{1}{2}\int_0^{\sqrt{3}} \left(\frac{r^3}{1+r^2} + r^2 \arctan r\right)dr \\ &= \left[\frac{1}{6}r^2 - \frac{1}{6}\ln(1+r^2) + \frac{1}{6}r^3 \arctan r\right]\Big|_0^{\sqrt{3}} \\ &= \frac{1}{2} - \frac{1}{3}\ln 2 + \frac{\sqrt{3}}{6}\pi. \end{aligned}$$

【2424.1】 求出由曲线 $r^2 + \varphi^2 = 1$ 所围的图形的面积.

解 所求面积为

$$\begin{aligned} S &= 2 \cdot \frac{1}{2}\int_0^1 r^2 d\varphi = \int_0^1 (1-\varphi^2)d\varphi \\ &= \left(\varphi - \frac{1}{3}\varphi^3\right)\Big|_0^1 = \frac{2}{3}. \end{aligned}$$

【2424.2】 求出由蔓叶线所围的图形的面积：

$$\varphi = \sin(\pi r) \quad (0 \leqslant r \leqslant 1)$$

解 如 2424.2 题图所示

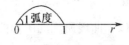

2424.2 题图

当 $0 \leqslant r \leqslant \dfrac{1}{2}$ 时

$$r = \dfrac{\arcsin\varphi}{\pi} \quad (0 \leqslant \varphi \leqslant 1),$$

所求面积为

$$S = 2 \cdot \dfrac{1}{2}\int_0^1 r^2 \mathrm{d}\varphi = \int_0^1 \dfrac{\arcsin^2\varphi}{\pi^2}\mathrm{d}\varphi$$

$$= \dfrac{1}{\pi^2}\varphi\arcsin^2\varphi\Big|_0^1 - \dfrac{2}{\pi^2}\int_0^1 \dfrac{\varphi}{\sqrt{1-\varphi^2}} \cdot \arcsin\varphi \mathrm{d}\varphi$$

$$= \dfrac{1}{\pi^2} \cdot \left(\dfrac{\pi}{2}\right)^2 + \dfrac{1}{\pi^2}\sqrt{1-\varphi^2}\arcsin\varphi\Big|_0^1 - \dfrac{1}{\pi^2}\int_0^1 \mathrm{d}\varphi$$

$$= \dfrac{1}{4} - \dfrac{1}{\pi^2}.$$

【2424.3】 求出由以下曲线所围的图形的面积：
$\varphi = 4r - r^3, \varphi = 0.$

解 如 2424.3 题图所示

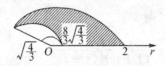

2424.3 题图

当 φ 从 0 增加到 $\dfrac{8}{3}\sqrt{\dfrac{4}{3}}$ 时，r 从 0 增加到 $\sqrt{\dfrac{4}{3}}$.

此时 $\quad \mathrm{d}\varphi = (4 - 3r^2)\mathrm{d}r.$

当 φ 从 $\dfrac{8}{3}\sqrt{\dfrac{4}{3}}$ 变化到 0 时，r 从 $\sqrt{\dfrac{4}{3}}$ 增加到 2.

此时 $\quad \mathrm{d}\varphi = -(4 - 3r^2)\mathrm{d}r.$

因此，所求面积为

$$S = \frac{1}{2}\int_{\sqrt{\frac{4}{3}}}^{2} r^2(3r^2-4)dr - \frac{1}{2}\int_0^{\sqrt{\frac{4}{3}}} r^2(4-3r^2)dr = \frac{32}{15}.$$

【2424.4】 求出由以下曲线所围的图形的面积：
$$\varphi = r - \sin r, \varphi = \pi.$$

解 当 r 从 0 变化为 π 时，φ 单调增加地变化到 π，且
$$d\varphi = (1-\cos r)dr,$$
所求面积为
$$\begin{aligned}
S &= \frac{1}{2}\int_0^\pi r^2 d\varphi = \frac{1}{2}\int_0^\pi r^2(1-\cos r)dr \\
&= \frac{1}{2}\int_0^\pi r^2 dr - \frac{1}{2}\int_0^\pi r^2 \cos r dr \\
&= \frac{1}{6}r^3\Big|_0^\pi - \frac{1}{2}r^2\sin r\Big|_0^\pi + \int_0^\pi r\sin r dr \\
&= \frac{1}{6}\pi^3 - r\cos r\Big|_0^\pi + \int_0^\pi \cos r dr \\
&= \frac{1}{6}\pi^3 + \pi + \sin r\Big|_0^\pi = \frac{1}{6}\pi^3 + \pi.
\end{aligned}$$

【2425】 求出由封闭曲线所围的图形的面积：
$$r = \frac{2at}{1+t^2}, \varphi = \frac{\pi t}{1+t}.$$

解 曲线封闭时，t 由 0 变到 $+\infty$，所求面积为
$$\begin{aligned}
S &= \frac{1}{2}\int_0^{+\infty} r^2 d\varphi \\
&= 2\pi a^2 \int_0^{+\infty} \frac{t^2}{(1+t^2)^2(1+t)^2}dt \\
&= 2\pi a^2 \int_0^{+\infty}\left[\frac{1}{4(1+t)^2} - \frac{1}{4}\cdot\frac{1}{1+t^2} + \frac{1}{2}\frac{t}{(1+t^2)^2}\right]dt \\
&= 2\pi a^2\left[-\frac{1}{4(1+t)} - \frac{1}{4}\arctan t - \frac{1}{4}\cdot\frac{1}{1+t^2}\right]\Big|_0^{+\infty} \\
&= \pi a^2\left(1-\frac{\pi}{4}\right).
\end{aligned}$$

化为极坐标，求出由下列曲线所围的图形的面积(2426～2428).

【2426】 $x^3 + y^3 = 3axy$ （笛卡尔叶形线）.

解 $r^3(\cos^3\varphi + \sin^3\varphi) = 3ar^2\cos\varphi\sin\varphi,$
所以 $r = \dfrac{3a\cos\varphi\sin\varphi}{\sin^3\varphi + \cos^3\varphi}.$

当 $0 \leqslant \varphi \leqslant \dfrac{\pi}{2}$ 时,$r \geqslant 0$ 且当 $\varphi = 0, \dfrac{\pi}{2}$ 时 $r = 0$. 如 2426 题图所示,所求面积为

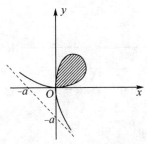

2426 题图

$$S = \frac{1}{2}\int_0^{\frac{\pi}{2}} \frac{9a^2\cos^2\varphi\sin^2\varphi}{(\sin^3\varphi+\cos^3\varphi)^2}\mathrm{d}\varphi.$$

令 $\tan\varphi = t$,

则
$$S = \frac{9a^2}{2}\int_0^{+\infty} \frac{t^2\mathrm{d}t}{(1+t^3)^2}$$
$$= \frac{9a^2}{2}\left[-\frac{1}{3(1+t^3)}\right]\Big|_0^{+\infty}$$
$$= \frac{3a^2}{2}.$$

【2427】 $x^4 + y^4 = a^2(x^2+y^2)$.

解 $r^4(\sin^4\varphi + \cos^4\varphi) = a^2 r^2$,

所以 $r = \dfrac{\sqrt{2}a}{\sqrt{2-\sin^2 2\varphi}}.$

如 2427 题图所示,由对称知所求面积为

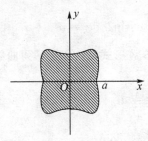

2427 题图

$$S = 8 \cdot \frac{1}{2}\int_0^{\frac{\pi}{4}} \frac{2a^2}{2-\sin^2 2\varphi}\mathrm{d}\varphi$$

$$= 4a^2 \int_0^{\frac{\pi}{2}} \frac{1}{2-\sin^2 t}\mathrm{d}t$$

$$= \frac{2a^2}{\sqrt{2}}\int_0^{\frac{\pi}{2}}\left(\frac{1}{\sqrt{2}-\sin t} + \frac{1}{\sqrt{2}+\sin t}\right)\mathrm{d}t$$

$$= \sqrt{2}a^2 \left\{ 2\arctan\left(\sqrt{2}\tan\frac{t}{2}-1\right) \right.$$

$$\left. + 2\arctan\left(\sqrt{2}\tan\frac{t}{2}+1\right) \right\}\Big|_0^{\frac{\pi}{2}}$$

$$= 2\sqrt{2}a^2 \left[\arctan(\sqrt{2}-1) + \arctan(\sqrt{2}+1)\right]$$

$$= 2\sqrt{2}a^2 \cdot \frac{\pi}{2} = \sqrt{2}a^2 \pi.$$

【2428】 $(x^2+y^2)^2 = 2a^2xy$ （双纽线）.

解 $r^2 = a^2\sin 2\varphi$,
如 2428 题图所示

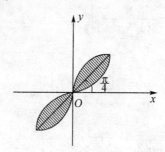

2428 题图

所求面积 $S = 4 \cdot \frac{1}{2}\int_0^{\frac{\pi}{4}} a^2\sin 2\varphi \mathrm{d}\varphi = a^2$.

把方程式化解成参数形式，求出受下列曲线限制的图形的面积（2429～2430）.

【2429】 $x^{\frac{2}{3}} + y^{\frac{2}{3}} = a^{\frac{2}{3}}$ （星形线）.

解 设

$$x = a\cos^3 t, y = a\sin^3 t,$$

由对称性知

$$S = 4\int_0^a y\mathrm{d}x = 4\int_{\frac{\pi}{2}}^0 (-3a^2\sin^4 t\cos^2 t)\mathrm{d}t$$
$$= 12a^2\int_0^{\frac{\pi}{2}} (\sin^4 t - \sin^6 t)\mathrm{d}t = \frac{3\pi a^2}{8}.$$

【2430】 $x^4 + y^4 = ax^2 y.$

提示：假定 $y = tx.$

解 设 $y = tx$，则曲线的参数方程为
$$x = \frac{at}{1+t^4}, y = \frac{at^2}{1+t^4}, \quad (-\infty < t < \infty)$$

由对称性知，所求面积为
$$S = -\int_0^{+\infty} \frac{at}{1+t^4} \cdot \frac{2at(1-3t^4)}{(1+t^4)^2} \mathrm{d}t$$
$$= -2a^2 \left(\int_0^{+\infty} \frac{t^2}{(1+t^4)^3} \mathrm{d}t - 3\int_0^{+\infty} \frac{t^6}{(1+t^4)^3} \mathrm{d}t \right).$$

此题计算相当麻烦，我们这里略去. 有兴趣的同学可以尝试求解，所求面积为 $S = \frac{\sqrt{2}\pi}{16}a^2.$

§6. 弧长的计算方法

1. 直角坐标系中的弧长 平滑（连续可微分）曲线 $y = y(x)(a \leqslant x \leqslant b)$ 一段弧的长度等于
$$s = \int_a^b \sqrt{1 + y'^2(x)}\mathrm{d}x$$

2. 参数方程表示的曲线的弧长 若曲线 C 由以下方程式给出：$x = x(t), \quad y = y(t) \quad (t_0 \leqslant t \leqslant T).$
其中 $x(t), y(t) \in C^{(1)}[t_0, T]$，则曲线 C 的弧长等于
$$s = \int_{t_0}^T \sqrt{x'^2(t) + y'^2(t)}\mathrm{d}t.$$

3. 极坐标系中的弧长 若
$$r = r(\varphi) \quad (\alpha \leqslant \varphi \leqslant \beta),$$
其中 $r(\varphi) \in C^{(1)}[\alpha, \beta]$，则曲线相应的一段的弧长等于
$$s = \int_\alpha^\beta \sqrt{r^2(\varphi) + r'^2(\varphi)}\mathrm{d}\varphi.$$

空间曲线的弧长参见第八章.

求出下列曲线的弧长（2431～2452）.

【2431】 $y = x^{\frac{3}{2}}$ $(0 \leqslant x \leqslant 4)$.

解 所求弧长为

$$s = \int_0^4 \sqrt{1 + \left(\frac{3}{2} x^{\frac{1}{2}}\right)^2}\,dx = \int_0^4 \sqrt{1 + \frac{9}{4}x}\,dx$$
$$= \frac{8}{27}(10\sqrt{10} - 1).$$

【2432】 $y^2 = 2px$ $(0 \leqslant x \leqslant x_0)$.

解 $y' = \dfrac{p}{y}$,

$$\sqrt{1 + y'^2} = \sqrt{1 + \frac{p^2}{y^2}} = \sqrt{1 + \frac{p}{2x}} = \frac{\sqrt{2x + p}}{\sqrt{2} \cdot \sqrt{x}},$$

由对称性知,所求弧长为

$$s = 2\int_0^{x_0} \frac{1}{\sqrt{2}} \frac{\sqrt{p + 2x}}{\sqrt{x}}\,dx,$$

令 $\sqrt{2x} = t$,则当 $0 \leqslant x \leqslant x_0$ 时 $0 \leqslant t \leqslant \sqrt{2x_0}$,所以

$$s = 2\int_0^{\sqrt{2x_0}} \sqrt{p + t^2}\,dt$$
$$= 2\left[\frac{t}{2}\sqrt{p + t^2} + \frac{p}{2}\ln|t + \sqrt{p + t^2}|\right]\Big|_0^{\sqrt{2x_0}}$$
$$= \sqrt{2x_0}\sqrt{p + 2x_0} + p\ln\left(\frac{\sqrt{2x_0} + \sqrt{p + 2x_0}}{\sqrt{p}}\right).$$

【2433】 $y = a\operatorname{ch}\dfrac{x}{a}$ 从 $A(0, a)$ 点到 $B(b, h)$ 点.

解 所求弧长为

$$s = \int_0^b \sqrt{1 + \operatorname{sh}^2\frac{x}{a}}\,dx$$
$$= \int_0^b \operatorname{ch}\frac{x}{a}\,dx = a\operatorname{sh}\frac{x}{a}\Big|_0^b$$
$$= a\operatorname{sh}\frac{b}{a} = \sqrt{\left(a\operatorname{ch}\frac{b}{a}\right)^2 - a^2} = \sqrt{h^2 - a^2}.$$

【2434】 $y = e^x$ $(0 \leqslant x \leqslant x_0)$.

解 所求弧长为 $s = \int_0^{x_0} \sqrt{1 + e^{2x}}\,dx$,

令 $t = \sqrt{1 + e^{2x}}$,

则 $x = \dfrac{\ln(t^2 - 1)}{2},$

$\mathrm{d}x = \dfrac{t}{t^2 - 1},$

所以 $\displaystyle\int \sqrt{1 + \mathrm{e}^{2x}}\,\mathrm{d}x = \int \dfrac{t^2}{t^2 - 1}\,\mathrm{d}t$

$= t + \dfrac{1}{2}\ln\dfrac{t-1}{t+1} + C$

$= \sqrt{1 + \mathrm{e}^{2x}} + \dfrac{1}{2}\ln\dfrac{\sqrt{1 + \mathrm{e}^{2x}} - 1}{\sqrt{1 + \mathrm{e}^{2x}} + 1} + C.$

故 $s = \left(\sqrt{1 + \mathrm{e}^{2x}} + \dfrac{1}{2}\ln\dfrac{\sqrt{1 + \mathrm{e}^{2x}} - 1}{\sqrt{1 + \mathrm{e}^{2x}} + 1}\right)\bigg|_0^{x_0}$

$= \sqrt{1 + \mathrm{e}^{2x_0}} - \sqrt{2} + \dfrac{1}{2}\ln\dfrac{\sqrt{1 + \mathrm{e}^{2x_0}} - 1}{\sqrt{1 + \mathrm{e}^{2x_0}} + 1}$

$\quad - \dfrac{1}{2}\ln\dfrac{\sqrt{2} - 1}{\sqrt{2} + 1}.$

【2435】 $x = \dfrac{1}{4}y^2 - \dfrac{1}{2}\ln y \quad (1 \leqslant y \leqslant \mathrm{e}).$

解 所求弧长为

$s = \displaystyle\int_1^{\mathrm{e}} \sqrt{1 + \left(\dfrac{y}{2} - \dfrac{1}{2y}\right)^2}\,\mathrm{d}y = \int_1^{\mathrm{e}} \dfrac{1 + y^2}{2y}\,\mathrm{d}y$

$= \dfrac{1}{2}\left(\ln y + \dfrac{1}{2}y^2\right)\bigg|_1^{\mathrm{e}} = \dfrac{\mathrm{e}^2 + 1}{4}.$

【2436】 $y = a\ln\dfrac{a^2}{a^2 - x^2} \quad (0 \leqslant x \leqslant b < a).$

解 所求弧长为

$s = \displaystyle\int_0^b \sqrt{1 + \left(\dfrac{2ax}{a^2 - x^2}\right)^2}\,\mathrm{d}x = \int_0^b \dfrac{a^2 + x^2}{a^2 - x^2}\,\mathrm{d}x$

$= a\ln\dfrac{a+b}{a-b} - b.$

【2437】 $y = \ln\cos x \quad \left(0 \leqslant x \leqslant a < \dfrac{\pi}{2}\right).$

解 所求弧长为

$s = \displaystyle\int_0^a \sqrt{1 + \tan^2 x}\,\mathrm{d}x = \int_0^a \dfrac{\mathrm{d}x}{\cos x} = \ln\tan\left(\dfrac{\pi}{4} + \dfrac{a}{2}\right).$

【2438】 $x = a\ln\dfrac{a+\sqrt{a^2-y^2}}{y} - \sqrt{a^2-y^2}$

$$(0 < b \leqslant y \leqslant a).$$

解 $\dfrac{\mathrm{d}x}{\mathrm{d}y} = -\dfrac{\sqrt{a^2-y^2}}{y}$，所求弧长为

$$s = \int_b^a \sqrt{1+\left(\dfrac{\sqrt{a^2-y^2}}{y}\right)^2}\,\mathrm{d}y = \int_b^a \dfrac{a}{y}\,\mathrm{d}y = a\ln\dfrac{a}{b}.$$

【2439】 $y^2 = \dfrac{x^3}{2a-x}$ $\left(0 \leqslant x \leqslant \dfrac{5}{3}a\right).$

解 如 2439 题图所示

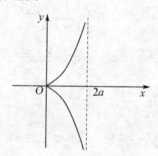

2439 题图

设 $y = tx$，得

$$x = \dfrac{2at^2}{1+t^2},\ y = \dfrac{2at^3}{1+t^2}$$

当 $0 \leqslant x \leqslant \dfrac{5}{3}a$ 时，$0 \leqslant t \leqslant \sqrt{5}$（一半弧长）

$$x'_t = \dfrac{4at}{(t^2+1)^2},\ y'_t = \dfrac{2at^4+6at^2}{(t^2+1)^2},$$

$$\sqrt{x'^2_t + y'^2_t} = \dfrac{2at\sqrt{t^2+4}}{t^2+1},$$

所求弧长为

$$s = 2\int_0^{\sqrt{5}} \dfrac{2at\sqrt{t^2+4}}{t^2+1}\,\mathrm{d}t$$

$$= 32a\int_0^{\arctan\frac{\sqrt{5}}{2}} \dfrac{\sin\varphi\,\mathrm{d}\varphi}{\cos^2\varphi(1+3\sin^2\varphi)}$$

$$= \frac{32}{3}\int_1^{\frac{2}{\sqrt{3}}} \frac{\mathrm{d}z}{z^2\left(z^2-\frac{4}{3}\right)}$$

$$= \frac{32a}{3}\left\{\frac{3}{4}\cdot\frac{1}{z}+\frac{3\sqrt{3}}{16}\ln\frac{z-\frac{2}{\sqrt{3}}}{z+\frac{2}{\sqrt{3}}}\right\}\Bigg|_1^{\frac{2}{\sqrt{3}}}$$

$$= 4a\left(1+3\sqrt{3}\ln\frac{1+\sqrt{3}}{2}\right).$$

【2440】 $x^{\frac{2}{3}}+y^{\frac{2}{3}}=a^{\frac{2}{3}}$ （星形线）.

解 $y'=-\sqrt[3]{\frac{y}{x}}\quad \sqrt{1+y'^2}=\left(\frac{a}{x}\right)^{\frac{1}{3}}$,

所求弧长为

$$s=4\int_0^a\left(\frac{a}{x}\right)^{\frac{1}{3}}\mathrm{d}x=4a^{\frac{1}{3}}\cdot\frac{3}{2}\cdot x^{\frac{2}{3}}\Bigg|_0^a=6a.$$

【2441】 $x=\frac{c^2}{a}\cos^3 t,\quad y=\frac{c^2}{b}\sin^3 t,\quad c^2=a^2-b^2$

（椭圆渐屈线）.

解 $\sqrt{x'^2_t+y'^2_t}=\frac{3c^2}{ab}\sin t\cos t\sqrt{b^2\cos^2 t+a^2\sin^2 t}$

所求弧长为

$$s=4\int_0^{\frac{\pi}{2}}\frac{3c^2}{ab}\sin t\cos t\sqrt{b^2\cos^2 t+a^2\sin^2 t}\,\mathrm{d}t$$

$$=\frac{12c^2}{3ab(a^2-b^2)}\{b^2+(a^2-b^2)\sin^2 t\}^{\frac{3}{2}}\Bigg|_0^{\frac{\pi}{2}}$$

$$=\frac{4c^2(a^3-b^3)}{ab(a^2-b^2)}=\frac{4(a^3-b^3)}{ab}.$$

【2442】 $x=a\cos^4 t,\; y=a\sin^4 t.$

解 $\sqrt{x'^2_t+y'^2_t}=4a\sin t\cos t\sqrt{\sin^4 t+\cos^4 t}.$ 所求弧长为

$$s=\int_0^{\frac{\pi}{2}}4a\sin t\cos t\sqrt{\sin^4 t+\cos^4 t}\,\mathrm{d}t$$

$$=2a\int_0^{\frac{\pi}{2}}\sqrt{2\left(\sin^2 t-\frac{1}{2}\right)^2+\frac{1}{2}}\,\mathrm{d}\left(\sin^2 t-\frac{1}{2}\right)$$

$$=2a\left[\frac{\sin^2 t-\frac{1}{2}}{2}\sqrt{\cos^4 t+\sin^4 t}+\frac{1}{4\sqrt{2}}\ln\Bigg|\sin^2 t\right.$$

$$-\frac{1}{2}+\sqrt{\frac{1}{2}(\sin^4 t+\cos^4 t)}\Bigg]\Bigg|_0^{\frac{\pi}{2}}$$

$$=2a\left[\frac{1}{2}+\frac{1}{2\sqrt{2}}\ln(1+\sqrt{2})\right]=\left[1+\frac{\sqrt{2}}{2}\ln(1+\sqrt{2})\right]a.$$

【2443】 $x=a(t-\sin t), y=a(1-\cos t). (0\leqslant t\leqslant 2\pi).$

解 所求弧长为

$$s=\int_0^{2\pi}\sqrt{a^2(1-\cos t)^2+a^2\sin^2 t}\,dt$$

$$=2a\int_0^{2\pi}\sin\frac{t}{2}dt=8a.$$

【2444】 当 $0\leqslant t\leqslant 2\pi$ (圆的渐伸线) 时：
$x=a(\cos t+t\sin t), y=a(\sin t-t\cos t).$

解 所求弧长为

$$s=\int_0^{2\pi}\sqrt{(at\cos t)^2+(at\sin t)^2}\,dt$$

$$=\int_0^{2\pi}at\,dt=2\pi^2 a.$$

【2445】 $x=a(\text{sh}t-t), y=a(\text{ch}t-1)$ $\qquad(0\leqslant t\leqslant T).$

解 所求弧长为

$$s=\int_0^T\sqrt{a^2(\text{ch}t-1)^2+a^2\text{sh}^2 t}\,dt$$

$$=\sqrt{2}a\int_0^T\sqrt{\text{ch}^2 t-\text{ch}t}\,dt$$

令 $u=\text{ch}t,$ 则

$$t=\ln(u+\sqrt{u^2-1}), dt=\frac{du}{\sqrt{u^2-1}},$$

$$s=\sqrt{2}a\int_1^{\text{ch}T}\sqrt{\frac{u}{u+1}}\,du.$$

再令 $u=\tan^2 z,$

则有 $$s=2\sqrt{2}a\int_{\frac{\pi}{4}}^{\arctan\sqrt{\text{ch}T}}\frac{\sin^2 z}{\cos^3 z}dz$$

$$=2\sqrt{2}a\left[\frac{\sin z}{2\cos^2 z}-\frac{1}{2}\ln\tan\left(\frac{\pi}{4}+\frac{z}{2}\right)\right]\Bigg|_{\frac{\pi}{4}}^{\arctan\sqrt{\text{ch}T}}$$

$$=\sqrt{2}a(\sqrt{\text{ch}T}\cdot\sqrt{1+\text{ch}T}-\sqrt{2})$$
$$\quad-\sqrt{2}a[\ln(\sqrt{\text{ch}T}+\sqrt{1+\text{ch}T})-\ln(1+\sqrt{2})].$$

【2445.1】 $x = \text{ch}^3 t, y = \text{sh}^3 t \quad (0 \leqslant t \leqslant T)$.

解 所求弧长为

$$s = \int_0^T \sqrt{{x'_t}^2 + {y'_t}^2} \, dt$$

$$= \int_0^T 3\text{ch}t \text{sh}t \sqrt{\text{ch}^2 t + \text{sh}^2 t} \, dt$$

$$= \frac{3}{4} \int_0^T \sqrt{2\text{ch}^2 t - 1} \, d(2\text{ch}^2 t - 1)$$

$$= \frac{3}{4} \times \frac{2}{3} (2\text{ch}^2 t - 1)^{\frac{3}{2}} \Big|_0^T$$

$$= \frac{1}{2} \left[(\text{ch}^2 T + \text{sh}^2 T)^{\frac{3}{2}} - 1 \right].$$

【2446】 当 $0 \leqslant \varphi \leqslant 2\pi$ 时,$r = a\varphi$(阿基米德螺线).

解 所求弧长为

$$s = \int_0^{2\pi} \sqrt{a^2 \varphi^2 + a^2} \, d\varphi$$

$$= a \left\{ \frac{\varphi}{2} \sqrt{\varphi^2 + 1} + \frac{1}{2} \ln(\varphi + \sqrt{\varphi^2 + 1}) \right\} \Big|_0^{2\pi}$$

$$= a \left[\pi \sqrt{4\pi^2 + 1} + \frac{1}{2} \ln(2\pi + \sqrt{4\pi^2 + 1}) \right].$$

【2447】 当 $0 < r < a$ 时,$r = ae^{m\varphi} \quad (m > 0)$.

解 因为 $0 < r < a$,所以 $-\infty < \varphi < 0$,所求弧长为

$$s = \int_{-\infty}^0 \sqrt{a^2 e^{2m\varphi} + a^2 m^2 e^{2m\varphi}} \, d\varphi$$

$$= a\sqrt{m^2 + 1} \int_{-\infty}^0 e^{m\varphi} \, d\varphi$$

$$= \frac{a\sqrt{m^2 + 1}}{m} e^{m\varphi} \Big|_{-\infty}^0 = \frac{a\sqrt{m^2 + 1}}{m}.$$

【2448】 $r = a(1 + \cos\varphi)$.

解 所求弧长为

$$s = 2\int_0^\pi \sqrt{r^2 + {r'}^2} \, d\varphi$$

$$= 2\int_0^\pi \sqrt{a^2(1+\cos\varphi)^2 + a^2 \sin^2\varphi} \, d\varphi$$

$$= 4a \int_0^\pi \cos\frac{\varphi}{2} \, d\varphi = 8a.$$

【2449】 $r = \dfrac{p}{1+\cos\varphi} \quad \left(|\varphi| \leqslant \dfrac{\pi}{2} \right)$.

解 所求弧长为

$$s = \int_{-\frac{\pi}{2}}^{\frac{\pi}{2}} \sqrt{r^2 + r'^2_\varphi}\,d\varphi$$

$$= \int_{-\frac{\pi}{2}}^{\frac{\pi}{2}} \sqrt{\frac{p^2}{(1+\cos\varphi)^2} + \frac{p^2\sin^2\varphi}{(1+\cos\varphi)^4}}\,d\varphi$$

$$= \int_{-\frac{\pi}{2}}^{\frac{\pi}{2}} \frac{2p\cos\frac{\varphi}{2}}{(1+\cos\varphi)^2}\,d\varphi = \frac{p}{2}\int_{-\frac{\pi}{2}}^{\frac{\pi}{2}} \sec^3\frac{\varphi}{2}\,d\varphi$$

$$= \frac{p}{2}\int_{-\frac{\pi}{2}}^{\frac{\pi}{2}} \sec\frac{\varphi}{2}\left(1+\tan^2\frac{\varphi}{2}\right)d\varphi$$

$$= p\int_0^{\frac{\pi}{2}} \frac{d\varphi}{\cos\frac{\varphi}{2}} + 2p\int_0^{\frac{\pi}{2}} \sqrt{\sec^2\frac{\varphi}{2}-1}\,d\left(\sec\frac{\varphi}{2}\right)$$

$$= 2p\left\{\ln\tan\left(\frac{\pi}{4}+\frac{\varphi}{2}\right) + \frac{\sec\frac{\varphi}{2}}{2}\sqrt{\sec^2\frac{\varphi}{2}-1}\right.$$

$$\left.-\frac{1}{2}\ln\left(\sec\frac{\varphi}{2}+\tan\frac{\varphi}{2}\right)\right\}\Big|_0^{\frac{\pi}{2}}$$

$$= p\left[\sqrt{2}+\ln(\sqrt{2}+1)\right].$$

【2450】 $r = a\sin^3\frac{\varphi}{3}$.

解 $\sqrt{r^2+r'^2} = \sqrt{\left(a\sin^2\frac{\varphi}{3}\cos\frac{\varphi}{3}\right)^2 + \left(a\sin^3\frac{\varphi}{3}\right)^2}$

$$= a\sin^2\frac{\varphi}{3} \quad (0\leqslant\varphi\leqslant 3\pi),$$

所求弧长为

$$s = \int_0^{3\pi} a\sin^2\frac{\varphi}{3}\,d\varphi = \frac{3\pi a}{2}.$$

【2451】 $r = a\operatorname{th}\frac{\varphi}{2}$ $(0\leqslant\varphi\leqslant 2\pi)$.

解 $r'_\varphi = \frac{a}{2}\cdot\frac{1}{\operatorname{ch}^2\frac{\varphi}{2}}$

$$\sqrt{r^2+r'^2} = \frac{a}{2\operatorname{ch}^2\frac{\varphi}{2}}\sqrt{4\operatorname{sh}^2\frac{\varphi}{2}\operatorname{ch}^2\frac{\varphi}{2}+1}$$

$$= \frac{a}{2\mathrm{ch}^2 \frac{\varphi}{2}} \sqrt{\mathrm{sh}^2 \varphi + 1}$$

$$= \frac{a\mathrm{ch}\varphi}{2\mathrm{ch}^2 \frac{\varphi}{2}} = a\left(1 - \frac{1}{2\mathrm{ch}^2 \frac{\varphi}{2}}\right),$$

所求弧长为

$$s = \int_0^{2\pi} a\left(1 - \frac{1}{2\mathrm{ch}^2 \frac{\varphi}{2}}\right) \mathrm{d}\varphi$$

$$= a\left(\varphi - \mathrm{th}\frac{\varphi}{2}\right)\Big|_0^{2\pi} = a(2\pi - \mathrm{th}\pi).$$

【2452】 $\varphi = \frac{1}{2}\left(r + \frac{1}{r}\right) \quad (1 \leqslant r \leqslant 3).$

解 $r^2 - 2r\varphi + 1 = 0$，两边对 φ 求导，得
$2rr' - 2\varphi r' - 2r = 0,$

即 $r' = \frac{r}{r - \varphi},$ 从而

$$\sqrt{r^2 + r'^2} = \frac{r\varphi}{r - \varphi} = \frac{r^3 + r}{r^2 - 1},$$

$$\mathrm{d}\varphi = \frac{1}{2}\left(1 - \frac{1}{r^2}\right)\mathrm{d}r,$$

所求弧长为

$$s = \frac{1}{2}\int_1^3 \frac{r^3 + r}{r^2 - 1} \cdot \left(1 - \frac{1}{r^2}\right)\mathrm{d}r$$

$$= \frac{1}{2}\int_1^3 \left(r + \frac{1}{r}\right)\mathrm{d}r = 2 + \frac{1}{2}\ln 3.$$

【2452.1】 $\varphi = \sqrt{r} \quad (0 \leqslant r \leqslant \sqrt{5}).$

解 $r = \varphi^2, r' = 2\varphi, \sqrt{r^2 + r'^2} = \varphi\sqrt{\varphi^2 + 4}.$

当 $0 \leqslant r \leqslant \sqrt{5}, 0 \leqslant \varphi \leqslant \sqrt[4]{5}$ 时所求弧长为

$$s = \int_0^{\sqrt[4]{5}} \varphi\sqrt{\varphi^2 + 4}\,\mathrm{d}\varphi = \frac{1}{2}\int_0^{\sqrt[4]{5}} \sqrt{\varphi^2 + 4}\,\mathrm{d}(\varphi^2 + 4)$$

$$= \frac{1}{2} \cdot \frac{2}{3} \cdot (\varphi^2 + 4)^{\frac{3}{2}}\Big|_0^{\sqrt[4]{5}} = \frac{1}{3}\left[(\sqrt{5} + 4)^{\frac{3}{2}} - 8\right].$$

【2452.2】 $\varphi = \int_0^r \frac{\mathrm{sh}\rho}{\rho}\mathrm{d}\rho \quad (0 \leqslant r \leqslant R).$

解 $\varphi'_r = \dfrac{\mathrm{sh}r}{r}$,从而

$$r'_\varphi = \dfrac{1}{\varphi'_r} = \dfrac{r}{\mathrm{sh}r},$$

$$\sqrt{r^2 + r'^2_\varphi} = \sqrt{r^2 + \dfrac{r^2}{\mathrm{sh}^2 r}} = \dfrac{r\sqrt{\mathrm{sh}^2 r + 1}}{\mathrm{sh}r} = \dfrac{r\mathrm{ch}r}{\mathrm{sh}r},$$

$$\mathrm{d}\varphi = \dfrac{\mathrm{sh}r}{r}\mathrm{d}r,$$

因此,所求弧长为

$$s = \int_0^R \dfrac{r\mathrm{ch}r}{\mathrm{sh}r}\cdot\dfrac{\mathrm{sh}r}{r}\mathrm{d}r = \int_0^R \mathrm{ch}r\mathrm{d}r = \mathrm{sh}r\Big|_0^R = \mathrm{sh}R.$$

【2452.3】 $r = 1 + \cos t, \varphi = t - \tan\dfrac{t}{2}$ $\quad (0 \leqslant t \leqslant T < \pi).$

解 $r'_\varphi = \dfrac{\dfrac{\mathrm{d}r}{\mathrm{d}t}}{\dfrac{\mathrm{d}\varphi}{\mathrm{d}t}} = \dfrac{-\sin t}{1 - \dfrac{1}{2}\sec^2\dfrac{t}{2}}$

$$= -2\dfrac{\sin t\cos^2\dfrac{t}{2}}{\cos t} = -\dfrac{\sin t(1+\cos t)}{\cos t},$$

$$\mathrm{d}s = \sqrt{r^2 + r'^2_\varphi}\,\mathrm{d}\varphi$$

$$= \sqrt{(1+\cos t)^2 + \dfrac{\sin^2 t(1+\cos t)^2}{\cos^2 t}}\cdot\left(1 - \dfrac{1}{2}\sec^2\dfrac{t}{2}\right)\mathrm{d}t$$

$$= \dfrac{1+\cos t}{\cos t}\cdot\dfrac{\cos t}{1+\cos t}\mathrm{d}t = \mathrm{d}t,$$

故 $\quad s = \displaystyle\int_0^T \mathrm{d}t = T.$

【2453】 证明椭圆

$$x = a\cos t, y = b\sin t$$

的弧长等于一个正弦曲线波 $y = c\sin\dfrac{x}{b}$ 的一波之长,其中 $c = \sqrt{a^2 - b^2}$.

解 对于椭圆,其全长为

$$S_1 = \int_0^{2\pi}\sqrt{a^2\sin^2 t + b^2\cos^2 t}\,\mathrm{d}t$$

$$= \int_0^{2\pi}\sqrt{a^2 - c^2\cos^2 t}\,\mathrm{d}t = a\int_0^{2\pi}\sqrt{1 - \varepsilon^2\cos^2 t}\,\mathrm{d}t,$$

对正弦曲线,其一波的长度为

$$s_2 = \int_0^{2\pi b} \sqrt{1 + \frac{c^2}{b^2}\cos^2 \frac{x}{b}}\, dx = \int_0^{2\pi} \sqrt{b^2 + c^2 \cos^2 t}\, dt$$
$$= \int_0^{2\pi} \sqrt{a^2 - c^2 \sin^2 t}\, dt = a\int_0^{2\pi} \sqrt{1 - \varepsilon^2 \sin^2 t}\, dt$$
$$= a\int_0^{2\pi} \sqrt{1 - \varepsilon^2 \cos^2 t}\, dt,$$

其中 $\varepsilon = \dfrac{c}{a}$,

所以 $s_1 = s_2$.

【2454】 抛物线 $4ay = x^2$ 沿轴线 Ox 滚动. 证明抛物线焦点的轨迹为悬链线.

解 如 2454 题图所示,设抛物线切 Ox 轴于点 $A(S,0)$,O' 为抛物线的顶点,P' 为焦点,$O'Y'$ 为抛物线的对称轴,$O'X' \perp O'Y'$,过 A 点作 AB 垂直于 $O'X'$,垂足为 B,引入参数 $O'N = t$,则由抛物线的性质有

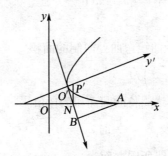

2454 题图

$$P'N \perp Ox, O'B = 2O'N = 2t,$$

从而 $AB = \dfrac{(2t)^2}{4a} = \dfrac{t^2}{a},$

$$AN = \sqrt{AB^2 + BN^2} = \sqrt{\dfrac{t^4}{a^4} + t^2} = t\sqrt{1 + \dfrac{t^2}{a^2}},$$

$$S = \int_0^{2t} \sqrt{1 + \left(\dfrac{x}{2a}\right)^2}\, dx$$
$$= t\sqrt{1 + \dfrac{t^2}{a^2}} + a\ln\left(\dfrac{t}{a} + \sqrt{1 + \dfrac{t^2}{a^2}}\right)$$

$$P'N = \sqrt{O'P'^2 + O'N^2} = \sqrt{a^2 + t^2} = a\sqrt{1 + \frac{t^2}{a^2}},$$

设点 P' 的坐标为 x, y, 则

$$x = S - AN = a\ln\left(\frac{t}{a} + \sqrt{1 + \left(\frac{t}{a}\right)^2}\right), \quad ①$$

$$y = P'N = a\sqrt{1 + \left(\frac{t}{a}\right)^2}, \quad ②$$

由 ① 式得

$$e^{\frac{x}{a}} = \frac{t}{a} + \sqrt{1 + \left(\frac{t}{a}\right)^2},$$

$$e^{-\frac{x}{a}} = -\frac{t}{a} + \sqrt{1 + \left(\frac{t}{a}\right)^2},$$

上面两式相加, 得

$$e^{\frac{x}{a}} + e^{-\frac{x}{a}} = 2\sqrt{1 + \left(\frac{t}{a}\right)^2} = \frac{2}{a}y,$$

即

$$y = \frac{a}{2}\left(e^{\frac{x}{a}} + e^{-\frac{x}{a}}\right) = a\operatorname{ch}\frac{x}{a},$$

这是悬链线方程.

【2455】 求出受曲线弯曲处限制的面积

$$y = \pm\left(\frac{1}{3} - x\right)\sqrt{x}$$

与圆周长等于这条曲线周长的圆面积的比值.

解 当 $x = 0$ 及 $x = \frac{1}{3}$ 时, $y = 0$.

由对称性知此环线所围之面为

$$S_1 = 2\int_0^{\frac{1}{3}} \left(\frac{1}{3} - x\right)\sqrt{x}\, dx = \frac{8}{135\sqrt{3}},$$

此环的长为

$$s_1 = 2\int_0^{\frac{1}{3}} \sqrt{1 + \left(\frac{1}{6\sqrt{x}} - \frac{3\sqrt{x}}{2}\right)^2}\, dx$$

$$= 2\int_0^{\frac{1}{3}} \left(\frac{1}{6\sqrt{x}} + \frac{3}{2}\sqrt{x}\right) dx$$

$$= 2\left(\frac{\sqrt{x}}{3} + x^{\frac{3}{2}}\right)\bigg|_0^{\frac{1}{3}} = \frac{4}{3\sqrt{3}}.$$

所求圆的半径为 R,则按题设有 $2\pi R = \dfrac{4}{3\sqrt{3}}$,所以 $R = \dfrac{2}{3\sqrt{3}\pi}$. 故圆的面积为

$$S_2 = \pi R^2 = \dfrac{4}{27\pi},$$

所以 $\dfrac{S_1}{S_2} = \dfrac{2\pi}{5\sqrt{3}}.$

§7. 体积的计算方法

1. 已知横断面的物体体积 若物体体积存在,且 $S = S(x)$ ($a \leqslant x \leqslant b$) 是用在 x 点上垂直于 Ox 轴线的平面切下的物体断面面积,则

$$V = \int_a^b S(x)\,\mathrm{d}x.$$

2. 旋转体的体积 曲边梯形 $a \leqslant x \leqslant b, 0 \leqslant y \leqslant y(x)$(式中 $y(x)$ 为单值连续函数)围绕 Ox 轴旋转而形成的物体体积等于:

$$V_x = \pi \int_a^b y^2(x)\,\mathrm{d}x.$$

在更普遍的情况下,图形为 $a \leqslant x \leqslant b, y_1(x) \leqslant y \leqslant y_2(x)$,(式中 $y_1(x)$ 和 $y_2(x)$ 都为非负数的连续函数)围绕 Ox 轴旋转而形成的环形体体积等于:

$$V = \pi \int_a^b [y_2^2(x) - y_1^2(x)]\,\mathrm{d}x.$$

【2456】 求小阁楼的体积,阁楼的底是边长等于 a 和 b 的矩形,上棱边等于 c,而高等于 h.

解 如 2456 题图所示取 x 轴向下,则有

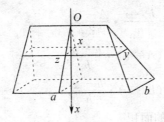

2456 题图

$$\dfrac{y}{b} = \dfrac{x}{h},$$

即 $y = \dfrac{b}{h}x, \dfrac{\dfrac{z-c}{2}}{\dfrac{a-c}{2}} = \dfrac{x}{h}$,即

$$z = \dfrac{a-c}{h}x + c.$$ 于是,所求阁楼的体积为

$$V = \int_0^h yz\,\mathrm{d}z = \int_0^h \dfrac{b}{h}x \cdot \left(\dfrac{a-c}{h}x + c\right)\mathrm{d}x$$
$$= \dfrac{b}{h} \cdot \dfrac{a-c}{h} \cdot \dfrac{1}{3}h^3 + \dfrac{bc}{h} \cdot \dfrac{1}{2}h^2 = \dfrac{bh}{6}(2a+c).$$

【2457】 求截楔形的体积,其平行的底为边长分别等于 A、B 和 a、b 的矩形,而高等于 h.

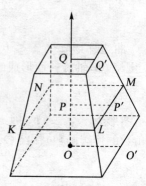

2457 题图

解 $OO' = \dfrac{A}{2}, QQ' = \dfrac{a}{2}, OQ = h.$

设 $OP = x$,则

$$PP' = \dfrac{a}{2} + \dfrac{h-x}{h} \cdot \dfrac{A-a}{2},$$

所以 $KL = a + (A-a) \cdot \dfrac{h-x}{h}.$

同样 $LM = b + (B-b) \cdot \dfrac{h-x}{h}.$

从而四边形 $KLMN$ 的面积

$$S(x) = \left[a + (A-a)\dfrac{h-x}{h}\right]\left[b + (B-b)\dfrac{h-x}{h}\right]$$
$$= ab + [a(B-b) + b(A-a)]\left(1 - \dfrac{x}{h}\right)$$

$$+ (A-a)(B-b)\left(1-\frac{x}{h}\right)^2.$$

因此,所求体积为
$$V = \int_0^h S(x)\,dx = \frac{h}{6}[(2A+a)B + (2a+A)b].$$

【2458】 求圆台的体积,其上、下底是半轴长分别等于 A、B 和 a、b 的椭圆,高等于 h.

解 如 2458 题图所示

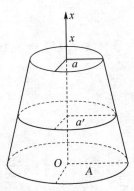

2458 题图

$$a' = a + \frac{h-x}{h}(A-a),\ b' = b + \frac{h-x}{h}(B-b),$$

所以此截面的面积为
$$S(x) = \pi a'b'$$
$$= \pi\left\{ab + (A-a)(B-b)\left(1-\frac{x}{h}\right)^2\right.$$
$$\left. + [a(B-b) + b(A-a)]\left(1-\frac{x}{h}\right)\right\},$$

所求体积为
$$V = \int_0^h S(x)\,dx = \frac{\pi h}{6}[(2A+a)B + (A+2a)b].$$

【2459】 求旋转抛物体的体积,其底为 S,而高等于 H.

解 设抛物线的方程为
$$y^2 = 2px,$$
绕 Ox 轴旋转,如 2459 题图所示.

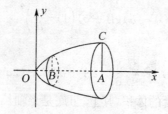

2459 题图

则 $OA = H$.

记 $OB = x$,

由假设 $S = \pi |AC|^2 = \pi(2pH) = 2\pi Hp$,

即 $p = \dfrac{S}{2\pi H}$.

距原点为 x 的截面面积为

$$S(x) = \pi y^2 = 2\pi px.$$

于是,所求体积为

$$V = \int_0^H S(x)\mathrm{d}x = \pi p H^2 = \pi \cdot \dfrac{S}{2\pi H} \cdot H^2 = \dfrac{SH}{2}.$$

【2460】 设立体的垂直于 Ox 轴的横断面面积 $S = S(x)$ 按照二次式规律变化:

$$S(x) = Ax^2 + Bx + C \quad (a \leqslant x \leqslant b),$$

其中 A、B 与 C 都是常数.

证明:这个物体的体积等于:

$$V = \dfrac{H}{6}\left[S(a) + 4S\left(\dfrac{a+b}{2}\right) + S(b)\right],$$

其中 $H = b - a$(辛普森公式).

证 $V = \displaystyle\int_a^b S(x)\mathrm{d}x = \int_a^b (Ax^2 + Bx + C)\mathrm{d}x$

$= \dfrac{A}{3}(b^3 - a^3) + \dfrac{B}{2}(b^2 - a^2) + C(b - a)$

$= \dfrac{b-a}{6}[2A(b^2 + ab + a^2) + 3B(a+b) + 6C]$

$= \dfrac{H}{6}[(Aa^2 + Ba + C) + (Ab^2 + Bb + C)$

$\quad + A(a^2 + 2ab + b^2) + 2B(a+b) + 4C]$

$= \dfrac{H}{6}\left[S(a) + S(b) + 4S\left(\dfrac{a+b}{2}\right)\right].$

【2461】 物体是点 $M(x,y,z)$ 的集合. 这里 $0 \leqslant z \leqslant 1$,而且若 z 为有理数时,$0 \leqslant x \leqslant 1, 0 \leqslant y \leqslant 1$;若 z 为无理数时,$-1 \leqslant x \leqslant 0$, $-1 \leqslant y \leqslant 0$.

证明:虽然相应的积分为
$$\int_0^1 S(z)\mathrm{d}z = 1,$$
但这个物体的体积不存在.

证 显然,对于任何 $0 \leqslant z \leqslant 1$,$(x,y)$ 都在一边长为 1 的正方形中变化,所以 $S(z) = 1$.从而
$$\int_0^1 S(z)\mathrm{d}z = \int_0^1 \mathrm{d}z = 1,$$
而此物体 (V) 的体积不存在. 事实上,无完全含于 (V) 内的多面体 (X) 存在,从而这种 (X) 的体积的上确界为 0,即 (V) 的内体积 $V_* = \sup\{x\} = 0$. 另一方面,(V) 的外体积 $V^* = \inf\{Y\}$,其中的下确界是对所有完全包含着 (V) 的多面体 (Y) 的体积 Y 来取的. 由于 $0 \leqslant z \leqslant 1$ 中的有理数和无理数都在 $[0,1]$ 中稠密. 故上述多面体 (Y) 必完全包含点集
$$(Y_0) = \{(x,y,z) \mid 0 \leqslant z \leqslant 1, -1 \leqslant x \leqslant 1, -1 \leqslant y \leqslant 1\},$$
而 $Y_0 \supset (V)$. 且 (Y_0) 的体积 $Y_0 = 4$. 因此
$$V^* = \inf\{Y\} = 4,$$
故 $V^* \neq V_*$,故 (V) 的体积不存在.

求下列曲面所围成的体积(2462~2471).

【2462】 $\dfrac{x^2}{a^2} + \dfrac{y^2}{b^2} = 1, z = \dfrac{c}{a}x, z = 0$.

解 如 2462 题图所示用垂直于 Oy 轴的平面截割立体得直角三角形 PQR.

设 $OP = y$,则 $PQ = x$,高 $QR = \dfrac{c}{a}x$,从而三角形 PQR 的面积为
$$S(x) = \frac{1}{2}x \cdot \frac{c}{a}x = \frac{ac}{2}\left(1 - \frac{y^2}{b^2}\right),$$
于是,所求体积为 $V = 2\displaystyle\int_0^b \dfrac{ac}{2}\left(1 - \dfrac{y^2}{b^2}\right)\mathrm{d}y = \dfrac{2}{3}abc$.

【2463】 $\dfrac{x^2}{a^2} + \dfrac{y^2}{b^2} + \dfrac{z^2}{c^2} = 1$ (椭面).

解 用垂直于 Ox 轴的平面截椭球得截痕为一椭圆,其长、短半

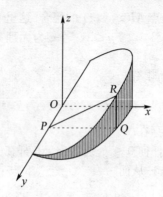

2462 题图

轴分别为

$$b\sqrt{1-\frac{x^2}{a^2}} \text{ 及 } c\sqrt{1-\frac{x^2}{a^2}},$$

从而此椭圆的面积为

$$S(x) = \pi bc\left(1-\frac{x^2}{a^2}\right),$$

因此所求椭球的体积为

$$V = \int_{-a}^{a} S(x)\mathrm{d}x = \int_{-a}^{a}\left(1-\frac{x^2}{a^2}\right)\pi bc\,\mathrm{d}x = \frac{4}{3}\pi abc.$$

【2464】 $\frac{x^2}{a^2}+\frac{y^2}{b^2}-\frac{z^2}{c^2}=1, z=\pm c.$

解 图形为单叶双曲面,用垂直于 z 轴的平面截立体得截痕为一椭圆

$$\begin{cases} \dfrac{x^2}{a^2\left(1+\dfrac{z^2}{c^2}\right)} + \dfrac{y^2}{b^2\left(1+\dfrac{z^2}{c^2}\right)} = 1, \\ z = z, \end{cases}$$

其面积为 $S(z) = \pi ab\left(1+\dfrac{z^2}{c^2}\right).$

因此,所求体积为

$$V = \int_{-c}^{c} S(z)\mathrm{d}z = \pi ab\int_{-c}^{c}\left(1+\frac{z^2}{c^2}\right)\mathrm{d}z = \frac{8}{3}\pi abc.$$

【2465】 $x^2+z^2=a^2, y^2+z^2=a^2.$

解 如2465题图所示考虑第一卦限内的部分,过点 $(0,0,z)$ 作垂

直于 Oz 轴的平面截立体,得截痕为一正方形,其边长为 $\sqrt{a^2-z^2}$,所以截痕的面积为

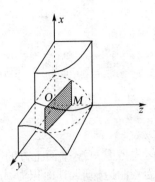

2465 题图

$$S(z) = a^2 - z^2,$$

所以,所求体积为

$$V = 8\int_0^a (a^2 - z^2)\mathrm{d}z = \frac{16}{3}a^3.$$

【2466】 $x^2 + y^2 + z^2 = a^2, x^2 + y^2 = ax.$

解 如 2466 题图所示,考虑在 xOy 平面上方的立体过点 $M(x,0,0)$ 作垂直于 Ox 轴的平面截立体得截痕为一曲边梯形,其曲边方程为

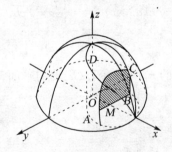

2466 题图

$$z = \sqrt{(a^2-x^2)-y^2} \quad (x \text{ 固定}),$$
$$-\sqrt{ax-x^2} \leqslant y \leqslant \sqrt{ax-x^2},$$

从而截面面积为

$$S(x) = 2\int_0^{\sqrt{ax-x^2}} \sqrt{a^2-x^2-y^2}\,\mathrm{d}y$$

$$= a^{\frac{3}{2}}x^{\frac{1}{2}} - a^{\frac{1}{2}}x^{\frac{3}{2}} + (a^2 - x^2)\arcsin\sqrt{\frac{x}{a+x}}.$$

因此所求体积为

$$V = 2\int_0^a S(x)\mathrm{d}x$$
$$= 2\int_0^a \left[a^{\frac{3}{2}}x^{\frac{1}{2}} - a^{\frac{1}{2}}x^{\frac{3}{2}} + (a^2 - x^2)\arcsin\sqrt{\frac{x}{a+x}}\right]\mathrm{d}x$$
$$= \frac{2}{3}a^3\left(\pi - \frac{4}{3}\right).$$

【2467】 $z^2 = b(a-x), x^2 + y^2 = ax$.

解 和前题一样,先考虑 xOy 平面上方的部分,用垂直于 Ox 轴的平面截立体得截痕为一曲边梯形,其面积为

$$S(x) = 2\int_0^{\sqrt{ax-x^2}} \sqrt{b(a-x)}\mathrm{d}y$$
$$= 2\sqrt{ax-x^2}\sqrt{b(a-x)},$$

从而所求体积为

$$V = 2\int_0^a S(x)\mathrm{d}x$$
$$= 4\int_0^a \sqrt{ax-x^2}\sqrt{b(a-x)}\mathrm{d}x$$
$$= 4\sqrt{b}\int_0^a \sqrt{x}(a-x)\mathrm{d}x = \frac{16}{15}a^2\sqrt{ab}.$$

【2468】 $\dfrac{x^2}{a^2} + \dfrac{y^2}{z^2} = 1 \quad (0 < z < a)$.

解 对于固定的 z,用垂直于 Oz 轴的平面截立体,得截痕为椭圆,其面积为

$$S(z) = \pi a z,$$

于是所求体积为

$$V = \int_0^a S(z)\mathrm{d}z = \int_0^a \pi a z \mathrm{d}z = \frac{\pi a^3}{2}.$$

【2469】 $x + y + z^2 = 1, x = 0, y = 0, z = 0$.

解 对于固定的 z,垂直于 OZ 轴的平面截立体,其截痕为一直角三角形,其面积为

$$S(z) = \frac{1}{2}(1-z^2)^2,$$

故所求体积为

$$V = \int_0^1 \frac{1}{2}(1-z^2)^2 \mathrm{d}z$$
$$= \frac{1}{2}\int_0^1 (1-2z^2+z^4)\mathrm{d}z = \frac{4}{15}.$$

【2470】 $x^2+y^2+z^2+xy+yz+zx=a^2.$

解 不妨设 $a>0$,此曲面为一椭球面.固定 z 得截痕为椭圆
$$x^2+xy+y^2+zx+2y+(z^2-a^2)=0,$$
由 P. M 菲赫金哥尔茨著的《微积分学教程》第二卷第一分册第 330 目中的公式有,此截面的面积为

$$S(z) = -\frac{\pi\Delta}{\left(1-\frac{1}{4}\right)^{\frac{3}{2}}} = -\frac{8\pi\Delta}{3\sqrt{3}},$$

$$\Delta = \begin{vmatrix} 1 & \frac{1}{2} & \frac{z}{2} \\ \frac{1}{2} & 1 & \frac{z}{2} \\ \frac{z}{2} & \frac{z}{2} & z^2-a^2 \end{vmatrix} = \frac{2z^3-3a^2}{4},$$

所以 $\quad S(z) = \dfrac{2(3a^2-2z^2)\pi}{3\sqrt{3}}.$

z 的变化范围为 $2z^2-3a^2 \leqslant 0$,即
$$|z| \leqslant \sqrt{\frac{3}{2}}a.$$

因此所求体积为
$$V = \int_{-\sqrt{\frac{3}{2}}a}^{\sqrt{\frac{3}{2}}a} \frac{2(3a^2-2z^2)\pi}{3\sqrt{3}} \mathrm{d}z = \frac{4\sqrt{2}\pi}{3}a^3.$$

【2471】 证明:平面图形 $a \leqslant x \leqslant b, 0 \leqslant y \leqslant y(x)$,(其中 $y(x)$ 一为单值连续函数)围绕 Oy 轴旋转形成的物体体积:
$$V_y = 2\pi \int_a^b xy(x)\mathrm{d}x.$$

证 $\Delta V_y = \pi[(x+\Delta x)^2 - x^2]y(x)$
$\qquad = 2\pi xy\Delta x + O((\Delta x)^2),$

于是,所求的体积为
$$V_y = 2\pi \int_a^b xy(x)\mathrm{d}x.$$

求出由下列线段旋转时所得到的曲面所围成的体积(2472～2481).

【2472】 $y = b\left(\dfrac{x}{a}\right)^{\frac{2}{3}} (0 \leqslant x \leqslant a)$ 绕 Ox 轴(半三次抛物线).

解 所求体积为
$$V_x = \pi \int_0^a b^2 \left(\dfrac{x}{a}\right)^{\frac{4}{3}} \mathrm{d}x = \dfrac{3}{7}\pi a b^2.$$

【2473】 $y = 2x - x^2, y = 0;$ (1) 绕 Ox 轴;(2) 绕 Oy 轴.

解 令 $y = 0$ 得 $x = 0$ 及 $x = 2$,即 $0 \leqslant x \leqslant 2$.因此所求面积为

(1) $V_x = \pi \int_0^2 (2x - x^2)^2 \mathrm{d}x = \dfrac{16\pi}{15};$

(2) $V_y = 2\pi \int_0^2 x(2x - x^2) \mathrm{d}x = \dfrac{8\pi}{3}.$

【2474】 $y = \sin x, y = 0 \ (0 \leqslant x \leqslant \pi);$ (1) 绕 Ox 轴;(2) 绕 Oy 轴.

解 所求体积为

(1) $V_x = \pi \int_0^\pi \sin^2 x \mathrm{d}x = \dfrac{\pi^2}{2};$

(2) $V_y = 2\pi \int_0^\pi x \sin x \mathrm{d}x = 2\pi^2.$

【2475】 $y = b\left(\dfrac{x}{a}\right)^2, y = b\left|\dfrac{x}{a}\right|;$ (1) 绕 Ox 轴;(2) 绕 Oy 轴.

解 两曲线 $y = b\left(\dfrac{x}{a}\right)^2, y = b\left|\dfrac{x}{a}\right|$ 的交点为 (a, b) 及 $(-a, b)$ 如 2475 题图所示,由对称性知所求体积为

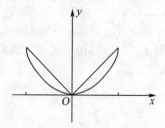

2475 题图

(1) $V_x = 2 \cdot \pi \int_0^a \left(b^2 \dfrac{x^2}{a^2} - b^2 \dfrac{x^4}{a^4}\right) \mathrm{d}x = \dfrac{4\pi}{15} a b^2;$

(2) $V_y = \pi \int_0^b \left(\dfrac{a^2 y}{b} - \dfrac{a^2 y^2}{b^2} \right) \mathrm{d}y = \dfrac{\pi a^2 b}{6}$.

【2477】 $y = \mathrm{e}^{-x}, y = 0 \quad (0 \leqslant x < +\infty);(1)$ 绕 Ox 轴;(2) 绕 Oy 轴.

解 所求体积为

(1) $V_x = \pi \int_0^{+\infty} \mathrm{e}^{-2x} \mathrm{d}x = \dfrac{\pi}{2}$;

(2) $V_y = 2\pi \int_0^{+\infty} x\mathrm{e}^{-x} \mathrm{d}x = 2\pi$.

【2477】 $x^2 + (y-b)^2 = a^2 (0 < a \leqslant b);$ 绕 Ox 轴.

解 $y_1 = b + \sqrt{a^2 - x^2}$,

$y_2 = b - \sqrt{a^2 - x^2} \quad (-a \leqslant x \leqslant a)$,

所求体积为

$V_x = \pi \int_{-a}^{a} (y_1^2 - y_2^2) \mathrm{d}x = 8b\pi \int_0^a \sqrt{a^2 - x^2} \mathrm{d}x$

$= 2\pi^2 a^2 b$.

【2478】 $x^2 - xy + y^2 = a^2;$ 绕 Ox 轴.

解 原方程变为

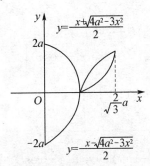

2478 题图

$y^2 - xy + x^2 - a^2 = 0$,

从而 $y = \dfrac{x \pm \sqrt{4a^2 - 3x^2}}{2}$,

函数的定义域为 $\left[-\dfrac{2}{\sqrt{3}}a, \dfrac{2}{\sqrt{3}}a \right]$. 与 Ox 轴的交点分别为 $x = -a$ 及 $x = a$. 由对称性可知所求体积

$$V_x = 2\left\{\pi\int_0^a \frac{1}{4}(x+\sqrt{4a^2-3x^2})^2 \mathrm{d}x\right.$$
$$+\pi\int_a^{\frac{2}{\sqrt{3}}a}\left[\frac{1}{4}(x+\sqrt{4a^2-3x^2})^2\right.$$
$$\left.\left.-\frac{1}{4}(x-\sqrt{4a^2-3x^2})^2\right]\mathrm{d}x\right\}$$
$$= \frac{\pi}{2}\int_0^a (4a^2 - 2x^2 + 2x\sqrt{4a^2-3x^2})\mathrm{d}x$$
$$+ 2\pi\int_a^{\frac{2}{\sqrt{3}}a} x\sqrt{4a^2-3x^2}\mathrm{d}x$$
$$= \pi\left[2a^2 x - \frac{1}{3}x^3 - \frac{1}{9}(4a^2-3x^2)^{\frac{3}{2}}\right]\Big|_0^a$$
$$-\frac{2}{9}(4a^2-3x^2)^{\frac{3}{2}}\Big|_a^{\frac{2}{\sqrt{3}}a} = \frac{8}{3}\pi a^3.$$

[2479] $y = \mathrm{e}^{-x}\sqrt{\sin x}\ (0 \leqslant x < +\infty)$ 绕 Ox 轴.

解 函数的定义域为
$$[2n\pi, (2n+1)\pi] \quad (n = 0, 1, 2, \cdots)$$
故所求体积为
$$V_x = \pi\sum_{n=0}^{+\infty}\int_{2n\pi}^{(2n+1)\pi}\mathrm{e}^{-2x}\sin x\,\mathrm{d}x$$
$$= \sum_{n=0}^{+\infty}\frac{\pi}{5}\mathrm{e}^{-2x}(-2\sin x - \cos x)\Big|_{2n\pi}^{(2n+1)\pi}$$
$$= \frac{\pi}{5}(\mathrm{e}^{-2\pi}+1)\sum_{n=0}^{+\infty}\mathrm{e}^{-4n\pi}$$
$$= \frac{\pi}{5}\cdot\frac{\mathrm{e}^{-2\pi}+1}{1-\mathrm{e}^{-4\pi}} = \frac{\pi}{5(1-\mathrm{e}^{-2\pi})}.$$

[2480] $x = a(t-\sin t), y = a(1-\cos t)\ (0 \leqslant t \leqslant 2\pi), y = 0$;
(1) 绕 Ox 轴;(2) 绕 Oy 轴;(3) 绕直线 $y = 2a$.

解 所求体积为

(1) $V_x = \pi\int_0^{2\pi} y^2 \mathrm{d}x = \pi\int_0^{2\pi} a^3(1-\cos t)^3 \mathrm{d}t$
$$= 5\pi^2 a^3;$$

(2) $V_y = 2\pi\int_0^{2\pi} xy\,\mathrm{d}x$
$$= 2\pi\int_0^{2\pi} a^3(t-\sin t)(1-\cos t)^2 \mathrm{d}t = 6\pi^3 a^3;$$

(3) 作平移：$y = \bar{y} + 2a, x = \bar{x}$ 则曲线方程为
$$\bar{x} = a(t - \sin t), \bar{y} = -a(1 + \cos t) \text{ 及 } \bar{y} = -2a.$$
于是所求体积为
$$V_{\bar{x}} = \pi \int_0^{2\pi} [4a^2 - a^2(1 + \cos t)^2] a(1 - \cos t) dt$$
$$= 7\pi^2 a^3.$$

【2481】 $x = a\sin^3 t, y = b\cos^3 t \quad (0 \leqslant t \leqslant 2\pi)$；(1) 绕 Ox 轴；(2) 绕 Oy 轴.

解 这是一个封闭的曲线. 由对称性知, 所求体积为

(1) $V_x = 2 \cdot \pi \int_0^{\frac{\pi}{2}} (b\cos^3 t)^2 (3a\sin^2 t \cos t) dt$
$$= 6\pi ab^2 \left[\int_0^{\frac{\pi}{2}} \cos^7 t \, dt - \int_0^{\frac{\pi}{2}} \cos^9 t \, dt \right]$$
$$= 6\pi ab^2 \left(\frac{6!!}{7!!} - \frac{8!!}{9!!} \right) = \frac{32}{105} \pi ab^2;$$

(2) 由对称性知, 只须上述答案中的 a、b 对调即得
$$V_y = \frac{32}{105} \pi a^2 b.$$

【2481.1】 求出曲线环 $x = 2t - t^2, y = 4t - t^3$ 旋转围成的体积；(1) 绕 Ox 轴；(2) 绕 Oy 轴.

解 当 $t = 0$、2 时, $x = 0, y = 0$. 曲线如 2481.1 题图所示.

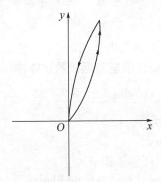

2481.1 题图

$$0 \leqslant t \leqslant 2, t = 1 \pm \sqrt{1 - x}.$$
当 $0 \leqslant t \leqslant 1$ 时, $t = 1 - \sqrt{1 - x}$；

当 $1 \leqslant t \leqslant 2$ 时, $t = 1 + \sqrt{1-x}$.

即
$$y_1 = 4(1 - \sqrt{1-x}) - (1 - \sqrt{1-x})^3,$$
$$y_2 = 4(1 + \sqrt{1-x}) - (1 + \sqrt{1-x})^3,$$

所求体积

$$\begin{aligned}
V_x &= \pi \left(\int_0^1 y_2^2 \mathrm{d}x - \int_0^1 y_1^2 \mathrm{d}x \right) \\
&= \pi \left[\int_1^2 (4t - t^3)^2 \cdot 2(1-t) \mathrm{d}t - \int_0^1 (4t - t^3)^2 \cdot 2(1-t) \mathrm{d}t \right] \\
&= 2\pi \left[\left(\frac{16}{3} t^3 - 4t^4 - \frac{8}{5} t^5 + \frac{4}{3} t^6 + \frac{1}{7} t^7 - \frac{1}{8} t^8 \right) \Big|_1^2 \right. \\
&\quad \left. - \left(\frac{16}{3} t^3 - 4t^4 - \frac{8}{5} t^5 + \frac{4}{3} t^6 + \frac{1}{7} t^7 - \frac{1}{8} t^8 \right) \Big|_0^1 \right] \\
&= \frac{37\pi}{6},
\end{aligned}$$

同样可得

$$\begin{aligned}
V_y &= \pi \int_0^3 [x_2^2(y) - x_1^2(y)] \mathrm{d}y \\
&= \pi \left[\int_0^1 (2t - t^2)^2 (4 - 3t^2) \mathrm{d}t - \int_1^2 (2t - t^2)^2 (4 - 3t^2) \mathrm{d}t \right] \\
&= \pi \left[\left(\frac{16}{3} t^3 - 4t^4 - \frac{8}{5} t^5 + 2t^6 - \frac{3}{7} t^7 \right) \Big|_0^1 \right. \\
&\quad \left. - \left(\frac{16}{3} t^3 - 4t^4 - \frac{8}{5} t^5 + 2t^6 - \frac{3}{7} t^7 \right) \Big|_1^2 \right] \\
&= 2\pi.
\end{aligned}$$

【2482】 证明:平面图形 $0 \leqslant \alpha \leqslant \varphi \leqslant \beta \leqslant \pi, 0 \leqslant r \leqslant r(\varphi)$(其中 φ 和 r 为极坐标) 围绕极轴旋转形成的物体体积:

$$V = \frac{2\pi}{3} \int_\alpha^\beta r^3(\varphi) \sin\varphi \mathrm{d}\varphi.$$

证 面积微元为

$$\mathrm{d}S = r \mathrm{d}\varphi \mathrm{d}r,$$

它绕极轴旋转所得微环形体积

$$\mathrm{d}v = 2\pi r \sin\varphi \mathrm{d}S = 2\pi r^2 \sin\varphi \mathrm{d}\varphi \mathrm{d}r,$$

于是所求体积为

$$\begin{aligned}
V &= 2\pi \int_\alpha^\beta \left(\sin\varphi \int_0^{r(\varphi)} r^2 \mathrm{d}r \right) \mathrm{d}\varphi \\
&= \frac{2\pi}{3} \int_\alpha^\beta r^3(\varphi) \sin\varphi \mathrm{d}\varphi.
\end{aligned}$$

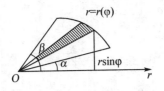

2482 题图

求由极坐标给定的平面图形旋转形成的体积(2483～2485).

[2483] $r=a(1+\cos\varphi)$ $(0\leqslant\varphi\leqslant 2\pi)$;(1)围绕极轴;(2)围绕直线 $r\cos\varphi=-\dfrac{a}{4}$.

解 (1) $V=\dfrac{2\pi}{3}\displaystyle\int_0^\pi a^3(1+\cos\varphi)^3\sin\varphi\mathrm{d}\varphi$

$=-\dfrac{1}{4}\cdot\dfrac{2\pi}{3}a^3(1+\cos\varphi)^4\bigg|_0^\pi=\dfrac{8\pi a^3}{3};$

(2) 由 2419 题知心脏线 $r=a(1+\cos\varphi)$ 的面积为 $\dfrac{3\pi a^2}{2}$,而其重心为 $\varphi_0=0, r_0=\dfrac{5a}{6}$(见 2512 题图).

根据古尔金第二定理(见 2506 题),可求得所求体积为

$$V=2\pi\left(\dfrac{5a}{6}+\dfrac{a}{4}\right)\dfrac{3\pi a^2}{2}=\dfrac{13}{4}\pi^2 a^2.$$

[2484] $(x^2+y^2)^2=a^2(x^2-y^2)$;(1)绕 Ox 轴;(2)绕 Oy 轴;(3)绕直线 $y=x$.

提示:转换到极坐标.

解 (1) 曲线的极坐标方程为

$r^2=a^2(2\cos^2\varphi-1),$

$V_x=2\cdot\dfrac{2\pi}{3}\displaystyle\int_0^{\frac{\pi}{4}}[a^2(2\cos^2\varphi-1)]^{\frac{3}{2}}\sin\varphi\mathrm{d}\varphi,$

由于 $\displaystyle\int(2\cos^2\varphi-1)^{\frac{3}{2}}\sin\varphi\mathrm{d}\varphi$

$=-\dfrac{1}{\sqrt{2}}\displaystyle\int\left[(\sqrt{2}\cos\varphi)^2-1\right]^{\frac{3}{2}}\mathrm{d}(\sqrt{2}\cos\varphi)$

$=-\dfrac{1}{\sqrt{2}}\bigg[\dfrac{\sqrt{2}\cos\varphi}{8}(4\cos^2\varphi-5)\sqrt{2\cos^2\varphi-1}$

$+\dfrac{3}{8}\ln(\sqrt{2}\cos\varphi+\sqrt{2\cos^2\varphi-1})\bigg]+C,$

所以 $V_x = -\dfrac{4\pi a^3}{3\sqrt{2}}\left[\dfrac{\sqrt{2}\cos\varphi}{8}(4\cos^2\varphi-5)\sqrt{2\cos^2\varphi-1}\right.$

$\left.+\dfrac{3}{8}\ln(\sqrt{2}\cos\varphi+\sqrt{2\cos^2\varphi-1})\right]\Big|_0^{\frac{\pi}{4}}$

$=\dfrac{1}{4}\pi a^3\left[\sqrt{2}\ln(\sqrt{2}+1)-\dfrac{2}{3}\right];$

（2）利用对称性知，所求体积为

$$V_y = \dfrac{4\pi}{3}\int_0^{\frac{\pi}{4}} r^3\cos\varphi d\varphi$$

$$= \dfrac{4\pi a^3}{3}\int_0^{\frac{\pi}{4}} \sqrt{\cos^3 2\varphi}\cos\varphi d\varphi,$$

令 $\sin\varphi = \dfrac{1}{\sqrt{2}}\sin x,$

则 $\sqrt{\cos 2\varphi} = \cos x, \cos\varphi d\varphi = \dfrac{1}{\sqrt{2}}\cos x dx,$

且 $0\leqslant x\leqslant \dfrac{\pi}{2}$，于是

$$V_y = \dfrac{4\pi a^3}{3\sqrt{2}}\int_0^{\frac{\pi}{2}} \cos^4 x dx$$

$$= \dfrac{4\pi a^3}{3\sqrt{2}}\cdot\dfrac{3\cdot 1}{4\cdot 2}\cdot\dfrac{\pi}{2} = \dfrac{\pi^2 a^3}{4\sqrt{2}};$$

（3）利用对称性知，所求体积为

$$V = \dfrac{4\pi}{3}\int_{-\frac{\pi}{4}}^{\frac{\pi}{4}} r^3\sin\left(\dfrac{\pi}{4}-\varphi\right)d\varphi$$

$$= \dfrac{4\pi a^3}{3}\int_{-\frac{\pi}{4}}^{\frac{\pi}{4}} \sqrt{\cos^3 2\varphi}\left(\dfrac{1}{\sqrt{2}}\cos\varphi - \dfrac{1}{\sqrt{2}}\sin\varphi\right)d\varphi$$

$$= \dfrac{4\pi a^3}{3\sqrt{2}}\int_{-\frac{\pi}{4}}^{\frac{\pi}{4}} \sqrt{\cos^3 2\varphi}\cos\varphi d\varphi = \dfrac{\pi^2 a^3}{4}.$$

【2484.1】 求由阿基米德半螺线 $r = a\varphi (a>0; 0\leqslant\varphi\leqslant\pi)$ 所围的图形围绕极轴旋转形成的体积.

解 所求体积为

$$V = \dfrac{2\pi}{3}\int_0^{\pi} r^3\sin\varphi d\varphi = \dfrac{2\pi}{3}\int_0^{\pi} a^3\varphi^3\sin\varphi d\varphi$$

$$= \dfrac{2\pi}{3}a^3(-\varphi^3\cos\varphi + 3\varphi^2\sin\varphi - 6\varphi\cos\varphi + 6\sin\varphi)\Big|_0^{\pi}$$

$$= \frac{2a^3\pi^2}{3}(\pi^2+6).$$

【2484.2】 求由曲线 $\varphi = \pi r^3, \varphi = \pi$ 所围的图形围绕极轴旋转形成的体积.

解 所求体积为
$$V = \frac{2\pi}{3}\int_0^\pi r^3 \sin\varphi d\varphi = \frac{2\pi}{3}\int_0^\pi \frac{\varphi}{\pi}\sin\varphi d\varphi$$
$$= \frac{2}{3}(-\varphi\cos\varphi + \sin\varphi)\Big|_0^\pi = \frac{2\pi}{3}.$$

【2485】 求出图形 $a \leqslant r \leqslant a\sqrt{2\sin 2\varphi}$ 围绕极轴旋转形成的体积.

解 $r = a$ 与 $r = a\sqrt{2\sin 2\varphi}$，在第一象限的相交点为 $\left(a, \frac{\pi}{12}\right) \left(a, \frac{5\pi}{12}\right)$. 利用对称性知，所求体积为

$$V = \frac{4\pi}{3}\int_{\frac{\pi}{12}}^{\frac{5\pi}{12}} \left[(a\sqrt{2\sin 2\varphi})^3 - a^3\right]\sin\varphi d\varphi$$
$$= \frac{4\pi a^3}{3}\int_{\frac{\pi}{12}}^{\frac{5\pi}{12}} (4\sqrt{2}\sqrt{\sin 2\varphi}\cdot\sin^2\varphi\cos\varphi - \sin\varphi)d\varphi.$$

为求上述积分，令

$$I_1 = \int \sqrt{\sin 2\varphi}\sin^2\varphi\cos\varphi d\varphi,$$
$$I_2 = \int \sqrt{\sin 2\varphi}\cos^2\varphi\cos\varphi d\varphi,$$
$$I_2 - I_1 = \int (\sin 2\varphi)^{\frac{1}{2}}\cos 2\varphi\cos\varphi d\varphi$$
$$= \frac{1}{3}\cos\varphi(\sin 2\varphi)^{\frac{3}{2}} + \frac{2}{3}I_1,$$

即
$$I_2 - \frac{5}{3}I_1 = \frac{1}{3}\cos\varphi(\sin 2\varphi)^{\frac{3}{2}} + C,$$
$$I_1 + I_2 = \int \sqrt{\sin 2\varphi}\cos\varphi d\varphi$$
$$= \sqrt{2}\int \frac{\tan\varphi}{1+\tan^2\varphi}\sqrt{\cot\varphi}d\varphi$$
$$= \frac{1}{2}\sin\varphi\sqrt{\sin 2\varphi} + \frac{1}{2}\ln(\sin\varphi + \cos\varphi - \sqrt{\sin 2\varphi})$$
$$+ \frac{1}{4}[\ln(\sin\varphi + \cos\varphi + \sqrt{\sin 2\varphi}) + \arcsin(\sin\varphi - \cos\varphi)].$$

故 $\quad I_1 = \dfrac{3}{8}\Big\{\dfrac{1}{2}\sin\varphi\sqrt{\sin2\varphi} + \dfrac{1}{2}\ln(\sin\varphi+\cos\varphi-\sqrt{\sin2\varphi})$

$\qquad\qquad + \dfrac{1}{4}\big[\ln(\sin\varphi+\cos\varphi+\sqrt{\sin2\varphi})$

$\qquad\qquad + \arcsin(\sin\varphi-\cos\varphi)\big] - \dfrac{1}{3}\cos\varphi(\sin2\varphi)^{\frac{3}{2}}\Big\} + C.$

而 $\quad \displaystyle\int_{\frac{\pi}{12}}^{\frac{5\pi}{12}}\sqrt{\sin2\varphi}\sin^2\varphi\cos\varphi\,d\varphi = \dfrac{1}{8} + \dfrac{3}{64}\pi,$

因此 $\quad V = \dfrac{4\pi a^3}{3}\bigg[4\sqrt{2}\Big(\dfrac{1}{8}+\dfrac{3\pi}{64}\Big)+\cos\varphi\Big|_{\frac{\pi}{12}}^{\frac{5\pi}{12}}\bigg] = \dfrac{\pi^2 a^3}{2\sqrt{2}}.$

§8. 旋转曲面面积的计算方法

平滑曲线 AB 围绕 Ox 轴旋转形成的曲面面积等于:
$$P = 2\pi\int_A^B |y|\,ds$$
其中 ds 为弧的微分.

求出下列曲线旋转形成的曲面面积(2486～2498).

【2486】 $y = x\sqrt{\dfrac{x}{a}}\,(0\leqslant x\leqslant a)$;围绕 Ox 轴.

解 $\quad ds = \sqrt{1+y'^2}\,dx = \sqrt{1+\dfrac{9x}{4a}}\,dx,$

于是所求表面积为

$$P_x = 2\pi\int_0^a x\sqrt{\dfrac{x}{a}}\cdot\sqrt{1+\dfrac{9x}{4a}}\,dx$$

$$= \dfrac{3\pi}{a}\int_0^a x\sqrt{x^2+\dfrac{4ax}{9}}\,dx$$

$$= \dfrac{3\pi}{a}\int_0^a \Big(x+\dfrac{2a}{9}\Big)\sqrt{\Big(x+\dfrac{2a}{9}\Big)^2-\Big(\dfrac{2a}{9}\Big)^2}\,d\Big(x+\dfrac{2a}{9}\Big)$$

$$-\dfrac{2\pi}{3}\int_0^a \sqrt{\Big(x+\dfrac{2a}{9}\Big)^2-\Big(\dfrac{2a}{9}\Big)^2}\,d\Big(x+\dfrac{2a}{9}\Big)$$

$$= \dfrac{3\pi}{a}\cdot\dfrac{1}{3}\Big(x^2+\dfrac{4ax}{9}\Big)^{\frac{3}{2}}\Big|_0^a - \dfrac{2\pi}{3}\bigg\{\dfrac{x+\dfrac{2a}{9}}{2}\sqrt{x^2+\dfrac{4ax}{9}}$$

$$-\dfrac{\frac{4a^2}{81}}{2}\ln\Big(x+\dfrac{2a}{9}-\sqrt{x^2+\dfrac{4ax}{9}}\Big)\bigg\}\Big|_0^a$$

$$= \frac{13\sqrt{13}}{27}\pi a^2 - \frac{11\sqrt{13}}{81}\pi a^2 + \frac{4\pi a^2}{243}\ln\frac{11+3\sqrt{13}}{2}.$$

【2487】 $y = a\cos\dfrac{\pi x}{2b}(|x| \leqslant b)$;围绕 Ox 轴.

解
$$\sqrt{1+y'^2} = \sqrt{1+\left(-\frac{\pi a}{2b}\sin\frac{\pi x}{2b}\right)^2}$$
$$= \frac{1}{2b}\sqrt{4b^2 + a^2\pi^2\sin^2\frac{\pi x}{2b}},$$

所以,所求面积为

$$P_x = 2\pi\int_{-b}^{b} y\sqrt{1+y'^2}\,dx$$

$$= 2\pi\int_{-b}^{b} a\cos\frac{\pi x}{2b}\cdot\frac{1}{2b}\sqrt{4b^2 + a^2\pi^2\sin^2\frac{\pi x}{2b}}\,dx$$

$$= \frac{4}{\pi}\left[\frac{1}{2}\pi a\cdot\sin\frac{\pi x}{2b} + \sqrt{4b^2 + a^2\pi^2\sin^2\frac{\pi x}{2b}}\right.$$
$$\left.+ \frac{4b^2}{2}\ln\left|\pi a\sin\frac{\pi x}{2b} + \sqrt{4b^2 + \pi^2 a^2\sin^2\frac{\pi x}{2b}}\right|\right]\Big|_0^b$$

$$= 2a\sqrt{a^2\pi^2 + 4b^2} + \frac{8b^2}{\pi}\ln\frac{\pi a + \sqrt{a^2\pi^2 + 4b^2}}{2b}.$$

【2488】 $y = \tan x\left(0 \leqslant x \leqslant \dfrac{\pi}{4}\right)$;围绕 Ox 轴.

解
$$\sqrt{1+y'^2} = \sqrt{1+\sec^4 x} = \sqrt{\frac{\cos^4 x + 1}{\cos^4 x}},$$

所求面积为

$$P_x = 2\pi\int_0^{\frac{\pi}{4}} \tan x\cdot\frac{\sqrt{\cos^4 x + 1}}{\cos^2 x}\,dx$$

$$= \pi\int_0^{\frac{\pi}{4}} \sqrt{\cos^4 x + 1}\,d\left(\frac{1}{\cos^2 x}\right)$$

$$= \pi\left[\frac{\sqrt{\cos^4 + 1}}{\cos^2 x} - \ln(\cos^2 x + \sqrt{\cos^4 x + 1})\right]\Big|_0^{\frac{\pi}{4}}$$

$$= \pi\left[\sqrt{5} - \sqrt{2} + \ln\frac{(\sqrt{2}+1)(\sqrt{5}-1)}{2}\right].$$

【2489】 $y^2 = 2px$ $(0 \leqslant x \leqslant x_0)$;(1) 绕 Ox 轴;(2) 绕 Oy 轴.

解 (1) $\sqrt{1+y'^2_x} = \sqrt{1+\left(\dfrac{p}{y}\right)^2} = \dfrac{\sqrt{p+2x}}{\sqrt{2x}},$

于是所求面积为

$$P_x = 2\pi \int_0^{x_0} \sqrt{2px} \cdot \frac{\sqrt{p+2x}}{\sqrt{2x}} dx$$

$$= \pi \sqrt{p} \cdot \frac{2}{3}(p+2x)^{\frac{3}{2}} \Big|_0^{x_0}$$

$$= \frac{2\pi}{3}\left[(2x_0+p)\sqrt{2px_0+p^2} - p^2\right].$$

(2) $\sqrt{1+x_y'^2} = \frac{\sqrt{p^2+y^2}}{p}$,

且由对称性知,所求面积为

$$P_y = 4\pi \int_0^{\sqrt{2px_0}} x\sqrt{1+x_y'^2}\, dy$$

$$= 4\pi \int_0^{\sqrt{2px_0}} \frac{y^2}{2p} \cdot \frac{\sqrt{p^2+y^2}}{p}\, dy$$

$$= \frac{2\pi}{p^2}\left[\frac{y(2y^2+p^2)}{8}\sqrt{p^2+y^2} - \frac{p^4}{8}\ln(y+\sqrt{y^2+p^2})\right]\Big|_0^{\sqrt{2px_0}}$$

$$= \frac{\pi}{4}\Big[(p+4x_0)\sqrt{2x_0(p+2x_0)}$$

$$\quad - p^2\ln\frac{\sqrt{2x_0}+\sqrt{p+2x_0}}{\sqrt{p}}\Big].$$

【2490】 $\frac{x^2}{a^2} + \frac{y^2}{b^2} = 1 \quad (0 < b \leqslant a)$;(1) 绕 Ox 轴;(2) 绕 Oy 轴.

解 (1) $y' = -\frac{b^2}{a^2}\frac{x}{y}$,所求面积为

$$P_x = 2\pi \int_{-a}^{a} y\sqrt{1+y'^2}\, dx$$

$$= 2\pi \int_{-a}^{a} y\sqrt{1+\left(-\frac{b^2}{a^2}\frac{x}{y}\right)^2}\, dx$$

$$= 2\pi \int_{-a}^{a} \sqrt{y^2+\left(\frac{b^2}{a^2}\right)^2 x^2}\, dx$$

$$= 2\pi \int_{-a}^{a} \sqrt{b^2+\frac{b^2}{a^2}\left(\frac{b^2}{a^2}-1\right)x^2}\, dx$$

$$= 2\pi \frac{b}{a}\int_{-a}^{a} \sqrt{a^2-\varepsilon^2 x^2}\, dx$$

$$= 2\pi \frac{b}{a} 2\left[\frac{x}{2}\sqrt{a^2-\varepsilon^2 x^2} + \frac{a^2}{2\varepsilon}\arcsin\frac{\varepsilon x}{a}\right]\Big|_0^a$$

$$= 2\pi \cdot \frac{b}{a}\left(a\sqrt{a^2-\varepsilon^2 a^2} + \frac{a^2}{\varepsilon}\arcsin\varepsilon\right)$$

$$= 2\pi b\left(b + \frac{a}{\varepsilon}\arcsin\varepsilon\right),$$

其中 $\varepsilon = \dfrac{\sqrt{a^2-b^2}}{a}$ 是椭圆之离心率.

(2) $x\sqrt{1+{x'_y}^2} = \dfrac{a}{b}\sqrt{b^2 + \dfrac{a^2-b^2}{b^2}y^2}$

$$= \frac{a}{b}\sqrt{b^2 + \frac{c^2}{b^2}y^2},$$

所求面积为

$$P_y = 2\pi \frac{a}{b}\int_{-b}^{b}\sqrt{b^2 + \frac{c^2}{b^2}y^2}\,\mathrm{d}y$$

$$= 2\pi\frac{a}{b}\left[\frac{x}{2}\sqrt{b^2+\frac{c^2}{b^2}y^2} + \frac{b^3}{2c}\ln\left(\frac{c}{b}y + \sqrt{b^2+\frac{c^2}{b^2}y^2}\right)\right]\Bigg|_{-b}^{b}$$

$$= 2\pi a\left[\sqrt{b^2+c^2} + \frac{b^2}{2c}\ln\left[\frac{\sqrt{b^2+c^2}+c}{\sqrt{b^2+c^2}-c}\right]\right]$$

$$= 2\pi a\left[a + \frac{b^2}{2c}\ln\left(\frac{a+c}{a-c}\right)\right].$$

【2491】 $x^2 + (y-b)^2 = a^2 \, (b \geqslant a)$；绕 Ox 轴.

解 将圆分成两个单值分支

$$y = b + \sqrt{a^2-x^2} \text{ 及 } y = b - \sqrt{a^2-x^2},$$

于是所求表面积为

$$P_x = 2\pi\int_{-a}^{a}(b+\sqrt{a^2-x^2})\frac{a}{\sqrt{a^2-x^2}}\mathrm{d}x$$

$$+ 2\pi\int_{-a}^{a}(b-\sqrt{a^2-x^2})\frac{a}{\sqrt{a^2-x^2}}\mathrm{d}x$$

$$= 4\pi ab\int_{-a}^{a}\frac{1}{\sqrt{a^2-x^2}}\mathrm{d}x = 4\pi^2 ab.$$

【2492】 $x^{\frac{2}{3}} + y^{\frac{2}{3}} = a^{\frac{2}{3}}$；绕 Ox 轴.

解 $y'_x = -\sqrt[3]{\dfrac{y}{x}},\ \sqrt{1+y'^2} = \dfrac{a^{\frac{1}{3}}}{x^{\frac{1}{3}}},$

所求表面积为

$$P_x = 2 \cdot 2\pi \int_0^a (a^{\frac{2}{3}} - x^{\frac{2}{3}})^{\frac{3}{2}} \frac{a^{\frac{1}{3}}}{x^{\frac{1}{3}}} dx$$

$$= -\frac{12\pi a^{\frac{1}{3}}}{5} (a^{\frac{2}{3}} - x^{\frac{2}{3}})^{\frac{5}{2}} \Big|_0^a = \frac{12\pi a^2}{5}.$$

【2493】 $y = a\operatorname{ch}\dfrac{x}{a}$ $(|x| \leqslant b)$;(1) 绕 Ox 轴;(2) 绕 Oy 轴.

解 (1) 所求表面积为

$$P_x = 2\pi \int_{-b}^b \operatorname{ch}\frac{x}{a} \sqrt{1 + \operatorname{sh}^2\frac{x}{a}} dx$$

$$= 2\pi a \int_{-b}^b \operatorname{ch}^2\frac{x}{a} dx = 2\pi a \int_0^b \left(1 + \operatorname{ch}\frac{2x}{b}\right) dx$$

$$= \pi a \left(2b + a\operatorname{sh}\frac{2b}{a}\right).$$

(2) 注意到 $x'_y = \dfrac{1}{y'_x}$ 及 $\dfrac{dy}{y'_x} = dx$ 有

$$\sqrt{1 + x'^2_y} dy = \sqrt{1 + y'^2_x} dx$$

从而有 $P_y = 2\pi \int_a^{a\operatorname{ch}\frac{b}{a}} x \sqrt{1 + x'^2_y} dy$

$$= 2\pi \int_0^b x \sqrt{1 + y'^2_x} dx = 2\pi \int_0^b x\operatorname{ch}\frac{x}{a} dx$$

$$= 2\pi \left(ax\operatorname{sh}\frac{x}{a} - a^2\operatorname{ch}\frac{x}{a}\right)\Big|_0^b$$

$$= 2\pi a \left(b\operatorname{sh}\frac{b}{a} - a\operatorname{ch}\frac{b}{a} + a\right).$$

【2494】 $\pm x = a\ln\dfrac{a + \sqrt{a^2 - y^2}}{y} - \sqrt{a^2 - y^2}$;绕 Ox 轴.

解 $x'_y = \mp\dfrac{\sqrt{a^2 - y^2}}{y}$ $ds = \sqrt{1 + x'^2_y} dy = \dfrac{a}{y} dy$

所以 $P_x = 2 \cdot 2\pi \int_0^a y ds = 4\pi \int_0^a y \cdot \dfrac{a}{y} dy = 4\pi a^2.$

【2495】 $x = a(t - \sin t), y = a(1 - \cos t)$ $(0 \leqslant t \leqslant 2\pi)$;
(1) 绕 Ox 轴;(2) 绕 Oy 轴;(3) 绕直线 $y = 2a$.

解 $ds = \sqrt{x'^2_t + y'^2_t} dt = 2a\sin\dfrac{t}{2} dt$

于是所求表面积为

(1) $P_x = 2\pi \int_0^{2\pi} a(1-\cos t) \cdot 2a\sin\dfrac{t}{2} dt$

$= 16\pi a^2 \int_0^\pi \sin^3 u \, du = \dfrac{64}{3}\pi a^2;$

(2) $P_y = 2\pi \int_0^{2\pi} a(t-\sin t) 2a\sin\dfrac{t}{2} dt$

$= 4\pi a^2 \int_0^{2\pi} (t-\sin t)\sin\dfrac{t}{2} dt = 16\pi^2 a^2;$

(3) 作平移

$$x = \bar{x}, y = \bar{y} + 2a,$$

则 $\quad y = -a(1+\cos t),$

则所求表面积为

$$P_{\bar{x}} = 2\pi \int_0^{2\pi} |\bar{y}| \, ds$$

$$= 2\pi \int_0^{2\pi} a(1+\cos t) 2a\sin\dfrac{t}{2} dt = \dfrac{32}{3}\pi a^2.$$

【2496】 $x = a\cos^3 t, y = a\sin^3 t;$ 绕直线 $y = x$.

解 $ds = \sqrt{x'^2_t + y'^2_t} dt$

$$= \begin{cases} 3a\sin t\cos t \, dt, & \text{当} \dfrac{\pi}{4} \leqslant t \leqslant \dfrac{\pi}{2}, \\ -3a\sin t\cos t \, dt, & \text{当} \dfrac{\pi}{2} \leqslant t \leqslant \dfrac{3\pi}{4}. \end{cases}$$

利用对称性,并作旋转,得所求表面积为

$$P = 2 \cdot 2\pi \left[\int_{\frac{\pi}{4}}^{\frac{\pi}{2}} \dfrac{y-x}{\sqrt{2}} \sqrt{x'^2_t + y'^2_t} dt \right.$$

$$\left. + \int_{\frac{\pi}{2}}^{\frac{3\pi}{4}} \dfrac{y-x}{\sqrt{2}} \sqrt{x'^2_t + y'^2_t} dt \right]$$

$$= \dfrac{4\pi}{\sqrt{2}} \left[\int_{\frac{\pi}{4}}^{\frac{\pi}{2}} (a\sin^3 t - a\cos^3 t) 3a\sin t\cos t \, dt \right.$$

$$\left. - \int_{\frac{\pi}{2}}^{\frac{3\pi}{4}} (a\sin^3 t - a\cos^3 t) 3a\sin t\cos t \, dt \right]$$

$$= \dfrac{12\pi a^2}{\sqrt{2}} \left[\left(\dfrac{1}{5}\sin^5 t + \dfrac{1}{5}\cos^5 t \right) \bigg|_{\frac{\pi}{4}}^{\frac{\pi}{2}} \right.$$

$$\left. - \left(\dfrac{1}{5}\sin^5 t + \dfrac{1}{5}\cos^5 t \right) \bigg|_{\frac{\pi}{2}}^{\frac{3\pi}{4}} \right]$$

$$= \frac{3}{5}\pi a^2(4\sqrt{2}-1).$$

【2497】 $r = a(1+\cos\varphi)$;绕极轴.

解 $ds = \sqrt{r^2 + r'^2_\varphi}d\varphi = 2a\cos\dfrac{\varphi}{2}d\varphi$

$$y = r\sin\varphi = a(1+\cos\varphi)\sin\varphi = 4a\cos^3\frac{\varphi}{2}\sin\frac{\varphi}{2}$$

因此,所求表面积为

$$P = 2\pi\int_0^\pi 8a^2\cos^4\frac{\varphi}{2}\sin\frac{\varphi}{2}d\varphi = \frac{32}{5}\pi a^2.$$

【2498】 $r^2 = a^2\cos 2\varphi$;(1) 绕极轴;(2) 绕轴 $\varphi = \dfrac{\pi}{2}$;(3) 绕轴 $\varphi = \dfrac{\pi}{4}$.

解 (1) $y = r\cdot\sin\varphi = a\sqrt{\cos 2\varphi}\cdot\sin\varphi$

$$r'_\varphi = -\frac{a^2\sin 2\varphi}{r},$$

$$ds = \sqrt{r^2 + r'^2_\varphi} = \frac{a}{\sqrt{\cos 2\varphi}}d\varphi,$$

所求表面积为

$$P = 2\cdot 2\pi\int_0^{\frac{\pi}{4}} a^2\sin\varphi d\varphi = 2\pi a^2(2-\sqrt{2}).$$

(2) $x = r\cdot\cos\varphi = a\sqrt{\cos 2\varphi}\cdot\cos\varphi$,因此所求表面积为

$$P = 2\pi\int_{-\frac{\pi}{4}}^{\frac{\pi}{4}} a^2\cos\varphi d\varphi = 2\pi a^2\sqrt{2}.$$

(3) $x = a\sqrt{\cos 2\varphi}\cos\varphi, y = a\sqrt{\cos 2\varphi}\sin\varphi$

由对称性,并注意到当 $-\dfrac{\pi}{4}\leqslant\varphi\leqslant\dfrac{\pi}{4}$ 时 $x-y\geqslant 0$,因此,所求表面积为

$$P = 2\cdot 2\pi\int_{-\frac{\pi}{4}}^{\frac{\pi}{4}} \frac{x-y}{\sqrt{2}}\frac{a}{\sqrt{\cos 2\varphi}}d\varphi$$

$$= \frac{4\pi a^2}{\sqrt{2}}\int_{-\frac{\pi}{4}}^{\frac{\pi}{4}} (\cos\varphi - \sin\varphi)d\varphi$$

$$= \frac{4\pi a^2}{\sqrt{2}}(\sin\varphi + \cos\varphi)\bigg|_{-\frac{\pi}{4}}^{\frac{\pi}{4}} = 4\pi a^2.$$

【2499】 由抛物线 $ay = a^2 - x^2$ 与轴 Ox 所围的图形围绕 Ox 轴旋转形成旋转体. 求旋转体的曲面积与等体积球表面积的比值.

解 旋转体的表面积为

$$P_x = 2 \cdot 2\pi \int_0^a y \sqrt{1+y_x'^2}\,dx$$

$$= 4\pi \int_0^a \left(a - \frac{x^2}{a}\right)\sqrt{1+\left(-\frac{2x}{a}\right)^2}\,dx$$

$$= 4\pi \int_0^a \left(a - \frac{x^2}{a}\right) \cdot \frac{2}{a}\sqrt{x^2 + \frac{a^2}{4}}\,dx$$

$$= 8\pi \int_0^a \sqrt{x^2 + \frac{a^2}{4}}\,dx - \frac{8\pi}{a^2}\int_0^a x^2 \sqrt{x^2 + \frac{a^2}{4}}\,dx$$

$$= 8\pi \left[\frac{x}{2}\sqrt{x^2+\frac{a^2}{4}} + \frac{a^2}{8}\ln\left(x+\sqrt{x^2+\frac{a^2}{4}}\right)\right]\Bigg|_0^a$$

$$\quad - \frac{8\pi}{a^2}\left[\frac{x\left(2x^2+\frac{a^2}{4}\right)}{8}\sqrt{x^2+\frac{a^2}{4}}\right.$$

$$\quad \left. - \frac{a^4}{128}\ln\left(x+\sqrt{x^2+\frac{a^2}{4}}\right)\right]\Bigg|_0^a$$

$$= \frac{\pi a^2}{8}\left[7\sqrt{5} + \frac{17}{2}\ln(2+\sqrt{5})\right].$$

倒数第二个等号用到了 1820 题的结果 旋转体的体积为

$$V_x = \pi \int_{-a}^a \left(a - \frac{x}{a}\right)^2 dx = \frac{16\pi a^3}{15},$$

设与其等体积的球的半径为 R, 则有

$$\frac{4\pi R^3}{3} = \frac{16\pi a^3}{15},$$

所以 $R = \sqrt[3]{\frac{4}{5}}a.$ 于是此球的表面积为

$$P = 4\pi R^2 = 4\pi \sqrt[3]{\frac{16}{25}} a^2,$$

于是

$$\frac{P_x}{P} = \frac{\frac{\pi a^2}{8}\left[7\sqrt{5} + \frac{17}{2}\ln(2+\sqrt{5})\right]}{4\pi \sqrt[3]{\frac{16}{25}}a^2}$$

$$= \frac{5[14\sqrt{5} + 17\ln(2+\sqrt{5})]}{128 \cdot \sqrt[3]{10}}.$$

【2500】 由抛物线 $y^2 = 2px$ 与直线 $x = \dfrac{p}{2}$ 所围成的图形绕直线 $y = p$ 旋转,求旋转体的体积和面积.

解 旋转体的体积为

$$V_{y=p} = \int_0^{\frac{p}{2}} \pi(p + \sqrt{2px})^2 dx - \int_0^{\frac{p}{2}} \pi(p - \sqrt{2px})^2 dx$$

$$= 4\pi p \cdot \sqrt{2p} \int_0^{\frac{p}{2}} \sqrt{x} \, dx = \frac{4\pi p^3}{3}.$$

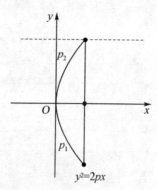

2500 题图

下面求旋转体的表面积.

首先,旋转体的侧面积为:注意到在 l_1, l_2 上 dS 相同,

$$S_{侧} = \int_{l_1} 2\pi(p + \sqrt{2px}) dS + \int_{l_2} 2\pi(p - \sqrt{2px}) dS$$

$$= 4\pi p \int_{l_2} dS = 4\pi p \int_0^p \sqrt{1 + \frac{y^2}{p^2}} dy$$

$$= 4\pi \int_0^p \sqrt{y^2 + p^2} \, dy$$

$$= 4\pi \left[\frac{y}{2} \sqrt{y^2 + p^2} + \frac{p^2}{2} \ln(y + \sqrt{y^2 + p^2}) \right] \Big|_0^p$$

$$= 2\pi p^2 [\sqrt{2} + \ln(1 + \sqrt{2})]$$

$$S_{底} = \pi(2p)^2 = 4\pi p^2$$

故所求表面积为

$$P = S_{侧} + S_{底} = 2\pi p^2 [2 + \sqrt{2} + \ln(1 + \sqrt{2})].$$

§9. 矩计算法 重心坐标

1. 矩 若在 Oxy 平面上,密度为 $\rho = \rho(y)$ 的质量 M 充满了某有界连续统 Ω(线,平面域),而 $\omega = \omega(y)$ 是连续统 Ω 中纵坐标不超过 y 那一部分的相应测度(圆弧长度、面积),则下数

$$M_k = \lim_{\max|\Delta y_i| \to 0} \sum_{i=1}^{n} \rho(y_i) y_i^k \Delta\omega(y_i)$$
$$= \int_{\Omega} \rho y^k \, d\omega(y_i) \quad (k = 0, 1, 2, \cdots),$$

(其中 $\Delta y_i = y_i - y_{i-1}$ 及 $\Delta\omega(y_i) = \omega(y_i) - \omega(y_{i-1})$)称为质量 M 对于 Ox 轴的 k 次矩.

作为特殊情况,当 $k = 0$ 时,得出质量 M,当 $k = 1$ 时为静力矩,而当 $k = 2$ 时为转动惯量.

同样,可以定义质量对坐标平面的矩.

若 $\rho = 1$,则相应的矩被称为几何矩(线矩、面积矩、体积矩等).

2. 重心 面积为 S 的均匀平面图形的重心坐标 (x_0, y_0) 按照下式定义:

$$x_0 = \frac{M_1^{(y)}}{S}, \qquad y_0 = \frac{M_1^{(x)}}{S},$$

其中 $M_1^{(y)}, M_1^{(x)}$ 为图形对于 Oy 和 Ox 轴的几何静力矩.

【2501】 求半径 a 的半圆弧对于过该弧两个端点的直径的静力矩和转动惯量.

解 取此直径所在的直线为 Ox 轴,圆心作为原点建立直角坐标系,则圆的方程为 $x^2 + y^2 = a^2$,从而

$$y = \sqrt{a^2 - x^2}$$
$$ds = \sqrt{1 + y'^2} \, dx = \frac{a}{\sqrt{a^2 - x^2}} \, dx,$$
$$\rho = 1 \quad \text{(以后如无说明均取 } \rho = 1\text{)},$$

于是所求的静力矩及转动惯量为

$$M_1 = \int_{-a}^{a} \sqrt{a^2 - x^2} \cdot \frac{a}{\sqrt{a^2 - x^2}} \, dx = 2a^2$$

$$M_2 = \int_{-a}^{a} (a^2 - x^2) \cdot \frac{a}{\sqrt{a^2 - x^2}} \, dx$$
$$= a \int_{-a}^{a} \sqrt{a^2 - x^2} \, dx$$

$$= a\left[\frac{x}{2}\sqrt{a^2-x^2}+\frac{a^2}{2}\arcsin\frac{x}{a}\right]\Big|_{-a}^{a}=\frac{\pi a^3}{2}.$$

【2501.1】 求抛物线弧对着直线 $x=\dfrac{p}{2}$ 的静力矩:

$$y^2=2px \quad (0\leqslant x\leqslant\frac{p}{2}).$$

解 $ds=\sqrt{1+x'^2_y}\,dy=\dfrac{\sqrt{p^2+y^2}}{p}dy,$

由对称性知所求静力矩及

$$M_1=2\int_0^p\left|\frac{y^2}{2p}-\frac{p}{2}\right|\frac{\sqrt{p^2+y^2}}{p}dy,$$

利用 1820 题及 1876 题结果有

$$M_2=\int_0^p\sqrt{p^2+y^2}\,dy-\frac{1}{p^2}\int_0^p\sqrt{p^2+y^2}\,dy$$
$$=\left[\frac{1}{2}y\sqrt{p^2+y^2}+\frac{p^2}{2}\ln(y+\sqrt{p^2+y^2})\right]_0^p$$
$$+\frac{1}{p^2}\left[\frac{y(2y^2+p^2)}{8}\sqrt{p^2+y^2}-\frac{p^4}{8}\ln(y+\sqrt{p^2+y^2})\right]_0^p$$
$$=\frac{p^2}{8}[\sqrt{2}+5\ln(1+\sqrt{2})].$$

【2502】 求底为 b、高为 h 的均匀三角形薄板对于底边 ($\rho=1$) 的静力矩和转动惯量.

解 取如图 2502 题图所示的坐标系

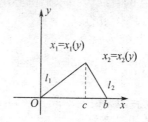

2502 题图

直线 l_1 的方程为

$$x_1=\frac{c}{h}y,$$

直线 l_2 的方程为

$$x_2 = b + \frac{c-b}{h}y,$$

所求静力矩为

$$M_1 = \int_0^h y(x_2 - x_1)\mathrm{d}y$$
$$= \int_0^h y\left(b - \frac{b}{h}y\right)\mathrm{d}y = \frac{bh^2}{6},$$

所求转动惯量为

$$M_2 = \int_0^h y^2(x_2 - x_1)\mathrm{d}y = \int_0^h y^2\left(b - \frac{b}{h}y\right)\mathrm{d}y = \frac{bh^3}{12}.$$

【2502.1】 求由曲线 $ay = 2ax - x^2 (a > 0)$ 及 $y = 0$ 限制的抛物线段对于 Oy 和 Ox 轴的转动惯量.

回转半径 r_x 和 r_y,亦即由比率 $I_x = Sr_x^2, I_y = Sr_y^2$ 确定的值是多少?

式中 S 为线段面积.

解 $\mathrm{d}s = \sqrt{1 + y'^2}\mathrm{d}x = \sqrt{1 + \frac{4}{a^2}(x-1)^2}\mathrm{d}x,$

$$y = \frac{1}{a}[1 - (x-1)^2],$$

所以 $I_x = M_2^{(x)} = \int_l y^2 \mathrm{d}s$

$$= \int_0^2 \frac{1}{a^2}[1 - (x-1)^2]^2 \sqrt{1 + \frac{4}{a^2}(x-1)^2}\mathrm{d}x.$$

【2503】 求半轴为 a 和 b 的均匀椭圆形薄板对于其主轴 $(\rho = 1)$ 的转动惯量.

解 不妨设椭圆的方程为

$$\frac{x^2}{a^2} + \frac{y^2}{b^2} = 1,$$

则上、下半椭圆的方程为

$$x_1 = -\frac{a}{b}\sqrt{b^2 - y^2}, \quad x_2 = \frac{a}{b}\sqrt{b^2 - y^2},$$

于是所求转动惯量为

$$M_2^{(x)} = \int_{-b}^b y^2(x_2 - x_1)\mathrm{d}y = 2\int_{-b}^b \frac{a}{b}y^2\sqrt{b^2 - y^2}\mathrm{d}y$$
$$= 4\int_0^b \frac{a}{b}\sqrt{b^2 - y^2}\mathrm{d}y (\diamondsuit\ y = b\sin t)$$

$$= 4ab^3 \int_0^{\frac{\pi}{2}} \sin^2 t \cos^2 t \, dt = \frac{\pi ab^3}{4}.$$

由对称性,将 $M_2^{(x)}$ 中 a、b 的位置对调.即得

$$M_2^{(y)} = \frac{\pi a^3 b}{4}.$$

【2504】 求底半径为 r 高为 h 的均匀圆锥对于该圆锥底平面($\rho = 1$)的静力矩和转动惯量.

解 取如 2504 题图所示的坐标系,则

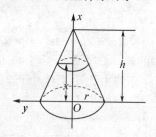

2504 题图

$$M_1 = \int_0^h x \cdot P(x) \, dx,$$

其中 $P(x)$ 是过 x 点且垂直于 Ox 轴截圆锥所得截面的面积即

$$P(x) = \pi y^2 = \pi \left[\frac{r}{h}(h-x)\right]^2,$$

所求静力矩及转动惯量分别为

$$M_1 = \frac{\pi r^2}{h^2} \int_0^h x(h-x)^2 \, dx = \frac{\pi r^2 h^2}{12},$$

$$M_2 = \int_0^h x^2 P(x) \, dx = \frac{\pi r^2}{h^2} \int_0^h x^2 (h-x)^2 \, dx = \frac{\pi r^2 h^3}{30}.$$

【2504.1】 求半径为 R、质量为 M 的均匀球对于其直径的转动惯量.

解 建立如 2504.1 题图所示的坐标系,过 $(0, y)$ 点且垂直于 Oy 轴截球体所得的截面面积为

$$P(y) = \pi(R^2 - |y|^2) = \pi(R^2 - y^2).$$

因此球体对 xOz 面的转动惯量为

$$M_2^{(xz)} = \int_{-R}^R \rho y^2 P(y) \, dy = 2\pi\rho \int_0^R y^2 (R^2 - y^2) \, dy = \frac{4}{15}\pi\rho R^5.$$

由对称性可知球体对 xOy 面的转动惯量为

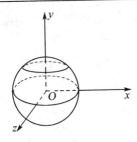

2504.1 题图

$$M_2^{(xy)} = \frac{4}{15}\pi\rho R^5$$

因此球体对 Ox 轴的转动惯量为

$$M_2^{(x)} = M_2^{xy} + M_2^{xz} = \frac{8}{15}\pi\rho R^5$$

其中 $\rho = \dfrac{M}{V_{球}} = \dfrac{M}{\frac{4}{3}\pi R^3}$,因此

$$M_2^{(x)} = \frac{2}{5}MR^2.$$

注:本题可参见本习题集第六册关于"三重积分在力学上的应用"中相关内容.

【2505】 证明**古尔金第一定理**:平面内弧 C 绕位于同一平面的不与它相交的轴线旋转形成的旋转面面积等于这个弧的长度乘以该弧 C 重心所画出的圆周长度的乘积.

证 由物理可知,重心 (ξ,η) 具有这样的性质,如将曲线的全部"质量"都集中到重心,则此质量对于任何一轴的静力矩,都与曲线对此轴的静力矩相同,即

$$s\xi = M_y = \int_0^s x\,\mathrm{d}s,$$

$$s\eta = M_x = \int_0^s y\,\mathrm{d}s,$$

其中 s 表示弧长.于是

$$2\pi\eta \cdot s = 2\pi\int_0^s y\,\mathrm{d}s,$$

上式后端是弧 C 绕 Ox 轴旋而成的旋转曲面的面积.左边 $2\pi\eta$ 是 C 绕 Ox 轴旋转时其重心所划出的圆周的长度.从而定理得证.

【2506】 证明**古尔金第二定理**:平面图形 S 绕位于图形平面的不

与它相交的轴线旋转形成的体积等于平面图形面积 S 与该图形重心所画出的圆周长度的乘积.

证 由重心 (ξ,η) 的物理意义有

$$\eta \cdot S = M_x = \frac{1}{2}\int_a^b y^2 \mathrm{d}x,$$

所以 $\quad 2\pi\eta \cdot S = \pi\int_a^b y^2 \mathrm{d}s,$

上式右端即为旋转体的体积. 从而定理得证.

【2507】 确定下列圆弧重心的坐标:

$$x = a\cos\varphi, \quad y = a\sin\varphi \quad (|\varphi| \leqslant \alpha \leqslant \pi).$$

证 设重心为 (ξ,η) 显然 $\eta = 0$ 又圆弧长为

$$s = 2a\alpha, \quad \mathrm{d}s = \sqrt{x'^2_\varphi + y'^2_\varphi}\mathrm{d}\varphi = a\mathrm{d}\varphi,$$

又 $\quad M_y = \int_0^s x \mathrm{d}s = \int_{-\alpha}^{\alpha} a^2\cos\varphi \mathrm{d}\varphi = 2a^2\sin\alpha,$

所以 $\quad \xi = \dfrac{2a^2\sin\alpha}{2a\alpha} = \dfrac{a\sin\alpha}{\alpha},$ 即重心为 $\left(\dfrac{a\sin\alpha}{\alpha}, 0\right).$

【2508】 确定由下列抛物线所围的区域重心的坐标:

$$ax = y^2, \quad ay = x^2 \quad (a > 0).$$

解 利用古尔金第二定理求解由 2397 题知,面积为

$$S = \frac{a^2}{3},$$

绕 Ox 轴旋转而成的旋转体的体积为

$$V = \pi\int_0^a \left(ax - \frac{x^4}{a^2}\right)\mathrm{d}x = \frac{3\pi a^3}{10},$$

于是有 $\quad 2\pi\eta \cdot \dfrac{a^2}{3} = \dfrac{3\pi a^3}{10},$

所以 $\quad \eta = \dfrac{9a}{20},$

利用对称性知

$$\xi = \frac{9a}{20},$$

即所求重心为 $\left(\dfrac{9a}{20}, \dfrac{9a}{20}\right).$

【2509】 确定区域重心的坐标：

$$\frac{x^2}{a^2}+\frac{y^2}{b^2}\leqslant 1 \qquad (0\leqslant x\leqslant a, 0\leqslant y\leqslant b).$$

解 第一象限椭圆的面积为

$$S=\frac{1}{4}\pi ab,$$

而此面积绕 Ox 轴旋转而成的旋转体的体积为

$$V=\pi\int_0^a y^2\,\mathrm{d}x=\pi\int_0^a y^2\frac{b^2}{a^2}(a^2-x^x)\,\mathrm{d}x=\frac{2\pi}{3}ab^2.$$

根据古尔金第二定理有

$$2\pi\eta\cdot\frac{\pi ab}{4}=\frac{2\pi}{3}ab^2,$$

所以 $\eta=\dfrac{4b}{3\pi}$,

同样可得 $\xi=\dfrac{4a}{3\pi}$. 即所求重心为 $\left(\dfrac{4a}{3\pi},\dfrac{4b}{3\pi}\right)$.

【2510】 确定半径为 a 的均质半球的重心.

解 取球心为原点，建立如 2510 题图所示的坐标系

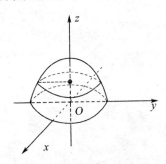

2510 题图

即半球面的方程为

$$x^2+y^2+z^2=a^2 \qquad z\geqslant 0$$

设重心为 $(\xi、\eta、\delta)$ 显然 $\xi=\eta=0$.

设 $V_{\text{半球}}=\dfrac{2\pi a^3}{3}$, 将半圆 $y^2+z^2=a^2$ $(z\geqslant 0)$, 绕 Oz 轴旋转

即得半球, 而过点 $(0,0,z)$ 且垂直于 Oz 轴的平面截球体所得截面为

圆,其面积
$$P(z) = \pi y^2 = \pi(a^2 - z^2),$$
所以 $\quad M_1^{(z)} = \int_0^a z P(z) \mathrm{d}z = \pi \int_0^a z(a^2 - z^2) \mathrm{d}z = \dfrac{\pi a^4}{4},$

故 $\quad \delta = \dfrac{M_1^{(z)}}{V} = \dfrac{\dfrac{\pi a^4}{4}}{\dfrac{2\pi a^3}{3}} = \dfrac{3a}{8},$

于是,所求重心为 $\left(0, 0, \dfrac{3a}{8}\right).$

【2511】 确定对数螺线 $r = a\mathrm{e}^{m\varphi}(m > 0)$ 从 $O(-\infty, 0)$ 点到 $P(\varphi, r)$ 点的弧 OP 的重心 $C(\varphi_0, r_0)$ 坐标. 当 P 点移动时 C 点画出什么样的曲线?

解 重心的直角坐标为

$$x_0 = \frac{\int_l x \mathrm{d}s}{\int_l \mathrm{d}s} = \frac{\int_{-\infty}^\varphi r\cos\varphi \sqrt{a^2(1+m^2)}\mathrm{e}^{m\varphi}\mathrm{d}\varphi}{\int_{-\infty}^\varphi \sqrt{a^2(1+m^2)}\mathrm{e}^{m\varphi}\mathrm{d}\varphi}$$

$$= \frac{a\int_{-\infty}^\varphi \mathrm{e}^{2m\varphi}\cos\varphi \mathrm{d}\varphi}{\int_{-\infty}^\varphi \mathrm{e}^{m\varphi}\mathrm{d}\varphi}$$

$$= \frac{ma\mathrm{e}^{m\varphi}(\sin\varphi + 2m\cos\varphi)}{4m^2 + 1},$$

同样可得

$$y_0 = \frac{\int_l y \mathrm{d}s}{\int_l \mathrm{d}s} = \frac{ma\mathrm{e}^{m\varphi}(2m\sin\varphi - \cos\varphi)}{4m^2 + 1},$$

于是重心的极坐标为

$$r_0 = \sqrt{x_0^2 + y_0^2} = \frac{ma}{4m^2 + 1}\mathrm{e}^{m\varphi}\sqrt{4m^2 + 1}$$

$$= \frac{mr}{\sqrt{4m^2 + 1}},$$

$$\tan\varphi_0 = \frac{y_0}{x_0} = \frac{2m\tan\varphi - 1}{\tan\varphi + 2m} = \frac{\tan\varphi - \dfrac{1}{2m}}{1 + \dfrac{1}{2m}\tan\varphi},$$

即 $\varphi_0 = \varphi - \alpha$,其中 $\alpha = \arctan\dfrac{1}{2m}$.

当 P 点移动时,$C(\varphi_0, r_0)$ 画出的曲线为

$$r_0 = \frac{mr}{\sqrt{4m^2+1}} = \frac{ma}{\sqrt{4m^2+1}}e^{m\varphi}$$

$$= \frac{ma}{\sqrt{4m^2+1}}e^{m(\varphi_0+\alpha)},$$

这也是一条对数螺线.

【2512】 确定由曲线 $r = a(1+\cos\varphi)$ 所围的区域重心的坐标.

解 其面积微元 $dS = y\,dx$,设其重心为 (x_0, y_0),由对称性知 $y_0 = 0$,而

$$x_0 = \frac{\int_S x\,dS}{\int_S dS} = \frac{\int_l xy\,dx}{\int_l y\,dx}$$

$$= \frac{2\int_0^\pi a^2(1+\cos\varphi)\sin\varphi\cos\varphi[-\sin\varphi(1+2\cos\varphi)]\,d\varphi}{2\int_0^\pi a^2(1+\cos\varphi)\sin\varphi[-\sin\varphi(1+2\cos\varphi)]\,d\varphi}$$

$$= \frac{5a}{6},$$

于是所求重心为 $\left(\dfrac{5a}{6}, 0\right)$ 极坐标为 $\varphi_0 = 0, r_0 = \dfrac{5a}{6}$.

【2513】 确定由摆线

$$x = a(t - \sin t), \quad y = a(1 - \cos t), \quad (0 \leqslant t \leqslant 2\pi),$$

的第一拱与 Ox 轴所围区域的重心的坐标.

解 由对称性知 $x_0 = \pi a$. 由 2413 题的结果知面积

$$S = 3\pi a^2$$

再由 2480 题知 S 绕 Ox 轴旋转而成的旋转体的体积为

$$V_x = 5\pi^2 a^3$$

根据古尔金第二定理(2506题)有
$$2\pi y_0 S = V_x$$
所以 $y_0 = \dfrac{5\pi^2 a^3}{2\pi \cdot 3\pi a^2} = \dfrac{5a}{6}$,因此,所求重心为 $\left(\pi a, \dfrac{5a}{6}\right)$.

【2514】 确定面积
$$0 \leqslant x \leqslant a; \quad y^2 \leqslant 2px$$
绕 Ox 轴旋转形成的旋转体的重心的坐标.

解 设重心坐标为 (x_0, y_0),
由对称性知 $y_0 = 0$,
$$x_0 = \frac{\int_{(v)} x\,dv}{\int_{(v)} dv} = \frac{\int_0^a x\pi y^2\,dx}{\int_0^a \pi y^2\,dx} = \frac{\int_0^a 2px^2\,dx}{\int_0^a 2px\,dx} = \frac{2a}{3},$$

因此,所求重心为 $\left(\dfrac{2}{3}a, 0\right)$.

【2515】 确定半球重心的坐标:
$$x^2 + y^2 + z^2 = a^2 \quad (z \geqslant 0).$$

解 设重心为 (x_0, y_0, z_0),由对称性知
$$x_0 = y_0 = 0,$$
将半球看成由四分之一圆 ($x^2 + z^2 = a^2, z \geqslant 0, x \geqslant 0$) 绕 Oz 轴旋转而成的旋转体,所以

$$z_0 = \frac{\int_0^a z \cdot 2\pi x \sqrt{1 + x'^2_z}\,dz}{\int_0^a 2\pi x \sqrt{1 + x'^2_z}\,dz}$$

$$= \frac{\int_0^a z \cdot 2\pi \cdot \sqrt{a^2 - z^2} \cdot \dfrac{a}{\sqrt{a^2 - z^2}}\,dz}{\int_0^a 2\pi \sqrt{a^2 - z^2} \dfrac{a}{\sqrt{a^2 - z^2}}\,dz}$$

$$= \frac{2\pi a \int_0^a z\,dz}{2\pi a \int_0^a dz} = \frac{a}{2}.$$

因此,所求重心为 $\left(0, 0, \dfrac{a}{2}\right)$.

§10. 力学和物理学的问题

写出适当的积分和并找出它们的极限,解下列问题:

[2516] 杆件长 $l = 10$ m,若杆件的线性密度按照规律 $\delta = 6 + 0.3x$ kg/m 变化(这里 x 为离杆件一端的距离),求出杆件的质量.

解 将该轴 n 等分,每份长 $\Delta x = \dfrac{10}{n}$ 将每小段近似地看成均质的,并以右端点的密度作为小段的密度,这样就得到该轴质量 M 的近似值,即

$$M \approx \sum_{i=1}^{n}(6 + 0.3 \times \frac{10i}{n})\frac{10}{n},$$

当 n 愈大,近似值愈接近 M,对积分和取极限,则得该轴的质量 M,即

$$\begin{aligned}
M &= \lim_{n \to +\infty} \sum_{i=1}^{n}\left(6 + 0.3 \times \frac{10i}{n}\right)\frac{10}{n} \\
&= \lim_{n \to +\infty}\left[60 + \frac{30}{n^2}(1 + 2 + \cdots + n)\right] \\
&= \lim_{n \to +\infty}\left[60 + \frac{15(n+1)}{n}\right] \\
&= 75 \text{(kg)}.
\end{aligned}$$

[2517] 把质量为 m 的物体从地球表面(其半径为 R)升高到 h 高度,需要耗费多少功?若将物体抛至无穷远,则这个功等于什么?

解 由牛顿万有引力定律

$$f = k\frac{mM}{r^2},$$

其中 M 为地球的质量,r 为物体离开地球中心的距离,k 为比例常数,将 h 分成 n 等份,在每份上把万有引力近似地看成不变,在第 i 份上,取

$$r_i = \sqrt{\left[\frac{h}{n}(i-1) + R\right]\left[\frac{h}{n}i + R\right]},$$

则引力为

$$f_i = k\frac{mM}{\left[\dfrac{h}{n}(i-1) + R\right]\left[\dfrac{h}{n}i + R\right]},$$

则得功 W 的近似值为

$$W \approx \sum_{i=1}^{n}\frac{kmM}{\left[\dfrac{h}{n}(i-1) + R\right]\left[\dfrac{h}{n}i + R\right]} \cdot \frac{h}{n},$$

于是所得功为

$$W = \lim_{n \to +\infty} \sum_{i=1}^{n} \frac{knM}{\left[\frac{h}{n}(i-1)+R\right]\left[\frac{h}{n}i+R\right]} \cdot \frac{h}{n}$$

$$= \lim_{n \to +\infty} kmMn \sum_{i=1}^{n}\left[\frac{1}{h(i-1)+nR} - \frac{1}{hi+nR}\right]$$

$$= \lim_{n \to +\infty} kmMn \left(\frac{1}{nR} - \frac{1}{n(R+h)}\right)$$

$$= \frac{kmMh}{R(R+h)} = gm\frac{R \cdot h}{R+h},$$

其中 g 为重力加速度,$k = \dfrac{gR^2}{M}$ 为引力常数.

若物移到无穷远处,则功

$$W_\infty = \lim_{h \to +\infty} W = \lim_{h \to +\infty} gm\frac{R \cdot h}{R+h} = gmR.$$

【2518】 若 1 kg 力能拉伸弹簧 1 cm,要将弹簧拉伸 10 cm,需要耗费多少功?

提示:利用胡克定律.

解 由胡克定律知弹簧恢复力 F 与伸长量 x 成正比,即

$$F = kx.$$

由题中条件知 $k = 1$,现将 10 cm n 等分,在每份是恢复力的大小近似地看作不变,并取右端点的力为该小段的力,得功 W 的近似值为

$$W \approx \sum_{i=1}^{n} \frac{10}{n}i \cdot \frac{10}{n},$$

令 $n \to \infty$,取极限则得所要求的功

$$W = \lim_{n \to +\infty} \sum_{n=1}^{n} \frac{10}{n}i \cdot \frac{10}{n} = \lim_{n \to +\infty} \frac{100}{n^2} \times \frac{n(n+1)}{2}$$

$$= 50(\text{kg} \cdot \text{cm}).$$

【2519】 直径为 20 cm,长为 80 cm 的圆筒充满压强为 10 kg/cm² 的蒸汽.假设蒸汽温度不变,要使蒸汽体积减少 $\dfrac{1}{2}$,需要耗费多少功?

解 由玻义耳—马略特定律有 $PV = C$,其中 P 是气体的压强,V 表示气体的体积,C 为常量.

由已知条件可得常量为

$$C = P_0 V_0 = 10 \times \left(\pi \times \left(\frac{20}{2}\right)^2 \times 80\right)$$

$$= 80000\pi (\text{kg} \cdot \text{cm}) = 800\pi (\text{kg} \cdot \text{m}).$$

设初始时气体体积为 V_0，特区间 $\left[\dfrac{V_0}{2}, V_0\right]$ 分成几个小区间，分点依次为

$$\frac{V_0}{2}, \frac{V_0}{2}q, \frac{V_0}{2}q^2, \cdots, \frac{V_0}{2}q^i, \cdots, \frac{V_0}{2}q^n = V_0,$$

其中 $q = \sqrt[n]{\dfrac{V_0}{\frac{V_0}{2}}} = \sqrt[n]{2}.$ 由于气体体积从 $\dfrac{V_0}{2}q^{i+1}$ 减小至 $\dfrac{V_0}{2}q^i$ 须要耗费功近似值为

$$\Delta W = P \Delta V = C \left(\frac{V_0}{2}q^i\right)^{-1} \left(\frac{V_0}{2}q^{i+1} - \frac{V_0}{2}q^i\right),$$

于是所要求的功为

$$W = \lim_{n \to +\infty} \sum_{i=0}^{n} C \left(\frac{V_0}{2}q^i\right)^{-1} \left(\frac{V_0}{2}q^{i+1} - \frac{V_0}{2}q^i\right)$$

$$= \lim_{n \to +\infty} Cn(\sqrt[n]{2} - 1) = C\ln 2 \ast$$

$$= 800\pi \cdot \ln 2 \approx 1740 (\text{kg} \cdot \text{m}).$$

(∗) 利用 541 题的结果.

【2520】 确定具有半径为 a 其直径位于水面上的半圆形垂直壁上的水压力.

解 半圆形垂直壁形状如图所示，由于对称性，只要计算出作用于四分之一圆上的压力，然后乘以两倍即可.

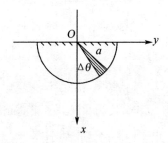

2520 题图

将四分之一圆等分成几个圆心角为 $\Delta\theta$ 的小扇形，作用于该小扇形上的压力的近似值为

$$\frac{1}{2}a^2 \Delta\theta \cdot \frac{2}{3}a \cdot \sin\theta_i,$$

其中 $\Delta\theta=\dfrac{\pi}{2n},\theta_i=i\dfrac{\pi}{2n}$. 于是作用在半圆上的压力

$$P=2\lim_{n\to\infty}\sum_{i=1}^{n}\dfrac{1}{2}a^2\cdot\dfrac{2}{3}a\sin\dfrac{i\pi}{2n}\cdot\dfrac{\pi}{2n}$$

$$=\dfrac{2}{3}a^3\lim_{n\to\infty}\sum_{i=1}^{n}\sin\dfrac{i\pi}{2n}\cdot\dfrac{\pi}{2n}=\dfrac{2}{3}a^3\ *.$$

* 利用 2187 题的结果.

【2521】 若下底沉没于水下 $c=20\ \text{m}$, 求具有下底 $a=10\ \text{m}$, 上底 $b=6\ \text{m}$, 高 $h=5\ \text{m}$ 的梯形垂直壁上的水压力.

解 建立坐标系如图所示. 其中 AB 所满足的方程为

$$y=\dfrac{4}{5}x-6,$$

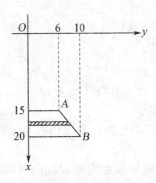

2521 题图

将区间 $[15,20]$ n 等分, 每份长 $\Delta x=\dfrac{5}{n}$, 对应于 Δx 的小条上所受的压力的近似值为

$$\left[\dfrac{4}{5}\left(15+\dfrac{5i}{n}\right)-6\right]\left(15+\dfrac{5i}{n}\right)\dfrac{5}{n},$$

于是, 所要求的压力为

$$P=\lim_{n\to\infty}\sum_{i=1}^{n}\left[\dfrac{4}{5}\left(15+\dfrac{5i}{n}\right)-6\right]\left(15+\dfrac{5i}{n}\right)\dfrac{5}{n}$$

$$=708\dfrac{1}{3}(\text{T})\ *.$$

* 与 2185 题和 2518 题的作法类似.

作出微分方程式, 解决下列问题 (2522～2530).

【2522】 点的速度按照 $v=v_0+at$ 规律变化, 问在 $[0,T]$ 时段内

第四章 定积分 §10. 力学和物理学的问题

该点跑出多少路程?

解 设路程为 s, 由速度的定义有

$$\frac{ds}{dt} = v = v_0 + at,$$

即在 dt 时间内经历的路程为

$$ds = (v_0 + at)dt,$$

于是所要求的路程

$$s = \int_0^T (v_0 + at)dt = v_0 T + \frac{1}{2}aT^2.$$

【2523】 半径为 R, 密度为 δ 的均质球绕其直径以角速度 ω 旋转, 求此球的动能.

解 已知半径为 R, 质量为 M 的圆盘绕垂直盘心的轴心转动惯量为 $\frac{1}{2}MR^2$. 将本题中的均质球体看作是一系列厚度为 dz 垂直于 z 轴的圆盘组成均质球体的球面方程为

$$x^2 + y^2 + z^2 = R^2,$$

因此圆盘的转动惯量为

$$dJ_z = \frac{1}{2}[\delta\pi(R^2 - Z^2)dz] \cdot (R^2 - Z^2)$$

$$= \frac{1}{2}\delta\pi(R^2 - Z^2)^2 dz,$$

整个球体的转动惯量为

$$J_z = \int_{-R}^{R} \frac{1}{2}\pi\delta(R^2 - z^2)^2 dz = \frac{8}{15}\pi\delta R^5,$$

于是球的转动动能为

$$E = \frac{1}{2}J\omega^2 = \frac{4}{15}\pi\delta R^5 \omega^2.$$

【2524】 具有不变的线性密度 μ_0 的无限长自然直线以多大的力吸引离此直线的距离为 a、质量为 m 的质点?

解 建立坐标如图所示, 其中 $|AO| = a$, 由万有引力公式可知引力在坐标轴上一投影为 F_x, F_y, 由于

$$dF_y = k\frac{m\mu_0 dx}{(a^2 + x^2)}\cos\varphi = -\frac{km\mu_0 a}{(a^2 + x^2)^{\frac{3}{2}}}dx,$$

其中 K 为引力常数.

于是

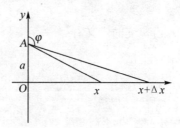

2524 题图

$$F_y = -2km\mu_o a \int_0^{+\infty} \frac{\mathrm{d}x}{(a^2+x^2)^{\frac{3}{2}}}$$

$$= -2km\mu_o a \left.\frac{x}{a^2\sqrt{a^2+x^2}}\right|_0^{+\infty} = -\frac{2km\mu_o}{a},$$

由对称性可知,

$$F_x = 0,$$

若计算,可得同样结果

$$F_x = \int_{-\infty}^{+\infty} \frac{km\mu_o \sin\varphi}{(a^2+x^2)}\mathrm{d}x = km\mu_o \int_{-\infty}^{+\infty} \frac{x}{a^2+x^{2\frac{3}{2}}}\mathrm{d}x = 0,$$

由上述分析可知,引力指向 y 轴的负向.

【2525】 计算半径为 a、恒定表面密度为 δ_0 的圆形薄板以怎样的力吸引质量为 m 的质点 P,该质点位于通过薄板中心 Q,并与其平面垂直的垂线上,最短距离 PQ 等于 b.

解 建立坐标如图所示,对于以 x 为半径的圆环,其质量为 $\mathrm{d}m = \delta_0 2\pi x\mathrm{d}x$,对质点 P 的引力在 y 轴上的投影为

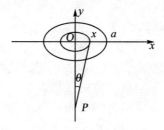

2525 题图

$$\mathrm{d}F_y = \frac{km\delta_0 \mathrm{d}m}{(b^2+x^2)}\cos\theta = 2km\delta_0\pi\frac{bx}{(b^2+x^2)^{\frac{3}{2}}}\mathrm{d}x,$$

其中 k 为引力常数.

于是
$$F_y = 2km\delta_0\pi\int_0^a \frac{bx\,\mathrm{d}x}{(b^2+x^2)^{\frac{3}{2}}} = 2km\delta_0\pi\left(1-\frac{b}{\sqrt{b^2+a^2}}\right),$$
由对称性可知,$F_x = 0$,所以引力指向 y 轴正向.

【2526】 根据托里拆利定律,液体从器皿中流出的速度等于 $v = c\sqrt{2gh}$(其中 g 为重力加速度,h 为液体表面距离孔口的高度,$c = 0.6$ 为经验系数.)

直径 $D = 1\mathrm{m}$ 且高度 $H = 2\mathrm{\,m}$ 的立式圆筒,液体充满后从其底上通过直径为 $d = 1\mathrm{cm}$ 的圆孔流出,需要多长时间能流空?

解 建立坐标如图所示. 在 $\mathrm{d}t$ 时间内,从圆孔内流出的液体体积为

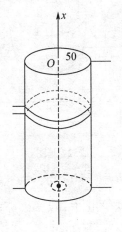

2526 题图

$$\mathrm{d}v = v\mathrm{d}t \cdot s = 0.15\pi\sqrt{2gx}\,\mathrm{d}t,$$
而桶内液体体积的减少量为
$$\mathrm{d}v = -\pi(50)^2\mathrm{d}x,$$
其中 x 随时间 t 的增大而减小. 由于流出的量与桶内减少的量相等,于是有
$$0.15\pi\sqrt{2gx}\,\mathrm{d}t = -\pi(50)^2\mathrm{d}x,$$
两边积分,得
$$\int_0^t \mathrm{d}t = -\int_{200}^x \frac{2500}{0.15}\frac{\mathrm{d}x}{\sqrt{2gx}},$$

即 $t = -33333 \dfrac{1}{\sqrt{2g}}(\sqrt{x} - \sqrt{200})$，其中 $g = 980 \text{ cm/s}^2$. 当 $x = 0$ 时，t 表示水流完所需的时间，因此有

$$t \approx \dfrac{33333\sqrt{200}}{\sqrt{2 \times 980}} = 10648(\text{s}) \approx 3(\text{h}).$$

【2527】 作为旋转体的容器应该是什么形状，才能使液体出流时，液体表面是均匀下降的？

解 建立坐标如图所示，设流出孔的半径为单位厘米. 与上题类似，流出的量与容器内液体体积的减少量相等，有

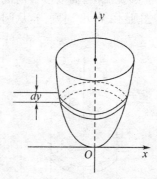

2527 题图

$$\pi x^2 \mathrm{d}y = -\pi v \mathrm{d}t = -\pi c \sqrt{2gy}\,\mathrm{d}t,$$

即 $\mathrm{d}y = -c\sqrt{2g} \cdot \dfrac{\sqrt{y}}{x^2}\mathrm{d}t$，其中 c 为实验系数，g 为重力加速度. 由题意知

$$\dfrac{\mathrm{d}y}{\mathrm{d}t} = -c\sqrt{2g}\dfrac{\sqrt{y}}{x^2},$$

应等于常数 k，即

$$-c\sqrt{2g}\dfrac{\sqrt{y}}{x^2} = k.$$

于是 $y = Cx^4$. 其中 C 为常数，所以容器应当是把曲线 $y = Cx^4$ 绕铅直轴 Oy 旋转而得的曲面所构成的.

【2528】 镭在每个时段的分解速度与其现存量成正比. 若在开始时刻 $t = 0$ 时有镭 Q_0 克，而经过 $T = 1600$ 年后，镭的数量减少一半，求镭的分解规律.

解 设 Q 为镭现存的量,由题意有
$$\frac{dQ}{dt} = kQ,$$
其中 k 为比例系数,分离变量,有
$$\frac{dQ}{Q} = kdt,$$
两边积分
$$\int_{Q_0}^{\frac{Q_0}{2}} \frac{dQ}{Q} = \int_0^{1600} kdt,$$
可得 $\quad k = -\dfrac{\ln 2}{1600},$

于是 $\quad \displaystyle\int_{Q_0}^{Q} \frac{dQ}{Q} = -\frac{\ln 2}{1600}\int_0^t dt,$

解之 $\quad \ln\dfrac{Q}{Q_0} = -\dfrac{t}{1600}\ln 2 = \ln 2^{-\frac{t}{1600}},$

所以,镭的分解规律为
$$Q = Q_0 \cdot 2^{-\frac{t}{1600}}.$$

【2529】 对于二阶化学反应过程的情况,物质 A 变成物质 B 的化学反应速度与这两种物质的浓度乘积成正比. 若当 $t = 0$ 分钟时,器皿中有 20% 物质 B,而当 $t = 15$ 分钟变成 80%,求经过 $t = 1$ 小时后器皿中物质 B 的百分比是多少?

解 设 x 为生成物 B 的浓度,由题意有
$$\frac{dx}{dt} = kx(1-x),$$
其中 k 为比例系数. 分离变量有
$$\frac{dx}{x(1-x)} = kdt,$$
两边积分
$$\int_{0.2}^{0.8} \frac{dx}{x(1-x)} = \int_0^{15} kdt,$$

所以 $\quad k = \dfrac{1}{15}\ln 16.$ 于是
$$\int_{0.2}^{x} \frac{dx}{x(1-x)} = \int_0^t kdt = \frac{t}{15}\ln 16.$$

即 $\quad t = \dfrac{15}{\ln 16}\ln\dfrac{4x}{1-x}.$ 将 $t = 60$ 秒代入上式,得

$$x = \frac{16^4}{16^4 + 4} = 99.99\%,$$

所以经过 $t = 1$ 小时,在容器中所含有物质 B 的百分比为 99.99%.

【2530】 根据胡克定律,杆件的相对伸长率 ε 与在相应横断面上的应力 σ 成正比,亦即 $\varepsilon = \dfrac{\sigma}{E}$,这里 E 为杨氏模量.

若一锥形重杆件的底半径为 R,圆锥高为 H 和比重为 γ,锥底固定,锥尖向下,求该杆件的伸长.

解 建立坐标如图所示,在 $z = h$ 截面处对于高度为 $\mathrm{d}h$ 的锥体伸长量为 $\mathrm{d}l$,则有 $\varepsilon = \dfrac{\mathrm{d}l}{\mathrm{d}h}$. 该处的压力为

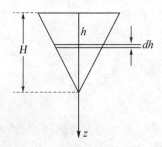

2530 题图

$$\delta = \frac{\frac{1}{3}\pi r^2 (H-h)\gamma}{\pi r^2 E} = \frac{1}{3} \frac{(H-h)}{E}\gamma,$$

由胡克定律,有

$$\varepsilon = \frac{\mathrm{d}l}{\mathrm{d}h} = \frac{1}{3} \frac{(H-h)}{E}\gamma,$$

即

$$\mathrm{d}l = \frac{(H-h)}{3E}\gamma \mathrm{d}h.$$

于是,圆锥形重棒总的伸长量为

$$l = \int_0^H \frac{(H-h)\gamma}{3E} \mathrm{d}h = \frac{\gamma H^2}{6E}.$$

§11. 定积分的近似计算方法

1. 矩形公式 若函数 $y = y(x)$ 在有穷区间 $[a,b]$ 是连续的且可微分足够次数,且 $h = \dfrac{b-a}{n}, x_i = a + ih(i = 0,1,\cdots,n), y_i = y(x_i)$,

则 $\int_a^b y(x)\mathrm{d}x = h(y_0 + y_1 + \cdots + y_{n-1}) + R_n,$

其中 $R_n = \dfrac{(b-a)h}{2} y'(\xi) \, (a \leqslant \xi \leqslant b).$

2. **梯形公式**　用同样的记号有：

$$\int_b^a y(x)\mathrm{d}x = h\left(\dfrac{y_0 + y_n}{2} + y_1 + y_2 + \cdots + y_{n-1}\right) + R_n,$$

其中　$R_n = -\dfrac{(b-a)h^2}{12} f''(\xi') \, (a \leqslant \xi' \leqslant b).$

3. **抛物线公式（辛普森公式）**　假定 $n = 2k$，得

$$\int_a^b y(x)\mathrm{d}x = \dfrac{h}{3}[(y_0 + y_{2k}) + 4(y_1 + y_3 + \cdots + y_{2k-1})$$
$$+ 2(y_2 + y_4 + \cdots + y_{2k-2})] + R_n,$$

其中　$R_n = -\dfrac{(b-a)h^4}{180} f^{(4)}(\xi'') \, (a \leqslant \xi'' \leqslant b).$

以下 2531 题至 2545 题是利用矩形公式、梯形公式及抛物线公式，求定积分的近值. 我们这里略去详细解答，有兴趣的读者可利用计算机进行近似计算.

【2531】　运用矩形公式 $(n = 12)$，近似计算 $\int_0^{2\pi} x \sin x \, \mathrm{d}x$. 并把结果与精确答案比较.

　　解　按矩形公式，得

$$\int_0^{2\pi} x \sin x \, \mathrm{d}x \approx \dfrac{\pi}{6}(y_0 + y_1 + y_2 + y_3 + y_4 + y_5 + y_6$$
$$+ y_7 + y_8 + y_9 + y_{10} + y_{11})$$
$$\approx -6.1390,$$

实际上

$$\int_0^{2\pi} x \sin x \, \mathrm{d}x = -x \cos x \Big|_0^{2\pi} + \int_0^{2\pi} \cos x \, \mathrm{d}x \approx -6.2832.$$

利用梯形公式计算下列积分并评估它们的误差$(2532 \sim 2534)$.

【2532】　$\int_0^1 \dfrac{\mathrm{d}x}{1+x} \, (n = 8).$

　　解　按梯形公式得

$$\int_0^1 \dfrac{\mathrm{d}x}{1+x} \approx h\left(\dfrac{y_0 + y_8}{2} + \sum_{i=1}^{7} y_i\right)$$
$$= 0.125(0.75 + 4.8029) \approx 0.69412,$$

误差为
$$|R_n| = \left| \frac{1}{12 \times 8^2} \cdot \frac{2}{(1+\xi)^3} \right| \quad (0 \leqslant \xi \leqslant 1).$$

于是，
$$|R_n| \leqslant \frac{2}{12 \times 8^2} < 0.0027 = 2.7 \times 10^{-3}$$

实际上
$$\int_0^1 \frac{dx}{1+x} = \ln(1+x) \Big|_0^1 = \ln 2 \approx 0.69315.$$

【2533】 $\int_0^1 \frac{dx}{1+x^3} (n=12).$

解 由梯形公式得
$$\int_0^1 \frac{dx}{1+x^3} \approx h\left(\frac{y_0 + y_{12}}{2} + \sum_{i=1}^{11} y_i\right)$$
$$= 0.08333(0.75 + 9.27258) \approx 0.83518,$$

误差为
$$|R_n| = \left| \frac{1}{12 \times 12^2} \cdot \frac{12\xi^4 - 6\xi}{(1+\xi^3)^3} \right| \quad (0 \leqslant \xi \leqslant 1),$$

利用求极值的方法，估计得 $\left|\frac{12\xi^4 - 6\xi}{(1+\xi^3)^3}\right|$ 在 $[0,1]$ 上不超过 2，于是，
$$|R_n| \leqslant \frac{2}{12 \times 12^2} < 0.00116 = 1.16 \times 10^{-3},$$

实际上，
$$\int_0^1 \frac{dx}{1+x^3} = \left[\frac{1}{6}\ln\frac{(x+1)^2}{x^2-x+1} + \frac{1}{\sqrt{3}}\arctan\frac{2x-1}{\sqrt{3}}\right]^{①} \Big|_0^1$$
$$= \frac{1}{3}\ln 2 + \frac{\pi}{3\sqrt{3}} \approx 0.83565.$$

【2534】 $\int_0^{\frac{\pi}{2}} \sqrt{1 - \frac{1}{4}\sin^2 x} \, dx \quad (n=6).$

解 按梯形公式，得
$$\int_0^{\frac{\pi}{2}} \sqrt{1 - \frac{1}{4}\sin^2 x} \, dx \approx h\left(\frac{y_0 + y_6}{2} + \sum_{i=1}^5 y_i\right)$$
$$= 0.2618(0.9330 + 4.6722)$$

---

① 利用 1881 题的结果.

$$\approx 1.4674,$$

误差为

$$|R_n| = \frac{\left(\frac{\pi}{2}\right)^3}{12 \times 6^2} |y''(\xi)|,$$

其中 $y = \sqrt{1 - \frac{1}{4}\sin^2 x}, 0 \leqslant \xi \leqslant \frac{\pi}{2}$. 利用 $\frac{\sqrt{3}}{2} \leqslant y \leqslant 1$ 及 $y^2 = 1 - \frac{1}{4}\sin^2 x$ 依次求导得 $|y''| \leqslant \frac{\sqrt{3}}{6}$. 于是,

$$|R_n| \leqslant \frac{\pi^3}{8 \times 12 \times 6^2} \cdot \frac{\sqrt{3}}{6} < 2.59 \times 10^{-3}.$$

利用辛普森公式计算积分(2535～2539).

【2535】 $\int_1^9 \sqrt{x} \, \mathrm{d}x \quad (n=4).$

解 按辛普森公式,得

$$\int_1^9 \sqrt{x} \, \mathrm{d}x \approx \frac{h}{3}[(y_0 + y_4) + 4(y_1 + y_3) + 2y_2]$$

$$= \frac{2}{3}[4 + 4(1.732 + 2.646) + 2(2.236)]$$

$$\approx 17.323.$$

实际上,

$$\int_1^9 \sqrt{x} \, \mathrm{d}x = \frac{2}{3} x^{\frac{3}{2}} \Big|_1^9 = \frac{52}{3} \approx 17.333.$$

【2536】 $\int_0^\pi \sqrt{3 + \cos x} \, \mathrm{d}x \quad (n=6).$

解 按辛普森公式,得

$$\int_0^\pi \sqrt{3 + \cos x} \, \mathrm{d}x$$

$$\approx \frac{\pi}{18}[(2 + 1.414) + 4(1.966 + 1.732 + 1.461)$$

$$+ 2(1.871 + 1.581)]$$

$$\approx 5.4025.$$

【2537】 $\int_0^{\frac{\pi}{2}} \frac{\sin x}{x} \, \mathrm{d}x \quad (n=10).$

解 按辛普森公式,得

$$\int_0^{\frac{\pi}{2}} \frac{\sin x}{x} \, \mathrm{d}x$$

$$\approx \frac{h}{3}[(y_0 + y_{10}) + 4(y_1 + y_3 + y_5 + y_7 + y_9)$$
$$+ 2(y_2 + y_4 + y_6 + y_8)]$$
$$= \frac{\pi}{60}[(1 + 0.63662) + 4(0.99589 + 0.96340$$
$$+ 0.90032 + 0.81033 + 0.69865)$$
$$+ 2(0.98363 + 0.93549 + 0.85839 + 0.75683)]$$
$$\approx 1.37076.$$

【2538】 $\int_0^1 \frac{x \mathrm{d}x}{\ln(1+x)} \quad (n=6).$

解 按辛普森公式,得

$$\int_0^1 \frac{x \mathrm{d}x}{\ln(1+x)}$$
$$\approx \frac{h}{3}[(y_0 + y_6) + 4(y_1 + y_3 + y_5) + 2(y_2 + y_4)]$$
$$= \frac{1}{18}[(1 + 1.4427) + 4(1.0812 + 1.2332 + 1.3748)$$
$$+ 2(1.1587 + 1.3051)]$$
$$\approx 1.2293.$$

【2539】 运用 $n=10$,计算卡塔兰常数:
$$G = \int_0^1 \frac{\arctan x}{x} \mathrm{d}x.$$

解 按辛普森公式,得

$$G \approx \frac{h}{3}[(y_0 + y_{10}) + 4(y_1 + y_3 + y_5 + y_7 + y_9)$$
$$+ 2(y_2 + y_4 + y_6 + y_8)]$$
$$= \frac{1}{30}(1.78540 + 18.32888 + 7.36476)$$
$$\approx 0.91597.$$

【2540】 利用公式 $\frac{\pi}{4} = \int_0^1 \frac{\mathrm{d}x}{1+x^2}$,计算数 π,精度到 10^{-5}.

解 $\frac{\pi}{4} = \int_0^1 \frac{\mathrm{d}x}{1+x^2}$
$$\approx \frac{1}{36}[(y_0 + y_{12}) + 4(y_1 + y_3 + y_5 + y_7 + y_9 + y_{11})$$
$$+ 2(y_2 + y_4 + y_6 + y_8 + y_{10})] = 0.785398$$

所以

$\pi \approx 0.785398 \times 4 = 3.14159$,精确到 0.00001.

【2541】 计算 $\int_0^1 e^{x^2} dx$,精度到 0.001.

解 $\int_0^1 e^{x^2} dx$

$\approx \dfrac{1}{18}[(y_0 + y_6) + 4(y_1 + y_3 + y_5) + 2(y_2 + y_4)]$

$\approx 1.463.$

【2542】 计算 $\int_0^1 (e^x - 1) \ln \dfrac{1}{x} dx$,精度到 10^{-4}.

解 本题不能直接利用辛普森公式计算,因为被积函数 $(e^x - 1)\ln\dfrac{1}{x}$ 的四阶导函数在 $x = 0$ 的右近旁无界,故不能估计出误差. 用台劳公式计算,其计算及估计误差都很简单. 可以通过改变被积函数或把其积分区间分为两个间接利用辛普森公式来求定积分的近似值. 由于本题解答较为繁琐,故略去,有兴趣的同学可以尝试作答.

【2543】 计算概率积分 $\int_0^{+\infty} e^{-x^2} dx$,精度到 0.001.

解 按辛普森公式,得

$$\int_0^{+\infty} e^{-x^2} dx = \int_0^1 e^{-\left(\frac{t}{1-t}\right)^2} \dfrac{1}{(1-t)^2} dt \approx 0.88627.$$

【2544】 近似地求出其半轴为 $a = 10$ 和 $b = 6$ 的椭圆的周长.

解 按辛普森公式,得

$\int_0^{\frac{\pi}{2}} \sqrt{1 - \dfrac{16}{25}\sin^2 t}\, dt$

$\approx \dfrac{h}{3}[(y_0 + y_6) + 4(y_1 + y_3 + y_5) + 2(y_2 + y_4)]$

$= \dfrac{\pi}{36}(1 + 0.6 + 3.913 + 3.293 + 2.539 + 1.833 + 1.442)$

≈ 1.276

所以,椭圆周长近似值为

$$S = 40 \int_0^{\frac{\pi}{2}} \sqrt{1 - \dfrac{16}{25}\sin^2 t}\, dt \approx 40 \times 1.276 = 51.04.$$

【2545】 取 $\Delta x = \dfrac{\pi}{3}$,按点绘制函数图形:

$$y = \int_0^x \dfrac{\sin t}{t} dt \qquad (0 \leqslant x \leqslant 2\pi).$$

解 令 $n = 2k = 6$ 按辛普森公式求出 $y = \int_0^x \frac{\sin t}{t} dt$.

当 $x = \frac{\pi}{3}$ 时,由于 $h = \frac{\pi}{18}$,得

$$\int_0^{\frac{\pi}{3}} \frac{\sin t}{t} dt \approx \frac{\pi}{54}(1 + 0.827 + 3.980 + 3.820 + 3.511$$
$$+ 1.960 + 1.841)$$
$$\approx 0.99,$$

当 $x = \frac{2\pi}{3}$ 时,由于 $h = \frac{\pi}{9}$,得

$$\int_0^{\frac{2\pi}{3}} dt \approx \frac{\pi}{27}(1 + 0.413 + 3.919 + 3.308 + 2.257$$
$$+ 1.841 + 1.411)$$
$$\approx 1.65.$$

选取不同的 h,类似可得

$$\int_0^{\pi} \frac{\sin t}{t} dt \approx 1.85; \qquad \int_0^{\frac{4\pi}{3}} \frac{\sin t}{t} dt \approx 1.72$$

$$\int_0^{\frac{5\pi}{3}} \frac{\sin t}{t} dt \approx 1.52; \qquad \int_0^{2\pi} \frac{\sin t}{t} dt \approx 1.42.$$

如下图表所示:

x	0	$\frac{\pi}{3}$	$\frac{2\pi}{3}$	π	$\frac{4\pi}{3}$	$\frac{5\pi}{3}$	2π
y	0	0.99	1.65	1.85	1.72	1.52	1.42

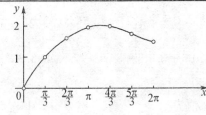